U0802315

广东省气候资源
及其合理开发利用

主　编　张　羽

副主编　彭　端　涂悦贤　郝全成　植石群

气象出版社
China Meteorological Press

内 容 简 介

本书以最新的气象资料数据对广东省的气候和气候分区、气候变化、气象灾害和气候资源能源的特征进行重新统计分析，对广东省气候资源在各行业的利用和气候能源的合理开发展开讨论；兼及气候变化与应对气候变暖的对策探讨。全书共分7章，前6章重点介绍了气候与气候带、气候资源和农业气候区划、气候变化、气候资源的利用、气候能源的合理开发、气象灾害和防御等内容；第7章根据台风灾害进行风险区划，绘出广东省沿海台风风险图谱；附录中的文章对广东沿海风机抗台工程参数设计进行深入研究。本书既着重于有关气候资源的最新统计数据，亦关注联系新绿色能源的开发热点问题的求索，在台风灾害防御的应用方面，着重于广东省沿海台风风险图谱和广东沿海风机抗台工程参数设计的研究，并力求提供多方面的应用范例，给读者以多方面的思考和帮助。

本书可供气象工作者和对广东气候及台风防御感兴趣人士阅读。

图书在版编目（CIP）数据

广东省气候资源及其合理开发利用 / 张羽主编. --
北京 : 气象出版社, 2021.9
ISBN 978-7-5029-7546-3

Ⅰ. ①广… Ⅱ. ①张… Ⅲ. ①气候资源－资源开发－研究－广东②气候资源－资源利用－研究－广东 Ⅳ. ①P468.265

中国版本图书馆CIP数据核字(2021)第185559号

广东省气候资源及其合理开发利用

Guangdong Sheng Qihou Ziyuan Jiqi Heli Kaifa Liyong

出版发行：气象出版社
地　　址：北京市海淀区中关村南大街46号　**邮政编码**：100081
电　　话：010-68407112(总编室)　010-68408042(发行部)
网　　址：http://www.qxcbs.com　**E-mail**：qxcbs@cma.gov.cn
责任编辑：王元庆　**终　　审**：吴晓鹏
责任校对：张硕杰　**责任技编**：赵相宁
封面设计：博雅思
印　　刷：北京建宏印刷有限公司
开　　本：880 mm×1230 mm　1/16　**印　　张**：14.75
字　　数：475千字
版　　次：2021年9月第1版　**印　　次**：2021年9月第1次印刷
定　　价：108.00元

本书如存在文字不清、漏印以及缺页、倒页、脱页等，请与本社发行部联系调换。

本书编委会

主　编：张羽

副主编：彭　端　涂悦贤　郝全成　植石群

委　员：刘爱君　罗晓玲　陈雯超　刘艳群

张　骥　植　彬　刘　畅　李芷卉

刘　尉　姜丽萍　陈志芳　吴德平

杨小佳　陈美玲　冯卓敏　黄浩辉

蒋承霖　王志春　史　丽　陈卓煌

前　言

气候既是发展经济社会和工农业生产的重要自然资源，又会给经济社会和工农业生产带来不利影响。因此，要因地、因时制宜，合理地充分利用有利的气候资源，避免和防御主要的气象灾害，以取得最佳的社会、经济和生态效益。研究不同气候区域的气候优势和气候劣势，根据各区域气候特点和气候变化趋势，进行科学的气候区划，确定与当地气候条件相适应的经济社会和工农业生产发展方式、调整农业种植制度及种植方式，合理布局作物的种类和品种，充分利用和挖掘气候资源和气候能源的潜力，有助于加速国民经济建设的发展。

气候变暖对气候和气候资源的分布及变化产生不可忽略的影响，运用最新的气象资料和气候数据研究广东省气候资源的分布状况及变化规律，目的在于更加充分合理地利用气候资源，因地制宜，趋利避害，发挥各地的气候生产潜力，以及为开发广东省气候新能源提供基本资料，这对促进广东省经济社会的发展具有重要意义。

本书以最新的气象资料数据对广东省的气候和气候分区、气候变化、气象灾害和气候资源的特征进行重新统计分析，对广东省气候资源在各行业的利用和气候能源的合理开发展开讨论；兼及气候变化与应对气候变暖的对策探讨。全书共分7章，前6章重点介绍了气候与气候带、气候资源和农业气候区划、气候变化与气候变暖、气候资源的利用、气候能源的合理开发、气象灾害和防御等内容；第7章根据台风灾害进行风险区划，绘出广东省沿海台风风险图谱；附录中的文章对广东省沿海风机抗台工程参数设计进行了深入研究。

本书既着重于有关气候资源的最新统计数据，亦关注联系新绿色能源开发热点问题的求索，在台风灾害防御的应用方面，着重于广东省沿海台风风险图谱和广东省沿海风机抗台工程参数设计的研究，并力求提供多方面的应用范例，给读者以多方面的思考和帮助。由于水平和客观条件所限，本编写工作难免存在这样或那样的问题和不足，敬请读者批评指正。

本书及附录中的论文主要由广东省自然资源厅立项的广东省促进经济高质量发展专项资金海洋经济发展项目“广东沿海海域风机抗台工程参数设计研究”(GDOE[2019]A11)资助。本书在编辑、出版过程中得到了气象出版社王元庆编辑的大力支持，在整个编写过程中，得到了广东省气象局和国内许多专家学者的关怀和指导，在此一并表示感谢！

本书编委会

2021年4月8日

目　　录

第1章　气候与气候带

1.1　气候概述和形成因素

气候是对人类生活和生产活动影响最大的自然环境之一。它具体地通过各种气象要素(气温、气压、空气湿度、降水量、风以及各种天气现象等)的各种统计量来表达。世界气象组织规定,30年是气候的标准时段,是指某地在30年以上的长期过程中出现的平均天气情况。

气候形成因素是随地区的地理状况和季节时间而变化的。总体而言,形成和导致气候变化的最主要、最基本因素有3个:太阳辐射、大气环流和下垫面状况。此外,人类活动对气候也起着愈来愈多的影响和作用。

(1)太阳辐射　是大气、陆地和海洋增温的主要能源,是大气一切物理过程和物理现象形成和变化的原动力,所以是气候形成的最主要、最基本的因素。各地区间的气候差异及季节变化,归根结底是太阳辐射分布不均匀的结果,太阳辐射在气候的形成中起着主导作用。

(2)大气环流　从全球而言,在赤道低压带,南北半球的信风在此辐合,形成热带辐合带,空气对流运动强,雨量丰沛;在副热带高压所在的纬度带,空气下沉运动强,气层稳定,炎热少雨。当大气环流出现异常,便会直接影响到某一时期气候的"反常",导致一些地区发生旱、涝,或过冷、过暖的现象。

(3)下垫面状况　大气层下面的地表面状况统称为下垫面状况,包括纬度、海陆、地形、洋流、土壤和植被等因素。因它们的辐射收支状况、温湿特性不一致,对气候的形成和影响就有不同的作用。不同的下垫面与太阳辐射、大气环流间的相互作用,使地球上产生复杂的气候差异。

(4)不同的纬度　决定了该地太阳高度角的大小及其变化,即决定了该地太阳辐射总量的多少及其在年内的分布和变化,从而决定了该地的气候状况。

(5)海洋分布　地球表面海洋面积约占2/3,海陆的这种分布,不仅影响到大气环流,其各自的热力性质也直接对气候产生影响。一方面由于到达地球的大部分太阳辐射落在海洋上并被吸收,海洋的质量和比热很大,故它们起到了一个巨大能量存储器的作用,另一方面海洋的热惯性使得海面温度的变化比陆地温度的变化小得多,故它对大气温度的变化起着缓冲器和调节器的作用。

(6)洋流作用　洋流能把热量由低纬向高纬输送,使高纬洋面温度显著增高,这种洋流称为暖洋流;反之,温度较低的洋流从高纬流向低纬,会使低纬海洋温度下降,称这种洋流为冷洋流。暖流所到之处,可使洋面及其上空的空气增温增湿,从而使附近地区的气候比同纬度其他地区温暖湿润得多;冷流的作用则相反,使附近地区的气候比同纬度其他地方寒冷。

(7)高山和高原等大地形　不仅其本身具有山地气候特征,还会影响周围地区的气候条件;盆地、丘陵、峡谷等小地形又可形成小范围内气候的差异,因此,在地形复杂地区,气候分布也经常是错综复杂的。山区的坡向不同会形成气温和降水的差异;空气上升或下沉,会使山脉两侧出现云、雾、降水等的差别,形成各自的气候特征。

1.2　广东省气候形成背景和特征

广东省具有夏长冬暖、雨量丰沛、雨季长、春末夏初多锋面暴雨、夏秋多台风暴雨、秋冬少雨、旱涝常见、冬有强冷空气侵袭和偶有奇寒等气候特点。在气候分类上大部分地区属南亚热带季风气候,各地年平均气温在19～24 ℃,最冷月1月份平均气温在9～17 ℃,无霜期长,南部基本全年无霜。全年平均日照时数为1380～2200 h。年平均降水量大多在1350～2500 mm,在全国仅次于台湾,位于全国的前列。汛期主要集中在 4—9 月，11 月至次年 3 月为旱季。由于南北纬度差异、海陆和多山区丘陵的多种地形下垫面的作用，造成广东省气候类型的多样性，涵养了丰富多样的生物资源，是广东省气候资源丰富的重要内涵。但同样伴随着气象灾害多，尤其是台风和暴雨发生频率之高、强度之大居全国首位。

1.2.1 广东省气候形成背景

1.2.1.1 地理特点

广东省位于中国大陆的最南端，北依南岭山脉，东南面临太平洋和南海，山水相连，全境位于北纬 20°12′～25°31′、东经 109°45′～117°20′，陆地南北相距约 800 km，东西相距约 1000 km。全省陆地总面积 17.98 万 km^2，全省宜农地 434 万 hm^2，宜林地 1100 万 hm^2，海域辽阔，海湾、海岛、港湾众多，沿海大小港口星罗棋布，浅海滩涂遍布，有漫长曲折的海岸线，东起闽粤交界处的饶平县大埕镇东面的界山，西至粤桂交界的英罗港洗米河口，全省海岸线长达 4300 多 km，大陆海岸线为 3368.1km，辖区海域面积 41.9 万 km^2，有 1300 个大小岛屿。北回归线横贯中部，一年四季太阳高度角大，大地吸收大量的太阳热能，蕴藏着巨大的气候资源。全省从北到南形成了中亚热带、南亚热带和边缘热带气候，林木葱茏，花果飘香，到处充溢着南国风光。气候暖湿，全年可耕，四季常青，是一块得天独厚的宝地。

1.2.1.2 地势复杂，地带纬度性气候和立体的非地带性垂直气候显著，气候类型多样

广东省北枕南岭山脉，东北面临福建的武夷山，西接云开大山，南临浩瀚南海，境内山丘起伏，地形地势复杂，如图 1.1。非地带性垂直气候变化明显，立体气候显著，气温垂直差异大。由于地形高低起伏、山脉方位及其走向、地势倾斜方向等，其本身除了具有一定的气候形成条件外，更重要的是直接影响当地的辐射和环流状况，往往是气候形成的主导因子。背山面海，向南倾斜的地形特征，极利于偏南暖湿气流产生动力上升运动，故每年汛期(4—9 月)雨量特别多。省境南北相距 5 个多纬距，在北回归线以南的地区，太阳在一年中有两次经过天顶，故太阳高度角终年处于较高位置上，获得太阳辐射热量较多；而在北回归线以北的地区，所接受太阳辐射热量则相对较少，加上南部濒临海洋，受海洋气流调节大，北部背靠大陆，受海洋气流调节小，因而导致省境内南北水平气候差异明显；反映自然条件的地带纬度性也比较显著，即使同一纬度上，东西气候差异也很大；从省境下垫面特性和地形的非地带性看，省境内有海岸带、岛屿、盆地、谷地、平原、台地、丘陵、山地等，在全省土地面积中，大约 3/5 是山地和丘陵，2/5 是台地和平原。还有大小岛屿 759 个(居全国第三位)，较大的海岛有南澳岛、上川岛、海陵岛和东海岛等。全省陆地面积为 17.98 万 km^2，其中，岛屿面积 1592.7 km^2，约占全省陆地面积的 0.89%。全省海域总面积 41.9 万 km^2。全省大陆海岸线长 3368.1 km，居全国第一位，岛屿海岸线长 1649.5 km。由于各种各样的地形因素纵横交错，产生交互作用，其中影响最大的是海陆分布，其次是森林、植被、建筑物、水域、土壤属性等。海洋与

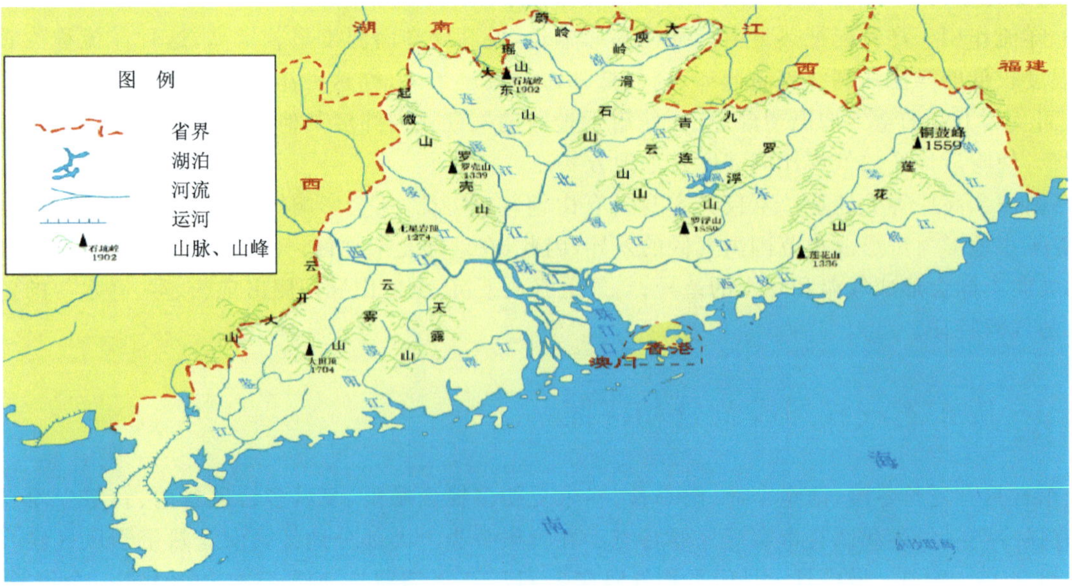

图 1.1 广东省山河、海陆分布图

陆地物理属性不同，海洋热容量较大，陆地热容量较小。由于海水热容量较大，增温较慢，降温也慢，而且海水吸收太阳辐射热量后可通过海水流动将热量传递到海洋深处，故海洋对气候起着明显的调节作用；陆地热容量较小，而且吸收太阳辐射热量后基本上靠分子传导，故吸热快，放热也快，即增温和降温都快，故陆地对气温变化起着加剧变化的作用。因此，靠近海洋的南部地区，受海洋调节较大，冬季稍暖，夏季稍凉；而靠近海洋较远的偏北地区，受海洋调节较小，则冬冷夏热比较明显。由于下垫面不同，导致垂直气候带的非地带性气候差异十分明显。即使同一纬度上，造成全省的气候复杂多变，即使在一个不大的空间范围内，例如一个县、一个镇，甚至一个村，也有不同的地形和不同的气候特征。

1.2.1.3　濒临海洋，海域辽阔，海湾、海岛、港湾众多

海洋的热容量很大，它对于气候的形成及其变化影响非常大。到达地球的大部分太阳辐射落在海洋上并被海洋吸收。由于海洋的质量和比热很大，它们构成了一个巨大的能量储藏库。海洋巨大的热惯性使得海面温度的变化比陆面温度的变化小得多，它对大气温度的变化起着缓冲器与调节器的作用。在低纬度地区，由于存在着较强的太阳辐射，在海洋中形成能量的盈余，低纬度的海水温度高于高纬度的海水温度，所以在海洋中导致暖流从低纬度流向高纬度、冷流从高纬度流向低纬度的循环，从而引起能量的重新分布，在海洋的调节下，使得在陆地低纬地区和高纬地区的气候不至于过分悬殊。除了海流把贮存的一部分能量从低纬度输送到较冷的高纬度外，也以感热和潜热的形式向大气释放能量，并向大气提供大量的水汽。当海面的水汽凝结成雨雪降落到所有大陆表面成为淡水源泉时，海洋就已经参与到地球表面的水循环当中了。同时，海洋与大气通过动量、热量及其辐射之传输而互相作用，并在相当程度上决定了气候系统的物理状况；大气与海洋之间不仅有水汽交换，也包括二氧化碳等大气化学成分的交换，海洋对二氧化碳溶解是影响大气中二氧化碳浓度的重要因素。可见，海洋是大气中水汽和热量的重要来源，它参与了整个地表物质和能量平衡过程，对广东的气候形成起了极其关键的重要作用。

1.2.1.4　季风气候显著

由于广东北面多崎岖的山地，背靠欧亚大陆，南侧是浩瀚的南海，东侧濒临辽阔的太平洋，位于大陆气团和海洋气团的交界处，以及处于高空东、西风系交替影响的过渡区和温带、热带各类天气频繁活动和经常影响的地区，居著名的东亚季风区的突出部位，具有明显的热带、亚热带季风气候特征，既有光温资源丰富的大陆性气候特点，又有雨水充沛、空气湿润的海洋性气候特征，是中国光、热、水资源特别丰富的地区。季风气候对广东工农业的发展有好的方面，例如雨热同季，使广东亚热带地区避免了同纬度大陆的一些地区沙漠化的境地。但是季风气候也有不稳定的一面，也使广东成为气象灾害频繁发生的地区。总体而言，广东在地处低纬、北面多崎岖山地、背靠欧亚大陆、南临浩瀚南海、东临辽阔太平洋的地理位置影响下，形成了以上独特的气候和气候资源特点。

一般在回归线附近的地区，由于终年受副热带高压系统和东北干燥信风带的控制，多形成干旱的沙漠地带，如：北半球与广东相似纬度的北非的撒哈拉沙漠、西亚的阿拉伯沙漠、印度半岛西北部的塔尔沙漠等，而广东省的气候与同纬度的上述干旱沙漠地区截然不同。尽管广东冬季盛行偏北季风，但来自北方寒冷而干燥的空气，经过长途跋涉到达广东以后已经是“强弩之末”而变性，强度大为减弱，风力变小，温、湿度升高。夏季由于受海洋气团影响，盛行偏南风，气流源源不断来源于海洋，气候温暖潮湿。同时，由于受海陆的影响，暖湿气流从海洋吹向大陆，并带来丰沛的降水。广东春初连绵阴雨和春末初夏强降水，导致前汛期多雨、多暴雨天气，夏秋季受热带气旋和其他热带降水系统影响，导致后汛期多雨、多暴雨天气等，形成了广东雨热同季显著的气候特色，这是广东与纬度相近的撒哈拉等大沙漠气候景观截然不同的根本原因。相比之下，广东的确是一块难得的宝地。

1.2.2　广东省气候特征

1.2.2.1　夏长冬短，无霜期长，热量丰富

张宝堃(1934)提出用候平均方法来划分四季，即以候平均气温＜10 ℃为冬，10～22 ℃为春秋，＞22 ℃为夏。该方法在中国得到了广泛的应用，严登华等(2011)研究发现，北方地区 1960 年以来春夏起始日期提前，秋季推迟，冬季整体变化不大，多数地区春季、秋季和冬季变短，夏季变长；缪启龙等(2007)分析 1951 年以来

中国四季变化，发现春季和夏季起始日期基本呈现从南向北逐渐推迟，秋季和冬季起始日期基本呈现从北向南逐渐推迟。按照张宝堃(1934)的标准，广东省四季分配与我国一些地方夏季和冬季分配情况对比如下：

(1)春季　广东省北部的韶关1月21日进入春季，4月25日结束，春季长达95 d；中部的广州和西南端的徐闻县一年到头候平均气温>10 ℃，无气候意义的冬季，秋季和春季可连在一起。

(2)夏季　广东省北部的韶关4月26日进入夏季，10月15日结束，夏季长达173 d；中部的广州4月16日进入夏季，10月25日结束，夏季长达193 d；西南端的徐闻县4月1日进入夏季，11月10日结束，夏季长达224 d。

(3)秋季　广东省北部的韶关10月16日进入秋季，12月31日结束，秋季长达77 d；中部的广州10月26日进入秋、春季，4月15日结束，秋、春季长达172 d；西南端的徐闻县11月11日进入秋、春季，3月31日结束，秋、春季长达141 d。

(4)冬季　广东省北部的韶关1月1日进入冬季，1月20日结束，冬季长达20 d；中、南部地区无气候意义的冬季。

我国中、高纬度地区夏季时间明显少于广东。如武汉市进入夏季时间是5月15日前后，结束时间是9月29日前后，夏季长达138 d左右；北京市进入夏季时间是5月29日前后，结束时间是9月10日前后，夏季长达105 d左右；哈尔滨市进入夏季时间是6月15日前后，结束时间是8月7日前后，夏季仅45 d左右。秋季，粤北的韶关10月16日进入秋季，12月31日前后结束，秋季长达77 d左右；粤中的广州是10月26日前后进入秋、春季，4月15日前后结束，秋、春季长达172 d左右；粤西南的徐闻县11月11日前后进入秋、春季，3月31日前后结束，秋、春季长达141 d左右。冬季，粤北的韶关1月1日前后进入冬季，1月20日前后结束，冬季仅20 d左右；粤中、南地区无气候意义的冬季。

从上述数据对比可见，广东大部分地区是长夏无冬的沃土，当北方还是寒冬腊月的时候，广东南部已是风和日丽，春光明媚了。广东的冬季尽管是一年中气温最低的季节，但与全国相比较，广东却是一个"天然大温室"。

如表1.1、表1.2，广东省无霜期长，大部分无霜期300～365 d，南部基本无霜。热量丰富，年平均气温自北向南逐渐升高，由19 ℃升到24 ℃。由于全年平均气温高，气候温暖，无霜期长，广东省具有这种热量资源，特别是冬季温暖，使大多数喜温生物能在冬季正常生长发育并和喜凉生物相搭配，使得全年的气候资源均可较充分利用，为冬季农业开发和发展热带、南亚热带农业提供了得天独厚的条件。

表1.1　广东省各地气温(℃)和无霜期(1951—2020年)　　单位：℃

站点	最冷月平均气温	最热月平均气温	平均极端最低气温	极端最低气温	平均极端最高气温	极端最高气温	无霜期		
							初霜日	终霜日	日数(d)
连州	9.1	28.6	0.7	−6.9	34.1	41.6	12月12日	2月3日	312
韶关	10.2	29.0	1.0	−4.3	37.6	42.0	12月16日	2月5日	313
梅县	12.3	28.7	1.4	−7.3	38.0	39.6	12月14日	2月1日	315
广州	13.6	28.6	3.4	0.0	37.3	39.1	1月5日	1月15日	354
汕头	13.9	28.6	5.0	0.3	37.0	38.8	1月14日	1月16日	362
湛江	15.8	28.9	6.1	2.7	36.2	38.4	1月1日	1月1日	365

表1.2　广东省各地气温年较差和日较差(1951—2020年)　　单位：℃

站点	气温年较差		气温日较差	
	最大值	平均值	最大值	平均值
韶关	22.6	18.8	21.7	8.4
梅县	20.4	16.4	25.7	9.1
南雄	24.0	19.4	22.9	8.4
始兴	23.1	18.8	23.2	8.8
罗定	19.3	15.1	20.9	8.4

续表

站点	气温年较差		气温日较差	
	最大值	平均值	最大值	平均值
郁南	21.3	16.4	23.0	8.6
雷州	16.5	12.9	16.3	6.4
徐闻	16.0	11.9	17.7	7.2
汕头	17.2	14.7	17.8	6.5
深圳	17.5	13.7	17.6	6.9
广州	19.4	15.0	19.6	7.6
湛江	16.4	13.1	16.1	6.1
阳江	16.4	13.2	18.4	6.7
恩平	17.9	13.8	20.4	7.1
海丰	17.3	13.5	18.5	7.2
陆丰	17.6	13.9	17.3	7.4
清远	20.8	15.9	19.9	7.4
佛岗	20.8	16.1	24.3	8.3
龙门	19.1	15.7	24.8	9.2

1.2.2.2　雨量丰沛、雨热同季、干湿季明显

1.2.2.2.1　降水量丰沛

广东省多数地区年降水量在1350～2500 mm，是全国降水最丰沛的地区之一。年降水量的分布特点是：山的迎风坡降水量多，背风区雨量少。广东省主要山地有粤北山地、粤东山地和粤西山地，地势是从北向南倾斜。山脉多为东北至西南的华夏式走向，并与海岸线平行。山脉走向与夏季偏南暖湿气流成直角式斜交，气流遇山受阻而上升，由于气流抬升云层加厚，结果向风坡降水多于背风坡。还有不少向南开口的喇叭口地形，南来的水汽进入这种地形后容易产生辐合抬升，使降水量和降水强度加大，于是形成了北江谷地、粤东、粤西山脉迎风坡三大暴雨中心。

1.2.2.2.2　雨热同季

广东位于大陆气团和海洋气团的交界处，以及处于高空东、西风系交替影响的过渡区和温带、热带各类天气频繁活动和经常影响的地区，居著名的东亚季风区的突出部位，具有明显的热带、亚热带季风气候特征，既有光温资源丰富的大陆性气候特点，又有雨水充沛、空气湿润的海洋性气候特征，是中国光、热、水资源特别丰富的地区。见表1.3，韶关、广州、湛江4—9月降水量占全年的69%～82%，4—9月≥10 ℃积温占全年的58%～65%。

表1.3　广东省代表站点夏半年、冬半年积温与降水量(1981—2010年)

站点	年降水量(mm)	4—9月≥10 ℃积温(℃·d)	占全年≥10 ℃积温(%)	4—9月降水量(mm)	占全年降水量(%)	10月至次年3月≥10 ℃积温(℃·d)	占全年≥10 ℃积温(%)	10月至次年3月降水量(mm)	占全年降水量(%)
广州	1950.1	4945.8	60.0	1456.4	80.9	3296.4	40.0	345.0	19.2
韶关	1601.8	4810.1	64.4	1106.7	69.1	2655.9	35.6	495.0	30.9
汕头	1617.9	4817.9	59.6	1319.1	81.5	3266.8	40.4	298.8	18.5
梅县	1504.0	4852.4	61.1	1097.1	72.9	3090.4	38.9	406.9	27.1
深圳	1937.0	4963.3	58.7	1666.9	86.1	3492.5	41.3	270.1	13.9
阳江	2438.3	4888.3	58.7	2086.3	85.6	3439.0	41.3	352.0	14.4
湛江	1691.0	5024.0	58.5	1380.3	81.6	3566.4	41.5	310.8	18.4

1.2.2.2.3 干湿季明显

每年的4—9月，广东省进入高温季节，也是一年中降水量集中的时期，被称为广东的“雨季”。这期间内有2个峰值：主峰为5—6月，次峰出现在8—9月。前者是锋面降水，后者主要为热带气旋降水。7月锋面降水基本绝迹，热带气旋方兴未艾，广东省各地受副热带高压控制，故降水较少。几个多雨中心：即北江谷地的佛冈县、莲花山南侧的海丰县、潭江流域的恩平市，年雨量在1600～2500 mm，广东省其余地区多在1000～1500 mm。

每年10月至次年3月，正是冬季风影响、加强的季节，干燥而寒冷的极地大陆气团逐渐控制广东省，形成了干燥少雨的天气。10月至次年3月降水量：广东省北部、中部偏北地区以及恩平市400～500 mm，其余地区300～400 mm。

1.2.2.3 气候灾害频繁、多样

由于广东北倚世界最大的欧亚大陆，东南面临世界最大的太平洋和南海，地处东、西风带交替影响的过渡区和温带、热带各类天气系统频繁活动和经常影响的地区，受低纬度热带天气系统和中高纬度天气系统的交替影响。例如，季风、台风、副热带高压、寒潮等都是与大陆和海洋密切相关的气候或天气系统。广东是一个典型的季风地区，冬季，由于广东的海、陆分布状况，导致大陆气温低而海洋相对较暖，强大的亚洲高压与赤道低压、太平洋低压之间形成了势力强大、干燥寒冷的偏北风，这就是冬季风，强烈时即为寒潮。夏季，海陆热力差正好相反，在夏季风盛行时期，则带来了丰沛的降水。因此，在广东，冬半年常受西伯利亚强大寒冷干燥气团影响，而夏半年又常受海洋的热带气旋天气系统频频袭击，天气气候复杂多变，各类气候灾害及其产生的次生灾害连续不断，是中国灾种多、发生频、危害重的灾害区域。气候灾害一年到头均可发生，且可多种灾害交替出现。例如，台风、暴雨、低温、干旱、强对流及其产生的次生灾害连年不断，四季不断。春季有低温阴雨、初夏有强对流天气、4—9月为暴雨季节、夏秋为台风活动季节、秋季有寒露风和霜降风，冬半年寒潮、低温霜冻、冰冻，春秋季干旱、春夏季洪涝等，还有夏季高温和冬春季雾霾等影响。频繁的天气气候灾害造成经济损失和人员伤亡十分严重。总的来说，广东具有气候资源丰富和气象灾害频繁多样的两重性。广东既是中国气候优越之区，也是气象灾害频繁而又严重之地，尤以热带气旋(台风)和旱涝最为突出，暴雨、寒潮、冷害、高温热害、强对流、雷电和霾等也甚为频繁。这是大气环流和季风强度异常及不稳定的结果，所以，人们称广东为“富饶之地，多灾之省”。

1.2.2.4 陆地与海洋风速差异大

广东省地形地貌复杂，既有沿海地区和内陆地区，也有平原、山区和丘陵地带等，因而局地风速差异较大。但总体而言，各地年平均风速的大小主要与离海岸的远近有密切关系(图1.2)，平均风速呈现由沿海向内陆逐渐减小的分布趋势。沿海地区和海岛年平均风速一般在2.5 m/s以上，其中，吴川、珠海、汕尾、斗门、澄海、雷州、南澳和上川岛8个站年平均风速超过3.0 m/s，上川岛最大为5.0 m/s。内陆地区风速普遍<2 m/s，其中，怀集和乳源风速最小仅0.9 m/s。

图1.3显示了广东省逐月月平均风速的变化。由图可见，冬半年(10月至次年3月)的平均风速明显大于夏半年(4—9月)的平均风速，其中，又以1月和2月的平均风速为最大，月平均风速均>2 m/s；3月、7月、10月、11月、12月的平均风速为次大，月平均风速均为2 m/s；4月、5月、6月、8月、9月的月平均风速均<2 m/s，其中，又以8月的平均风速为全年各月最小。冬半年平均风速大于夏半年平均风速，这显示与冬半年冷空气入侵有关。受季风气候的影响，广东省冬季(12月至次年2月)普遍盛行偏北风，夏季(6—8月)则以偏南风为主。另外，由于广东省的地形较为复杂，各地海拔高度、离海远近又有区别，因而广东省各地的年主导风向有一定的差别，但大部分地区以偏北风和偏东风为主。以大埔、丰顺、惠阳、中山、台山、阳江、廉江一线为界，此线以北以偏北风为主，此线以南以偏东风为主，中、西部地区则以北偏东风为主。

1.2.2.5 气候资源优越

广东省大部分地区属南亚热带气候，西南部的湛江和茂名大部分地区属边缘热带气候，两者共占土地面积的1410.74万hm^2，即占广东省总面积的79.22%，约占全国同类地区总面积的31%。

广东夏季炎热多雨，冬季温和干燥，光照的有效利用率极高，温、光、水条件对作物生长十分有利。既

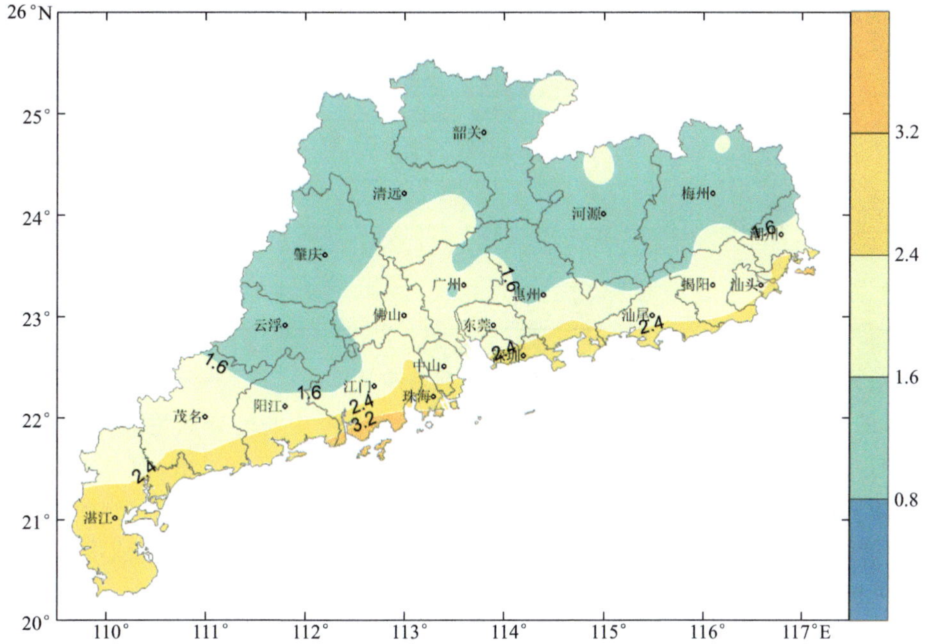

图 1.2　广东省 10m 高处平均风速分布图(单位:m/s)

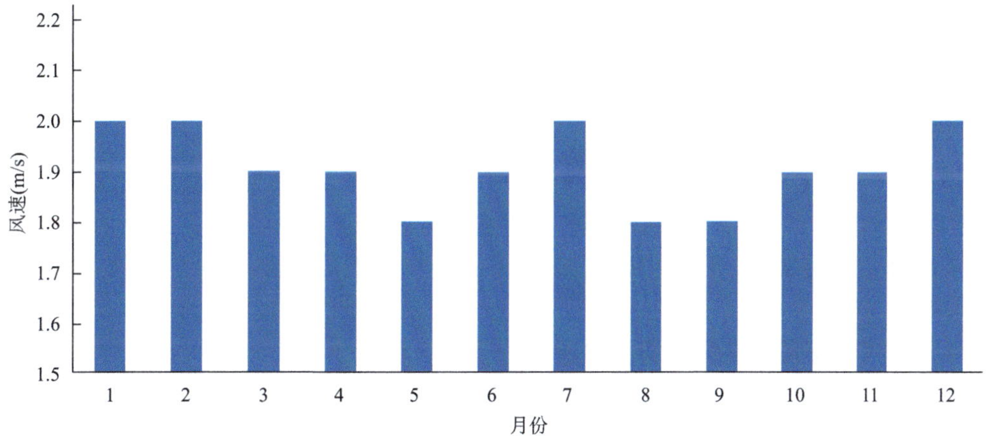

图 1.3　广东省平均风速月变化图(1981—2010 年)

有光温资源丰富的大陆性气候特点,又有雨水充沛、空气湿润的海洋性气候特征,使珠江三角洲和韩江三角洲平原变成了一年三熟的鱼米之乡,对于发展农业是一块得天独厚的“风水宝地”。

广东省南北相距 5 个多纬距,造成南北水平气候差异明显,反映自然条件的地带纬度性也比较显著;从地形的非地带性看,有海岸带、平原、台地、丘陵、山地,反映出垂直气候带的非地带性气候差异十分明显。即使在同一纬度上,东西气候差异也很大,造成广东省的气候差异复杂多样,种质资源较为丰富,土地适应性广,作物与畜禽可全年生长,茬代更新快,为发展农业奠定和提供了宝贵的种源基础及条件。

1.2.2.5.1　光、热、水同季,光照、降水与热量的有效性好

广东季风气候特点是夏季高温、多雨与强光相结合,冬季温凉、少雨与弱光相结合,光、热、水同季,适应了生物(动、植物)季节生长发育的需求,工农业生产可以做到光、热、水共济,气候资源利用潜力大。见表 1.3,广东全年降水量主要集中在 4—9 月的农作物和畜禽旺盛生长期;而日平均气温>10 ℃的初日(表 1.4),粤北开始于 3 月初,粤中为 2 月中下旬,粤南为 1 月下旬;日平均气温>10 ℃的终日,粤北为 12 月上中旬,粤中为 12 月底或次年 1 月上旬,粤南为 1 月中旬;而雨季开始期,粤北为 3 月中下旬,粤中为 4 月上旬,粤南为 4 月中下旬;雨季结束期,粤北为 9 月下旬,其余地区均在 10 月上中旬,所以雨季和热量基本上是同步的,适应了生物旺盛生长的需求。

表 1.4　广东省与国内代表站点≥10 ℃初日、终日及期间的太阳总辐射量和积温(1981—2010 年)

站点		哈尔滨	拉萨	北京	武汉	海口	韶关	广州	汕头	湛江	梅县	沈阳	长沙
≥10 ℃	初日(月/日)	4/30	5/7	4/1	3/22	2/21	3/3	2/17	1/20	1/25	2/12	4/21	3/24
	终日(月/日)	10/1	10/12	10/29	11/19	2/21	12/17	1/13	1/19	1/22	12/29	10/13	11/22
	持续日数	155	159	212	243	365	290	330.5	364.5	362.7	321	176	244
	期间的太阳总辐射量(MJ/m^2)	2681.1	3480.6	3497.8	3232.2	5030.1	3520.7	3836.6	4993.9	8571.6	7347.4	3428	3387.4
	积温(℃·d)	2976.3	2359.1	4560.5	5482.7	9048.4	6679.8	7633.5	8251	8571.6	7347.4	3560.7	5483.8

1.2.2.5.2　光能不丰,但光能可利用时间长,可利用率高

广东省各月的太阳辐射量在 250 MJ/m^2 以上,特别是农作物生长旺盛和关键期的 6—10 月各月太阳辐射量在 420 MJ/m^2 以上。广东省的太阳辐射量与全国相比,虽然不算丰富,但是突出特点是当北方冬季处于"千里冰封,万里雪飘"时,广东仍是春意盎然,充满生机。这是由于广东省全年日平均气温大都在 10 ℃以上,均能被绿色植物光合作用所利用,加上雨量充沛,水热条件好,全年光能均可被植物利用(中国中、高纬度地区光能条件虽较丰富,但冬季气温过低,农作物停止生长,冬季光能不能被植物利用),故广东省全年光能可利用时间长,光能可利用率在全国来说是较高的。广东充分利用这得天独厚的气候优势,大力开展冬季工农业生产,使气候优势转化为物质优势,产生更大效益。广东热带和南亚热带地区,冬种蔬菜、瓜豆仍是冬季农业的支柱产业,因为蔬菜是人们每天的消费品,需求量大,市场前景广阔。冬种玉米也有好的经济效益;冬种薯类不仅可做粮食或饲料,深加工后还可做成其他食品和原料,提高其价值。

1.3　广东省各季气候特征和气候资源优势

为了方便起见,在一般气候统计分析上,把公历 12 月、1 月、2 月作为冬季,3 月、4 月、5 月为春季,6 月、7 月、8 月为夏季,9 月、10 月、11 月为秋季。这种划分方法,夏季刚好是广东最热的 3 个月,冬季也是广东最冷的 3 个月。夏季 3 个月平均气温 27.8 ℃,冬季 3 个月平均气温 14.0 ℃,春季和秋季 3 个月平均气温相对比较接近,分别为 21.4 ℃和 23.0 ℃。太阳辐射在一年四季有规律地进行季节交替变化,是形成地球上各地季节气候变化的主要原因(表 1.5)。

表 1.5　广东省代表站点 1 月、4 月、7 月、10 月的气候要素状况(1981—2010 年)

站点	气候要素	1 月	4 月	7 月	10 月
韶关	平均气温(℃)	10.3	20.9	28.8	22.2
	平均日照时数(h)	87.2	87.9	214.1	171.4
	平均降水量(mm)	78.4	207.6	151.9	46.2
梅县	平均气温(℃)	12.7	22.0	28.9	23.6
	平均日照时数(h)	123.8	109.2	217.2	186.1
	平均降水量(mm)	55.9	182.0	150.7	35.5
广州	平均气温(℃)	13.8	22.5	28.9	24.4
	平均日照时数(h)	112.9	69.1	179.0	182.2
	平均降水量(mm)	51.1	193.8	242.6	67.3
湛江	平均气温(℃)	16.0	23.8	28.9	25.2
	平均日照时数(h)	107.1	118.0	224.6	205.2
	平均降水量(mm)	32.9	108.0	248.1	125.1
汕头	平均气温(℃)	14.7	21.6	29.1	25.0
	平均日照时数(h)	144.7	126.9	241.7	211.2
	平均降水量(mm)	38.0	146.5	223.1	34.0

1.3.1 春季

春季，影响广东的冷空气势力开始减弱，天气多变，常出现“乍暖还寒”天气，春初仍有低温阴雨影响，“倒春寒”天气也时有出现，前汛期降水开始。进入春季，广东各地气温开始上升。候平均气温由春初至春末可上升 10～13 ℃，其上升幅度粤北大于粤南。在回暖过程中，受冷空气影响，气温仍会出现明显的下降波动，同时出现低温阴雨寡照天气，但冷空气和低温阴雨过后，天气又迅速转暖。3 月下旬至 5 月上旬自北向南先后进入雨季，北部和中部偏西地区一般 5 月为全年降水最多的月份。雷州半岛的雨季则为 5—10 月。与省内其他地方不同的是，春季的雷州半岛少云多晴，太阳辐射强，春季后期为其炎热期，此期间该区域往往可出现全年极端最高气温。春旱(多为冬春连旱)是雷州半岛常见的一种灾害性天气。1979—1980 年，雷州半岛出现冬春连旱的严重程度为历史少见，其旱期达 150～250 d。由于低温阴雨影响，春季通常为一年中日照最少的季节。其中，东部地区和雷州半岛稍多，中北部和西部其他地区较少。

1.3.2 夏季

广东夏季在副热带高压的稳定控制下，常出现炎热天气。此期间月平均气温大都在 26～29 ℃，一般以 7 月最高，雷州半岛有时会出现在 6 月；极端最高气温一般在 37～40 ℃，一般北部地区高于其他地区；日最高气温≥35 ℃的高温日数一般有 5～25 d，相对湿度可达 80%～90%，因而常出现闷热天气。常年 6 月中下旬前汛期降水基本结束，转入以热带气旋为主的热带系统降水。6—8 月雨量为 500～1200 mm，占年雨量的 35%～50%，自北部向南部递增。降水主要来自热带气旋雨和热雷雨等，阵性明显，暴雨频繁。若热带气旋影响或登陆次数少，且结束早，则常会出现旱情。夏季，广东在副热带高压控制下，天气晴热，各地日照时数多为全年最大，其中，又以 7 月为最多。按地域分布，雷州半岛最多，其次为东部和西北部。

1.3.3 秋季

广东秋季仍在副热带高压西伸部分的影响下，中等强度冷空气可到达南部和南海北部。雨季先后结束，但秋季仍受热带气旋的影响。广东由于地处低纬，秋季太阳辐射仍较强烈，初秋 9 月下旬的候平均气温仍高于 25 ℃，直到“寒露”前后(10 月中旬)候平均气温才降至 24 ℃左右。此后气温虽继续下降，但气温仍较高，直到 11 月下旬，候平均气温仍保持在 15～19 ℃。秋季低温如 9 月末至 10 月中旬的“寒露风”和 10 月下旬至 11 月中旬的“霜降风”，虽然近 20 多年气候变暖后对晚稻危害明显减轻，但个别年份对晚稻仍有一定影响。进入 10 月，广东的雨季先后结束，降水量和降水日数明显减少，各地陆续出现久晴天气，伴随而来的还可能有两种天气现象：一种现象是俗称“秋老虎”的持续高温天气；另一种现象是秋旱，由于雨季先后结束，多晴天无云，蒸发强烈，因而导致秋旱迅速发展，一般以北部较明显，但西南部如雷州半岛则影响较轻。此外，秋季热带气旋(台风)常常与冷空气相遇，往往会带来更剧烈的风雨，甚至出现较长时间的连阴雨，给晚稻生产造成危害。进入秋季，广东的日照时数仍较充足。广州、阳江的日照与夏季接近，其余地区比夏季有所减少，其中，西北部地区减少较明显。

1.3.4 冬季

广东冬季常受强冷高压脊控制，经常处于冷气流的控制之下，气温达全年最低，但由于大部分地区位于南亚热带，广东仍为中国大陆冬季最温暖的地区之一。最冷月(1 月)的月平均气温多数地区仍高于 10 ℃，且由北向南递增较快，至雷州半岛可达 15 ℃以上。冬季各地候平均气温普遍高于 10 ℃，仅粤北部分地方有 1～6 个候低于 10 ℃。由此可见，广东大部分地区并无气候意义上的冬季。除此以外，因受寒潮或强冷空气的影响，每年冬季都有短时寒冷或偶有异常寒冷的现象。强冷空气或寒潮除使广东降温外，北部地区还会出现雪、冰、霜等现象。自 20 世纪 80 年代中期以后，广东温暖程度增加，降雪南界北推，很少能到达中部，霜日少，霜期短，年平均霜日仅 1～15 d。冬季因受东北季风影响，降水稀少，其中，12 月和 1 月降水尤少,因此各地特别是雷州半岛冬旱或冬春连旱现象时常出现。冬末(2 月),北方冷空气在南侵过程中,常同北上的暖湿气流形成对峙局面,造成广东的低温阴雨寡照天气。12 月以后,各地日照时数逐渐减少,特别是 2 月,由于低温阴雨的影响,日照时数迅速减少。其中,西北部地区和雷州半岛日照时数明显减少,东部地区相对稍多。

广东因地处低纬度,冬季有特别的气候优势:①冬暖是广东气候的主要优势。与我国中、高纬度地区相比,广东冬春季仍比较温暖,气温较高。从 11 月至次年 3 月≥0 ℃的活动积温为 1800~2700 ℃·d,约占全年活动积温的 1/3。其中,粤北大部分地区可达 1900 ℃·d 左右,粤东北 2250 ℃·d 左右,粤中 2400 ℃·d 左右,粤西南 2700 ℃·d 左右。若按张宝堃(1934)的四季划分标准,则广东北部冬季短暂,中、南部地区无气候意义的冬季。我国冬季南北温差很大,相比之下,可以说广东冬季是中国"天然温室"。广东四季常青,冬季露地种植农作物不仅能正常生长,且能取得较好的产量。而我国中、高纬度地区冬季有稳定的土壤冻结期和作物停止生长期,并且越往北时间越长。广东冬季气候温暖,日平均气温大都在 10 ℃以上,冬季适宜各种喜凉、喜温作物生长,冬季农业生产能取得较好的经济效益。从生态条件看,广东冬季气候资源与中国其他地区相比,有更大的优越性。②冬季光温资源配合好,光能可利用率高。广东冬春季(11 月至次年 3 月,下同)全省平均日照时数为 480~840 h,此间的日照时数占年总量的百分比为:粤北占 32%~34%,粤东(汕头)占 34%~38%,粤中占 34%~37%,粤西南占 31%~36%。从全国 11 月至次年 3 月日照时数分布看,广东比我国西北、华北、东北偏少,而比长江中、下游地区偏多。由于广东冬、春季的日平均气温大都在 10 ℃以上,太阳能可供冬春作物充分利用。从光照的时间分布看:广东冬种作物生长前、中期光照充足,后期光照明显减少,2—3 月的日照时数只有 11 月的 50%左右。从光照的空间分布看,粤东最多,粤西南次之,粤中再次之,粤北最少。③与全国各地相比,广东冬春季雨量属适中或略偏多。广东各地 11 月至次年 3 月的降水量为 150~400 mm,其中,粤北 300~400 mm,粤中和粤东 200~300 mm,沿海和粤西南 150~200 mm。广东各地 11 月至次年 3 月降水量占年雨量的 10%~25%,长江中、下游地区占 20%~30%,而中国广大温带地区占 10%以下。冬季是全年降水量最少的季节,但与全国各地雨量相比,广东冬、春季雨量仍属适中或略偏多,故广东的冬季只要稍加灌溉,即可满足冬种作物生育的水分需水。④冬种的气候生产力较大。由于冬暖,广东光能可利用率高,因而冬、春季气候生产力也是比较高的,据广东省农业科学院在博罗、惠阳两县试验,麦—稻—稻、豆—稻—稻三熟的光温资源利用率为 80%~90%,而双季稻仅为 60%~65%,稻—稻—稻为 70%~75%。可见,适当扩大冬种面积,是挖掘冬季气候生产力的有效途径。由于广东具有冬种的气候优势,开发冬季农业对广东的农业增产、农民增收和全年农业生产具有重要意义,应发挥广东冬季气候资源,适当扩大冬种生产面积。

1.4 广东省气候分区和气候带区划

广东各地虽属同一季风气候区,但由于受天气系统、海洋和地理条件等因素影响,气候资源在不同区域上存在一定的差异。总体上,粤北地区光、热、风资源比其他地区差,降水资源则受地形地势的影响而呈现出一定的局地性特征。因此,分析不同区域的气候资源特点,可以为开展区域气候资源的开发和利用提供依据。

1.4.1 分区原则

分区原则按照粤气业函〔2006〕59 号文件《关于广东省气象预报服务区域划分标准的通知》规定。各区域划分范围如下(图 1.4):

粤北地区:梅州市、河源市、韶关市、清远市、惠州市龙门县。

粤东地区:汕尾市、揭阳市、汕头市、潮州市。

粤西地区:肇庆市部分地区(广宁县、怀集县、封开县)、云浮市、阳江市、茂名市、湛江市。

珠江三角洲地区:广州市、深圳市、佛山市、珠海市、江门市、中山市、东莞市、惠州市部分地区(惠州市区、惠阳区、惠东县、博罗县)、肇庆市部分地区(肇庆市区、高要市、四会市)。

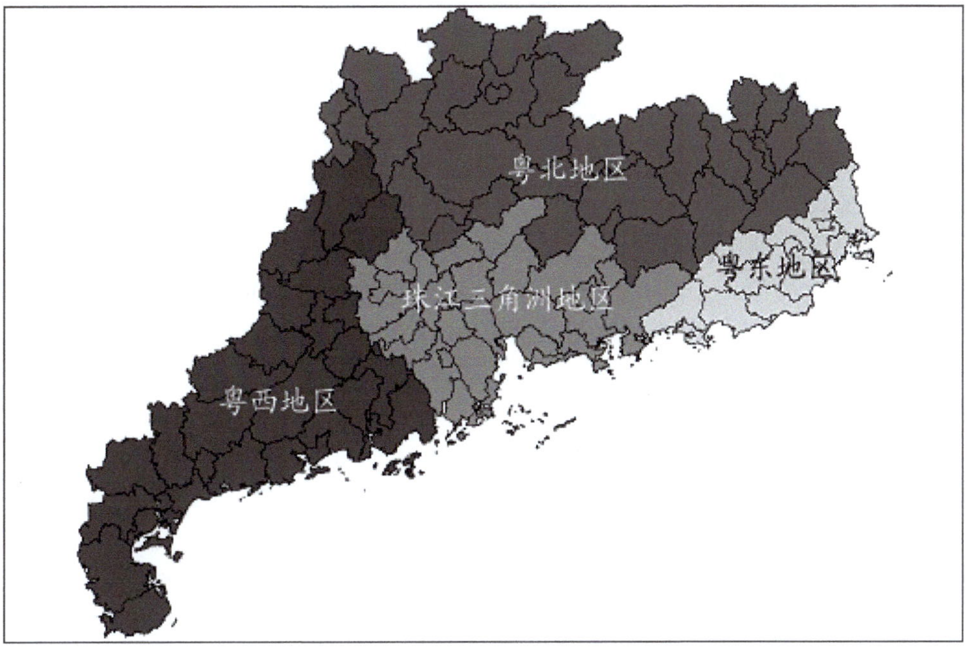

图 1.4 广东省各区域划分图

1.4.2 分区评述

1.4.2.1 粤北地区

粤北大部分是山区，垂直方向上的气候资源变化比较复杂，总体上光照、热量和风资源相对较差。年总辐射量西北部 3800～4200 MJ/m^2，东北部 4200～4800 MJ/m^2。年日照时数 1390～1907 h，平均值为 1648 h，年日照时数最多是兴宁，最少是连山。光资源东北部明显优于西北部。热量资源在水平方向上的变化是随纬度的增加而减少，区内各地的年平均气温在 19～21.5 ℃，平均值为 20.4 ℃，阳山、曲江、连平、和平一线以北 19～20 ℃。1 月份平均气温 9.0～13.6 ℃，平均值为 10.9 ℃，7 月份平均气温 26.8～29.0 ℃，平均值为 28.2 ℃。极端最高气温 38～42 ℃，平均值为 39.8 ℃，曲江 1953 年 8 月 12 日出现的极端最高气温 42 ℃，至今仍是全省最高的气温纪录。极端最低气温－0.6～－7.3 ℃，平均值为－4.4 ℃，梅州 1955 年 1 月 12 日出现的极端最低气温－7.3 ℃，至今仍是全省最低的气温纪录。与省内其他区域相比，本区既是广东省常年中冬季最冷的地区，同时又是夏季最热的地区。由于本区地理纬度相对较高，冬末初春气温回升迟，入秋后降温快，所以气温稳定通过 10 ℃的平均初日出现在 2 月底，稳定通过 12 ℃的平均初日出现在 3 月中旬初，秋季稳定通过 23 ℃终日出现在 10 月上旬初。日平均气温≥10 ℃的日数 271～338 d，平均为 298 d，期间积温 6653～7854 ℃·d，平均值为 6716 ℃·d。年降水量 1507～2220 mm，平均值为 1761 mm，年降水量最多的是龙门 2220 mm，最少是乐昌 1507 mm。前汛期降水量 662～1123 mm，平均值为 795 mm，占年降水量的 45%，后汛期降水量 383～735 mm，平均值为 507 mm，占年降水量的 29%。年平均风速 0.9～1.9 m/s，平均值为 1.4 m/s。

1.4.2.2 粤东地区

粤东大部分是平原地区。区内受天气系统、海洋和莲花山脉地形的影响，气候比较温湿，光照、热量和风资源相对较好。年总辐射量 4700～4900 MJ/m^2，年日照时数 1765～2136 h，平均值为 1984 h，年日照时数最多的是南澳，最少的是揭西。平均光资源是全省最好的地区。热量资源在水平方向上相差不大，年平均气温在 21.5～22.2 ℃，平均值为 21.7 ℃，年平均气温最高的是汕尾，最低的是澄海。1 月份平均气温 13.4～14.8 ℃，平均值为 14.1 ℃；7 月份平均气温 27.5～28.5 ℃，平均值为 28.2 ℃。极端最高气温 37.8～39.7 ℃，平均值为 38.8 ℃；极端最低气温－2.7～2.5 ℃，平均值为 0.2 ℃。与其他区域相比，本区冬、春季气温回升早，秋季降温略迟，气温稳定通过 10 ℃的平均初日出现在 1 月中旬末，比粤北地区提早近 40 d，稳定通过 12 ℃的平均初日出现在 2 月中旬初，比粤北地区提早近 30 d，秋季稳定通过

23 ℃的终日出现在10月中旬末，比粤北地区推迟近半个月。日平均气温≥10 ℃的日数330～351 d，平均为346 d，期间积温7229～7911 ℃·d，平均值为7680 ℃·d。年降水量1448～2442 mm，平均值为1838 mm，比全省平均值多30 mm，年降水量最多的是海丰，最少的是南澳。前汛期降水量582～1094 mm，平均值为756 mm，占年降水量的41%；后汛期降水量553～973 mm，平均值为745 mm，占年降水量的40%。年平均风速1.8～3.9 m/s，平均值为2.5 m/s。

1.4.2.3 粤西地区

粤西大部分是平原和台地，地理纬度较低，冬、春季节易受西路冷空气影响，但南部地区冬季热量资源是广东省最丰富的地区。区内的云开大山南部光、热、水、风资源明显比山的北部好。年总辐射量4200～4900 MJ/m²，年日照时数1479～2027 h，平均值为1791 h，年日照时数最多的是电白，最少的是云浮。平均光资源条件雷州半岛与粤东地区接近，其余地区比粤东地区差。热量资源是省内最丰富的地区，但随纬度增加而明显减少，在水平方向上南北相差很大。年平均气温在20.5～23.6 ℃，平均值为22.4 ℃。年平均气温最高的是徐闻，最低的是封开和广宁。1月份平均气温11.6～16.9 ℃，平均值为14.5 ℃；7月份平均气温28.1～29.0 ℃，平均值为28.5 ℃。极端最高气温37.9～40.6 ℃，平均值为38.8 ℃；极端最低气温−4.2～2.8 ℃，平均值为−0.3 ℃。本区冬、春季气温回升早，秋季降温迟，气温稳定通过10 ℃的平均初日出现在1月底，但南北相差很大，雷州半岛出现在1月中旬，北部的封开、怀集、广宁等地出现在2月中旬末，稳定通过12 ℃的平均初日出现在2月中旬后期，同样，雷州半岛比该区的北部要提早近1个月。秋季稳定通过23 ℃终日出现在10月中旬后期，南北相差近20 d。日平均气温≥10 ℃的日数304～355 d，平均值为333 d，期间积温6925～8472 ℃·d，平均值为7745 ℃·d。年降水量1373～2443 mm，平均值为1724 mm，比全省平均值少近80 mm，年降水量最多的是阳江，最少的是罗定，罗定也是广东省年降水量最少的地方。前汛期降水量365～1093 mm，平均值为702 mm，占年降水量的41%；后汛期降水量426～982 mm，平均值为685 mm，占年降水量的40%。年平均风速0.8～3.2 m/s，平均值为1.9 m/s，南部地区年平均风速基本都在2.0 m/s以上，明显比北部大。

1.4.2.4 珠江三角洲地区

珠江三角洲是岭南最大的冲积平原区，光、热、水、风资源均较丰富。该区冬、春季节受中路冷空气影响，北部低温阴雨天气比较严重。另外，由于珠江三角洲城市群的发展，城市热岛效应越来越严重，夏季高温天气有明显增加的趋势。区内年总辐射量4200～4800 MJ/m²，年日照时数1624～2057 h，平均值为1796 h，年日照时数最多的是惠东，最少的是广州。热量资源随纬度增加而明显减少，在水平方向上南北相差很大。年平均气温在21.3～22.7 ℃，平均值为22.1 ℃。年平均气温最高是上川岛和深圳，最低是四会。1月份平均气温12.6～14.9 ℃，平均值为13.8 ℃；7月份平均气温28.1～28.9 ℃，平均值为28.5 ℃。极端最高气温38.2～39.6 ℃，平均值为38.7 ℃；极端最低气温−2.6～2.5 ℃，平均值为−0.3 ℃。珠江三角洲地区内冬、春季气温回升早，秋季降温迟，气温稳定通过10 ℃的平均初日出现在2月初，但南北相差达20多天，如深圳在1月中旬末，四会则要到2月中旬中期。稳定通过12 ℃的平均初日出现在2月中旬末到下旬初，同样，南北相差半个月。秋季稳定通过23 ℃终日出现在10月中旬末，南北相差也接近半个月。日平均气温≥10 ℃的日数318～345 d，平均值为329 d，期间积温7223～8017 ℃·d，平均值为7588 ℃·d。年降水量1619～2613 mm，平均值为1897 mm，比全省平均值少近90 mm，年降水量最多的是恩平，最少的是南海。前汛期降水量757～1200 mm，平均值为817 mm，占年降水量的43%，后汛期降水量572～994 mm，平均值为729 mm，占年降水量的38%。年平均风速1.4～5.0 m/s，平均值为2.3 m/s，上川岛年平均风速达到5.0 m/s，为全省测站中年平均风速最大。

1.4.3 气候带区划

气候带是指采用各种指标把地球上气候特征彼此相近的地区，划分为若干带状的地带或大范围地区，是气候最大的气候区域单位，大致与纬线相平行。根据气候指标和参考指示植物分布及土壤类型等，将广东划分为中亚热带气候带、南亚热带气候带、边缘热带气候带3个气候带，并探讨了各气候带的划分界线，分析了气候带的气候资源以及主要气候优势和主要气候灾害等，突出各气候带气候资源利用与保护的方向，提出了新形势下气候资源合理利用的对策和措施的建议。

1.4.3.1 气候带的划分

气候带的划分主要考虑如下几个原则：①以气候指标为主要依据，考虑温度因子是工农业布局的主要限制因子，因此，以日均气温≥10 ℃积温、日平均气温 10～15 ℃的天数、日平均气温≤5 ℃的天数、最冷月(1 月)平均气温 4 个气温因子作为划带的主要指标。②气候是植物生活最基本的生态因素，气候决定了植物和植物群落地理分布的基本特征。③土壤类型与气候条件密切相关，陆地气候决定了土壤气候，影响着土壤的温度和湿度，影响地下水的分布，而土壤水分和温度又影响植物。

广东省气候带的区划指标参照 1998 年 10 月 1 日起执行的《中国气候区划名称与代码气候带和气候大区(GB/T 17297—1998)》国家标准和《中华人民共和国气候图集》(《中华人民共和国气候图集》编委会，2002)。气候带的区划指标以日平均气温≥10 ℃的累积温度和日平均气温稳定通过(5 d 滑动平均的日平均气温≥)10 ℃的天数作为划分气候带的主要指标，同时以最冷月平均气温和最热月平均气温为辅助指标作为划分气候带的指标(表 1.6，图 1.5)。

表 1.6 广东省气候带的区划指标

代号	气候带	指标		辅助指标	
		日平均气温≥10 ℃积温(℃·d)	日平均气温≥10 ℃天数(d)	1 月份平均气温(℃)	7 月份平均气温(℃)
Ⅰ	中亚热带	5300～6500	239～285	4～10	28～30
Ⅱ	南亚热带	6500～8000	285～360	10～15	28～29
Ⅲ	边缘热带	8000～9000	360～365	15～20	28～29
Ⅳ	中热带	9000～10000	365	20～26	＞28
Ⅴ	赤道热带	＞10000	365	＞26	＞28

根据气候带的区划指标，华南区域可划分为中亚热带、南亚热带、边缘热带、中热带和赤道热带 5 个气候带。广东省跨越了中亚热带、南亚热带、边缘热带 3 个气候带。

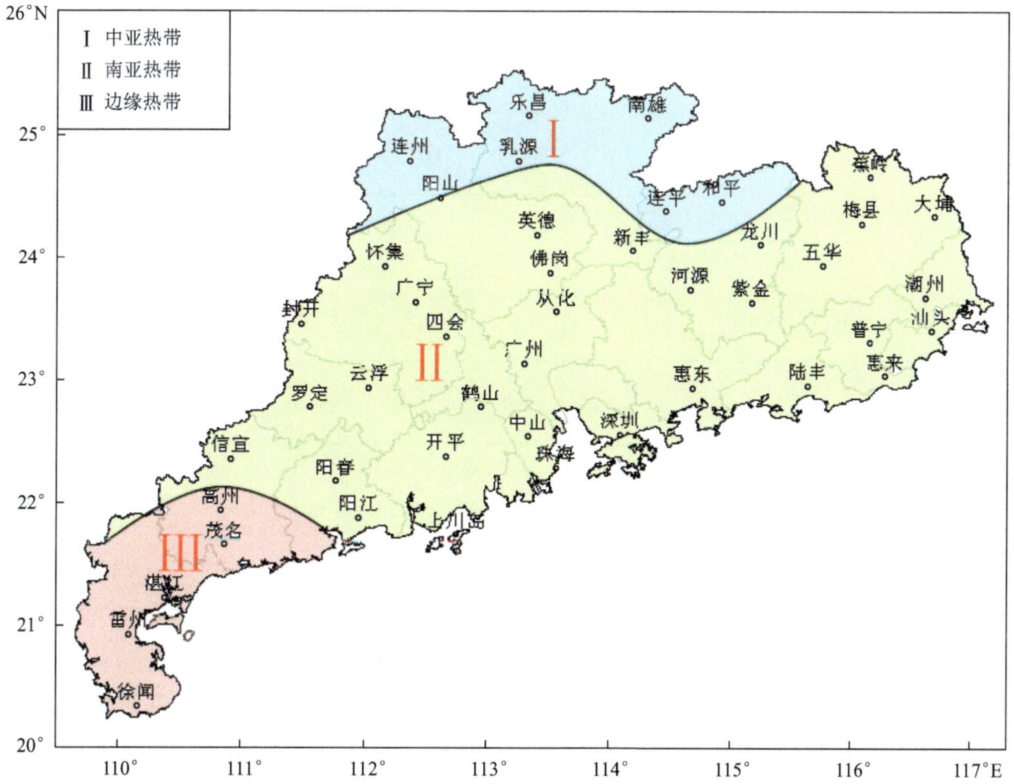

图 1.5 广东省气候区划图

1.4.3.2 中亚热带

中亚热带是典型的亚热带。广东省所属的中亚热带，包括粤北北部、粤东的西北部。区内地形复杂，山地丘陵交错。其气候特点为热量丰富、夏季炎热、无霜期长、冰雪很少(表 1.7)。

年平均太阳总辐射为 3900～4500 MJ/m^2。东部多于西部，盆地多于山区，如连平、和平都多于 4200 MJ/m^2，而西部连山则不足 4000 MJ/m^2。

日照时数的分布类似于太阳辐射，年平均日照时数为 1280～1800 h，其中，韶关以东 1500～1800 h、以西 1280～1500 h。太阳辐射和日照时数的季节变化明显，春季阴雨天多，辐射与日照均较少，而夏季则相反，6—9 月份各月的太阳辐射可达 450 MJ/m^2 以上。

年平均气温为 19～21 ℃。冬冷夏热、春秋温度很不稳定，是本区气温变化的特点。冬季受冷空气影响，气温较低，最冷月平均气温 9～10 ℃，历年极端最低气温达－4～－7 ℃。春、秋季易出现"乍暖乍冷"天气，秋温高于春温。夏季因受副热带高压影响，区内盆地经常出现高温天气，最热月平均气温 27～29 ℃，历年极端最高气温高达 38～42 ℃，日最高气温≥35 ℃的日数有 20～30 d。日平均气温稳定通过 10 ℃的日期，开始于 3 月上旬，结束于 12 月上中旬，持续时间 270～290 d，日平均气温稳定通过 10 ℃的积温 6500～7500 ℃·d。年平均霜日 10～15 d，始于 12 月上中旬，结束于 2 月中旬，无霜期 290～310 d。

雨季开始于 3 月下旬，结束于 9 月下旬，年平均降水量 1500～1900 mm，多雨期与光温丰富期相一致。4—9 月为雨季，其中，4—6 月的降水量占全年降水量的 45%～50%，7—9 月以热带气旋降水为主。年降水日数 160～190 d，5 月、6 月最多，10—12 月最少。7 月后，降水主要来自热带气旋，降水量明显减少，且常受副热带高压控制，因此，秋旱非常突出。

主要气象灾害有：寒潮、低温阴雨、暴雨、干旱、寒露风和霜降风。冬季，北方冷空气常越过南岭影响本区，其中，寒潮年平均 1～2 次。在较强的寒潮影响下，极端最低气温可降至－4～－7 ℃，有时还伴有大风和降雪，年平均降雪日数 1～2 d。春季因冷暖气流交汇于本区上空，常出现低温阴雨天气，年平均低温阴雨天数 15～30 d，个别年份在 30 d 以上。初夏暴雨频繁，往往引起山洪暴发，年平均暴雨日数 4～6 d，集中于 5—6 月。秋季，在晚稻灌浆充实期常遇到寒露风和霜降风，使产量出现波动。

表 1.7 广东省中亚热带代表站点光、温、水气候要素状况(1991—2020 年)

	乐昌	南雄	始兴	仁化	韶关	乳源	连州	连南	连山	连平	和平
年平均日照时数(h)	1374.5	1598.1	1559.1	1702.5	1608.7	1411.4	1443.9	1425.1	1294.5	1549.9	1602.2
年平均气温(℃)	20.1	20.2	20.2	20.1	20.5	20.3	20	19.9	19.2	20.6	20.2
极端最高气温(℃)	41	40.4	40.4	40.9	40.4	40.8	41.6	40.6	39.4	38.7	39.2
极端最低气温(℃)	−4.1	−4.1	−0.7	−4.8	−4.3	−3.1	−3.4	−3.8	−6	−2.8	−3.5
≥10 ℃平均积温(℃·d)	7086.7	7143.0	7180.0	7105.0	7360.1	7244.5	6970.2	6936.5	6671.9	7495.7	7251.2
年平均降水量(mm)	1522.7	1515.3	1558.3	1701.3	1715.0	1892.0	1698.3	1811.7	1817.4	1751	1642.3

1.4.3.3 南亚热带

南亚热带是亚热带向热带的过渡地带，具有某些热带的特色，与中亚热带有着明显的区别。广东所属的南亚热带，包括粤北南部，粤中、粤东大部分地区及粤西。区内有平原、山地、丘陵等，其中，包括工农业比较发达的珠江三角洲、韩江三角洲等。气候资源丰富，具有热量丰富、夏季很长、霜期极短、冬季暖和、偶有结冰、降水充沛、常风大等特点(表 1.8)。

年太阳总辐射 4000～5500 MJ/m²。地区差异大，珠江口以东较多，在 5000～5500 MJ/m²，其中，南澳达 5510 MJ/m²，西部山区较少，在 4000～4500 MJ/m²，云浮仅 3984 MJ/m²。日照丰富，年日照时数大部分地区 1450～2200 h，其地区分布趋势与太阳辐射相似，南澳最多，达 2282 h，最少是云浮、新丰等地，均不足 1600 h，其中，云浮仅 1492 h。太阳辐射和日照时数均以夏秋多、春冬少。夏季受副热带高压控制，晴好天气多，太阳辐射强度大，日照时间也长。7 月东部沿海地区日照时数达 240 h 以上，平均约 8 h/d。相反，2 月、3 月因受低温阴雨影响，各月太阳辐射和日照都较少，如珠江口以西 2 月、3 月的日照时数均在 100 h 以下，其中不少地区不足 80 h。

全年气温较高，各地差异亦小。年平均气温 21～23 ℃，年较差 14～17 ℃。冬季(1 月)月平均气温 10～15 ℃，北低南高。春季(4 月)各地月平均气温已升至 21～23 ℃，西部高于东部。夏季(7 月)各地温差减小，没有东西向的等温线，月平均气温在 28～29 ℃。秋季(10 月)又开始形成东西向的等温线，气温在 22～24 ℃，秋温高于春温。极端最高气温多出现在 7 月，其值为 38～40 ℃，沿海低、内陆高。极端最低气温多出现在 1 月，除沿海 0～2 ℃外，其他地区大都在 0 ℃以下，靠近南亚热带北界可达－4～－5 ℃，以梅县－7.3 ℃为最低。日最高气温≥35 ℃的日数，由沿海的 1 d 向内陆递增至 20 d，个别地方(如大埔)则超过 30 d。日平均气温稳定通过 10 ℃的积温为 6500～8400 ℃·d，开始于 2 月上中旬，个别地方始于 2 月下旬，终于 12 月下旬至次年 1 月上旬，沿海地区结束于 1 月中旬，持续天数达 300～355 d。年平均霜日数大部分地区 1～10 d，部分地区可达 12 d 以上，无霜期在 310～355 d。

降水充沛，年降水量 1500～2600 mm。其地区分布有如下特点：以云雾山东南麓恩平为中心，年降水量 2600 mm，阳春、阳江、斗门等地在 2250～2400 mm；以莲花山南侧海丰为中心，年降水量 2410 mm，普宁、揭西、陆丰等地有 2000～2200 mm；处于喇叭口地形处的清远、佛冈、龙门等地，年降水量 2200～2250 mm；西部罗定盆地和东南沿海的南澳等地为少雨区，年降水量不足 1500 mm。雨季开始于 4 月上旬，结束于 10 月上中旬，雨季长达 6 个多月。前汛期降水量为 700～1200 mm，占年降水量的 40%～45%；后汛期降水量为 500～1000 mm，占年降水量的 35%～40%。年降水日数 130～170 d，沿海少、内陆多。

年平均风速 1～4 m/s，沿海大于内陆。沿海汕头、电白、遂溪、吴川、湛江、雷州和徐闻以偏东风为主，沿海地区(特别是沿海岛屿)风能资源十分丰富。

主要气象灾害有：热带气旋、暴雨、低温阴雨、寒潮、干旱、强对流天气等。6—10 月经常有热带气旋登陆本区沿海，在饶平至海丰一带登陆的热带气旋年平均 0.8 次，惠东至台山段年平均 1.3 次。暴雨频繁，前后汛期均可出现，年平均暴雨日在 5～13 d。2—3 月，在北方冷空气南侵过程中，常与北上的暖湿气流形成对峙局面，致使春季常出现低温阴雨天气。冬季，当南侵的冷空气强度较强时，仍然会产生剧烈降温天气并伴有冰霜现象。西部春旱明显，东北部秋旱严重。春末夏初，天气变化剧烈，强对流天气较频繁。

表 1.8　广东省南亚热带代表站点光、温、水气候要素状况(1991—2020 年)

	潮州	海丰	广州	三水	云浮	阳江	汕头	信宜	清远	封开
年平均日照时数(h)	1991.9	1816.1	1558.8	1525.0	1491.6	1746.6	2028.5	1809.1	1664	1602.3
年平均气温(℃)	22.5	22.9	22.4	22.6	21.9	22.9	22.6	23.0	22.1	21.4
极端最高气温(℃)	39.6	39.1	39.1	39.1	39.1	38.3	38.8	38.9	39	39.2
极端最低气温(℃)	－0.6	1.0	0.0	0.3	－1.3	2.1	0.3	1.5	1.1	－2.4
≥10 ℃平均积温(℃·d)	8216.9	8202.3	8187.7	8237.5	7992.9	8358.0	8257.3	8366.4	8071.5	7815.1
年平均降水量(mm)	1711.8	2553.8	1950.1	1737.9	1612.3	2428.0	1569.5	1802.6	2037	1484.5

1.4.3.4 边缘热带

边缘热带位于热带北缘。广东省所属边缘热带地区，包括雷州半岛和茂名市南部及西南部沿海。区内有平原、山区、台地等。光热充足，降水充沛，干湿季分明，热带气旋影响明显（表 1.9）。

年太阳总辐射 4500～4800 MJ/m^2 以上，年日照时数 1730～2100 h，热量丰富，夏长无冬。年平均气温 23.0～24.5 ℃，最冷月平均气温 15～19 ℃，极端最低气温 0.5～3.5 ℃。夏季由于受海洋的调节作用，气温并不太高。>37 ℃的极端最高气温偶尔出现，且大多数地区不是出现在盛夏，而常出现在 4 月、5 月，所以暑气不酷。日平均气温稳定通过 10 ℃的日期，雷州半岛开始于 2 月上旬，结束于次年 1 月中下旬，持续时间达 350～360 d。日平均气温稳定通过 10 ℃的积温为 8000～9000 ℃・d。本区仅北部偶尔出现霜冻，无霜期长达 355～365 d。

年降水量 1380～2000 mm，雷州半岛南部较少，在 1380～1700 mm。干湿季分明，降水集中在 4—10 月，以 8 月最多。热带气旋降水明显，年平均为 500～750 mm。

主要气象灾害有：热带气旋、干旱、暴雨、寒潮、高温热害等。5—11 月东部沿海经常遭受热带气旋袭击，7—9 月是其登陆的盛期。在热带气旋的影响下，沿海地区都曾记录到 40 m/s 以上的极大风速。受东北季风影响，冬、春季降水稀少，干旱明显。1963 年和 1977 年的春旱严重程度为历史罕见。

表 1.9 广东省边缘热带代表站点光、温、水气候要素状况（1991—2020 年）

	湛江	吴川	徐闻	雷州	遂溪	高州	化州	廉江
年平均日照时数（h）	1898.2	2014.2	2096.5	2060	1839.9	1733.9	1837.9	1775.3
年平均气温（℃）	23.6	23.7	24.1	23.4	23.4	23.2	23.4	23.5
极端最高气温（℃）	38.4	38.5	38.7	38.7	38.9	38.7	38	39.1
极端最低气温（℃）	2.7	3.1	3.5	2.4	1.3	0.6	1.3	2.9
≥10 ℃平均积温（℃・d）	8599.4	8601.9	8813	8555.1	8533.7	8479.5	8468.3	8549.4
年平均降水量（mm）	1695.6	1554.9	1381.3	1608.5	1695.6	1776.4	1865.9	1761.4

参考文献

陈创买，薛纪善，林应河，1999. 广东灾害性气候的分析和预测研究[M]. 广州：中山大学出版社.

广东省农业厅，广东省气象局，2000. 广东省农业灾害及其防灾减灾对策[M]. 北京：气象出版社.

广东省气象局《广东省气候业务技术手册》编纂委员会，2008. 广东省气候业务技术手册[M]. 北京：气象出版社.

广东省气象局《广东省天气预报技术手册》编写组，2006. 广东省天气预报技术手册[M]. 北京：气象出版社.

广东省气象局资料室，1987. 广东气候[M]. 广州：广东科技出版社.

广东省人民政府农业办公室，广东省气象局农业气象中心，1996. 广东气候与农业[M]. 广州：广东高等教育出版社.

黄大文，1995. 广东寒潮的分析和预报[J]. 广东气象，4：2-6.

黄增明，谢炯光，吴尚森，等，2000. 广东省短期气候预测研究[M]. 北京：气象出版社.

林爱兰，吴尚森，1998. 近 40 多年广东省的寒潮活动[J]. 热带气象学报，14(4)：337-343.

鹿世瑾，1990. 华南气候[M]. 北京：气象出版社.

缪启龙，王勇，2007. 中国四季的划分及其变化特征分析[R]. 中国气象学会 2007 年年会.

谢宝永，曾琮，1998. 登陆广东的热带气旋的统计特征[J]. 广东气象，3：7-9.

严登华，耿思敏，罗先香，等，2011. 中国北方地区四季的时空演变特征[J]. 地理科学，31(9)：1105-1110.
曾琮，2002. 广州前汛期大暴雨天气气候分析[J]. 中山大学学报(自然科学版)，2(增刊)：180-183.
曾琮，陈创买，李晓娟，2005. 广东冬季气温时空变化特征[J]. 气象，31(3)：56-60.
曾琮，谢炯光，2003. 广东省寒潮、强冷空气的气候特征及与 ENSO 的关系[J]. 广东气象，1：7-9.
张宝堃，1934. 中国四季之分配[J]. 地理学报，1(1)：19.
张家诚，1991. 中国气候总论[M]. 北京：气象出版社.
《中华人民共和国气候图集》编委会，2002. 中华人民共和国气候图集[M]. 北京：气象出版社
朱炳海，王鹏飞，束家鑫，1985. 气象学词典[M]. 上海：上海辞书出版社.

第 2 章　气候资源和农业气候区划

太阳辐射、温度、降水、风、气等是发展经济社会所必需的物质和能量，通称为气候资源。光、温、水、气等气候要素的数量和组合，形成了广东丰富多样的气候类型，它是发展广东工农业生产的重要自然资源，在一定的技术和经济条件下，为经济社会发展和工农业生产提供物质和能量。气候资源有如下特点：

（1）气候资源是一种可再生资源、是取之不尽、用之不竭的自然资源，直接利用气候能源资源为经济建设服务，具有无污染、不破坏生态平衡的优点。

（2）气候资源在时间上和空间上都具有不均匀性变化；气候要素在时间上的变化致使工农业生产具有明显的季节性变化；在空间上的变化使工农业生产具有明显的地域性变化。气候资源的时空变化，在很大程度上决定了不同地区的农业结构、布局、作物种类、品种、熟制和产量等；同时，也影响工业生产原料供应和能源消耗、利用等；气候资源不仅在不同地区之间差异很大，就在同一个地区内不同时间和不同季节气候资源差异都是很大的，气候资源的季节变化和灾害性天气的季节性变化都十分强烈，说明气候资源开发利用必须因地制宜和因时制宜，才能充分、合理利用气候资源。

（3）气候资源各要素之间具有不可取代性，即对同一生产部门来说，任何有利的气候要素不能因其有利的一面而替代另一不利气候条件，如干旱地区，光热条件充足，水分缺乏，但不会因光热充足就可替代水分缺乏而对工农业生产有利。

（4）气候资源只有在数量适中时才呈现资源价值，过量或过少都可能形成灾害。例如，持续大雨、暴雨，降水过多，就会发生洪涝灾害；久晴少雨，就会发生干旱灾害。同时，当气候资源的日际变化和年际变化超过一定的幅度时也会出现异常而造成灾害；因此，了解气候灾害的分布、发生规律和特点及其危害性等方面的特点，是深入开发利用气候资源所必需的。

（5）在现有生产和技术水平下，人类对于外界气候条件主要是适应利用，只有在有限的范围内，才能施加积极的影响。例如，营造防护林或砍伐森林或人工灌溉和兴修水库都可以在一定程度上改变气候环境。又如合理调整工农业生产结构，因地、因时制宜发展工农业生产，就需要做到顺天时，量地利，才能取得最佳的经济效果。所谓顺天时，就是讲合理利用气候资源。

气候资源虽然是工农业生产的重要自然资源，但利用不当，又会给工农业生产带来不利因素和灾害。要在充分认识和掌握天气气候变化规律及其对工农业生产影响的基础上，及时准确发布天气预报和气候变化趋势预报，因地、因时制宜，充分合理地利用气候资源，避免不利的天气气候条件影响，有效地防御气象灾害；调节、控制和改善局地小气候；积极开展人工影响天气的科学实验，才能提高工农业生产的防灾、抗灾、减灾能力。

广东地处热带、亚热带地区，大部分地区为热带、南亚热带季风气候，是中国气候资源特别丰富的地区。广东省光、热、水、气等独有的气候资源因子的数量和组合，形成了广东丰富多样的气候类型，它在很大程度上决定了广东各地的农业结构、布局、作物类型、品种、种植制度和栽培技术等。同时又是发展农、林、牧、渔各业的重要自然资源和农作物生长发育及产量形成的最基本的要素。

2.1　热量资源

热量资源主要来源于太阳辐射的热效应，通常用“温度”数值来表示热量资源的多少，并以气温、积温的多少和霜冻期的长短等作指标来衡量某地区的热量资源的丰富程度，它不仅是生物（动、植物）生长必需的条件，而且对生物的地理分布产生决定性的作用。由于各地的温度状况不同，所以，由赤道向两极的温度带的变化引起了植被的改变，结果就分出相应的植被带，即热带植被带、亚热带植被带、夏绿林及干草原带、寒温带针叶林带和冻源带。温度是生物（动、植物）生产中的一个很重要的条件。作物种类和品种的选择、播植期的决定、耕作制度的形成在很大程度上都是适应和利用温度条件。

广东省地处低纬，太阳高度角大，太阳辐射积累的热量多，热量资源非常丰富，与国内其他省份相比，仅次于海南省。但是，因受季风气候和境内地理位置的影响，热量资源的分布具有明显的时空变化，这些变化导致季节性和区域性热量资源的过剩或不足，并由此引起高温热害或低温寒害。随着全球气候变暖的进一步发展，广东省总的热量资源将会继续增加，由此引起的正面和负面影响，还需不断进行研究。

广东省南部和中部地处南亚热带地区和边缘热带地区，没有气候意义的冬季，北部隶属中亚热带，即使在隆冬季节，冷空气到此已成“强弩之末”，霜雪和重寒害少见。热量丰富，年平均气温自北向南逐渐升高，如表 2.1，由 19 ℃升到 25 ℃。由于全年平均气温高，气候温暖，无霜期长，农业生产的回旋余地大，农林牧渔生产的季节长，单位时间生长量大，品种和季节安排灵活性大，这就使广东省的农业生产有很大的回旋余地，“田里不足地里补，水路不通走旱路，秋粮不够冬粮补，头季不行抓二季”等，使发展现代农业的选择余地大，更具有生产主动权。广东省具有这种热量资源，特别是冬季温暖，使大多数喜温生物能在冬季正常生长发育并和喜凉生物相搭配，使得全年的气候资源均可较充分利用，为冬季农业开发和发展热带、南亚热带农业提供了得天独厚的条件。许多地方把冬繁、冬种和冬养作为一年中重要的生产来抓，直接提高了土地的使用率和产出率，对扩大粮食生产、增强自给率，并向北方供应北运蔬菜等，均带来独特的经济社会和生态效益。充足的热量、充沛的雨量，使南粤大地的植物常年郁郁葱葱，四季鲜花怒放、水果飘香，南粤花卉、岭南佳果生机盎然。各类生物(动、植物)终年不停地生长，森林成材快，木材积储量大。当前，广东省现有森林木材积储量超过 2.5 亿 m^3，植物种类 8000 多种。省内设有 10 多个珍稀动植物自然保护区，珍稀动物有 700 多种。

表 2.1 广东省与国内代表站点年、月平均气温(1981—2010 年) 单位：℃

站点	1月	2月	3月	4月	5月	6月	7月	8月	9月	10月	11月	12月	年	排次
海口	17.7	18.8	21.4	24.8	27.2	28.4	28.6	28.2	27.4	25.5	22.4	18.6	24.1	1
湛江	15.9	16.9	19.5	23.6	26.9	28.6	29.0	28.5	27.5	25.3	21.5	17.6	23.5	2
广州	13.9	15.2	18.1	22.4	25.8	27.8	28.9	28.8	27.5	24.7	20.1	15.5	22.6	3
汕头	14.3	14.8	17.0	21.0	24.7	27.1	28.7	28.5	27.3	24.4	20.3	16.0	22.1	4
梅县	11.9	13.6	16.8	21.6	25.1	27.4	28.4	28.1	26.5	23.0	17.8	13.3	21.8	5
南宁	12.9	14.5	17.6	22.5	25.9	27.8	28.4	28.3	26.8	23.6	19.0	14.7	21.8	6
韶关	10.3	12.3	15.3	20.7	24.6	27.3	29.0	28.7	26.4	22.5	17.0	11.9	20.7	7
福州	12.8	15.2	18.7	22.5	26.1	27.4	27.7	25.4	21.7	17.5	8.0	5.7	19.1	8
武汉	4.0	6.6	10.9	17.4	22.6	26.2	29.1	28.4	24.1	18.2	11.9	6.2	17.1	9
上海	4.5	6.0	9.4	14.9	20.3	24.0	28.3	28.0	24.4	19.3	13.4	7.1	16.6	10
昆明	8.9	10.9	14.1	17.3	19.2	20.3	20.2	19.9	18.3	16.0	12.1	9.0	15.5	11
北京	−3.1	0.3	6.7	14.8	20.8	24.9	26.7	25.5	20.7	13.7	4.9	−1.0	12.9	12
拉萨	−0.7	2.0	5.7	8.8	12.8	16.4	16.2	15.3	13.5	9.2	3.4	−0.5	8.5	13
乌鲁木齐	−12.1	−9.4	−0.5	10.4	17.0	21.9	23.8	22.6	16.9	8.3	−1.5	−9.3	7.3	14
哈尔滨	−17.6	−12.4	−2.8	7.8	15.3	21.0	23.1	21.6	15.1	6.4	−4.9	−14.3	4.9	15

2.1.1 年平均气温

年平均气温可视为全年热量状况的总标志。根据气候资料统计，广东全省年平均气温的气候标准值为 21.9 ℃(1951—2020 年，86 站平均)。最高年平均气温出现在 2019 年、2020 年，达到 22.8 ℃，最低年平均气温出现在 1984 年，仅有 20.8 ℃，最暖年与最冷年年平均气温相差达 2.0 ℃。单站年平均气温最高出现在徐闻，为 25.3 ℃，出现时间是 2020 年；年平均气温最低出现在连山，为 17.8 ℃，出现时间是 1984 年。逐年广东省年平均气温变化如图 2.1。从图中可以看出，广东省热量条件存在着大波幅的年代变化，

20 世纪 60 年代中期到 80 年代中期，年平均气温距平普遍为负值，表明这时段广东省总体热量资源处于较差时期，80 年代中期以后，年平均气温距平普遍为正值，表明这时段总体热量资源处于较好时期。

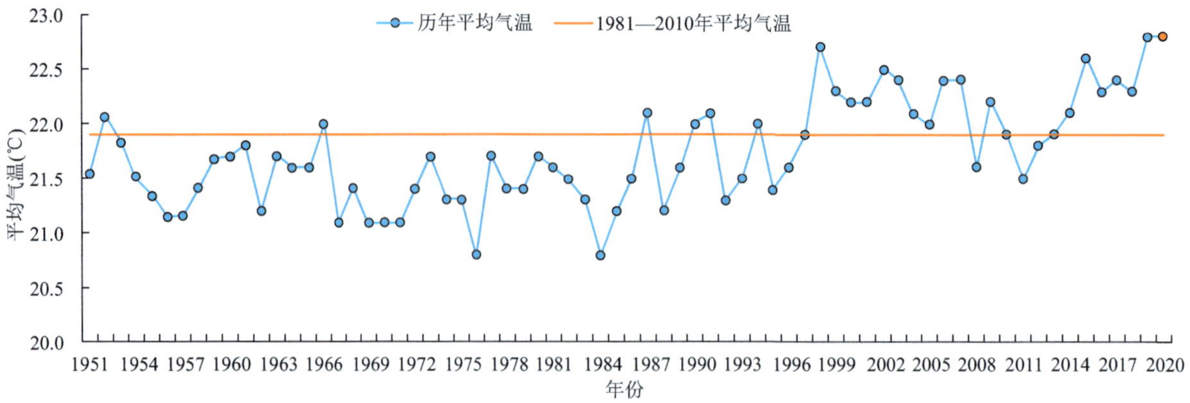

图 2.1　1951—2020 年广东省年平均气温变化图

广东省大部分地区的年平均气温在 20～23 ℃，纬向差异非常明显，南部高北部低，高值区在雷州半岛和茂名市的南部，年平均气温都在 23.0 ℃以上；低值区在和平、连平、始兴、乳源、连山一线以北，年平均气温低于 20 ℃(图 2.2)。

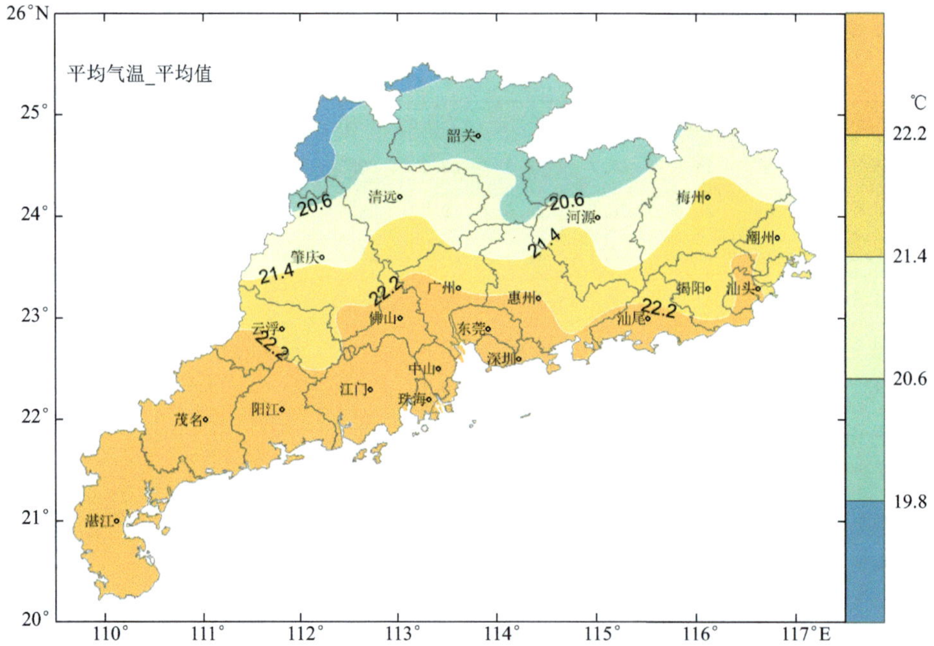

图 2.2　年平均气温(℃)空间分布(1981—2010 年)

2.1.2　极端气温

最低和最高气温可显示出当地最冷和最热的状况。气候上描述最冷和最热的程度，通常用平均最低(最高)气温和极端最低(最高)气温来表示，前者将历年最低(最高)气温加以平均，后者指有记录以来的极端值。

2.1.2.1　平均最高气温和平均最低气温

广东省平均最高气温随纬度增加而增加，曲江和阳山分别为 38.3 ℃和 38.1 ℃，是广东省最高的地方，上川岛只有 34.4 ℃，南北相差近 3.9 ℃。平均最高气温的地区分布大致是北部大部地区 37～38 ℃，南部沿海 35～36 ℃，其余地区 36～37 ℃(图 2.3)。

广东省平均最低气温随纬度增加而降低，最低出现在连山，低达－2.3 ℃，是广东省常年最冷的地方；

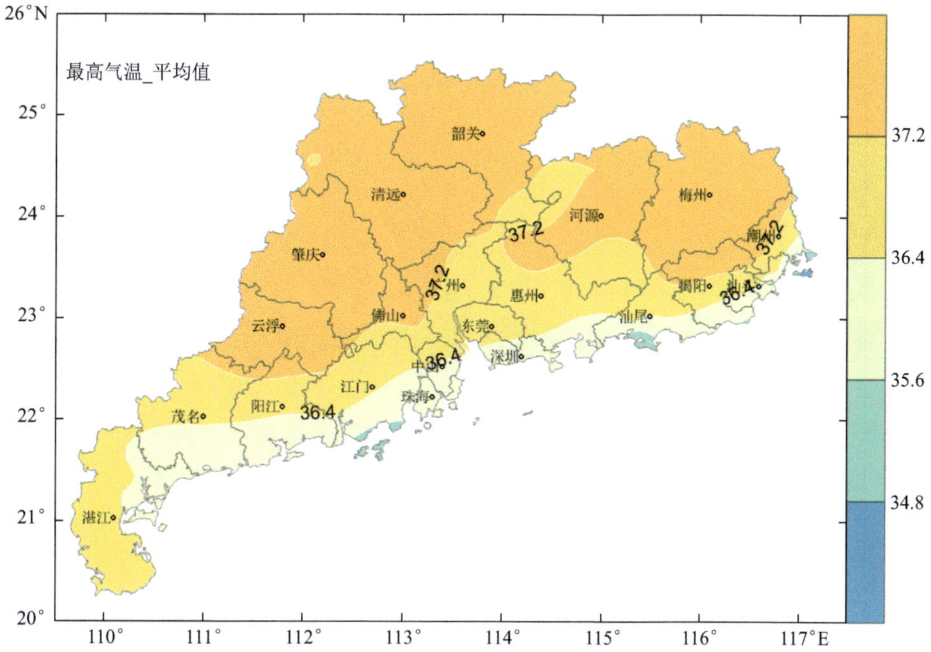

图 2.3 平均最高气温(℃)空间分布(1981—2010 年)

最高出现在徐闻,高达 6.2 ℃。平均最低气温 4～6 ℃的地区分布大致是南部沿海,雷州半岛南部 6～7 ℃,北部地区−2～1 ℃,其余地区 1～4 ℃(图 2.4)。

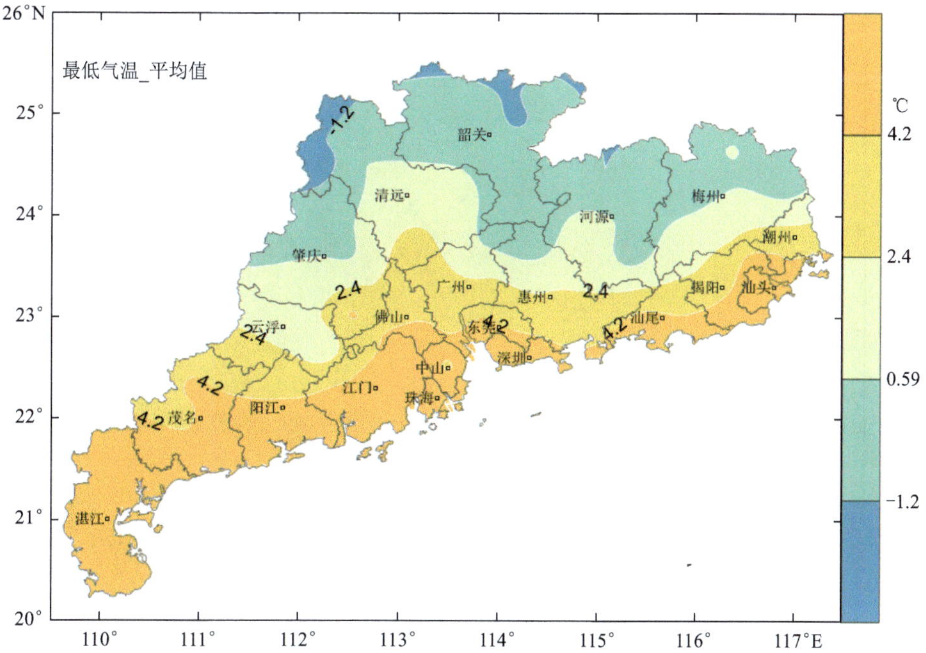

图 2.4 平均最低气温(℃)空间分布(1981—2010 年)

2.1.2.2 极端最高气温和极端最低气温

极端最高气温的地区分布为北高南低,北部大部地区为 39～41 ℃,其中,乐昌、连州、曲江、阳山为 41～42 ℃,南部地区 37～39 ℃,其余地区 39～40 ℃。全省有气象记录以来的极端最高气温为 42.0 ℃,1953 年 8 月 12 日出现在曲江(图 2.5)。

极端最低气温的地区分布为北低南高,北部大部地区为−6～−4 ℃,南部沿海 0～2 ℃,其余地区为−4～0 ℃。全省有气象记录以来的极端最低气温是−7.3 ℃,1955 年 1 月 12 日出现在梅州。出现低于−6 ℃的还有连州−6.9 ℃,南雄−6.2 ℃(图 2.6)。

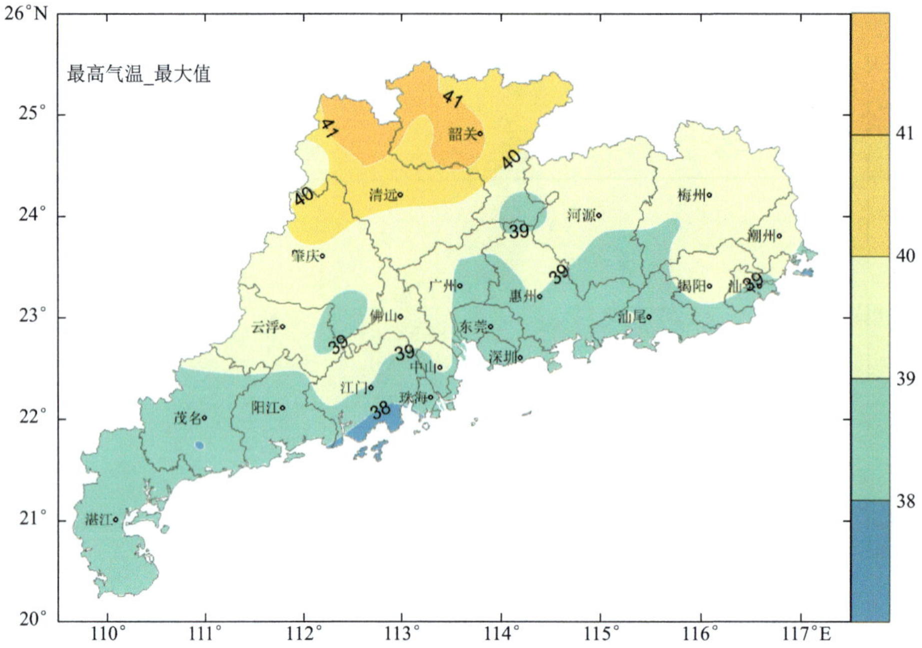

图 2.5 年极端最高气温(℃)分布(1951—2020 年)

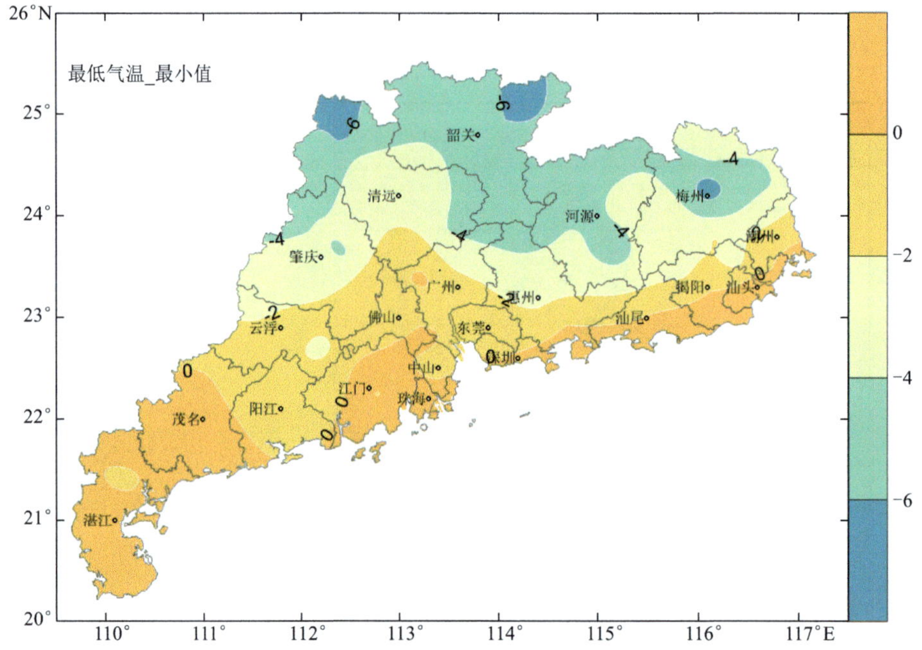

图 2.6 年极端最低气温(℃)分布(1951—2020 年)

2.1.3 各季平均气温

在一般气候统计分析上，为了方便起见，把阳历 12 月、1 月、2 月作为冬季，3 月、4 月、5 月为春季，6 月、7 月、8 月为夏季，9 月、10 月、11 月为秋季。这种划分方法，广东夏季刚好是最热的 3 个月，冬季也是最冷的 3 个月。夏季平均气温 27.8 ℃，冬季平均气温 14.0 ℃，春季和秋季平均气温相对比较接近，分别为 21.4 ℃和 23.0 ℃(图 2.7)。季气温的时空分布上，南北温差冬季最大，夏季最小，秋季大于春季。春季气温回升幅度北部地区大于南部地区，同样，秋季降温幅度北部地区也大于南部地区。需要指出的是，尽管广东省冬季是一年中最冷的季节，但与全国相比较，却是一个天然的大温室，尤其南部沿海地区，日平均气温常在 10 ℃以上，霜冻出现的概率较低，是发展冬季农业和旅游的好季节。

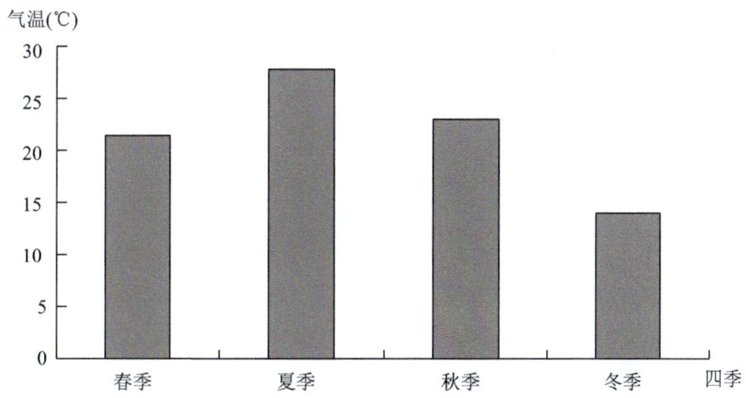

图 2.7 广东省各季平均气温

在全球气候变暖的背景下，广东省自1987年以来，各季热量资源也有不同幅度的增加，春、夏、秋、冬季的气温平均距平值分别为0.4 ℃、0.2 ℃、0.3 ℃、0.5 ℃。由此可见，气温升幅最大的是冬季，其次是春季。近十几年来广东省气温的这种季节性变化特点，使得冬、春季节热量资源增加，暖冬、暖春现象经常出现，寒冷灾害发生的频率也相应减少。

2.1.4 月平均气温

广东省年内月平均气温变化呈现单峰型，见图2.8。1月最低，7月最高，气温月较差为15.3 ℃。1月是一年中最冷的月份，月平均气温9～17 ℃，纬向差异明显，南高北低，南北温差达7.9 ℃。1月气温的地区分布，见图2.9，大致为北部8～12 ℃，中部12～14 ℃，南部14～17 ℃。7月是一年中最热的月份，见图2.10，月平均气温27～29 ℃，南北温差2.2 ℃。广东省有气象记录以来最高的月平均气温出现在英德，为31.2 ℃，时间是2003年7月，最低月平均气温出现在连山，为4.8 ℃，时间是1977年1月。

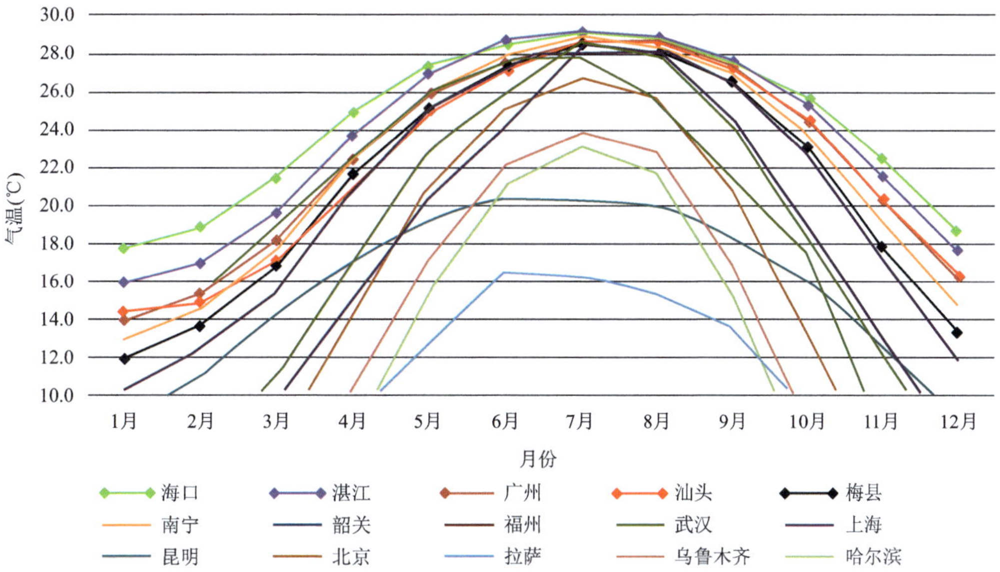

图 2.8 广东省与国内代表站点各月平均气温

2.1.5 界限温度初终日和积温

对农业而言，一个地区热量状况的好坏直接决定其作物种植类型、生长状况和产量。描述热量资源的总量，一般采用积温来表示，即在一定温度范围内日平均温度的累积值。积温是研究温度与生物发育速度之间关系的一种指标，从强度和作用时间两方面表示温度对生物有机体生长发育的影响，一般以度·日(℃·d)为单位。积温有活动积温、有效积温两个不同的概念。活动积温是指作物全生育期或某

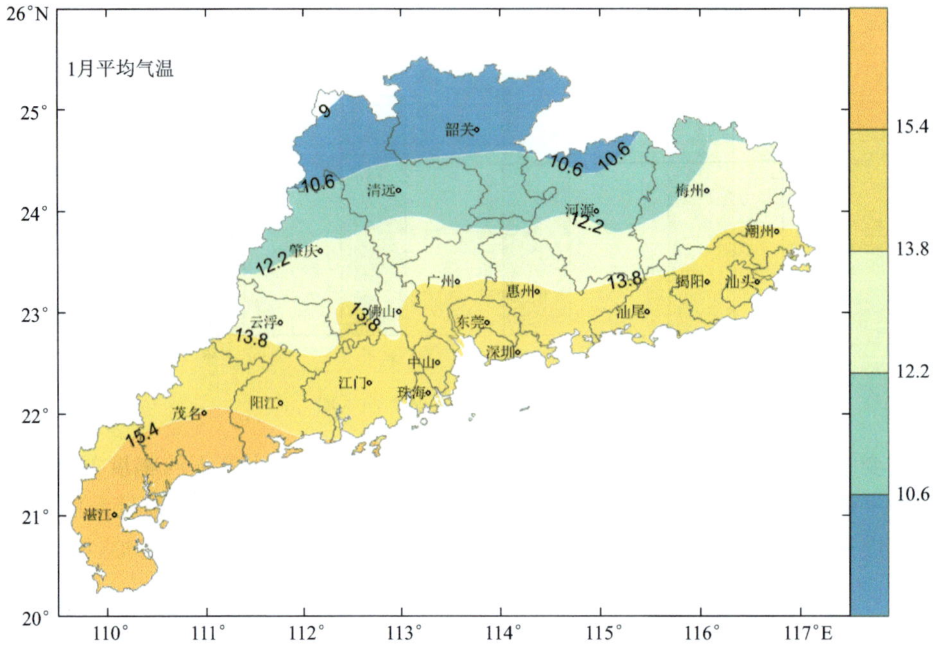

图 2.9　1 月平均气温分布(1981—2010 年)(单位:℃)

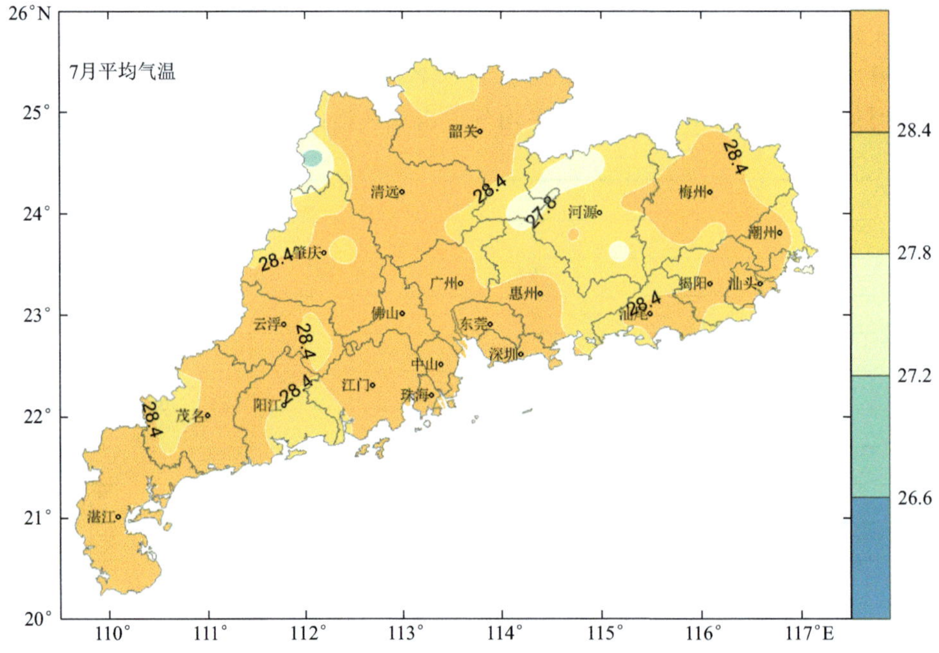

图 2.10　7 月平均气温分布(1981—2010 年)(单位:℃)

个发育阶段内高于界限温度的日平均气温累积和。有效积温是指作物全生育期或某个发育阶段内有效温度的总和,即逐日平均气温减去该作物的生物学下限温度的总和。对比某植物的活动积温与有效积温便可评价地区热量条件对该植物的满足程度。

界限温度的出现日期、持续日数对确定该地区的作物布局、耕作制度、品种搭配等都具有十分重要的意义。广东农业气候上常用的界限温度有日平均温度稳定通过 5 ℃、10 ℃、12 ℃、15 ℃、23 ℃等,不同界限温度的初日、终日及初、终间持续日数和累积温度(积温),在农业上各有不同的意义。稳定通过 5 ℃的时期为越冬作物生长活动期,稳定通过 10 ℃的时期为越冬作物生长活跃期和喜温作物可能生长活动期,稳定通过 12 ℃初日是早稻安全育秧期,稳定通过 15 ℃时期为喜温作物活跃生长期,稳定通过 23 ℃是晚稻安全抽穗开花的温度。计算农业界限温度的初、终日期的常用方法有直方图法、两倍偏差法和5日滑动平均法等，不同的计算方法所得出的结果可能会有一些差异。下面是采用5日滑动平均法计算出来的不同界限温度的持续日数和积温分布。

2.1.5.1　日平均气温≥5 ℃初终日及期间积温

稳定通过5 ℃的时期是温带植物开始或结束生长的标志，其初日或终日与农作物及大多数果树恢复或停止生长的日期相符合。所以一般日平均温度5 ℃以上的持续时期为植物生长期，也是南方越冬作物生长活动期。

广东省稳定通过5 ℃的初日，中南部地区在1月上旬，北部大部分地区出现在1月中旬后期。稳定通过5 ℃的终日，全省都出现在12月下旬后期。可见，南北地区初日相差近20 d，终日仅相差几天。初终间日数，北部大部地区345～360 d，而西南部沿海地区达到365 d，说明该区域极少出现低于5 ℃的日平均气温。初终间积温，北部大部地区7000～7500 ℃·d，其中，偏北地区6500～7000 ℃·d，中部地区7500～8000 ℃·d，南部地区8000～8500 ℃·d，雷州半岛南部8500～9000 ℃·d。

2.1.5.2　日平均气温≥10 ℃初终日及期间积温

稳定通过10 ℃的时期是喜温作物开始播种与生长期，10 ℃以上喜凉作物开始迅速生长，多年生作物开始以较快的速度积累干物质。因此，该时期也称为作物生长活跃期。

广东省稳定通过10 ℃的初日，南部沿海地区出现在1月中旬到下旬，南部的其他地区和中部大部地区2月上旬到中旬，北部大部地区在2月下旬到3月上旬。稳定通过10 ℃的终日，中部和南部地区出现在12月下旬，北部大部地区在12月中旬，北部偏北地区在12月上旬。可见，南北地区初日相差30～50 d，终日仅相差10 d左右。初终间日数，西南部和东南部沿海地区340～360 d，南部其他地区和中部偏南地区320～340 d，中部偏北地区300～320 d，北部偏南地区280～300 d，北部偏北地区260～280 d。初终间积温，雷州半岛和茂名市南部8000～8500 ℃·d，南部其余地区和中部偏南地区7500～8000 ℃·d，中部偏北地区7000～7500 ℃·d，北部偏南地区6500～7000 ℃·d，北部偏北地区6000～6500 ℃·d。

2.1.5.3　日平均气温≥15 ℃初终日及期间积温

春季日平均气温稳定通过15 ℃的初日是喜温作物积极生长的开始，花生等作物进入播种期、早稻秧苗正常生长。秋季稳定通过15 ℃的终日水稻已经停止灌浆。稳定通过15 ℃的天数可作为水稻、玉米、棉花、烟草等作物生长发育是否有利的指标，其持续期可称为喜温作物积极生长期。

广东省稳定通过15 ℃的初日，西南部偏西地区出现在2月下旬到3月上旬，北部偏北地区在3月底到4月初，其余地区在3月中旬到下旬。稳定通过15 ℃的终日，南部沿海地区出现在12月上旬到中旬，北部地区在11月中旬到下旬，其余地区在11月下旬到12月上旬。初终间日数，西南部偏西地区280～300 d，其中，雷州半岛南部300～320 d，南部其他地区260～280 d，中部大部地区240～260 d，北部地区220～240 d。初终间积温，雷州半岛南部7500～8000 ℃·d，其他沿海地区6500～7000 ℃·d，中部地区6000～6500 ℃·d，北部地区5500～6000 ℃·d。

2.1.5.4　日平均气温≥12 ℃初日

日平均气温稳定通过12 ℃是广东省早稻露地秧安全播种温度。此时，如果出现低温阴雨天气过程，对早稻播种育秧、春花生、春玉米播种出苗，以及蔬菜生产等带来不利影响。因此，每年2月1日至4月30日期间，如果出现日平均气温≤12 ℃，且持续3 d或以上，业务上定义为1次低温阴雨天气过程。

广东省稳定通过12 ℃的初日，雷州半岛南部和茂名市的南部沿海、粤东沿海出现在2月中旬中期，北部大部地区在3月上旬到中旬，其余地区在2月中旬到3月上旬(图2.11)。

2.1.5.5　日平均气温≥23 ℃终日

日平均气温≥23 ℃是广东省晚稻安全齐穗期的温度要求，入秋后如果出现日平均气温≤23 ℃，且连续3 d，业务上定义为1次寒露风天气过程。出现寒露风天气过程，对晚稻抽穗扬花很不利，将影响晚稻开花授粉，导致结实率下降。

广东省稳定通过23 ℃的终日，北部大部地区出现在9月底到10月上旬，南部的沿海地区在10月下旬初，其余大部地区在10月中旬(图2.12)。

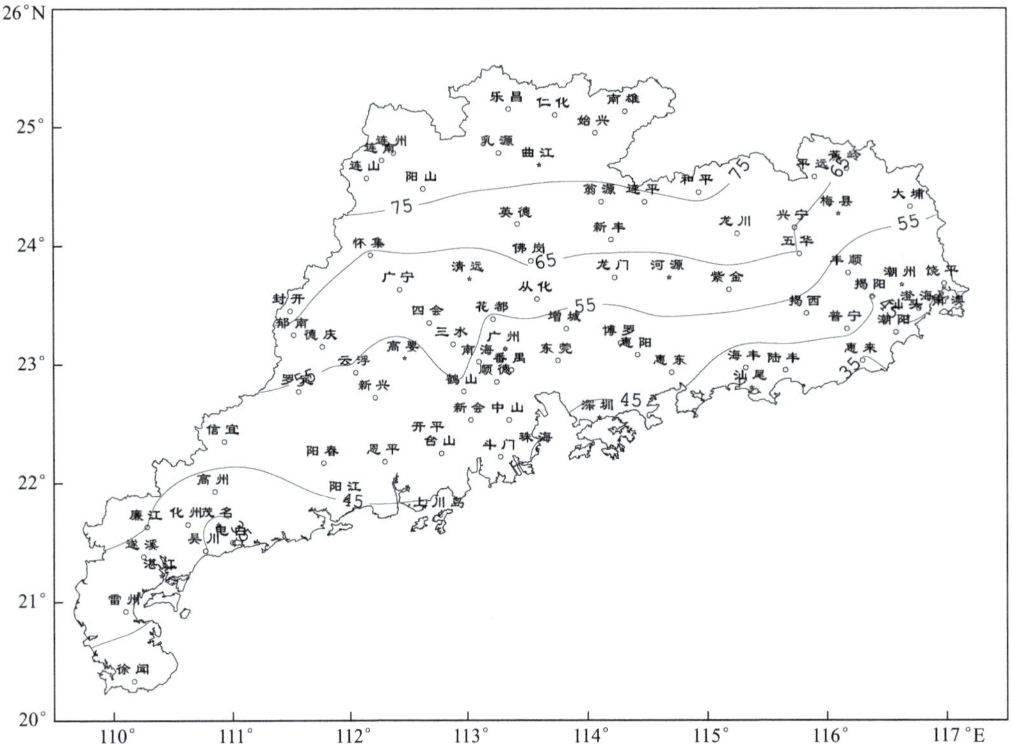

图 2.11　稳定通过 12 ℃初日分布

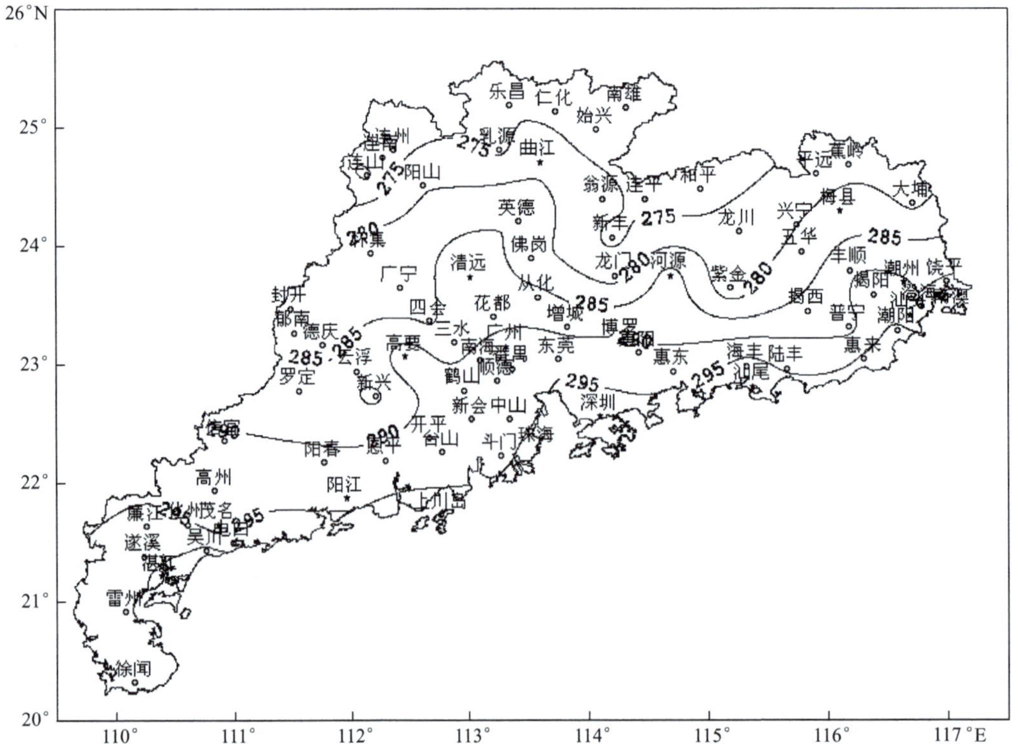

图 2.12　稳定通过 23 ℃终日分布

2.1.6　地面温度(地温)

土壤表层温度,即地面与空气交界处的温度,即地表 0 cm 处的温度。地温的高低对近地面气温、地面有效辐射、土壤中各种生物化学过程,都受土壤温度的影响,土壤蒸发和植物种子的发芽出苗、根量形成、生长发育、土壤微生物的繁殖及其活动、病虫害的越冬、地下害虫的活动等都有很大影响。

地温分为:①月平均地温:1 个月中逐日平均地面温度总和的日均值即为月平均地面温度。②年平均地温:12 个月的平均地温总和的平均值即为年平均地温。广东年平均地面温度的分布规律是自北向南递增,最高值出现在 7 月,最低值出现在 1 月。随着深度的增加地中温度的最高值和最低值出现的时间均往后推移。冬季随着深度的增加,地中温度逐渐升高;夏季随着深度的增加,地中温度逐渐降低。广东的地温只有偏北地区地温会出现短暂 0 ℃的情况,因此,广东很少出现冻土现象。

2.1.7　温度与作物生长期

生长期为某地区一年内作物可能生长的时期。生长期可分为气候生长期和作物生长期两种。①气候生长期:一般是采用具有一定农业意义的不同界限温度期间的天数,如 10 ℃开始期至 10 ℃终止期为喜温作物的生长期;春季稳定通过 12 ℃的始日至秋季稳定通过 15 ℃终日期间的天数作为双季稻的生长期。不同界限温度的初日、终日间持续日数,表示在农业上各有不同意义的气候生长期。也可用无霜冻期表示。南亚热带以南的地区全年都是生长期。高寒山区温度低,生长期短。②作物生长期:对一年生作物而言,是指从作物播种到成熟的时期;对多年生作物,则是指从春季萌发到进入休眠期为止的时期。不同光、热、水等条件的组合,不同气象条件以及不同农业技术措施等都能引起生长期的变动。对比分析某一地区的气候生长期和不同作物或不同作物组合所需生长期资料,以便选用适当的作物、品种搭配和选用适宜的种植制度。

2.1.8　霜冻

霜冻是生长季节里因植株体温降低到 0 ℃以下而受害的一种气象灾害。霜冻与气象学中的霜在概念上是不一样的,前者与作物受害联系一起,后者仅仅是一种天气现象(白霜)。发生霜冻时,如空气中水汽含量少,可能不出现白霜。出现白霜时,有的作物也不发生霜冻。

(1)霜冻日数　一年内终霜冻日至初霜冻日之间的持续日数。通常采用百叶箱日最低气温>2 ℃的持续期近似地作为无霜冻期。无霜冻期常被认为是喜温作物的生长期,大致与日平均气温>10 ℃的时期相当,其分布是随纬度增加而缩短。广东省初霜迟,终霜早,霜日很少,无霜期长。广东省由北往南霜冻是减轻的。总的来说,广东各地年平均霜日数为 1～15 d 不等,北多南少。粤北 10～15 d,粤中偏西地区 5～10 d,粤中南 1～5 d,东西部沿海地区及雷州半岛仅为 1 d 左右。

(2)无霜冻期　无霜冻期与气象学上所称的无霜期不同。无霜期是根据地面出现白霜的终、初日期确定的,但白霜的出现并不完全取决于温度。当空气特别干燥或夜间有风时,尽管地面温度已降至 0 ℃或以下,作物已受冻害,而地面仍不见霜(这种霜冻俗称黑霜);或者地面虽已出现白霜,作物却未受害。可见根据白霜确定的无霜期,不能准确反映作物受霜冻害的情况。

(3)平均初霜期　一年内第一次发生霜冻的日期称为初霜冻日期,将多年初霜冻日的系列资料中取其中数值(或平均值),即为平均初霜期。广东各地平均初霜期差异比较明显,呈现北早南迟的趋势变化。粤北在 12 月 10 日前后,粤中 12 月中旬末至下旬末,沿海地区在 1 月上旬。

(4)平均终霜期　一年内最后一次霜冻发生的日期称为终霜冻日期,将多年终霜冻日的系列资料整理后平均终霜期:粤中 1 月底左右,沿海、雷州半岛 1 月中旬末前后。

2.1.9　热量资源分区

根据广东不同地域之间热量资源的相同性和差异性程度,对广东地区的热量资源进行区域划分,目的在于阐明广东不同地区热量资源的分布变化规律,划出不同地区的热量资源区域。一方面,它为广东热量资源的合理开发利用提供气候依据;另一方面,也为广东的能源利用规划提供科学依据。广东各地热量资源分布为，粤东南和粤西南沿海相对较为丰富；粤北较差，但粤北的日平均气温大都在 10 ℃以上，使得全年的气候资源均可较充分利用。现将各热量资源分区简述如下：

(1) 粤北山区　年平均气温 19～21 ℃，日平均气温≥10 ℃的积温 5900～6700 ℃·d，持续期 274～287 d，无霜期 292～314 d，最冷月(1 月)平均气温 8～11 ℃，极端最低气温曾达－6.9 ℃，极端最高气温曾达 42 ℃，是广东冬季较冷和夏季最热的地带。其特点：一是冬冷夏热显著，冬季比同纬度地区偏冷，夏季比同纬度地区偏热。二是气温年际波动大。三是热量随海拔高度增高呈线性递减，热量垂直分布差异显著，平均每上升 100 m，气温下降 0.5～0.6 ℃，相当于平原地区向北迁移 60 km 左右。四是农作物生长季和热量垂直分布差异显著。海拔每升高 100m，农作物生长天数将减少 4～6 d。

(2)粤中北丘陵山区　年平均气温 20～22 ℃，日平均气温≥10 ℃的年积温 6700～7400 ℃·d，持续期 300～322 d，无霜期 300～322 d，最冷月(1 月)平均气温 11～13 ℃，冬冷夏热，年气温较差大，冬季极端最低气温曾达－7.3 ℃，兴梅盆地平均霜日 10 d 以上，极端最高气温曾达 39.5 ℃，极端最高气温≥35 ℃日数达 33 d 左右。

(3)粤中、南平原丘陵区　年平均气温 21～22 ℃，日平均气温≥10 ℃的积温 7500 ℃·d 以上，最冷月平均气温 12 ℃以上，平均最低气温 9 ℃以上。夏长，无气候意义的冬季，但一些年份仍有短暂的冬季寒害。

(4)粤西南区　年平均气温 22 ℃以上，日平均气温≥10 ℃的年积温 8000 ℃·d 以上，最冷月平均气温 15 ℃以上，平均最低气温 11 ℃以上。夏季极端最高气温≥35 ℃的日数比粤北的韶关、梅县少 20 d 以上，但冬季仍偶有寒害。

2.2　降水资源

降水是水资源的主要来源。广东省的地表水、土壤水和地下水的补充来源是降水补给，河川径流也完全由降水补给，因而降水是人们生产、生活和生存不可或缺的一种十分重要的自然资源。水分是农作物进行光合作用、合成碳水化合物的原料之一，是作物体内输送养分的载体，又是作物生长、发育的一个重要的环境因子。水是植物生活必需的条件，植物细胞的原生质必须有水分，植物的一切代谢作用必须在有水的情况下才能正常进行。同时，土壤中的无机盐必须是水溶液的状态才能被植物吸收，水分和二氧化碳是植物进行光合作用必需的原料，水分也是维持能量平衡与生命活动不可缺少的调节物质。它与光、热资源配合的适宜程度决定了农业气候资源优劣和农业产量的高低。

广东省面临南海，由于印度洋孟加拉湾、南海、西太平洋水汽的输入，气候温暖湿润，中、北部地区，受气旋波或低槽活动的影响，获得较多降水，南部沿海地区台风带来丰富的降水，优越的地理位置和气候条件，使广东水资源相当丰富，广东的降水量高于我国内陆省份，全省面积仅占全国的 1.9%，但多年平均年降水量却占全国年降水总量的 5%以上，降水为全国平均值的 2.7 倍。广东省的水资源主要来自降水，河川径流完全由降水补给。全省平均年降水量为 1372～2613 mm，平均年降水日数达到 154 d。相对于全国大陆各省(区、市)来说，广东是全国降水量最多的省份，见表 2.2。但是，由于受季风气候以及境内地形地势的影响，广东省降水资源在时空分布上很不均匀。时间分布不均匀主要表现在年际变化和年内变化两方面，年际变化上存在着明显的丰水年和枯水年，而年内变化则可明确划分出汛期和非汛期时段。降水量的时空分布不均匀，导致降水资源的利用率很低，而且经常出现旱涝现象。从降水的月分布看，如图 2.13，由于广东 80%以上的降水都集中在汛期，而且期间暴雨频繁发生，使得径流常常以洪水的形式出现，不仅造成严重的洪涝灾害，也使大量水资源因无法调蓄而直泄入海，成为不可利用的水资源，致使降水资源的利用率非常低。而冬、春季(非汛期)则由于降水稀少，经常形成干旱，一般春旱比秋旱范围广，对农业影响大，一旦出现秋冬连旱，则旱情更为严重。在地域上，广东省东部、西部沿海、东江、北江中下游地区降水资源比较丰富，但在广东省北部山间盆地、西江河谷、珠江三角洲、沿海平原区和雷州半岛地区降水资源则偏少，经常出现一些区域性干旱。特别是雷州半岛由于地势平坦，河流短小，地表蓄水能力低，是广东省最为缺水的干旱区。由于广东省降水的时空分布不均，旱涝较常见。

表 2.2　广东省与国内代表站点年、月平均降水量(1981—2010 年)　　（单位：mm）

站点	1 月	2 月	3 月	4 月	5 月	6 月	7 月	8 月	9 月	10 月	11 月	12 月	年	排次
广州	44.1	71.1	93.4	184.6	286.8	318.6	238.2	233.8	194.4	68.7	38.4	29.3	1801.3	1
湛江	25.3	44.7	59.8	130.9	210.0	262.3	220.7	314.3	242.1	110.5	41.9	28.6	1691.0	2
汕头	27.3	68.8	106.4	173.3	206.6	274.9	227.3	276.7	160.3	30.3	32.4	33.6	1617.9	3
韶关	70.3	106.7	181.4	220.5	248.5	250.5	161.3	126.7	99.2	42.9	52.1	41.6	1601.8	4
海口	22.9	44.0	50.2	119.0	181.9	201.6	175.4	202.0	210.6	228.1	108.8	31.1	1575.6	5
梅县	46.0	103.3	153.0	202.5	184.4	226.0	164.3	199.8	120.1	29.7	39.5	35.4	1504.0	6
武汉	49.0	67.6	89.5	136.4	166.9	219.9	224.7	117.4	74.3	81.3	59.1	29.7	1315.8	7
福州	91.8	114.1	174.2	202.6	172.3	174.6	97.1	96.7	121.3	39.1	18.9	8.3	1311.2	8
南宁	39.6	45.2	61.8	88.6	176.3	215.9	239.2	179.6	124.8	51.3	44.5	23.0	1289.8	9
上海	61.3	59.8	92.0	81.7	95.2	172.8	161.8	188.0	103.9	59.1	54.3	38.2	1168.1	10
昆明	7.2	15.9	14.6	17.9	25.1	86.2	172.9	204.5	197.5	112.8	82.1	35.9	972.6	11
哈尔滨	4.4	4.7	12.2	20.1	39.8	90.4	146.6	122.4	55.2	23.0	12.4	6.8	538.0	12
北京	2.7	4.5	9.9	24.7	37.3	72.0	161.4	139.5	48.7	22.5	9.5	2.1	534.6	13
拉萨	0.9	1.4	3.1	7.3	29.0	71.6	123.2	124.5	69.4	7.2	0.7	0.7	439.0	14
乌鲁木齐	11.1	12.2	19.1	35.1	39.7	32.9	37.1	26.9	23.6	24.5	19.7	16.7	298.6	15

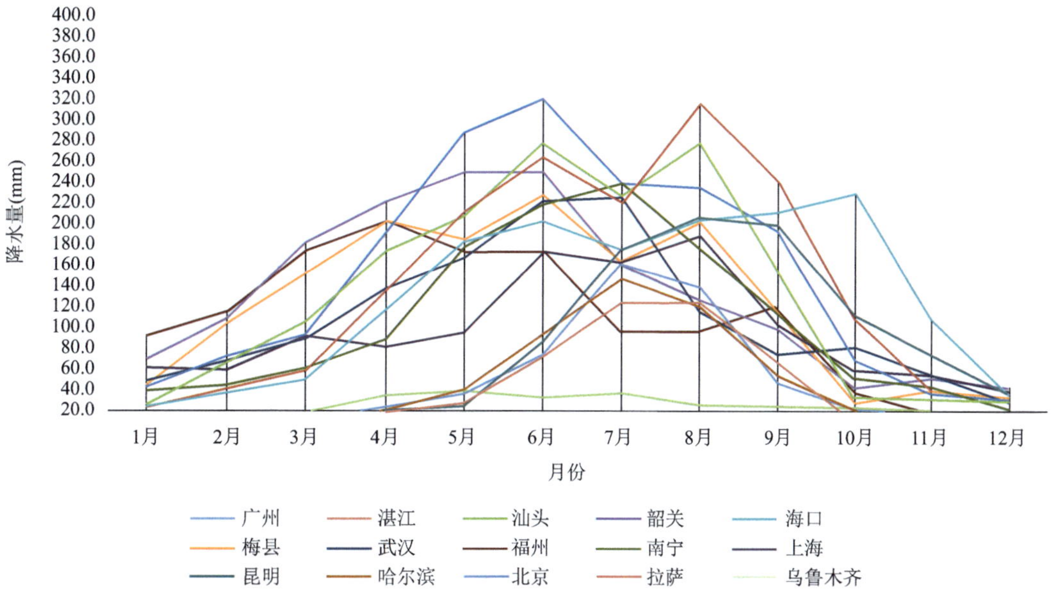

图 2.13　广东省与国内代表站点逐月平均降水量

2.2.1　年降水量的时间分布

全省多年平均年降水量为 1790 mm，但不同年份的降水量相差很大，最涝年全省平均年降水量可达 2277.5 mm(1973 年)，最旱年则只有 1178.4 mm(1963 年)，相差近 1099 mm，具有明显的年际变化。图 2.14 是 1951—2020 年广东年降水量逐年变化图，从中可以看出，年降水量呈 20 世纪 50 年代偏多，60 年代偏少，70 年代偏多，80 年代偏少，90 年代偏多，21 世纪前期和后期偏少但中期偏多的波动变化。

由于广东省属于明显的东亚季风气候区，冬半年受东北季风控制气候干燥较冷，夏半年受西南和东南季风控制气候炎热多雨，一年中有 80％的降水集中在汛期(4—9 月)，汛期降水量是非汛期降水量的 4 倍，干湿季明显。由于形成降雨天气系统的不同，汛期又可以分为前汛期和后汛期两大类：前汛期(4—6 月)降水主要受西风带天气系统，如西南低槽、低涡、冷锋、静止锋等影响，是由适量冷空气南下与热带暖湿气流共同作用而形成的，降水量较大，平均有 753.6 mm，占年降水量的 42.9％，并且占年降水量的比例由北向南减少；后汛期(7—9 月)降水主要受热带环流系统，如热带气旋、热带辐合带、东风波等影响，降水量较前汛期略少，平均有 650.6 mm，占年降水量的 37％，而占年降水量的比例与前汛期相反，是由北向南增大的。介于前汛期和后汛期之间的 6 月下旬至 7 月下旬是一个相对的少雨期，但年内主要的少雨期是出现在 11 月至次年 3 月份。

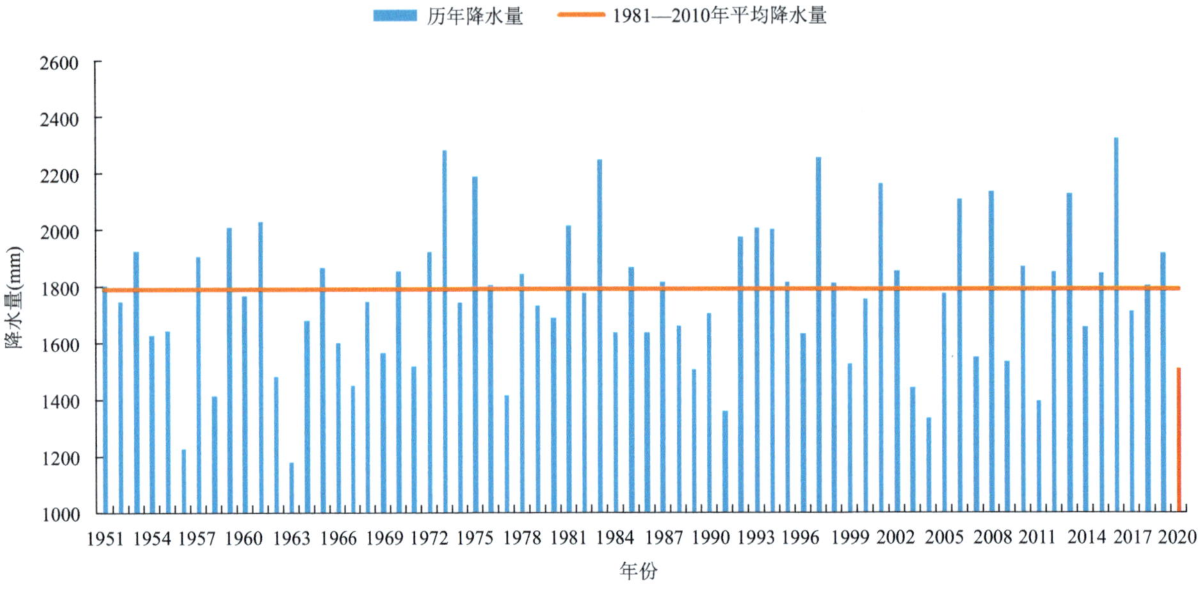

图 2.14　1951—2020 年广东省年降水量逐年变化

2.2.2　降水量的空间分布

受气候、地形地貌的影响，年降水量的空间分布也很不均匀，地区之间差异很大(图 2.15)。3 个主要降水中心分别是：①粤西沿海高值区(阳江、恩平一带)，平均年降水量 1900～2600 mm。根据气象资料统计，单站的最大日降水量有 605.3 mm(阳江)，最大的月降水量则达 1573.1 mm(阳江)。②粤东沿海莲花山脉东南迎风坡高值区(海丰、陆丰一带)，平均年降水量 2000～2400 mm，单站最大日降水量有 621.6 mm(陆丰)，最大月降水量则达 1395.0 mm(海丰)。③北江中下游高值区(清远、佛岗、龙门一带)，平均年降水量 2000～2100 mm，单站最大日降水量有 640.6 mm(清远)，最大月降水量则达 1647.3 mm(龙门)。

广东省年降水量较少的地区主要有：粤西雷州半岛低值区、西江下游河谷低值区、粤北南雄坪石低值区、珠江三角洲低值区、兴梅盆地低值区、粤东潮汕平原低值区。前汛期降水量的分布(图 2.16)与年降水量分布基本类似，也存在 3 个降水中心。而后汛期降水量的分布(图 2.17)则有所不同，降水量呈纬向型分布，沿海地区降水量较多，主要集中在粤西沿海和粤东沿海 2 个降水中心，雷州半岛也较多，往北则降水量递减。

2.2.3　年平均降水日数

一年当中≥0.1 mm 降水日数的多年平均值，简称年降水日数，以天(d)为单位。广东平均年降水日数为 154 d，是全国大陆省份中最多的，其年降水日数的分布特征与年降水量基本相似，即 4—9 月汛期降水日数多，10 月至次年 3 月少雨期降水日数少。降水日数还与地形地势有关，一般迎风坡降水日数多，背风坡降水日数少。全省大部分地区年降水日数占全年日数的 1/3 以上，从西北向东南递减，其中，以连南、阳山、怀集，以及清新、阳春为 170 d 以上；大埔—丰顺—博罗—增城—台山—阳江—廉江一线 150 d

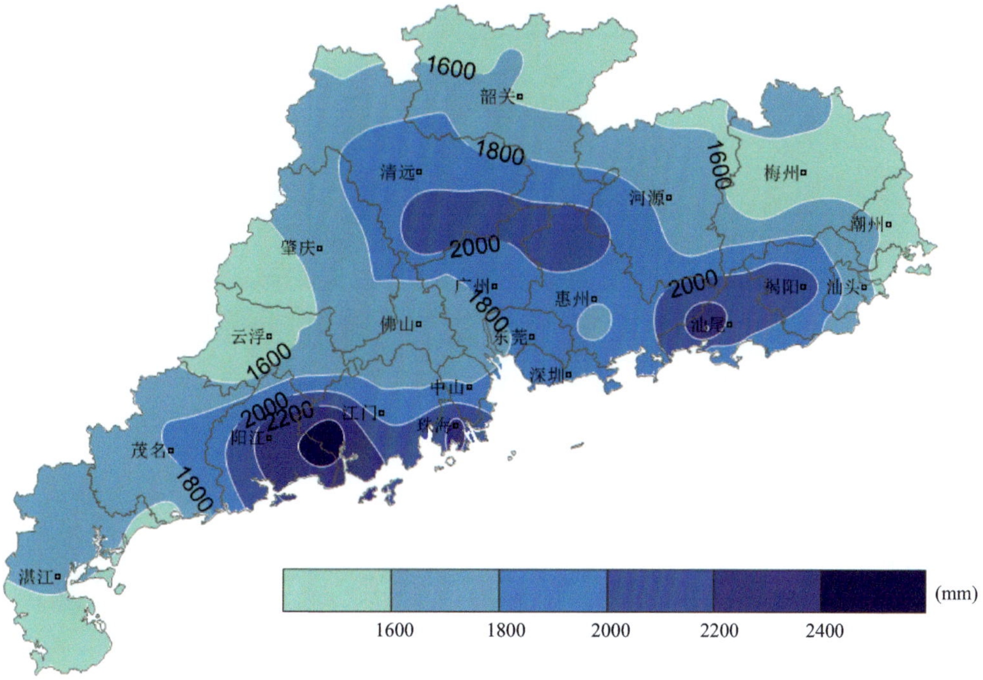

图 2.15　广东省 1951—2020 年平均年降水量空间分布图

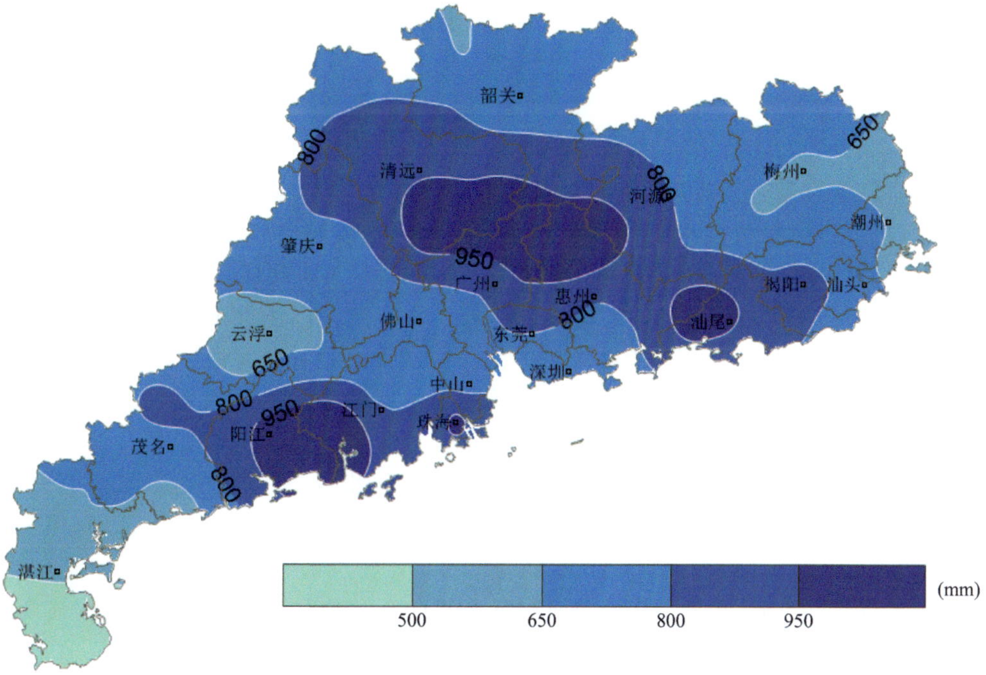

图 2.16　广东省 1951—2020 年前汛期平均年降水量空间分布图

左右；汕头 126 d；阳江 158 d。

2.2.4　降水强度

单位时间的降水量为降水强度。气象上常用下列公式计算降水强度：平均降水强度＝年降水量/年降水日数。广东省年平均降水强度的分布与年降水量比较接近，如多雨区的恩平、海丰一带在 15～16 mm，为广东平均降水强度最大的地区；清新、佛冈、龙门为 11～13 mm 也属较强的地区；其余地区多在 7～11 mm。由于广东全年 1/2 以上的降水量落在 5—8 月，所以这一时期是广东降水强度最大的时期。4 月进入前汛

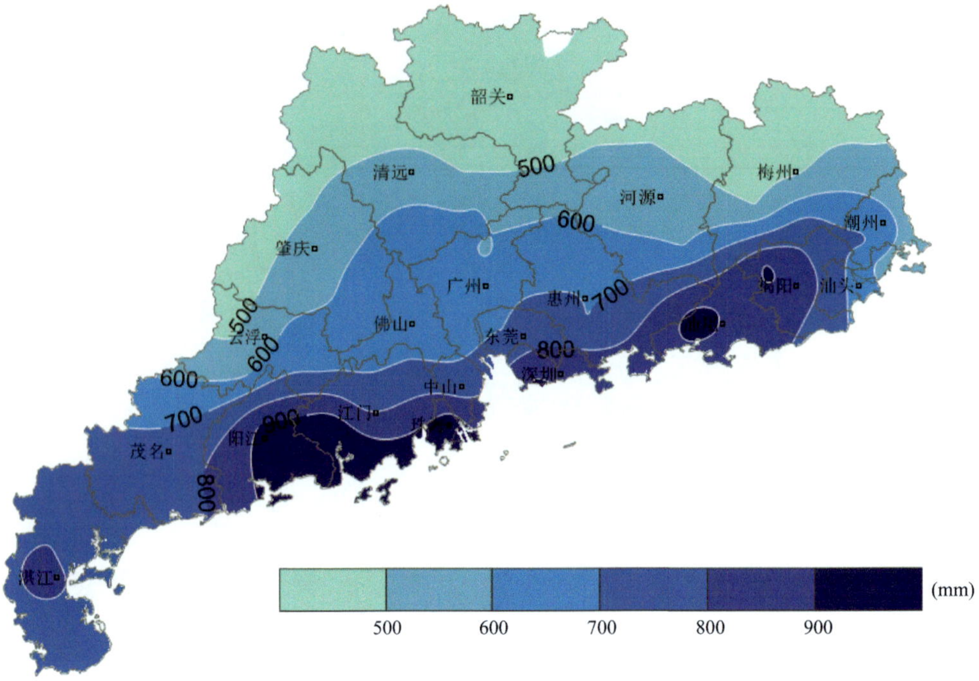

图 2.17　广东省 1951—2020 年后汛期平均年降水量空间分布图

期，平均降水强度多数已在 10 mm 以上，5—8 月继续增加，易受台风影响，沿海几个多雨中心超过或接近 20 mm，而内陆地区一般为 10～15 mm。4 月、9 月、10 月 3 个月平均降水强度多在 8～12 mm。冬季月份不少地区只有 3～6 mm。

2.2.5　相对湿度

空气中实际水汽压与当时气温下的饱和水汽压之比为相对湿度，以百分数(%)表示。相对湿度＝实际水汽压/当时气温下的饱和水汽压×100%。相对湿度的大小表明空气湿度离饱和状态的程度。相对湿度愈大，表明空气愈湿润，饱和湿空气的相对湿度等于 100%。许多现代化工业生产、科学实验、工厂车间、国防建设等都需要在一定范围内的相对湿度下进行。高温或低温条件下如果湿度很高会使人难受。农作物各生育期在适宜的相对湿度下，产量将提高。广东是我国的高湿度地区，大部分地区年平均相对湿度在 70%以上。粤南沿海、珠江三角洲地区年平均相对湿度都在 80%左右或以上，内陆山区年平均相对湿度在 75%左右。最大相对湿度多发生在春、夏两季，5 月、6 月间是降水量最多月份，湿度大。最小相对湿度一般出现在秋、冬季节，此时受冬季风控制，秋高气爽，降水少，故湿度小。

2.2.6　蒸发与蒸发量

蒸发是当温度低于沸点时，水分子从液态或固态水的自由面逸出而变成气态的过程或现象。海洋和陆上的水，蒸发进入大气是大气中水分循环的重要过程。影响蒸发的因子分为两类：一类因子决定于气象条件，另一类因子决定于蒸发表面的性质。蒸发量是指一定时段内从一定表面积的纯净水(冰)面上可能逸出的水汽量，即蒸发面净逸出的水汽通量。地面气象观测项目中的“蒸发量”指的是将水置于特定容器(即蒸发器)中这样一种特殊情况下所测得的蒸发。气象上通常用所蒸发的水层深度来表示蒸发量，以毫米(mm)为单位。在年内，粤中、北地区，由于春季多阴雨、空气潮湿，蒸发量偏小；冬季气温较低，但空气比较干燥，蒸发量次大；秋季多晴天，空气比较干燥，蒸发量也较大；夏季烈日晴天多，气候炎热，蒸发量最大，尤其干旱季节。粤西南地区 2 月至 5 月期间，由于受回归线高压影响较明显，春季少锋面雨，升温快，阳光强，蒸发量往往大于同期的降水量；粤北山区 8—10 月，往往由于受副热带高压控制，久晴少雨，阳光强烈，气温高，也会出现蒸发量大于降水量的现象。

2.2.7 空中水资源

空中水资源是指分布在大气中的三相(固、液、气)水总含量,包括气体状态的水汽和云中的固态、液态水,它是一种动态的、多功能的自然资源,同时又是生态与环境的重要组成部分。

杜尧东等(2003)计算了连平、汕头、阳江等代表站的空中水汽含量,对广东省空中水资源的时空分布特征进行了分析,分析结果如下。

广东省大气层水汽含量的季节变化比较明显,冬季一般在 3 g/cm² 以下,而夏季在 5 g/cm² 以上,最高时月平均值可达 8 g/cm² 以上。根据 07 时与 19 时 2 次探空资料的统计结果,空中水汽含量日变化不突出,特别是阳江看不出有变化。全年平均空中水汽含量相差只有 1%,傍晚比早晨要略大一些。但日变化在不同的季节还是存在差异的,一般在前汛期(4—6 月)和秋季(9—11 月)傍晚水汽含量比早晨要大 1%~5%,而在 11 月至次年 3 月傍晚水汽含量则不一定比早晨大。

图 2.18 和表 2.3 分别给出了汕头站 07 时各月各层的水汽含量及其占整层的百分比。可以看出,空中水汽含量是向上减少的,年内各月 90%以上的水汽集中在 500 hPa 以下,其中 850~1000 hPa 的水汽含量占整层的 41%,700~850 hPa 的水汽含量占整层的 30%,500~700 hPa 的水汽含量占整层的 21%,500 hPa 以上的水汽含量只占整层水汽含量的不足 10%。

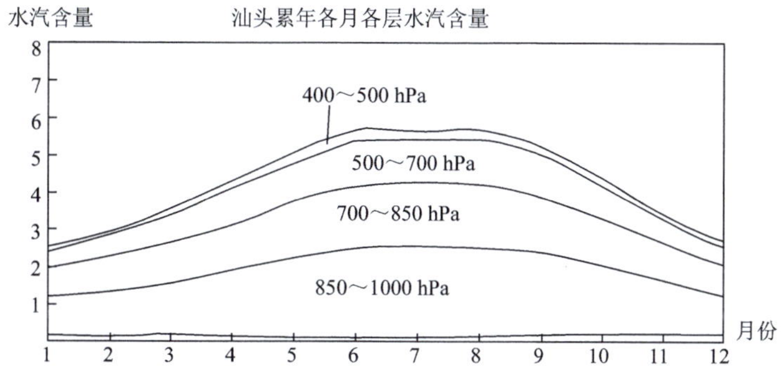

图 2.18 汕头各月各层的水汽含量(单位:g/(cm²))

表 2.3 汕头各月各层水汽含量占整层的百分比

层次(hPa)	1月	2月	3月	4月	5月	6月	7月	8月	9月	10月	11月	12月
850~1000	41	40	40	41	41	42	44	43	42	41	41	40
700~850	31	32	32	30	29	29	29	29	29	29	29	29
500~700	19	20	20	21	22	22	21	21	21	21	20	20
400~500	4	3	3	4	5	5	5	5	5	5	4	4

广东各地的年平均水汽含量与我国北方各省(区、市)相比都比较大,即使处于广东南部的阳江,也要比北部的连平大 14%左右。但在 500 hPa 高度以上却没有差别,东部的汕头与连平在 850 hPa 高度以上差别也很小,仅在 850 hPa 以下水汽含量汕头比连平大 10%。水汽含量的年际变化,汕头和阳江比较小,振幅为 17%,而广州和连平比较大,振幅在 20%以上。

2.2.8 降水资源分区

降水资源分区是根据广东不同地域之间降水资源的相同性和差异性的程度,进行区域划分。一方面,它为广东降水资源的合理开发利用提供气候依据;另一方面,也为广东的能源利用规划提供科学依据。按广东各地的降水量不同分为 4 个区。

(1)粤北山区　年雨量 1500~1800 mm,高海拔可达 2000 mm 以上。雨季开始于 3 月下半月,结束于 9 月下半月,4—9 月为雨季,雨季开始与结束均比省内各带提早半个月至 1 个月,其中,4—6 月的雨量占全年雨量的 50%左右,个别年份占 60%~70%,5 月下旬至 6 月中旬的雨量最为集中,称"龙舟水"。7—9 月降雨量占年雨量的 30%左右,10 月至次年 1 月多晴少雨,其降雨量仅占全年雨量的 14%~15%。

(2)粤中北丘陵山区　年雨量 1400～1900 mm，3 月下旬至 4 月初雨季开始，4—6 月前汛期雨量特多，江河泛滥多出现在此期。7—9 月雨量不及前汛期雨量。雨季结束于 9 月下旬，秋旱明显。

(3)粤中、南平原丘陵区　年雨量 1500～2600 mm，本区的三大暴雨中心年雨量达 2000 mm 以上为多雨易涝区，而东南沿海和西部罗定一带盆、谷地年雨量仅 1300～1500 mm，为少雨易旱区。

(4)粤西南区　年雨量 1300～2200 mm，年蒸发量 1700～2200 mm，蒸发量常大于降水量，尤其是西南部，是广东的干旱区，雨季开始于 4 月中下旬，结束于 10 月，4—10 月为雨季，其间雨量占年雨量的 88%～90%；11 月至次年 3 月为干季，其间雨量仅占年雨量的 10%～12%。

另外，将降雨差异太大的地区，划分为三大多雨中心和三大少雨区。三大多雨中心：(1)阳江、恩平一带年雨量 1900～2600 mm；(2)海丰、陆丰一带年雨量 2000～2400 mm；(3)清新、佛冈、龙门一带年雨量 2000～2100 mm。三大少雨区：(1)兴宁、五华、梅县一带；(2)云浮、罗定、德庆一带；(3)雷州半岛一带。年雨量仅 1300～1500 mm。

2.3　光照资源

2.3.1　太阳辐射资源

根据喻丽等对 1986—2015 年的我国全年太阳总辐射量时空特征分析，我国全年太阳总辐射量总体介于 3309.00～7580.00 MJ /(m^2·d)，如图 2.19 所示。总体呈现出西北高、东南低，内陆高、沿海低，高原高、平原低，干燥区高、湿润区低的空间分布特征。青藏高原由于地势高、气候干燥、空气稀薄、大气透明度高，成为稳定的高值区，最高中心出现在狮泉河以及雅鲁藏布江一带，达 7500.00 MJ/m^2 以上。次高值区经过南疆地区后继续向东北和柴达木盆地延伸，一直到达甘肃西北部、内蒙古西部以及新疆东部的三省(区)交界地带。内蒙古中北部、腾格里沙漠以西甘、蒙两省(区)交界处以及云南香格里拉地区也伴有 5976.00～6510.00 MJ/m^2 的高值分布，造成上述分布特征的主要原因是西北沙漠地区云量少，导致大气逆辐射较弱，大气对太阳辐射的削弱作用减弱，且降水量少；而香格里拉地区总辐射量多是因为地处川、滇、藏三省(区)交汇处，海拔高且位于横断山脉迎风坡，到达地面的太阳辐射较多。川黔渝地区由于山地分布较多，且为四川盆地所在区域，成为稳定的低值区，最低值<3900.00 MJ/m^2。以此极低值区为中心向东延伸经湖北、江西至长江中下游地区，向东南一直延伸到湖南直至两广、福建地区，从而形成次低值区。其他相对低值区主要位于我国东北地区和新疆西北部额尔齐斯河地区。由于东北三省地处我国高纬度地区，冬季太阳高度低、日照时数少，且夏季降雨时段较多、太阳总辐射小。新疆额尔齐斯河流

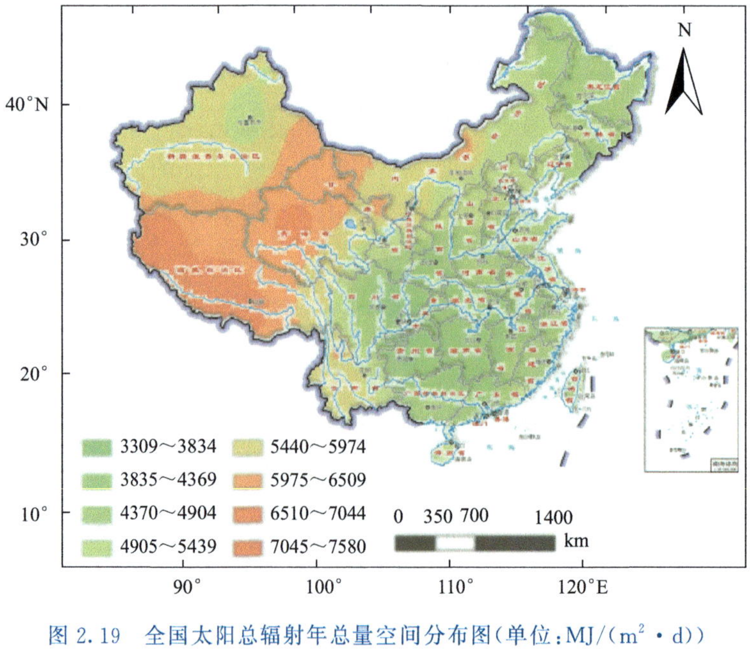

图 2.19　全国太阳总辐射年总量空间分布图(单位：MJ/(m^2·d))

域地处阿尔泰山与塔尔巴哈台山之间，大气扩散条件差，从而削弱到达地表的太阳辐射，导致总辐射低于新疆其他区域。此外，我国华北平原南部全年总辐射值较低，北部辐射值相对较高，部分地区仍低于全国均值 5113.69 MJ/m^2（表 2.4）。

广东位于华南区，南北直距约 800 km，东西直距约 1000 km，境内有海岸线、平原、台地、丘陵、山地等多种地形，地理纬度跨度大、地形复杂，由于广东南临海洋，受夏季风的影响，来自海洋的气流湿度大，到达陆地以后容易形成云雨，广东省因云雾和降雨较多，太阳辐射受云雨遮盖，使太阳辐射到达地面量减少，属全国光照时数偏少的地区。根据 1981—2010 年中国气象辐射基本要素候、旬、月、年气候值数据集，列出 1981—2010 年的广东省与国内代表站点平均年太阳总辐射量，如表 2.4 所示。按全国各地太阳能辐射量的大小分为五类地区来看，广东省东南部地区、东部沿海地区属于全国三类（中等）地区，其余大部分地区属于四类（偏少）地区。

表 2.4 广东省与国内代表站点平均年太阳总辐射量（1981—2010 年） 单位：（MJ/m^2）

站点	1月	2月	3月	4月	5月	6月	7月	8月	9月	10月	11月	12月	年	排次
拉萨	461.1	489.7	608.2	654.3	761.4	748.5	706.1	658.5	606.0	584.5	486.8	442.4	7207.6	1
三亚	424.5	402.7	491.3	563.0	615.8	562.1	582.0	560.0	482.2	484.8	430.7	404.2	6003.1	2
银川	287.8	348.8	497.2	600.4	702.3	694.2	684.0	605.6	479.9	411.1	306.9	259.6	5877.8	3
西宁	297.2	355.1	481.9	568.1	628.4	611.6	610.0	578.1	439.3	379.0	315.4	268.4	5532.6	4
昆明	426.3	464.2	572.7	592.1	567.6	464.4	435.6	473.6	405.7	367.5	371.8	376.3	5517.8	5
乌鲁木齐	159.8	218.5	373.3	531.6	661.3	689.7	673.5	628.0	489.6	338.4	178.3	131.3	5073.0	6
兰州	234.3	306.9	421.8	518.0	598.9	591.2	608.2	560.4	426.1	336.0	253.9	206.4	5062.0	7
海口	263.1	262.7	362.6	445.3	547.0	550.0	594.9	540.8	464.2	405.1	321.5	273.1	5030.1	8
汕头	321.9	278.6	326.7	376.8	454.2	468.5	577.7	535.3	475.0	464.2	371.8	343.3	4993.9	9
北京	244.5	305.8	443.6	528.2	610.5	570.5	521.7	491.2	428.3	347.3	242.1	208.7	4942.4	10
呼和浩特	226.4	271.3	416.9	525.6	575.2	568.3	530.6	488.8	443.1	347.5	256.9	201.4	4852.0	11
沈阳	212.8	290.1	430.7	496.8	587.8	560.3	511.3	493.6	438.8	339.4	217.5	181.7	4760.7	12
哈尔滨	174.1	254.1	423.6	497.3	593.9	604.2	556.9	498.3	427.9	310.9	195.6	143.6	4680.2	13
南宁	213.3	200.3	249.9	347.2	464.2	484.2	527.4	539.9	488.5	427.4	330.5	281.9	4554.5	14
上海	226.4	269.1	359.4	437.8	515.0	439.9	528.7	497.0	435.3	358.1	252.5	227.5	4546.7	15
福州	237.0	219.3	290.3	364.4	425.6	438.6	593.3	527.5	403.5	360.8	283.8	261.1	4405.1	16
南京	223.6	250.1	345.5	426.0	507.4	453.4	502.3	481.7	391.1	331.6	253.2	223.2	4389.1	17
合肥	213.1	237.9	335.2	417.7	493.3	460.0	504.2	475.2	380.3	320.7	250.4	215.4	4303.2	18
武汉	193.7	212.3	291.3	372.8	444.5	446.5	519.5	499.8	397.9	308.4	242.9	207.7	4137.2	19
广州	272.2	212.3	225.6	264.2	364.1	378.3	461.6	438.6	412.9	410.9	347.7	320.4	4108.7	20
长沙	156.6	178.1	246.5	317.9	421.9	424.8	548.5	489.8	392.7	310.8	234.4	193.6	3915.7	21
贵阳	145.9	185.5	285.1	345.0	392.8	367.8	448.7	468.4	374.9	245.6	207.6	167.2	3634.4	23
成都	142.9	164.3	257.9	345.7	407.9	389.3	401.3	386.6	262.4	205.5	156.0	124.1	3243.9	24
重庆	104.2	147.8	243.9	315.0	355.8	335.7	471.5	442.7	320.1	177.1	134.0	89.2	3136.8	25

广东省因云雾和降雨较多，削弱了太阳直接辐射，导致不同地区之间太阳辐射差异明显。根据中华人民共和国国家标准《太阳能资源评估方法》（GB/T 37526—2019），太阳能资源丰富程度以太阳总辐射的年总量为指标，以年水平面总辐照量（GHR）等级来划分标准，其太阳能资源丰富程度等级划分标准见表 2.5。从图 2.20 可见，广东省太阳总辐射年总量为 3830.31～5180.84 MJ/m^2，分布趋势东部和南部沿海多，北部、西部和内陆少，龙川—揭西—紫金—增城—中山、阳江、廉江一线以南地区，年太阳总辐射在 4600 MJ/m^2 以上。广东大部分区域属于太阳能资源丰富区（太阳总辐射年总量在 3780～5040 MJ/m^2），粤东饶平、潮阳、澄海、南澳、珠江口西岸台山、珠海、上川岛等部分沿海、海岛地区属于太阳能资源很丰富区（太阳总辐射年总量 5040 MJ/m^2 以上），不同年份之间太阳总辐射波动较大，如相对 2004 年，2005 年的年太阳总辐射偏小 12.7%；年内各季太阳总辐射以夏季最多（1480.07 MJ/m^2），秋季次之（1220.19 MJ/m^2），冬季最少（854.84 MJ/m^2）；年内各月太阳总辐射以 7 月最多（541.59 MJ/m^2），

2 月最少(253.50 MJ/m^2),见表 2.6。

表 2.5　太阳能资源丰富程度等级

年水平面总辐照量(GHR)	资源丰富程度
≥1750 kW·h/(m^2·a) ≥6300 MJ/(m^2·a)	资源最丰富
1400～1750 kW·h/(m^2·a) 5040～6300 MJ/(m^2·a)	资源很丰富
1050～1400 kW·h/(m^2·a) 3780～5040 MJ/(m^2·a)	资源丰富
<1050 kW·h/(m^2·a) <3780 MJ/(m^2·a)	资源一般

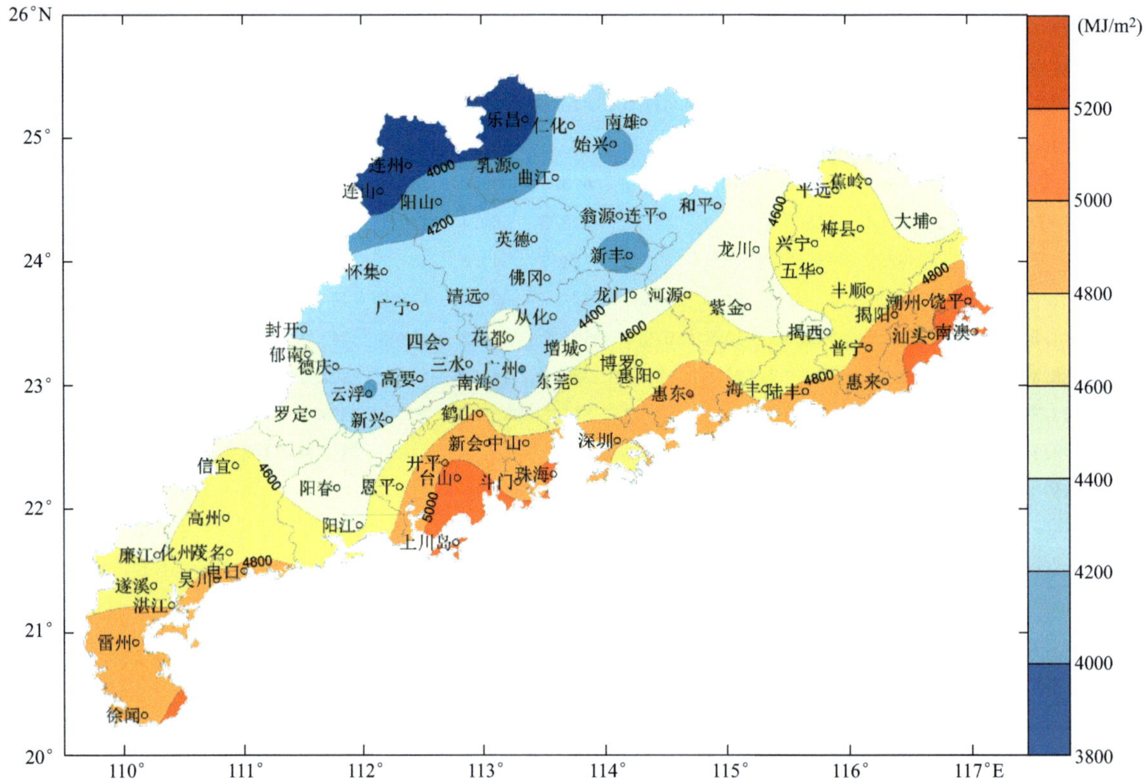

图 2.20　广东省太阳总辐射分布图

表 2.6　广东省各月平均太阳总辐射总量(MJ/m^2)

月份	1	2	3	4	5	6	7	8	9	10	11	12	年
太阳总辐射	282.98	253.5	290.71	329.72	411.94	436.51	541.59	501.98	448.17	421.63	350.39	318.36	4587.77

1 月和 2 月太阳总辐射自沿海和东部向西部、北部减少。最高值出现在粤东的南澳岛,1 月和 2 月总辐射分别为 353.5 MJ/m^2 和 314.4 MJ/m^2,最低值出现在连州、连山和连南,1 月和 2 月总辐射分别在 210 MJ/m^2 和 190 MJ/m^2 以下。

3 月和 4 月,粤北的连南和连州仍为低值区,其值分别在 200 MJ/m^2 和 250 MJ/m^2 以下,此外,云浮也成为另外一个低值区,3 月和 4 月的太阳总辐射分别在 210 MJ/m^2 和 270 MJ/m^2 以下。最高值出现在雷州半岛的徐闻,3 月和 4 月的太阳总辐射分别达 362.1 MJ/m^2 和 427.4 MJ/m^2。

5 月、6 月为广东的前汛期,云量多,日照少,所以尽管天文辐射值高,但太阳总辐射并不比 4 月高很多。5 月和 6 月，大面积的低值区位于粤北地区，其中，乐昌太阳总辐射最低，分别只有 328.7 MJ/m² 和 357. MJ/m²。5 月和 6 月最高值都出现在雷州半岛的徐闻，太阳总辐射分别达 492.3 MJ/m² 和 483.9 MJ/m²。

7 月广东前汛期结束，进入受西太平洋副热带高压控制，以少云晴朗为主的天气，所以 6—7 月，全省各地总辐射都明显增大，总辐射的分布呈现两高三低的态势。两个高值区分别位于雷州半岛和粤东地区，其中雷州半岛的徐闻太阳总辐射为 515.9 MJ/m²，粤东的饶平高达 590.8 MJ/m²。3 个低值中心分别位于云浮、连山和佛冈，其值分别为 443.4 MJ/m²、445.9 MJ/m² 和 469.3 MJ/m²。

8 月、9 月和 10 月的分布形势与 7 月相似，只是高值中心稍有不同。8 月云浮、连山和佛冈 3 个低值中心的总辐射分别为 423.4 MJ/m²、423.1 MJ/m² 和 463.5 MJ/m²，高值中心出现在澄海，总辐射达 553.9 MJ/m²；9 月云浮、连山和佛冈 3 个低值中心的总辐射分别为 402.2 MJ/m²、393.4 MJ/m² 和 436.4 MJ/m²，最高值出现在南澳，总辐射达 500.6 MJ/m²。

10 月有两个低值中心云浮和连州，总辐射值分别为 379.9 MJ/m² 和 355.1 MJ/m²，最高值仍出现在南澳，其值为 486 MJ/m²。11 月连州仍为低值区，太阳总辐射为 302.1 MJ/m²，但云浮的低值中心消失，高值仍为南澳，太阳总辐射达 391.7 MJ/m²。12 月全省各地太阳总辐射在 269.7～362 MJ/m²。最低值位于连州，最高值出现在饶平。

广东省年太阳总辐射呈减少趋势，平均为每 10 年减少 26.8 MJ/m²，年内各季太阳总辐射以夏季最多(1480.07 MJ/m²)，秋季次之(1220.19 MJ/m²)，冬季最少(854.84 MJ/m²)；年内各月太阳总辐射以 7 月最多(541.59 MJ/m²)，2 月最少(253.50 MJ/m²)，全省各地太阳总辐射年变化趋势有单峰型和双峰型两种，单峰型太阳总辐射以 7 月最大，2 月最小，除雷州半岛以外，其他各地都表现为这种类型(图 2.21)。双峰型变化除 7 月出现一次高值外，5 月也有一个次高值，而 6 月为一相对低值。这种类型主要出现在雷州半岛(包括信宜、遂溪、高州、茂名、雷州、徐闻)及珠江口东岸的香港(图 2.22)。

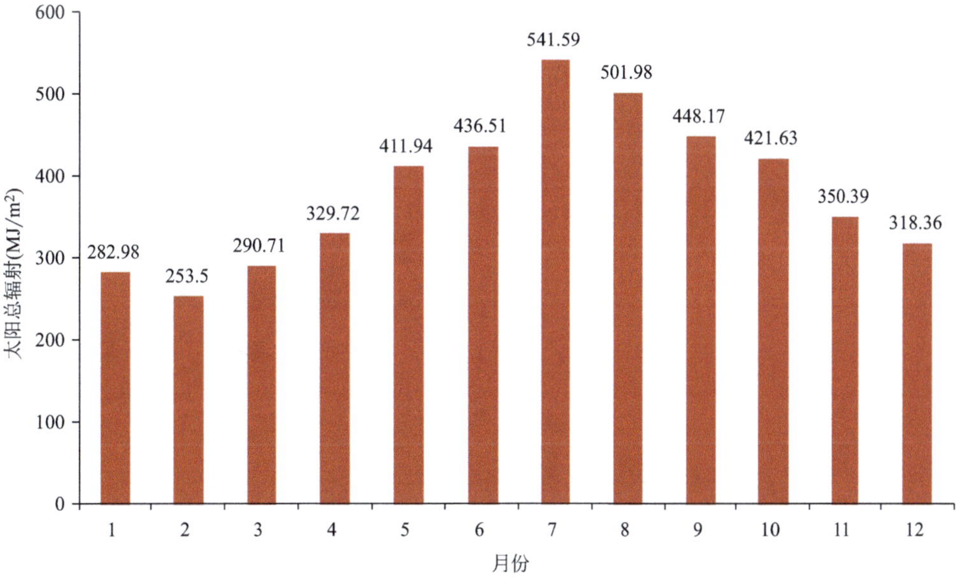

图 2.21 广东省太阳总辐射的月变化

2.3.2 日照时数的分布特征

日照时数是指太阳直接辐照度达到或超过 120 W/m² 时间段的总和，以小时(h)为单位，取 1 位小数，也称实照时数。年日照时数的多少对该地区太阳辐射的强弱有着重要的影响，年日照时数越多，该地区的太阳辐射也相应越强。可照时数 (也称天文可照时数)，则是指在无任何遮蔽条件下，太阳中心从某地东方地平线到进入西方地平线，其光线照射到地面所经历的时间。年可照时数与纬度有关，可由公式计算，也可从天文年历或气象常用表查出。日照百分率，即日照时数与可照时数(全天无云时应有的日照

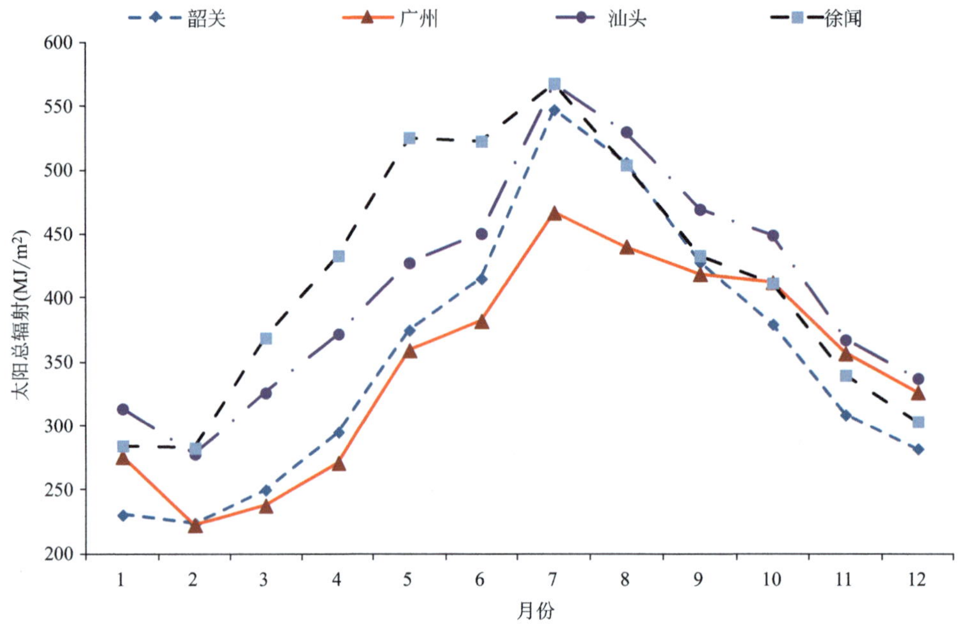

图 2.22　广东省不同地区太阳总辐射的年变化

时数)之比,它反映了某些气候条件(主要是云、雨、雾、尘、沙等)使日照减少了多少时间(%)。

2.3.2.1　日照时数的月变化

图 2.23 是曲江(粤北)、广州(粤中)、汕头(粤东)、湛江(粤西南)日照时数的月变化曲线。从图中可以看出,全省各地日照时数呈单峰形,2 月、3 月最少,7 月最多,其他地区也表现为这种类型。这是因为 6 月处于前汛期后期,主要受西南暖湿气流的控制,阴雨天气较多;7 月正处于夏季风最盛行时期,此时前汛期已经结束,副热带高压开始稳定地控制着广东,天气多晴好无云,而且 7 月的可照时数也仅次于 6 月,因此,7 月的日照时数往往最多。而 2 月、3 月广东处于冬春转换季节,一方面北方的冷空气频频南下,同时海洋暖湿空气此时也开始活跃北上,两股气流对峙,在华南地区形成准静止锋,使广东出现持续的低温阴雨天气。出现低温阴雨天气时,低云多,云层厚,日照时数往往少于 2 h,这些因素导致 2 月、3 月的日照时数为全年最少。

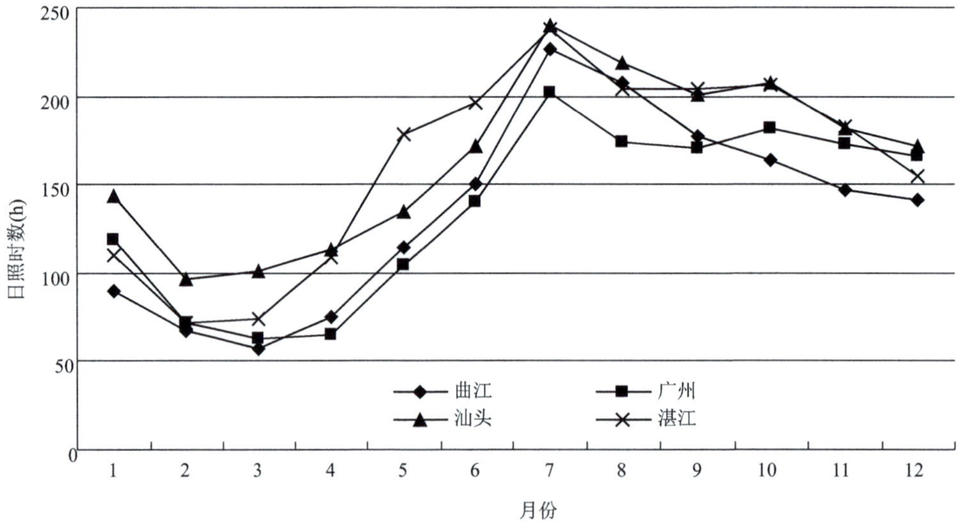

图 2.23　广东省不同地区日照时数月变化图

2.3.2.2　日照时数的地区分布

图 2.24 是广东省 1981—2010 年平均日照时数地区分布图。从图中可以看出,年日照的低值中心主要出现于粤西北、中部地区,平均年日照时数少于 1500 h,高值中心出现于东部沿海地区和雷州半岛,平

均年日照时数在 2000 h 以上。基本上呈现沿海多、内陆少的空间分布趋势。这是因为广东内陆地区地处山区、丘陵，地形比较复杂，对日照有一定的消弱；而沿海地区地形相对平坦，同时容易受到副热带高压控制和热带气旋外围下沉气流的影响，以晴好天气居多，日照时数也相应较多。

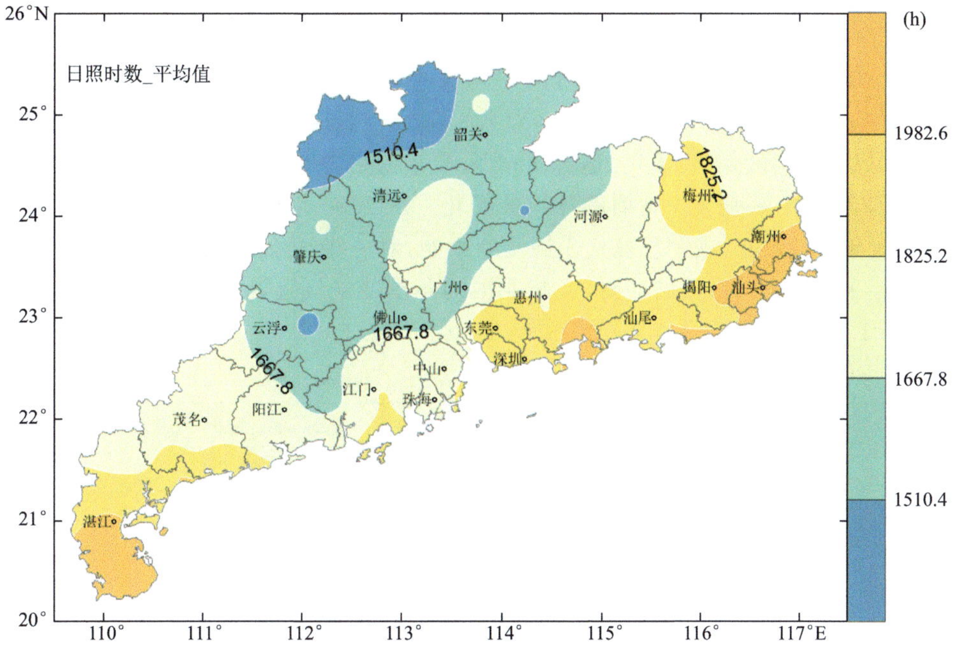

图 2.24 广东省 1981—2010 年平均日照时数地区分布图

2.4 风力资源

风力资源是风力发电行业用以描述一个区域的风所蕴含能量的专业名词。大气沿水平方向运动便形成风，当同一高度上各处所受的大气压力不同，空气便发生自气压高的一侧向气压低的一侧的运动，风便由此产生。这个促使空气产生运动的动力，就是气压梯度力。此外，对空气运动产生影响的作用力还有：大气环流、海陆分布和地形、地转偏向力、摩擦力和重力。因海陆的热力效应不同，冬季陆冷海暖，夏季海冷陆暖，形成了海陆气压分布的不同；高大的山脉或广阔的高原，对大气环流产生明显的动力影响。由于上述因素错综复杂的影响，因此风的时空分布较为复杂。风力资源的大小，取决于当地的风速和空气密度。

广东省濒临南海，海岛众多，海洋、海岛和部分山地蕴含着丰富的风力资源。受海洋动力作用、海陆热力作用和局部地形的影响，在沿海地区和部分山地具有丰富的风力资源，开发利用风能具有得天独厚的地缘优势。广东省冬半年(10 月至次年 3 月)的冬季风是风能资源开发的最好季节，风向比较稳定，风速较大，随着离地高度的增加，风能资源量明显提高。夏半年(4—9 月)沿海受热带气旋的影响，可以给风电场带来较长的“满发”时段，对风电场发电极为有利，但强度过强的热带气旋(如台风、强台风、超强台风)，由于风力过大，又会给风电场带来极大的破坏，因此要开展广东省沿海台风风险图谱和广东沿海风机抗台工程参数设计的研究。

随着现代经济的快速发展，人类对于电力的需求迅速增长，但目前发电方式仍以火力发电为主，火力发电不仅要大量消耗化石能源，还对环境造成严重污染，严重破坏生态环境；广东作为沿海发达地区，拥有丰富的风力资源，据风力普查，广东省海岸线长达 4300 多千米，大陆海岸线有 3368 多千米的海岸线和 1300 个大小岛屿，沿海一带及岛屿风速大，风力蕴藏量丰富，风力发电前景广阔，应该大力发展风力发电。风能发电已经成为世界各国发展可再生能源、实现减排、发展低碳经济的首选。广东省应该大力发展风力发电事业，更多地利用可再生清洁能源，达到优化产业结构、减少污染、造福人类的目的。

2.4.1 风速时间变化特征

2.4.1.1 年际变化特征

根据 1961—2020 年广东省气象站的观测资料，全省 30 年平均风速为 2.0 m/s。平均风速的年际变化呈下降的趋势(图 2.25，表 2.7)，20 世纪 70 年代平均风速为 2.2 m/s，80 年代为 1.9 m/s，90 年代降至 1.8 m/s。从图 2.25 中可以看出，70 年代各年年平均风速均达到或超过 2.0 m/s，30 年中年平均风速最大的年份均出现在 70 年代(1971 年、1974 年)，为 2.3 m/s。自 1985 年之后，全省年平均风速持续小于 2.0 m/s。年平均风速最大的是 1964 年，达 2.3 m/s，最小的是 1992 年，仅 1.7 m/s。近年来，年平均风速逐渐减小的原因有两个：一是气象站周围环境的变化。从 1980 年以来，随着经济的快速发展，气象站周围环境城市化现象日益严重，观测环境代表性受到影响，对一些气象要素尤其是风影响很大；二是气候变化的影响。近年来随着全球气候的变暖，影响我国的冬季冷空气逐渐减弱或减少，导致年平均风速的减小。但到了 2001 年之后，平均风速又开始增加到 2.0 m/s。

表 2.7 广东省各年代年平均风速统计表

年代	20 世纪 70 年代(1970—1979 年)	20 世纪 80 年代(1980—1989 年)	20 世纪 90 年代(1990—1999 年)	21 世纪(2000—2020 年)
风速(m/s)	2.2	1.9	1.8	2.0

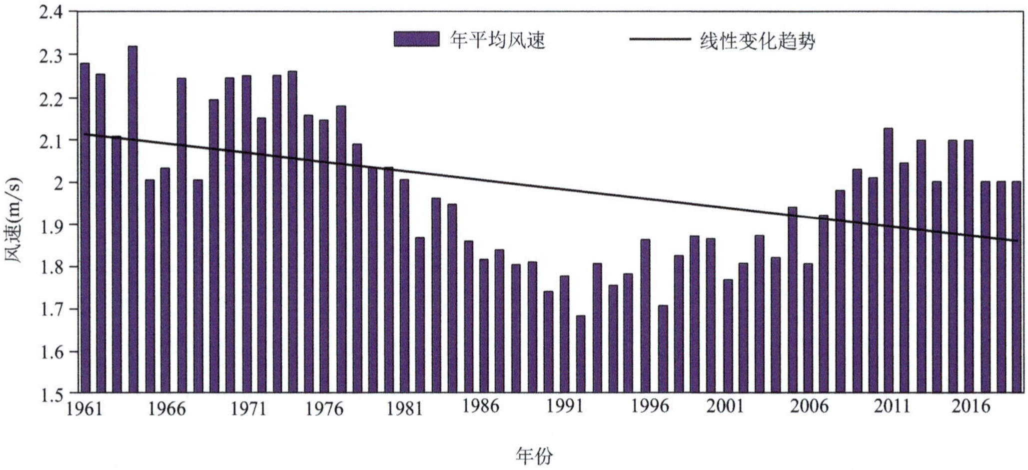

图 2.25 广东省年平均风速的年际变化图

2.4.1.2 季节变化特征

受季风气候的影响，广东省冬季(12 月至次年 2 月)普遍盛行偏北风，夏季(6—8 月)则以偏南风为主。图 2.26 展示了广东省逐月月平均风速的变化。冬季风速较大，其中，以 1 月、2 月风速最大，为 2.1 m/s，夏季风速较小，以 8 月最小，为 1.7 m/s。30 年来四季的风速均呈下降趋势，其中，冬季风速下降幅度最大，其次是春季(3—5 月)和秋季(9—11 月)，夏季(6—8 月)下降幅度最小。各季风速在逐年减小的同时，秋、冬季风速的年际波动加大，以夏季风速的年际差异最小。冬季风速下降快可能与近年来受气候变暖的影响，使影响广东的冬季冷空气有所减弱有关。

2.4.1.3 风速日变化

风速日变化一般呈单峰形分布，在气压形势稳定少变的情况下，风速大致随气温升降而增减。一天中，在最低气温出现时段风速最小，一般出现在日出前夕；日出后随着气温上升，乱流的增强而风速也逐渐增大，10—16 时为强盛时段，在最高气温出现时段风速最大；随着日落大气趋于稳定时，风速也开始减小，夜间风速基本保持稳定。在高山山顶上，风速日变化规律与平原相反，呈现白天风速小、夜间风速大的特点。

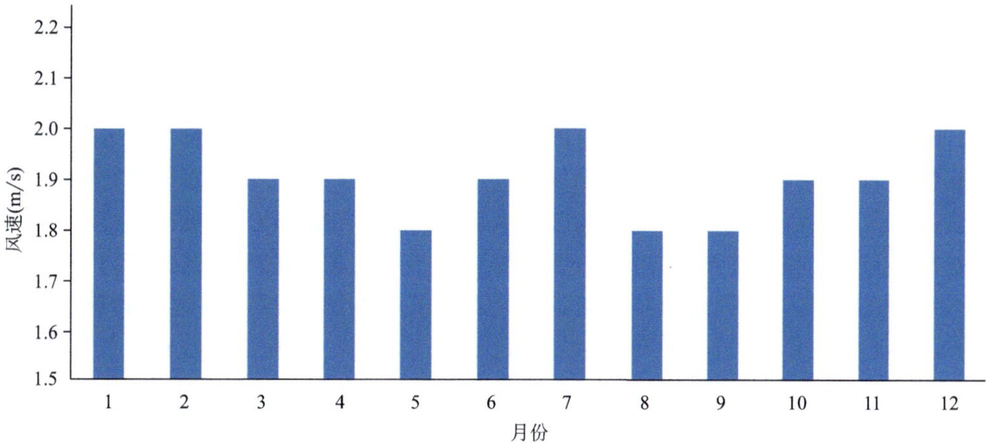

图 2.26 广东省平均风速月变化图(1981—2010 年)

2.4.1.4 空间分布特征

广东省地形地貌复杂,既有沿海地区及内陆地区,也有平原、山区及丘陵地带等,因而局地风速差异较大。但总体而言,各地年平均风速的大小主要与离海岸的远近有密切关系(图 2.27),平均风速呈由沿海向内陆逐渐减小的分布趋势。沿海地区和海岛年平均风速一般在 2.5 m/s 以上,其中,吴川、珠海、汕尾、斗门、澄海、雷州、南澳和上川岛 8 个站年平均风速超过 3.0 m/s,上川岛最大为 5.0 m/s。内陆地区风速普遍<2 m/s,其中,怀集和乳源风速最小仅 0.9 m/s。

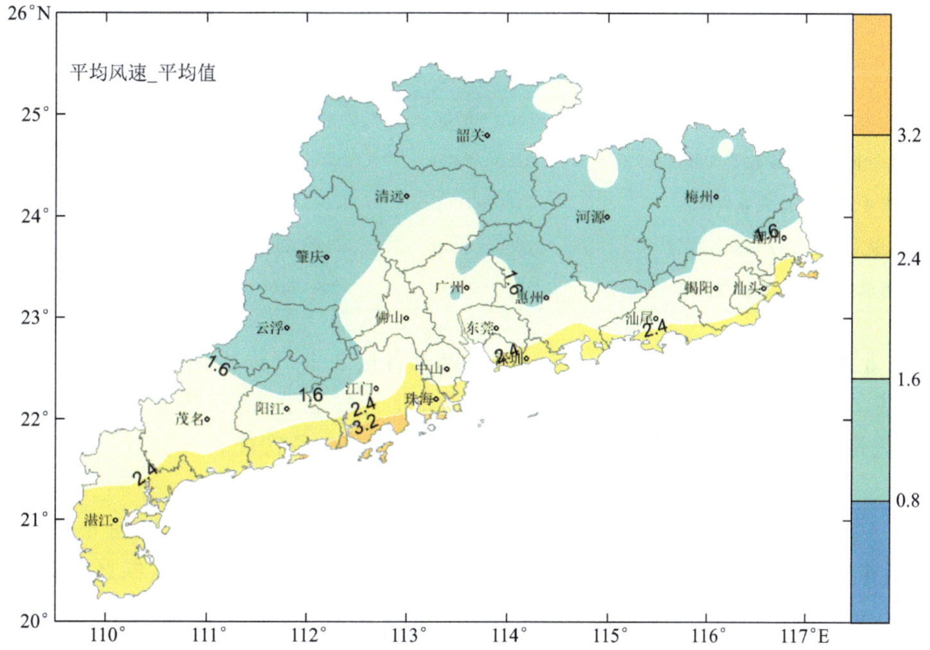

图 2.27 广东省 10m 高处平均风速分布图(1981—2010 年)(单位:m/s)

2.4.2 风向分布特征

受季风气候的影响,广东省冬季(12 月至次年 2 月)普遍盛行偏北风,夏季(6—8 月)则以偏南风为主。另外,由于广东省的地形较为复杂,各地海拔高度、离海远近又有区别,因而全省各地的年主导风向有一定的差异,但大部分地区以偏北风和偏东风为主。以大埔、丰顺、惠阳、中山、台山、阳江、廉江一线为界,此线以北以偏北风为主,此线以南以偏东风为主,中、西部地区则以北偏东风为主。

2.5 农业气候区划和分区气候资源特征

农业气候区划是反映农业生产与气候关系的区域划分，是在分析鉴定各地区农业气候条件的基础上，采用对农业地理分布、农业布局、农业生物的生长发育和产量形成有决定意义的农业气候指标系统，按农业气候相似性和差异性，将区划系统分成3个等级：农业气候大区、农业气候带、农业气候区。按照中国农业气候区划，广东省属于东部季风农业气候大区，属湿润半湿润气候，暖季雨多，气候生产潜力较高。根据种植制度和主要作物对热量的要求，划分出具有显著地带性的农业气候带，广东省包括了中亚热带、南亚热带和边缘热带3个气候带。根据各地区农业气候特征，尤其是考虑到影响农业生产稳定性的水分条件和主要农业气象灾害，又可进一步划分出农业气候区。摸清各区的农业气候资源，因地制宜地发展农业生产，是实现农业现代化的前提和基础性工作。

农业气候区域划分主要考虑如下3个原则：

(1)以农业气候指标为主要依据，考虑最主要的农业气候要素组合特征的异同来研究区域划分。

(2)气候因子是农业生产必不可少的气候条件，而温度因子往往成为农业布局的主要限制性因子。在综合考虑各气候因子的基础上，并以气温(日平均气温≥10 ℃积温，日平均气温10～15 ℃天数，日最低气温≤5 ℃天数，最冷月平均气温)作为划分的主要指标。

(3)以粮、经作物种植业为主要考虑对象，同时参考广东省热带农林作物，南亚热带果树，经作和粮作熟期分布反应，以及地理景观等进行分区。

按照上述划区的主要指标将广东省划分为5个农业气候区，各区划分标准见表2.8和图2.28。

表2.8 广东省农业气候区命名及指标值

区号	命名	日平均气温≥10 ℃积温(℃·d)	日平均气温10～15 ℃天数(d)	日最低气温≤5 ℃天数(d)	最冷月平均气温(℃)
Ⅰ	粤北山区农业气候区	5900～6700	<260	>30	<10
Ⅱ	粤中北山地丘陵农业气候区	6700～7400	260～290	20～30	10～12
Ⅲ	粤中丘陵山地农业气候区	7400～7600	270～300	10～20	12～13
Ⅳ	粤中南丘陵平原农业气候区	7600～8000	300～320	5～10	13～15
Ⅴ	粤西丘陵台地农业气候区	8000～8500	320～340	1～5	15～17

根据中国农业气候区划和广东省农业气候分区，以及各区农业气候指标，栽培植物地理分布，植被分布，可以将广东省划分为4个农业气候地带：中亚热带农业气候地带、南亚热带北缘地带、南亚热带农业气候地带、边缘热带农业气候地带，下面将详述4个气候带的分布及特征。

2.5.1 中亚热带农业气候地带

中亚热带农业气候地带位于广东最北部，相当于表2.8中粤北山区农业气候区的范围，北起广东北界，南至怀集西北部、连山小三江、连南寨岗、阳山黎埠、阳山青连、英德波罗、曲江马坝、始兴隘子、翁源和新丰东北部、连平沙心、和平眼坑、和平贝墩、龙川贝岭、龙川麻布岗一线以北的地带。

2.5.1.1 农业气候资源及其特征

带内年太阳辐射总量4145～4689 MJ/m^2，光合潜力409.2～446.4 kg/hm^2；年日照时数1478～1858 h。年平均气温18～21 ℃，最冷月平均气温低于12 ℃，最冷月平均最低气温低于8 ℃。日平均气温≥10 ℃，年积温5900～6700 ℃·d，持续期274～287 d，无霜期292～314 d，水稻安全生长期210～245 d，高海拔山区少于200 d。低平地区年降水量1400～1800 mm，高海拔山区可达2000 mm以上。

本地带日照年际变化大，平原、盆地多于山丘，光能资源东部多于西部，夏、秋季多于冬、春季。热量资源季节变化明显，冬冷夏热，夏长冬短，春秋气温变化不稳定。热量资源的垂直分布差异显著。降水集中于春、夏季，年内锋面降水明显多于热带气旋降水。

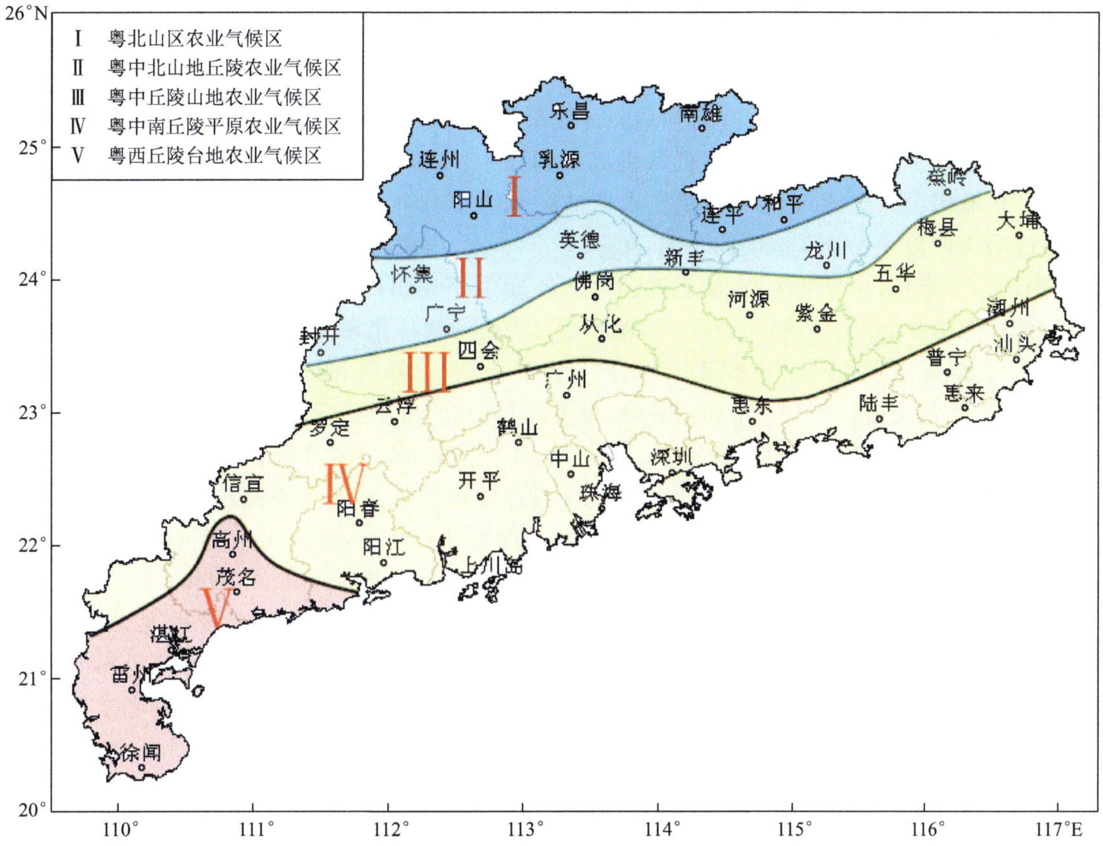

图 2.28　广东省农业气候区划图

本地带为双季稻连作加喜凉作物一年三熟制地区，双季稻不宜种典型的常规迟熟种，栽培的果树主要为落叶的中亚热带和温带果树，如桃、李、梅、枇杷、柿、板栗、金橘、柚和温州蜜柑等，没有连片荔枝、龙眼、香蕉种植。为油茶、油桐、茶叶、杉木、毛竹等经济用材林的主产区；甘蔗不能露地秋冬植和宿根。中亚热带植物在本地带广泛分布，除局部背风暖区小地形外，典型的南亚热带果树，如荔枝、香蕉、龙眼等不能连片种植。

本地带典型植被以亚热带常绿阔叶林的山地常绿栎林为主，虽然局部山地南坡的沟谷中可发现一些热带性质的植物，但这是局地背风暖区小地形作用下形成的。从水平地带的自然植被分布看，起主导的仍是常绿阔叶林。

2.5.1.2　主要的农业气象灾害

中亚热带农业气候地带的主要气候灾害有春季低温阴雨、寒露风、冬季低温寒害、秋旱、暴雨和涝灾，以及高温等。

(1)春季低温阴雨　春季南方和北方的天气系统交替出现，冷、暖两股气流常交绥于华南上空，因而华南春季常出现低温阴雨天气。这种低温阴雨天气在本地带每年平均出现 3～4 次，异常年达 4～5 次；60%以上的过程出现于 2 月，出现于 3 月的占 30%左右；过程平均天数 11～13 d；年平均低温阴雨天数 21～29 d，个别年份可持续长达 1 个月以上；低温阴雨中湿冷型占总次数的 60%～83%；低温阴雨 80%保证率结束的日期，中南部为 3 月 15—20 日，西部、东北部为 3 月下旬中期，最迟年份可迟至 4 月 6 日才结束。因此，早稻播种采用薄膜覆盖，可适当提早在 3 月上旬，露地播种要在 3 月中旬才较安全，而且必须抓住“冷尾暖头”播种，采用保温育苗才能避过或减轻低温阴雨的危害。

低温阴雨除影响早稻播种育秧外，对其他种植业、养殖业均有较大的影响，它给春收作物带来湿害，使产量和品质下降；促使冬性弱的蔬菜提早抽薹产量低；早播蔬菜烂芽死苗，推迟上市而产生供应上的春淡季。造成果树开花授果不良，落花落果而降低坐果率，使果树心叶腐烂，果实软腐。影响塘鱼生长和发病致死，家畜受冻染病、死亡等。

(2)寒露风　本地带寒露风 10 年 9 遇，西部和北部年平均 2 次左右、南部 1～2 次，寒露风过程天数为 6～10 d，最长可达 1 个月，寒露风常现期南部于 9 月底，北部于 9 月下旬初，高海拔地区在 9 月上中旬前齐穗才安全，故高海拔山区只能种单季稻。本带在 10 月上旬出现寒露风天气后，气温一般难以回升到正常水平，故晚稻要在 10 月下旬最迟 11 月初成熟才安全。

(3)冬季低温寒害　一般认为，当最低气温降低到 3～5 ℃时，喜凉作物即出现寒害，气温越低，且持续时间长，并伴有霜、冰、雪，则受害越严重。本地带从 10 月至次年 3 月为冷空气活跃期，其中 1 月为最冷期，低温霜冻最为严重。入侵本地带的寒潮，年平均 1～2 次，出现时间大致在 1 月上旬至 2 月中旬，全年寒潮出现期约一个半月，在异常年份，偏北地区可早在 10 月下旬出现，而最晚可迟到 3 月底。强冷空气入侵机会多，约比寒潮多 2 倍，年平均 3～4 次，强冷空气入侵的初日比寒潮约早 1 个月，平均终止日期比寒潮晚一个半月。霜冻出现的时间与寒潮出现的时间基本一致，比降雪和结冰都要早，结束也比较迟，最早初霜于 10 月下旬、最晚终霜在 3 月中旬，霜冻的范围比雪、冰的范围要广，界线也偏南。本地带有霜日数 10～17 d，霜期 2 个月左右，最长达 3 个月以上。有冰期 30～40 d，结冰日数 5 d 左右。降雪 1～3 d。极端最低气温可降至－6.9～－3.2 ℃。因此常导致冬种作物严重寒害，冬薯不能越冬，甘蔗不能秋植，难留宿根越冬。荔枝、木瓜、香蕉等热带、南亚热带的果树不能越冬和结实，菠萝无生产价值，大蕉有核品质低劣。本地带除局部避寒的暖区小地形外，不宜随意引种和扩种南亚热带果木、作物和水产等。

(4)秋旱　6 月下旬后，由于太平洋副热带高压北跳控制本地带，锋面雨基本结束，地方热雷雨又属局地性降水，所以夏、秋季降水的主要来源是热带气旋雨，而秋季热带气旋路径多是偏西沿海登陆，对本地带影响小。所以 8—10 月，大部分地区都出现降水量少、高温蒸发量大、水分消耗大的干旱现象，只是影响范围和危害程度有所不同。如果当年热带气旋带来的降水多，旱情则可减轻，热带气旋少则会加重秋旱的危害。据统计，本地带秋旱期平均为 45～60 d。总的趋势是北部比南部重，以 9 月份出现最多，约占 40%，8 月和 10 月各占 35%和 25%。

(5)暴雨和涝灾　5 月下旬至 6 月中旬是连续性大雨到暴雨天气，俗称“龙舟水”的频繁出现时期，不但对早稻抽穗扬花和其他农作物带来危害，而且还会造成洪涝灾害、淹没农田和村庄、摧毁房屋，使群众的生命财产遭受损失。如 1994 年 6 月 9—22 日，乐昌、仁化、韶关、乳源、南雄、翁源的过程降水量超过 400 mm，北江的各水文站突破了历史最高水位纪录，大片农田和房屋被淹没，造成极其严重的损失。从历史资料看，本地带日降水量≥50 mm 的暴雨年平均有 4～6 d，日降水量≥80 mm 的暴雨有 1～2 d，主要出现在前汛期的 5—6 月。局部地区常有冰雹和龙卷风、雷雨大风相伴的灾害性天气出现，这种灾害性天气时间性很强，破坏性大，往往使人民财产遭受很大损失。

(6)高温　极端最高气温达 42 ℃，极端最高气温≥35 ℃的天数，7 月平均 13.3 d，8 月平均 12.8 d。据试验，35 ℃以上的高温是造成水稻空秕粒的致害温度；32 ℃以上的高温是影响千粒重的致害温度。因此，在生产上应采用“以水调温、以水调湿”，以及根外追肥喷洒药物激素等措施，以提高早稻的结实率和千粒重。

2.5.2　南亚热带北缘农业气候地带

南亚热带北缘农业气候地带相当于粤中北山地丘陵农业气候区的范围，为中亚热带向南亚热带的过渡带，属南亚热带北缘。北沿粤北山区农业气候区南界，南至阴那山、铜鼓嶂、莲花山脉北坡(即从大埔北部穿过梅县、五华)至紫金、河源、龙门、佛岗、清远、德庆北部山地至广宁、封开南部以北的所有地区。

2.5.2.1　农业气候资源及其特征

南亚热带北缘农业气候地带年太阳辐射总量 4312～5233 MJ/m^2，年日照时数 1500～2100 h；年平均气温 20～22 ℃，最冷月平均气温 11～13 ℃，最冷月平均最低气温 7～9 ℃，最热月平均气温 27～29 ℃；日平均气温≥10 ℃年积温 6700～7400 ℃·d，持续期 300～322 d；无霜期 300～335 d，水稻安全生长期 232～245 d；年平均降水量 1400～1900 mm。由于地形闭塞，冬冷夏热特征突出；年降水量中部多，东部和西部少，偏北部山区雨季开始和结束均较南部早，前汛期降水量多于后汛期，锋面降水多于热带气旋降水；本地带南部佛冈、清新北部多雨中心的年日照时数仅 1500～1700 h，而少雨的兴梅盆地为 2000 h 左右。

本地带果树以栽培柑橘、沙田柚、沙梨、大蕉较多。在山区多栽培柿树、橄榄和金橘。在山谷平地的局部避寒地形条件下，荔枝、龙眼、杨桃、芒果也有栽培，但荔枝生长发育不甚良好，栽培很少，龙眼较常见，热带果树番木瓜在本地带境内北至蕉岭县附近还能正常开花结实，一般都能安全越冬。在梅县、蕉岭一带的局部避寒暖区还能栽种香蕉，但遇寒冷年份很容易被冻死。这一地带的山脉南坡适宜荔枝、菠萝、香蕉生长，冬种小麦长期不受冻害，双季稻可中熟或中迟熟，但北坡荔枝就不能结果，水稻寒害也比较突出。如从化市南北仅差几十千米，南边是荔枝盛产区，北边荔枝就不能结果。兴宁市北部和南部纬距仅差 0.7°，南边是优质龙眼产地，北边龙眼开花结果少。本地带经济作物以油茶、竹类、茶、油桐为主。可见，本地带既有南亚热带果树和作物，又有中亚热带果树和作物分布。

本地带低海拔的河谷和南部地区仍有亚热带常绿季雨林型的植被，但在外貌上已较典型的常绿季雨林逊色。在 200～800m 的山地上，以中亚热带常绿栎林树为主。从植被的水平分布看，新丰和龙川北部一带植被的热带性较差，与粤北中亚热带的植被比较相似；而梅县、蕉岭一带植被的热带性较强，与南亚热带韩江下游的植被比较相似。这些都表现出本地带以中亚热带向南亚热带的过渡性植被类型。

2.5.2.2 主要的农业气象灾害

南亚热带北缘农业气候地带的主要气候灾害有低温冷害、秋旱、暴雨和涝灾等。

(1)低温冷害　稍比北部中亚热带轻，但冬半年也毫无例外地受寒潮和强冷空气的袭击，引起强烈的降温，造成低温、霜、冰、雪等寒害。特别是在强冷空气通过的关隘径口，如西江径口、蕉岭低矮谷地、连江谷地和兴梅盆地均在本地带首当其冲，故早春的低温阴雨和秋季的寒露风、霜降风，冬季的低温霜冻影响都比较严重。据统计，年平均低温阴雨过程天数在 15～20 d，个别年份可达 30 d 以上，多数年份结束于 3 月 10 日前后，年平均低温阴雨次数为 1.5～2.5 次，寒露风常出现期在 9 月底至 10 月初，灌浆结实期冷害(霜降风)出现期于 10 月底至 11 月初，早稻播种育秧和晚稻开花结实必须避过低温冷害，才能获得稳产高产。

(2)秋旱　本地带东北部受热带气旋影响少，夏秋降水不多，较易酿成秋旱；中部降水较多，秋旱较轻；西部植被条件和湿润条件较好，秋旱也较东北部为轻，但个别年份降水量偏少，本地带各地都有春旱和秋旱发生的可能。

(3)暴雨和涝灾　本地带 4—6 月大到暴雨多，尤其是中南部清新和佛冈北部一带，是广东省三大暴雨中心之一。连续几天暴雨，一时排泄不及，北江中下游低洼田易受洪涝威胁，甚至淹没村庄，造成人民生命财产的损失。

2.5.3 南亚热带农业气候地带

南亚热带农业气候地带相当于粤中丘陵山地农业气候区和粤中南丘陵平原农业气候区的范围，属南亚热带季风气候，由于处在欧亚大陆东南前缘，海洋季风气候特点明显。北起粤中北山地丘陵农业气候区南界，南至阳江海陵岛、电白的大榜、电城和树仔，穿过茂名至高州根子、化州城、廉江良垌至广西一线以北的所有地带。

2.5.3.1 农业气候资源及其特征

南亚热带农业气候地带年太阳辐射总量 4396～5273 MJ/m^2，光合潜力为 434～496 kg/hm^2。年日照时数为 1688～2254 h，年平均气温 20～23 ℃，最冷月平均气温 11～15 ℃，最冷月平均最低气温 9～11 ℃，最热月平均气温 27～29 ℃。日平均气温≥10 ℃的年积温 7400～8000 ℃・d，持续期 311～359 d，无霜期 305～365 d，水稻安全生长期 249～264 d，能满足早稻中迟熟种、晚稻中熟种加冬种的热量条件，如用热量资源人工补偿，还能满足两造中迟熟种加冬种或早稻迟熟种、晚稻中熟加冬种的生长要求。受地形和海陆分布的影响，降水较丰富，3 个多雨区的年降水量在 2200 mm 以上，两个少雨区也有 1300～1500 mm 的年降水量，其余地区在 1600～1800 mm。本地带北靠大山、南临海洋，既减弱了北方冷空气入侵，又利于接受热带海洋气流的调剂，具有温暖多雨、光热充足、年温差小、夏季长、霜期短等气候特征。由于水热同季，极有利于作物生长，但自然灾害威胁也较大，常给农业生产造成不利影响。

南亚热带农业气候地带为双季稻连作和冬季喜凉或喜温作物一年三熟的共存区。而双季稻品种组合上，早稻中迟熟种和晚稻中熟种搭配，一般可满足其热量要求。本地带是荔枝、龙眼、香蕉、木瓜、菠萝等热带、南亚热带果树的主产区,北部佛岗棋盘山脉以南的四九、汤塘、民安、龙山等镇和清城区南部平原地区,荔枝仍能连片栽培,品质正常。在阳江以北偶有椰子树生长,但不结果。甘蔗一般可以秋冬植。

本地带典型植被类型为亚热带季雨林,具有热带、亚热带树林,亚热带草坡和竹林等成分,海湾附近还有红树林等。表明本地带热带性植物区系成分的分布明显。

2.5.3.2 主要的农业气象灾害

由于受季风影响,本地带农业气候很不稳定,冷、热、旱、涝交替,农业气象灾害多。可概括为三风(热带气旋、寒露风、霜降风)、两水(龙舟水、白露水)、两旱(春旱、秋旱)和早春低温阴雨。由于高温多湿,农作物病虫灾害也比较严重。其中,尤以热带气旋及其带来的大风暴雨和寒露风、霜降风对农业生产的威胁最大。

2.5.4 边缘热带农业气候地带

边缘热带农业气候地带地处低纬,相当于粤西丘陵台地农业气候区的范围。北起粤中南丘陵平原农业气候区南界,南至琼州海峡以北的所有地带。雷州半岛东、南、西三面以及吴川、电白、阳西的南面为海洋,地带北面受云雾山、云开大山、天露山屏障,光热资源为广东最丰富的地区,具有热带、沿海、土地和劳动力资源丰富等优势,有发展热带大农业与“三高”农业的潜力。

2.5.4.1 农业气候资源及其特征

边缘热带农业气候地带年太阳辐射总量 4396～5024 MJ/m^2,农业生产潜力 434～493 kg/hm^2,光合有效辐射 1978～2260 MJ/m^2,为广东的高值区,特别是雷州半岛南部。年日照时数 1800～2200 h,年平均气温 22～24 ℃,最冷月平均气温 15～17 ℃,最热月平均气温 28～29 ℃,日平均气温≥10 ℃的年积温 8000～8500 ℃·d,无霜期 358～365 d,水稻安全生长期 264～283 d,年极端最高气温除遂溪达 38.7 ℃外,其余地区均在 38 ℃以下。平均年降水量 1300～2300 mm。本地带是广东省热量最丰富的地区,气温高而不炎热,夏长冬暖,没有气候意义的冬季,热带作物可正常生长;春季回暖快,低温阴雨结束早,地带北部低温阴雨日数 5～10 d,并于 2 月底结束,南部一般无低温阴雨出现,即使出现也于 2 月上旬结束,低温阴雨天数在 5 d 以下。夏季不如本省内陆酷热,≥35 ℃的高温日数比韶关、梅县少 20 d 以上。冬季冷空气仍可从低平河谷平原侵入本地带,一是经广西湘桂走廊进入本带西部;二是由广西贺县谷地沿漠阳江河谷平原进入,故冬季热带作物仍有寒害出现。

边缘热带农业气候地带栽培有多种热带果树,如椰子、菠萝、波萝蜜、芒果、香蕉等,在自然露地栽培条件下,生长正常并能取得正常的经济产量。在云雾山南坡 100～200m 高处可种橡胶、胡椒等热带作物,以及冬薯、冬黄豆等,双季稻可种迟熟种,但云雾山北坡,寒害对种植热带作物和冬种喜温作物危害十分严重,水稻安全生长期明显缩短。这表明本地带虽为热带农业气候地带,但在特大寒潮袭击时,北部可出现短暂的 0 ℃以下低温。虽热带椰林风光常见,但典型热带多年生作物冬季仍有寒害,椰子树越近北部,椰肉越薄,这是受冬季低温的影响所致。综上所述,本地带的热带气候并非典型,而属边缘热带气候地带。

本地带的植被现状为热带草原、热带常绿季雨林、散生海南松和马尾松的热带草原、红树林和滨海沙生植被等。靠北地区存在着热带针叶树南亚松和亚热带针叶树马尾松自然混生,这表明它们是生长在热带和亚热带的分界线上,亦表明本地带的热带气候的不稳定状况。

2.5.4.2 主要的农业气象灾害

(1)风害　风害可分热带气旋、雷雨大风、龙卷风及飑线大风等,其中,以热带气旋带来的风害最重。本地带南部地处所谓“台风走廊”,在粤西及海南登陆的热带气旋都可能使本地带南部造成灾害。正面登陆的热带气旋年平均 1.17 次,其中,南部有 2 次,最多有 5 次。5 月中旬至 11 月中旬均可发生,以 7—9 月为盛期。

(2)干旱　影响最严重的是冬春连旱,南部重于北部,南部冬春十年九旱。据统计,冬春连旱的持续期多年平均:徐闻至湛江之间为 100～130 d,湛江至高州为 80～100 d,阳江为 60～70 d。夏、秋季若热带气旋活动影响少,亦有可能出现较严重的干旱。

(3)暴雨与洪涝　前汛期受锋面低槽、后汛期受热带气旋影响,带来的暴雨易引起洪涝灾害。据统计:年平均日降水量≥50 mm 的降水日数有 6～8 d,最多的年份达 14～16 d。

参考文献

陈新光,钱光明,陈特固,等,2006.广东气候变暖若干特征及其对气候带变化的影响[J].热带气象学报,22(6).

陈新光,植石群,李衍雄,1996.粤北石灰岩地区温度场的计算与分析[J].广东气象,(4):15-17.

杜尧东,余勇,林继生,2003. 开发广东省空中水资源的战略思考[J].广东气象(3):40-43.

高绍凤,陈万隆,朱超群,等,2001.应用气候学[M].北京:气象出版社.

龚佃利,边道相,2002.山东省空中水资源的初步分析[J].气候与环境研究(2):474-482.

广东省气象局《广东省气候业务技术手册》编纂委员会,2008.广东省气候业务技术手册[M].北京:气象出版社.

广东省气象局《广东省天气预报技术手册》编写组,2006.广东省天气预报技术手册[M].北京:气象出版社.

广东省气象局资料室,1987.广东气候[M]. 广州:广东科技出版社.

国家气象局展览办公室,1986.我国农业气候资源及区划[M].北京:测绘出版社.

黄红明,2004.广东省水资源开发利用前景分析研究[D]. 武汉:武汉大学.

黄增明,周世怀,2001.广东省山区农业气候资源与农业气象适用技术[M].北京:气象出版社.

李玉林,杨梅,冯宏芳,2003.江西省空中水汽量与降水效率特征分析[J].江西气象科技,26:25-29.

刘世祥,王遂缠,陈学君,2005,甘肃省空中水资源潜力气候研究[J].甘肃科学学报,17:44-47.

鹿世瑾,1990.华南气候[M].北京:气象出版社.

毛慧琴,杜尧东,刘爱君,2003.广东省倾斜面上太阳辐射总量的气候学计算[J].广东气象(4):14-17.

潘嘉念,催健,涂悦贤,等,1996.广东气候与农业[M].广州:广东高等教育出版社.

庞庭颐,1996.中国热带、亚热带西部地区热量带的划分[J].地理学报,51(3):224-22.

王钊,2006,广东省水资源演变情势分析[J],广东水利水电,05.

王祝,2006,广东省降水的趋势变化和时空分布特性分析[J],人民珠江,2:37-40.

亚热带丘陵山区农业气候资源合理利用研究课题协助组,1988. 亚热带丘陵山区农业气候资源研究论文集[M].北京:气象出版社.

喻丽,王姝苏,褚荣浩,等,2017. 近 30 年中国太阳总辐射时空特征及趋势分析[J].安徽农业科学,45(33):192-196.

第3章　气候变化与气候变暖

3.1　气候变化

联合国政府间气候变化专门委员会(IPCC)第五次气候变化评估报告指出，百年来(1880—2012 年)全球平均近地表温度上升了 0.85 ℃。要减轻气候变化对经济社会和农业的影响和危害，首先必须通过气候资料统计和分析，了解气候变化的时空分布特征和阶段性变化特点，从而提高群众对气候变化的认识，趋利避害，充分、合理利用有利的气候资源，防避不利气候因素的影响和危害，为促进广东经济社会和农业持续稳定的发展，提供气候变化方面的依据。

3.1.1　过去气候变化特征

3.1.1.1　温度的变化

3.1.1.1.1　年平均气温

广东 20 世纪的近地面温度变化趋势大体上与北半球相似，最冷年(1917 年)的温度距平在 1.2 ℃左右，最暖年(1998 年)沿海测站的温度距平为 1.0 ℃左右(钱光明 等，2000)；有热岛效应影响的内陆测站温度距平为 1.5～1.8 ℃，全省 86 站平均为 1.2 ℃，也即广东 20 世纪年平均温度的变化幅度比北半球大 1 倍。值得注意的是，粤东地区多个台站 2002 年的年均温度高于 1998 年，广州(五山)2002 年、2003 年的年均温度高于 1998 年 0.2 ℃。

广东 20 世纪的升温率为 0.6～0.8 ℃/100 a，热岛效应强烈的城市为 1.2～1.5 ℃/100 a(张小丽 等，2001；陈新光 等，2004；陈新光 等，2006)。

从图 2.1 和图 3.1 可见，1951—2020 年广东省年平均气温变化总体呈上升趋势，尤其在 1998 年以后气温明显偏高。全省平均气温呈显著的线性增暖趋势，相关系数达 0.67，通过了 α＝0.001 的显著性检验，全省气温平均每 10 a 增加 0.19 ℃；1998 年以来气温更是显著偏高，大部分年份较常年平均值明显偏高。

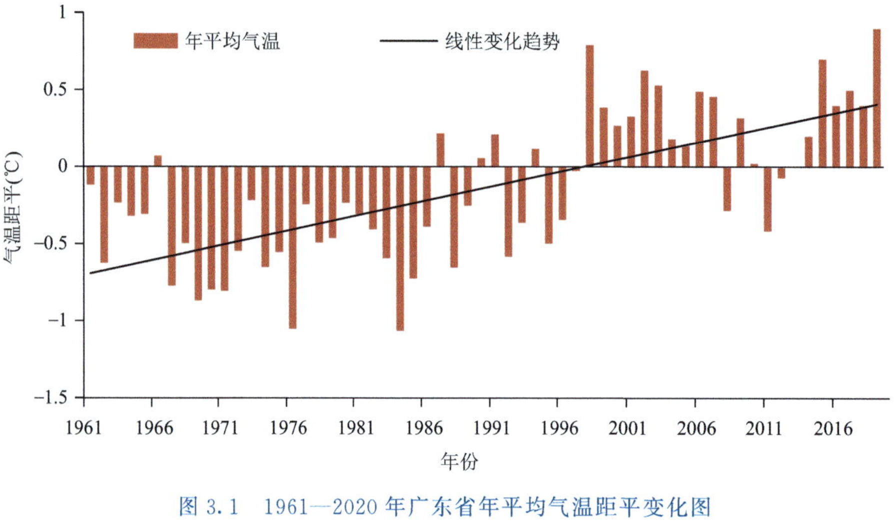

图 3.1　1961—2020 年广东省年平均气温距平变化图

1951—2020 年广东省年平均气温的突变分析表明，1987 年以前广东年平均气温偏低，其中，1971 年前后严重偏低，超过了 α＝0.05 的显著性水平；1987 年以后广东年平均气温偏高，1993 年出现突变，

1997—2020 年广东年平均气温严重偏高，超过了 α=0.05 的显著性水平。

除了韶关的年平均气温没有明显的线性趋势外，全省 13 个代表站的年平均气温均呈显著的线性增暖趋势，其相关系数绝大部分均超过了 α=0.001 显著性水平，大部分地区平均每 10 a 增加 0.1～0.2 ℃，其中，汕头站增暖最明显，平均每 10 a 增加 0.408 ℃，其线性趋势的相关系数高达 0.86。

从图 3.2 可看出，广州、汕头、湛江的年平均气温变化趋势基本和全省平均气温的变化一致，均呈明

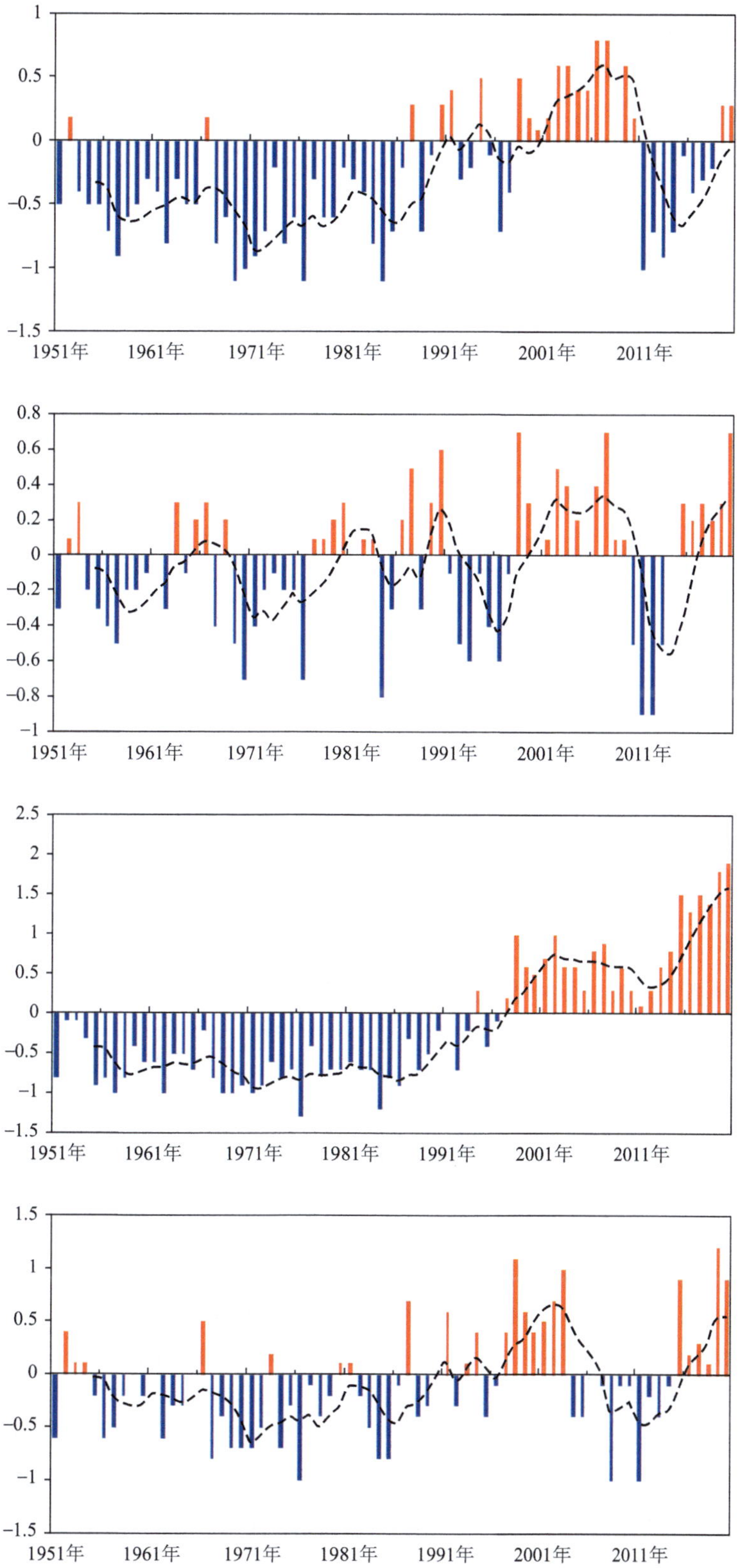

图 3.2　年平均气温距平变化趋势图(从上至下依次为:广州、韶关、汕头、湛江)

显的上升趋势；广州和湛江在20世纪90年代以前大多为负距平，1991—2010年大部分是正距平，2011—2017年多是负距平，之后是正距平；汕头1998年以前大多为负距平，之后基本为正距平，但在2011年前后也是较小的正距平值。

3.1.1.1.2　四季（春、夏、秋、冬）各季气温阶段性变化特点

从季节分布看，以广州、韶关、汕头、湛江4个代表站为例，如图3.3，秋季和冬季平均气温的上升趋势最为明显，升温速率分别为0.21 ℃/(10 a)和0.23 ℃/(10 a)，夏季次之，升温速率为0.12 ℃/(10 a)，春季最小，升温速率为0.10 ℃/(10 a)。除了冬季，其余3个季节增暖的线性趋势均通过了α=0.05的显著性检验。

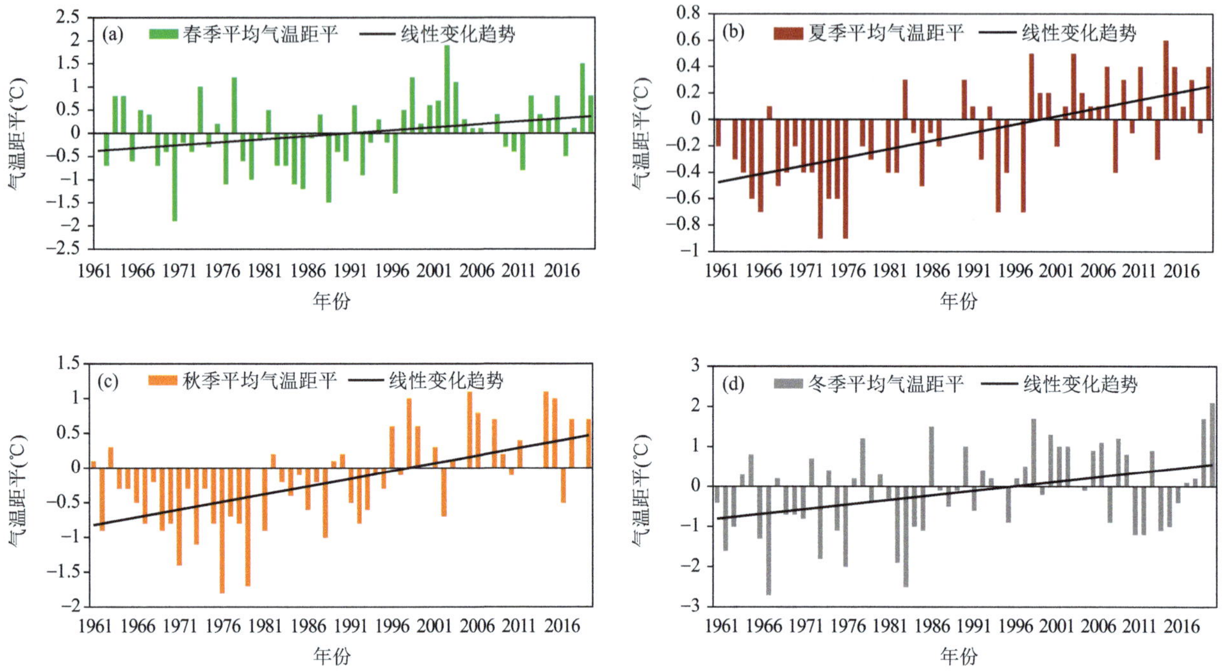

图3.3　1961—2019年广东省各季平均气温距平变化

(a)春季，(b)夏季，(c)秋季，(d)冬季

如图3.4和图3.5，4个代表站中，汕头四季的气温距平均呈明显的线性上升趋势，达到α=0.001的显著性水平，秋季和冬季平均气温的上升趋势最为明显，升温速率分别为0.52 ℃/(10 a)和0.51 ℃/(10 a)，春季次之，升温速率为0.32 ℃/(10 a)，夏季最小，升温速率为0.30 ℃/(10 a)。汕头四季的气温距平在1998年以前大多是负距平，之后多正距平。广州四季的气温距平年际变化较大，尤其是冬、春季，但是夏、秋季就和全省的气温距平变化基本一致，1988年以前，多负距平，之后多正距平。韶关和湛江春季气温增暖稍明显，但是没有通过显著性检验，4个代表站的各个季节中，只有广州夏季的气温线性增暖趋势达到α=0.05的显著性水平，其余季节的线性增暖趋势没有通过显著性检验。

3.1.1.1.3　≥35 ℃的高温气温的变化趋势和阶段性变化特点

1951—2020年，广东年高温日数（日最高气温≥35 ℃的日数）呈显著增加趋势，其线性趋势的相关系数达到0.65，通过了α=0.001的显著性检验，平均每10 a增加2.4 d，1998年以来高温日数增加更快，23 a中有19 a高温日数大于20 d，1998年以前全省年平均高温日数为15.8 d，1998年以后全省年平均高温日数高达25.0 d，增加了9.2 d；尤其2003年以后仅2013年高温日数不足20 d，2013年全省平均高温日数为16.3 d，较常年值偏少1.2 d，为1998年以来最少。1951—2020年广东年高温日数的突变分析表明，20世纪60年代初广东年高温日数偏多，60年代中期到80年代中后期，广东年高温日数偏少，其中，1975—1977年严重偏少，超过了α=0.05的显著性水平，1988年以后广东的高温日数逐渐由偏少转为偏多，2003年出现突变，2003—2020年高温日数显著偏多，超过了α=0.05的显著性水平。

由表3.1可知，除了曲江、深圳、阳江外，其余地区高温日数呈偏少、略偏多、明显偏多的3个分布时

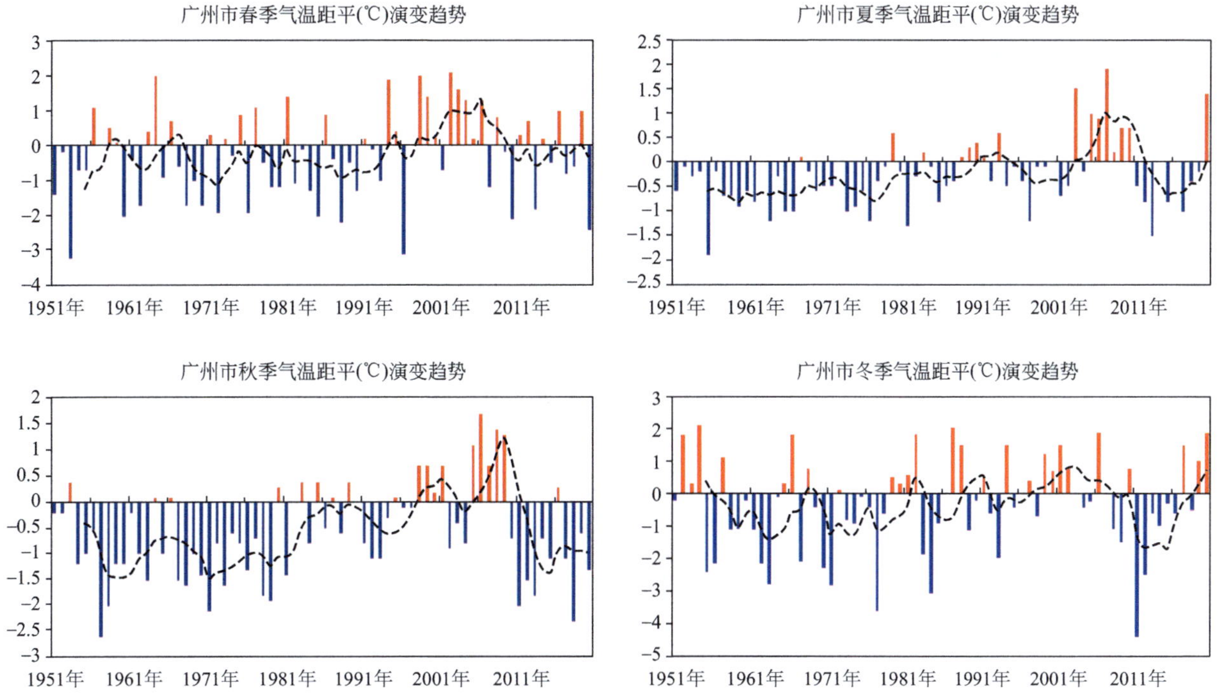

图 3.4 广州四季平均气温距平变化趋势图

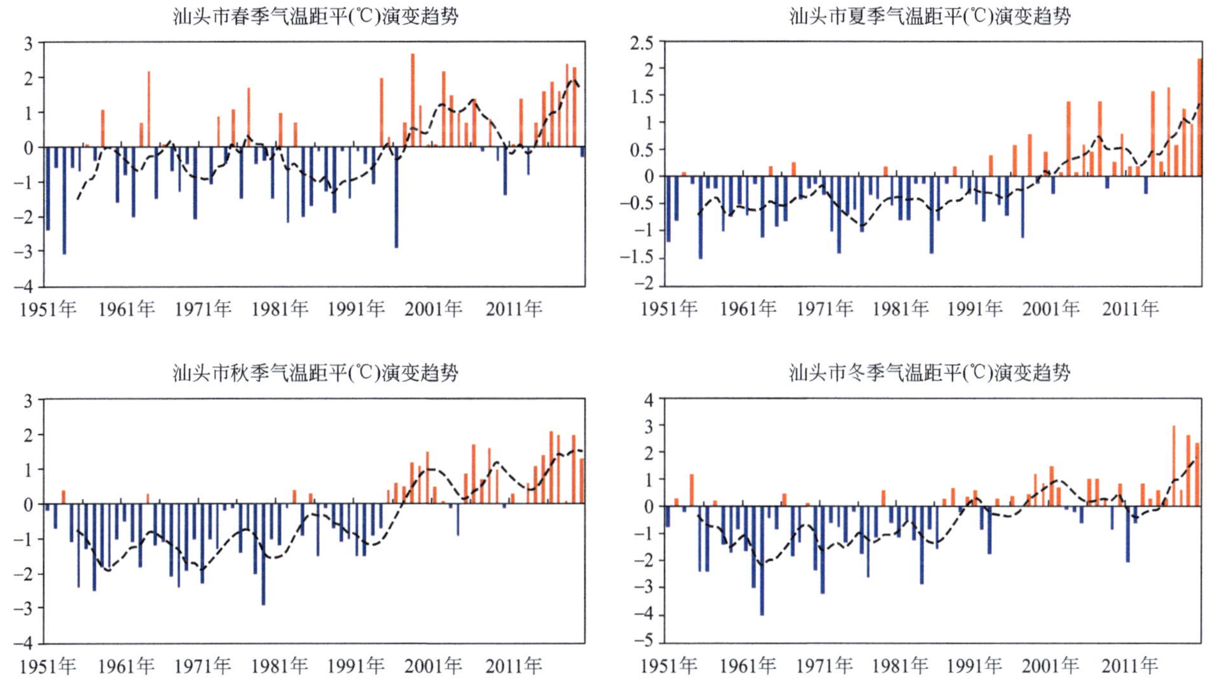

图 3.5 汕头四季平均气温距平变化趋势图

期，其中广州的高温日数在严重偏多期比偏少期多了 20 d，如图 3.6 和图 3.7。

3.1.1.1.4 积温

1961—2019 年，广东省≥10 ℃年活动积温呈明显增多趋势，平均每 10 a 增加 136.2 ℃ · d；1997—2004 年，广东≥10 ℃年活动积温明显偏多，2005 年以来线性增多趋势显著。1961 年以来，广东≥10 ℃年活动积温最少的是 1976 年，只有 6443.9 ℃ · d，最多的是 2019 年，达到 8266.9 ℃ · d。2019 年，全省≥10 ℃年活动积温 8266.9 ℃ · d，较常年值(7166.8 ℃ · d)偏高 1100.1 ℃ · d，较 2018 年(8010.7 ℃ · d)偏高 256.2 ℃ · d(图 3.8)。

表 3.1 广东省不同时期各地市的平均高温日期 (单位:d)

地区	偏少期高温日数（1961—1987 年）	转折期高温日数（1988—2002 年）	严重偏多期高温日数（2003—2020 年）
连州	24.4	33	43.4
曲江	36.1	24.6	33.2
梅县	31.9	34	46.6
封开	28.9	31.6	41.8
怀集	27.2	28.3	32.7
高要	12.7	21.4	27.6
广州	5.5	13.7	25.6
惠阳	9.7	11.2	26.6
汕头	1.1	4.7	13.6
信宜	9.7	20.4	21
深圳	1.4	5.4	3.8
湛江	5.6	8.3	10.1
阳江	1.3	3.7	3.6
徐闻	19.2	21.2	31.6
全省平均	15.4	18.7	25.8

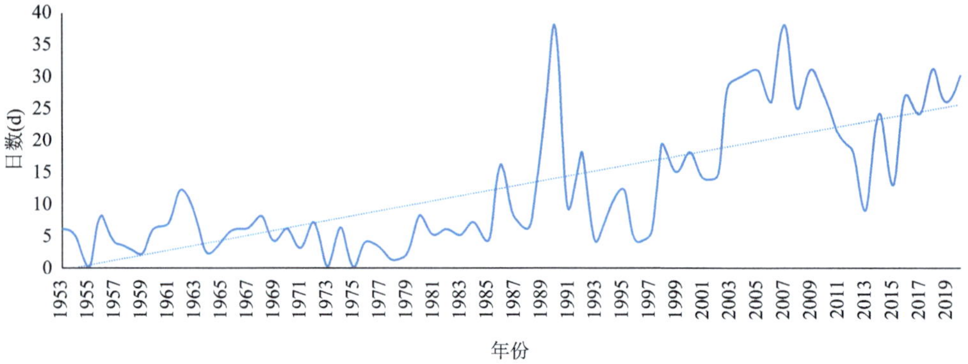

图 3.6 广州年总高温日数变化趋势图

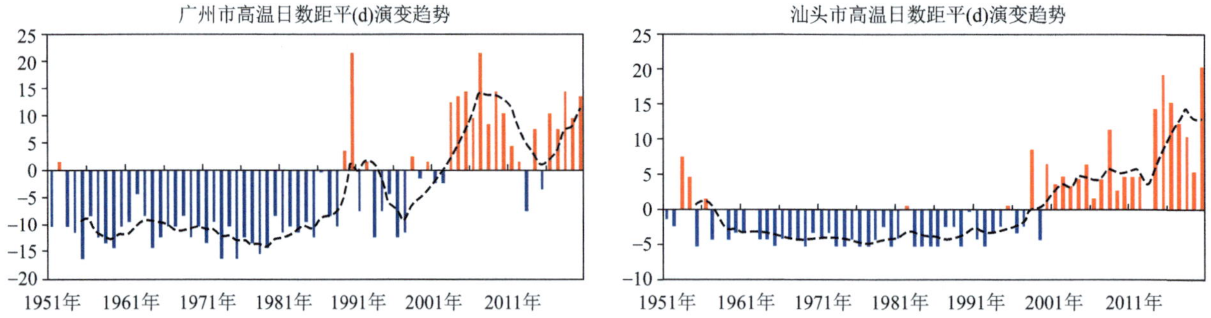

图 3.7 广州、汕头年高温日数距平变化趋势图

3.1.1.2 降水量的变化趋势

3.1.1.2.1 年降水量的变化

气候变化也对广东的降雨情况带来影响，如图 3.9，1961—2020 年，广东省降水量无显著线性变化趋势，但年际间变化明显。20 世纪 60 年代、80 年代，21 世纪初期降水偏少，20 世纪 70 年代、90 年代中期降

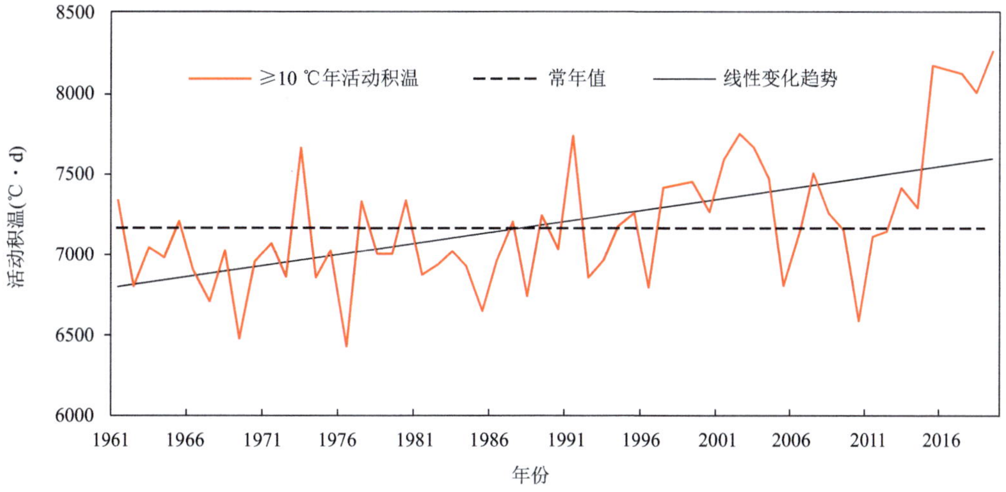

图 3.8 1961—2019 年广东省年≥10 ℃活动积温变化

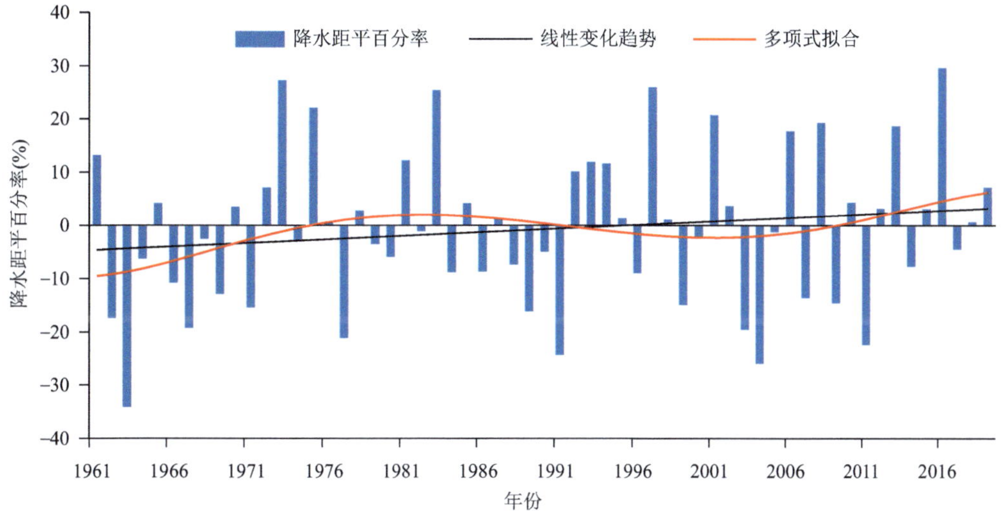

图 3.9 广东年降水量的变化趋势图

水偏多。排名前三位的降水高值年分别是 2016 年(2321.0 mm)、1973 年(2278.6 mm)和 1997 年(2254.1 mm),排名前三位的降水低值年分别是 1963 年(1179.6 mm)、2004 年(1325.9 mm)和 1991 年(1354.7 mm)。但在 1961—2020 年中,广东省年降水日数呈显著偏少趋势,减少速率为每 10 a 3.7 d。这说明雨强加大,反映在气象灾害上,就是年暴雨日数呈弱的上升趋势,最大日雨量呈波浪式上升趋势,平均每 10 a 上升 10.8mm。近 60 a 来,广东暴雨日数最多的年份是 2001 年,达 10.6 d,比常年偏多 3.1 d,最少的年份是 1963 年,仅 3.9 d,比常年偏少 3.6 d。而 2013 年全省平均暴雨日数为 10 d,较常年值偏多 2.5 d,全年共出现 29 次暴雨和强对流天气过程。在年降水量无显著变化的情况下,降水日数有所减少,意味着雨水下得更大了,不论是洪涝还是干旱,都有所增多,说明极端天气比以前多了。

广东年降水量的变化趋势存在明显的地区差异(图 3.10),广州、韶关的年降水量变化总体趋势基本一致,呈轻微上升趋势;汕头和湛江呈 6 次少雨—多雨小循环变化,谷值分别出现于 1963 年、2004 年和 1991 年;峰值分别出现于 1973 年、1997 年、2008 年、2016 年。近 60 a 来,各站年降水量呈轻微上升趋势。

3.1.1.2.2 汛期降水量的变化

近 60 a 来广东前汛期降水量具有明显的阶段性特征,大致经历了 3 个大周期变化:多雨时段分别出现在 20 世纪 70 年代初至 80 年代初、90 年代初至 90 年代末。少雨时段出现在 60 年代初至 70 年代、80 年代初至 90 年代初。广东后汛期降水量变化趋势特点是:地区差异明显,而准周期性不及前汛期明显。由线性趋势估算出,2005 年之前珠江三角洲的后汛期降水量呈上升趋势。

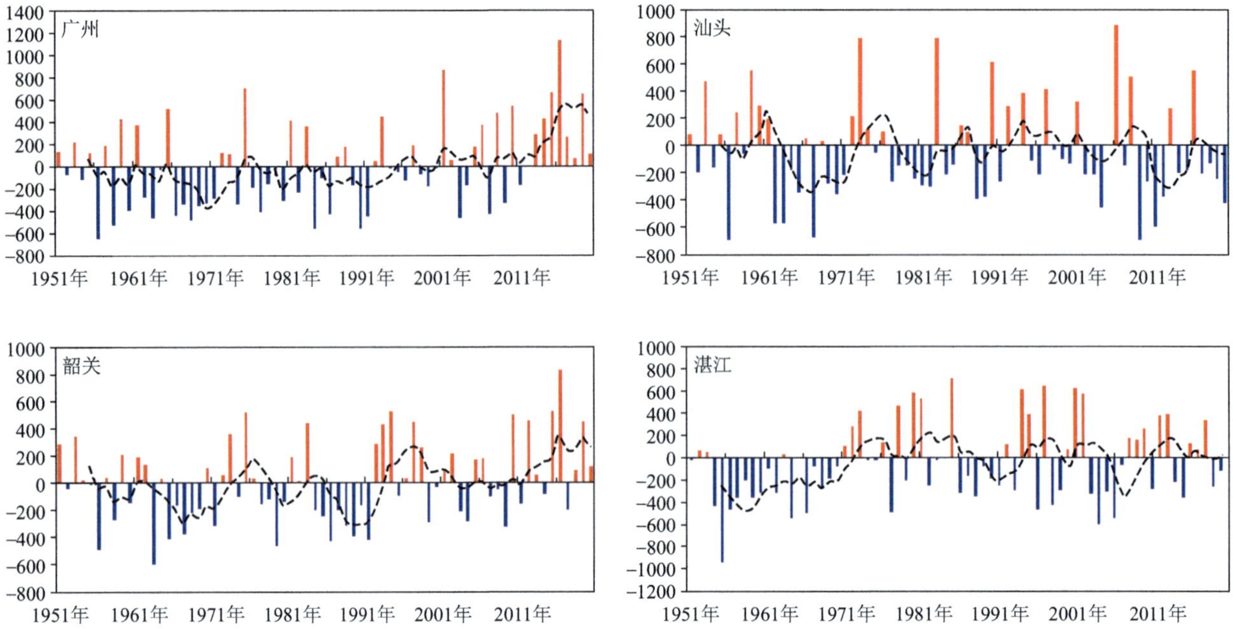

图 3.10 年平均降水量距平变化趋势图(广州、汕头、韶关、湛江)

从 1961—2019 年汛期降水分布看,前汛期(4—6 月)和后汛期(7—9 月)的降水量均无显著线性变化趋势,2005 年以来前汛期降水总体处于偏多阶段,而 2005 年以来后汛期降水则总体处于偏少阶段(图 3.11)。

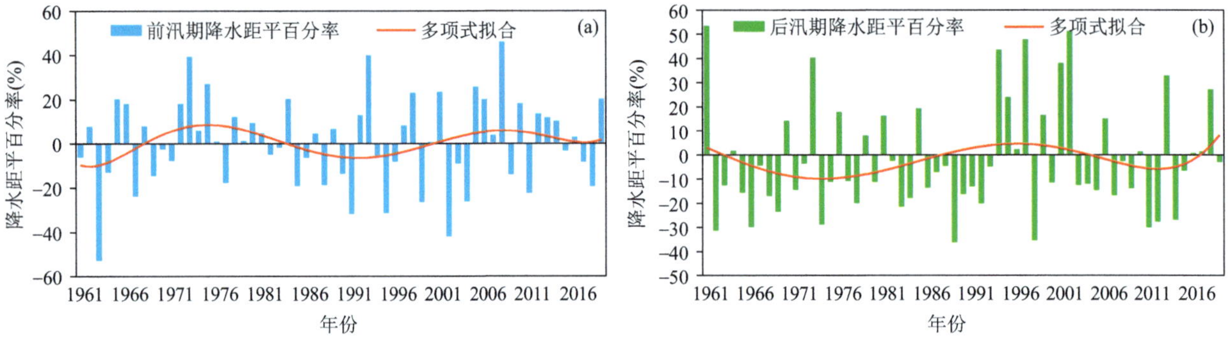

图 3.11 1961—2019 年广东省汛期降水量距平百分率变化(%)

(a)前汛期,(b)后汛期

3.1.1.3 热带气旋(台风)登陆次数变化

3.1.1.3.1 广东省年平均热带气旋(台风)登陆次数的时空分布特征和阶段性变化特点

广东省是全国受热带气旋影响最多的省份,在 1951—2020 年的 69 年间,共有 359 个热带气旋登陆或严重影响广东,平均每年 5.13 个,其中,登陆 262 个,平均每年 3.74 个。这些热带气旋当中,数量最多的是强度为台风级的,占了一半以上,其他依次为强热带风暴、热带低压、热带风暴。热带气旋的影响个数逐年分布很不均匀(图 3.12),热带气旋影响最多的年份达到 9 个(1974 年、1980 年)之多,而最少的年份只有 1 个(1969 年);而一年中登陆广东最多的热带气旋有 7 个(1952 年、1961 年、1967 年、1993 年、1999 年、2018 年),最少的只有 1 个(1956 年、1969 年、1997 年、2005 年)。在 1951—2020 年,多达 55%的年份有 3～5 个热带气旋登陆广东。

台风影响个数呈减少的趋势,但不显著,年代际变化较明显。气候变暖前(1951—1985 年)年平均影响台风个数是 5.6 个,气候变暖后(1986—2020 年)年平均影响台风个数是 4.7 个。20 世纪 60—90 年代中期为偏多时段,年均登陆台风 4.0 个;20 世纪 90 年代中期至 2007 年为偏少时段,年均登陆台风 2.6 个;2008—2019 年又进入偏多时段,年均登陆台风 3.5 个。如图 3.13,以台风登陆时的中心附近平均风力等级表示其强度,结果显示登陆广东台风的强度有逐年增多的趋势。

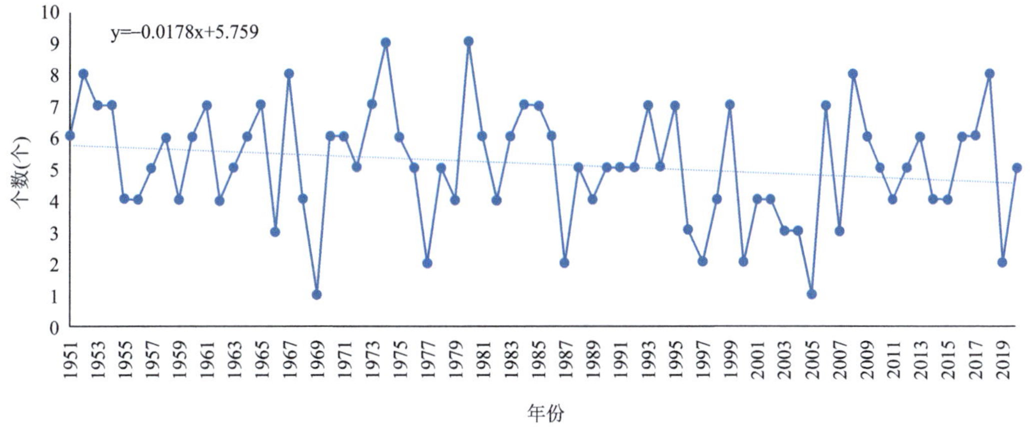

图 3.12 影响广东省的热带气旋个数逐年变化曲线

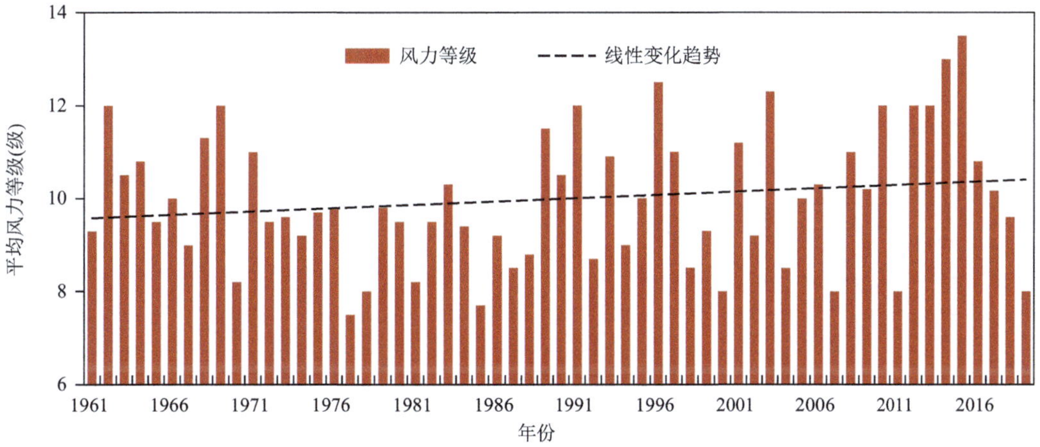

图 3.13 1961—2019 年登陆广东台风的中心附近平均风力等级

3.1.1.3.2 广东省 3 个地区年平均热带气旋(台风)登陆次数的阶段性变化

由图 3.14 可看出,在广东省 3 个地区登录的热带气旋次数变化是不同的,广东省饶平—海丰、惠东—台山年平均热带气旋(台风)登陆次数呈减少的趋势,阳江—徐闻年平均热带气旋(台风)登陆次数呈增多的趋势。

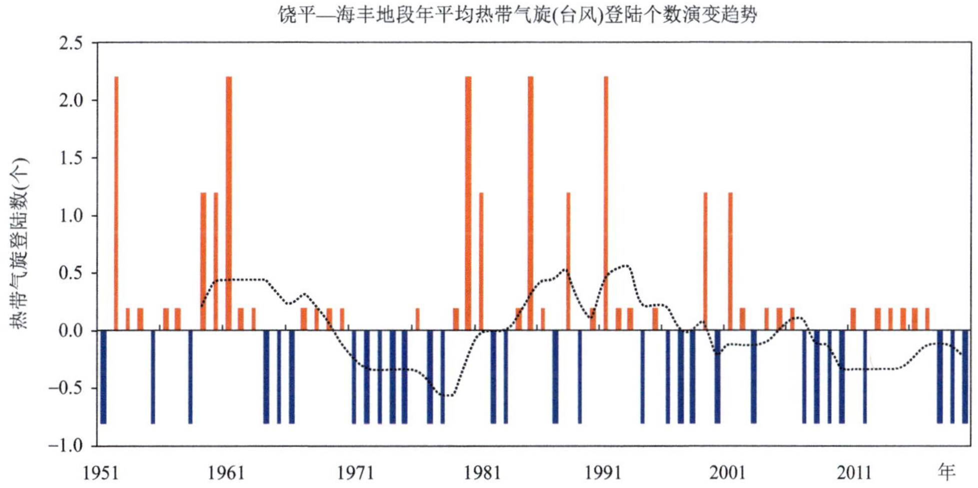

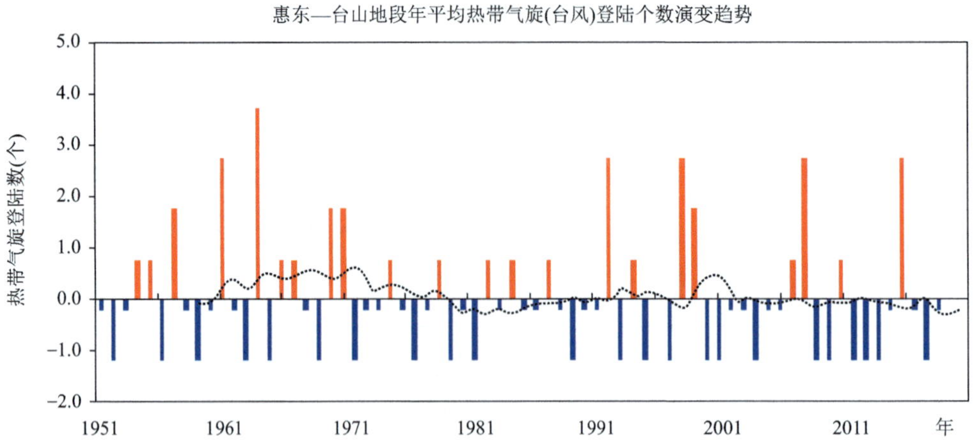

图 3.14　广东省 3 个地区年平均热带气旋（台风）登陆次数距平的阶段性变化

3.1.1.4　暴雨日数的变化趋势

从广东省各站点的年暴雨频率趋势系数发现：自 20 世纪以来，各地年暴雨频率略有上升，但大部分地区的上升趋势都达不到显著性水平，只有仁化、新兴、化州、丰顺、湛江和始兴的上升趋势达到了 5% 的显著性水平。

1961—2019 年，广东年暴雨（日降雨量≥50 mm）日数呈弱的增多趋势。暴雨日数最多的年份是 2001 年，达 10.3 d，比常年值（7.5 d）偏多 2.8 d，最少的年份是 1963 年，只有 3.9 d，比常年值偏少 3.6 d。2019 年全省平均暴雨日数为 8.1 d，较常年（7.5 d）偏多 0.6 d，较 2018 年偏多 0.4 d（图 3.15）。

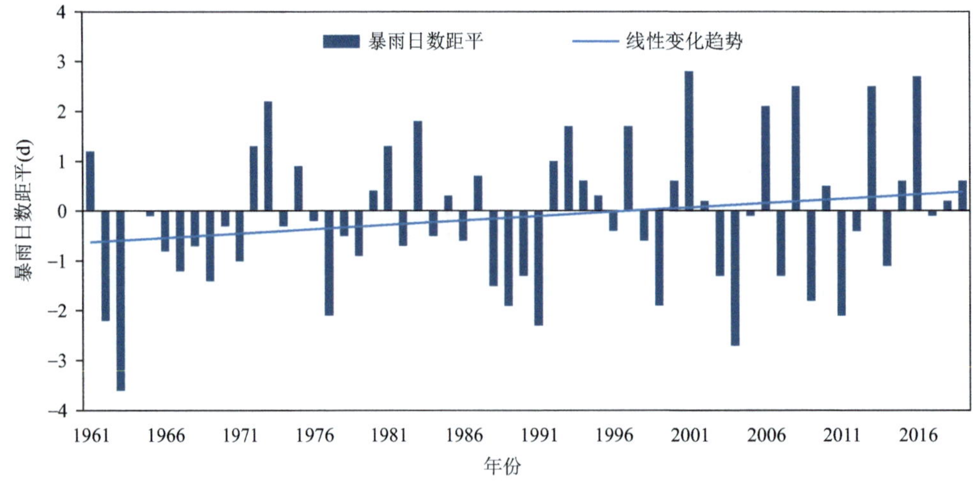

图 3.15　1961—2019 年广东省年暴雨日数距平变化

下面以韶关、广州和汕头为代表，讨论其阶段性特征。

韶关：最突出的特点是自20世纪90年代以来，暴雨天数有明显的增多趋势。暴雨天数最多的年有12 d,2015年、2016年，较多的年份还有：1992年、1955年、2005年、2002年、1983年、1951年、1998年、2019年、2020年。最少的年份1979年、1986年为无暴雨，较少的年份还有：1970年、1952年、1957年、1963年、1988年、1990年(图3.16)。

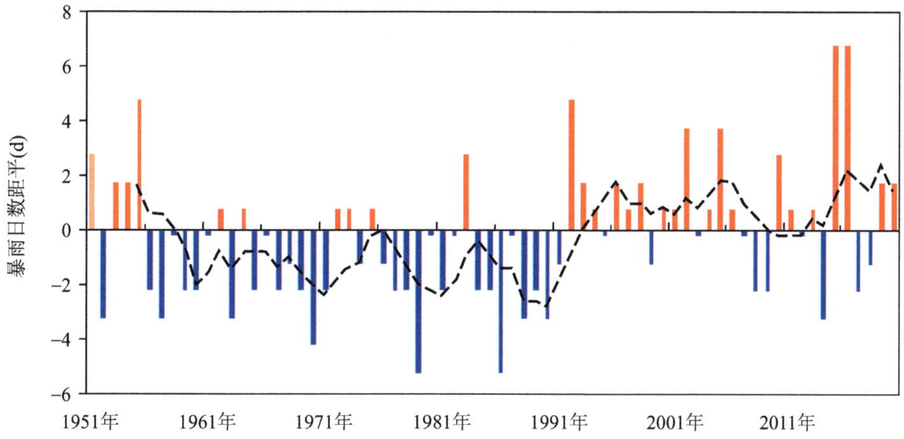

图3.16 韶关(曲江)1951—2020年逐年暴雨日数距平(d)变化趋势

广州：阶段性明显，2001年暴雨天数最多有16 d,较多的年份还有2019年、2016年、1993年、1975年、1981年、2004和1965年。最少的是1990年无暴雨，较少的年份有1968年、1956年、1958年、1970年、1974年、1989年(图3.17)。

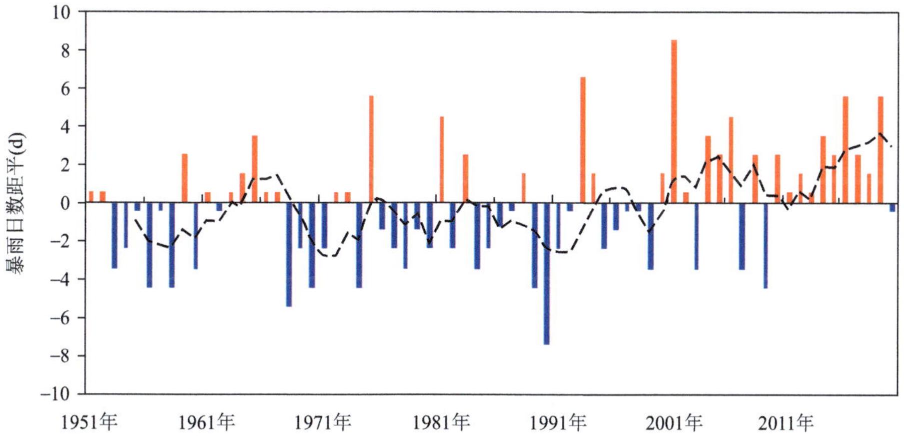

图3.17 广州1951—2020年逐年暴雨日数距平(d)变化趋势

汕头：阶段性不明显，以年际变化为主。最多的1959年有16 d,较多的年份还有1973年、1976年、1990年、1972年、1968年、2008年、2017年。最少的年2012年只有1 d,较少的年份还有1970年、1952年、1963年、1967年、1956年、2004年(图3.18)。

3.1.1.5 海平面的变化

1980—2019年，如图3.19,南海沿海海平面呈显著上升趋势，平均每年上升3.0 mm,低于全国同期平均上升速率(每年上升3.4 mm)。20世纪80年代南海沿海海平面以波动变化为主，无显著线性变化趋势，自20世纪90年代起开始明显上升，并持续高于常年平均海平面*，其中，2001—2005年南海海平面有一次较明显的下降过程，但没有降到20世纪90年代前期的水平，2006年开始，南海海平面又经历一次明显的上升过程，并且突破前期的高值达到136 mm的高位(2012年)，比前期高位99 mm偏高37 mm。

* 常年平均海平面：《中国海平面公报》依据全球海平面监测系统(GLOSS)的约定，将1993—2011年的平均海平面定为常年平均海平面。

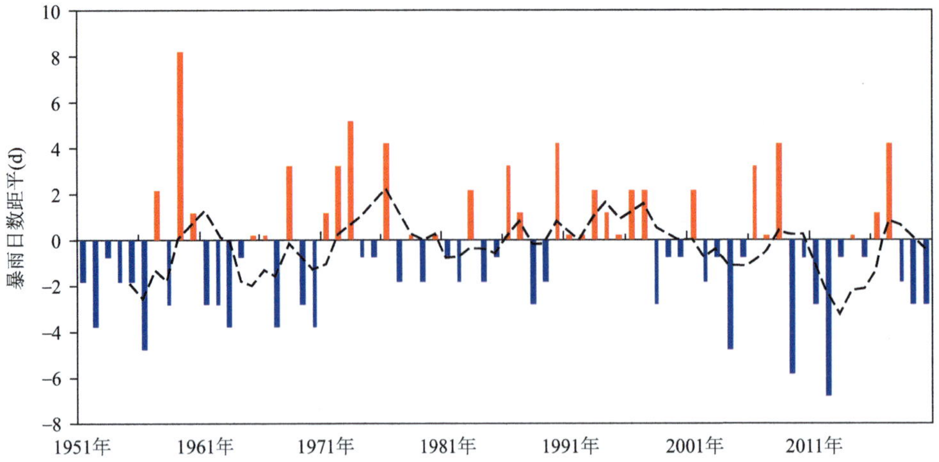

图 3.18　汕头 1951—2020 年逐年暴雨日数距平(d)变化趋势

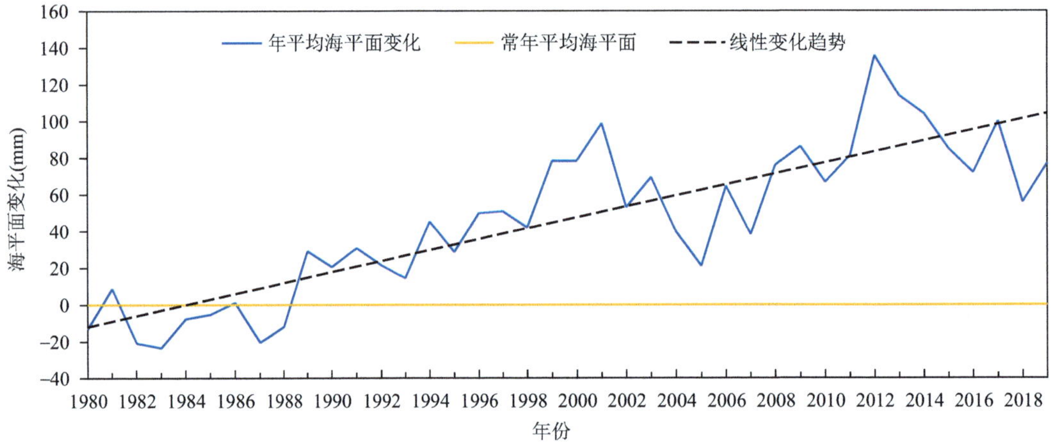

图 3.19　1980—2019 年南海沿海海平面变化(相对于常年平均海平面)

2019 年,南海沿海海平面比常年高 77.0 mm,比 2018 年高 21.0 mm。

3.1.1.6　地表温度

1961—2019 年,广东省年平均地表温度呈弱的上升趋势(图 3.20)。1967—1997 年全省年平均地表温度以偏低为主,1998 年以来以偏高为主。年平均地表温度最高的是 2019 年,达 25.5 ℃,最低的是 1962 年,只有 23.5 ℃。2019 年全省平均地表温度较常年值偏高 1.0 ℃,较 2018 年偏高 0.5 ℃。

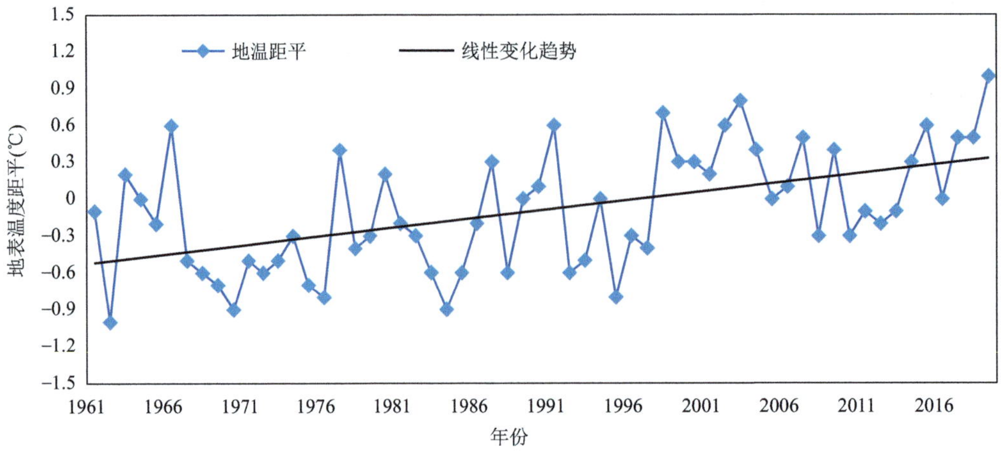

图 3.20　1961—2019 年广东省年平均地表温度距平变化

3.1.1.7 物候

1983—2019年，广东省木本植物春季物候期有提前趋势。与1983—1996年物候期平均值相比，1997—2019年高要、潮州和中山地区木棉开花盛期分别平均提前13 d、5 d和4 d，高要、佛山和仁化地区苦楝开花始期分别平均提前12 d、10 d和8 d(表3.2和表3.3)。

表3.2 广东省代表站1997年前后木棉开花盛期对比

站点	1983—1996年平均值	1997—2019年平均值	两阶段差值
高要	3月26日	3月13日	−13
潮州	3月18日	3月13日	−5
中山	3月25日	3月21日	−4

注:"+"表示物候期推迟，"−"表示物候期提前。

表3.3 广东省代表站1997年前后苦楝开花始期对比

站点	1983—1996年平均值	1997—2019年平均值	两阶段差值
高要	4月1日	3月20日	−12
佛山	3月26日	3月16日	−10
仁化	4月10日	4月2日	−8

注:"+"表示物候期推迟，"−"表示物候期提前。

2019年，高要地区木棉开花盛期为4月5日，较1983—2019年平均值(3月18日)推迟了18 d，较2018年推迟了2 d；潮州地区木棉开花盛期为2月28日，较1983—2019年平均值(3月15日)提前15 d，较2018年提前28 d；中山地区木棉开花盛期为5月6日，较1983—2019年平均值(3月22日)推迟45 d，较2018年推迟了47 d。

2019年，高要、佛山和仁化地区苦楝开花始期分别为4月19日、3月13日和4月10日，较1983—2019年平均值高要地区推迟了25 d、佛山和仁化分别提前了7 d和推迟了5 d，较2018年佛山提前了1 d、高要和仁化分别推迟了1 d和15 d。

3.1.2 未来气候变化趋势

利用英国气象局Hadley(哈得来)气候预测和研究中心(以下简称气候中心)的区域气候模式系统PRECIS，基于IPCC《排放情景特别报告(SRES)》B2情景下，对华南地区(广东、广西、福建、海南)2071—2100年的气候变化进行了模拟预测。

PRECIS系统模式是由Hadley(哈得来)气候中心高分辨率的GCM模式(HadAM3H)为其提供边界场和初始场。该系统包含了IPCC最新设计的《排放情景特别报告(SRES)》情景下的气候情景数据库、RCM本身和运行RCM所需的数据库。Hadley气候中心高分辨率全球海—气耦合模式HadAM3H是建立在HadCM3模式的大气部分基础之上，它的水平分辨率增加了一倍，陆面过程得到了改进，模式的水平分辨率是1.25°(纬度)×1.875°(经度)，垂直方向分为19层。区域气候模式系统PRECIS是由上述大气模式HadAM3H发展而来，它的水平分辨率是0.44°(纬度)×0.44°(经度)，在中纬度地区格点间距大约为50 km，垂直方向分为19层。PRECIS模式系统是IPCC推荐使用的区域气候模式之一，已经成功地在欧洲、印度和南非进行了区域气候情景的模拟研究，中国科学家已利用ECMWF再分析数据验证了PRE—CIS对中国区域气候有较好的模拟能力。

3.1.2.1 未来温度变化

华南地区2071—2100年年均平均温度、夏季平均日最高温度和冬季平均日最低温度，相对于1961—1990年(baseline，基准年)的逐年变化如图3.21所示。由图3.21可以看出，未来年均的日增温度在30 a里处于一个上升趋势，由2071年相对于基准年增加2.3 ℃上升到2100年的3.6 ℃。同样，夏季日最高温增温在这30 a里也有一个上升趋势，上升了约1.5 ℃；而冬季的日最低温增温变化不大，无明显的上升趋势，30 a平均较基准年增加2.5 ℃。

2071—2100年华南地区相对于基准年的年均温度、夏季平均最高温度、冬季平均最低温度的增温分

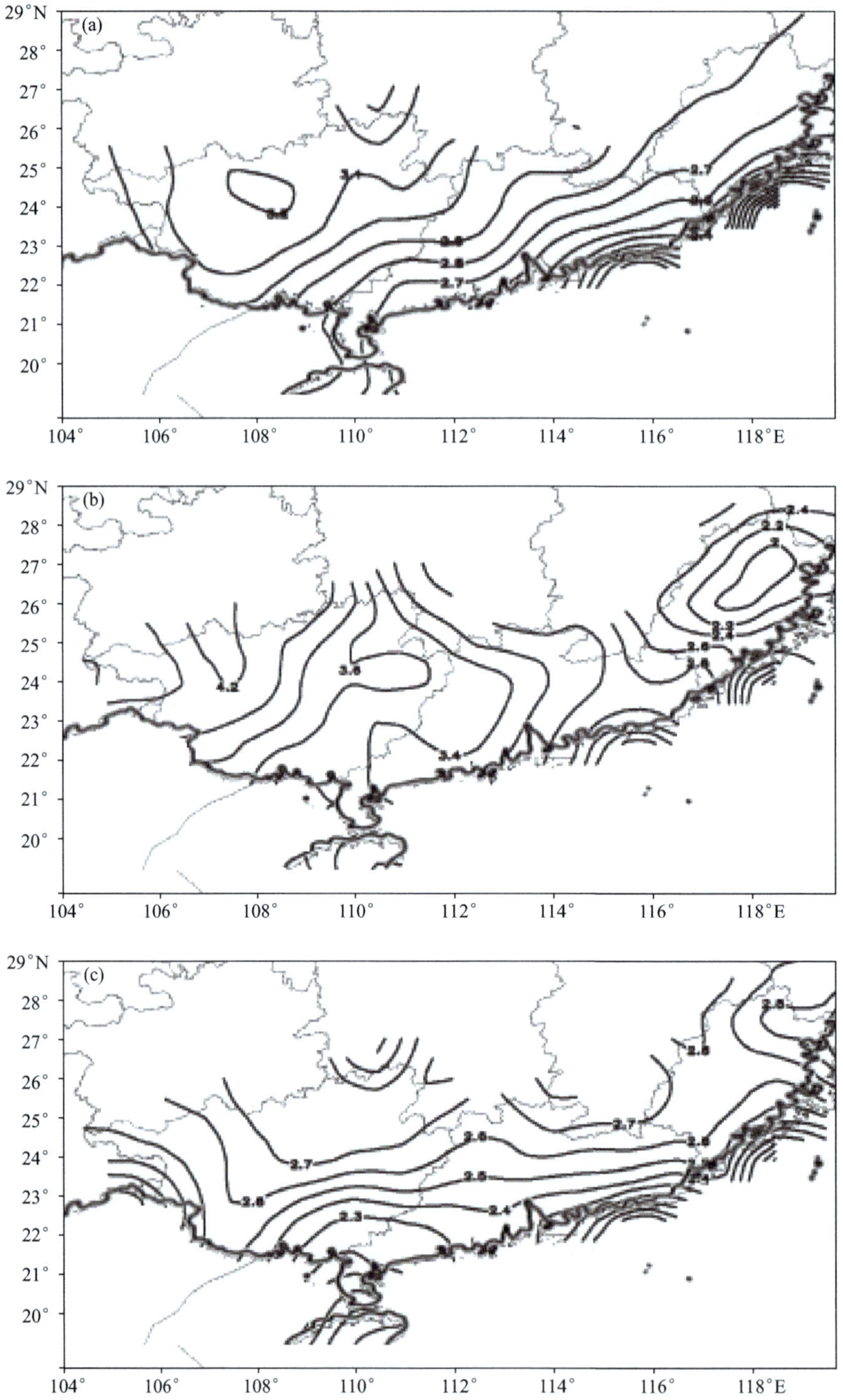

图 3.21　2071—2100 年华南地区相对于基准年的年均温度(a)、夏季平均最高温度(b)、冬季平均最低温度(c)的增温分布图(℃)

布见图 3.22。由图 3.22 可知，相对于基准年华南地区温度的 3 个要素都有不同程度的上升，整个华南地区的年均日平均温度平均比基准年均有上升，其中，西北部增温幅度较大，达到 3.2 ℃，沿海区域增温幅度较小。相比于基准年，未来华南地区夏季日最高温平均增加 3.3 ℃，冬季日最低温则平均增加 2.5 ℃，同样是西北部增温幅度比东南沿海区域大。

3.1.2.2　未来降水量变化

华南地区日降水量相对于基准年的变化曲线见图 3.23。从图 3.23 可以看出：在 2071—2100 年期间，无论是年均还是夏季平均、冬季平均，其日降水量本身均呈减少趋势。

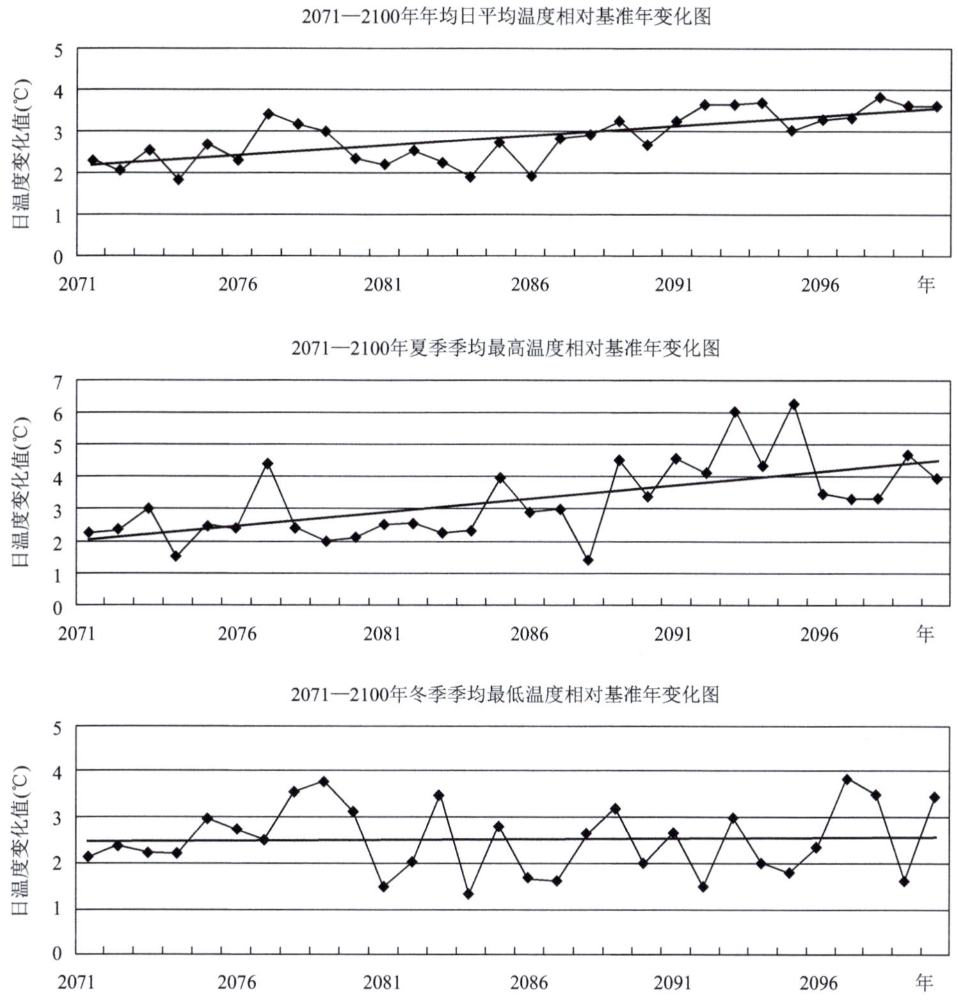

图 3.22 2071—2100 年华南地区温度相对于基准年的变化曲线

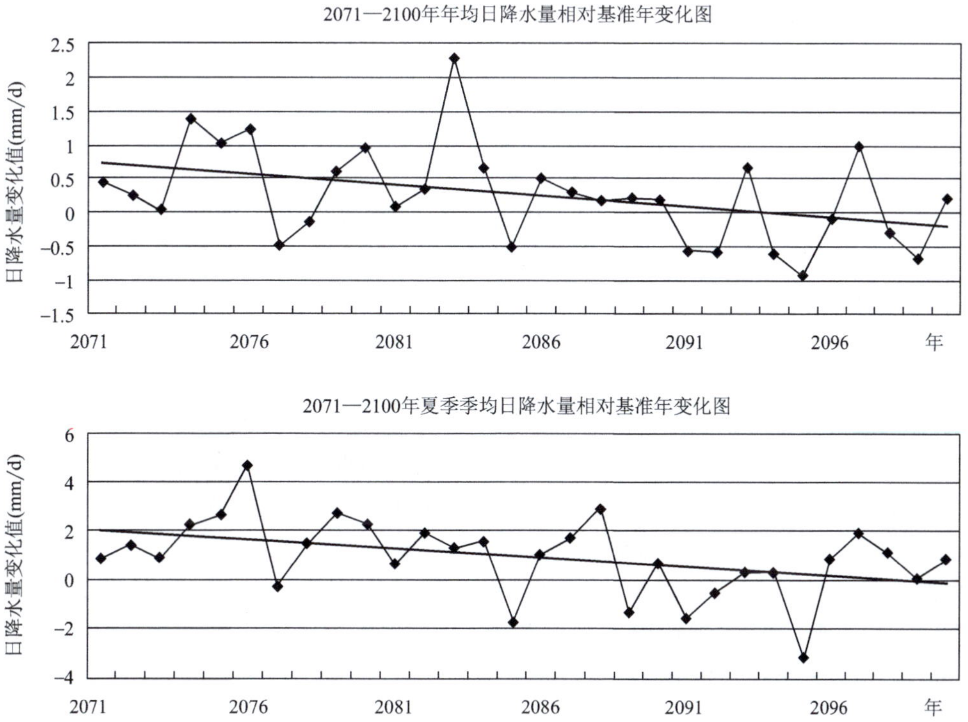

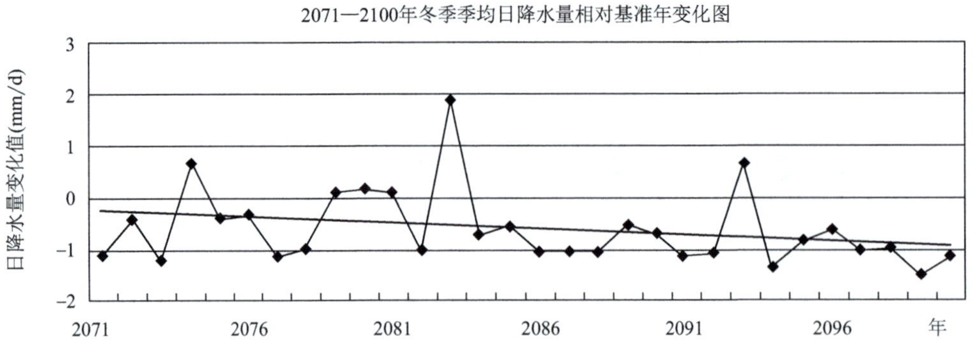

图 3.23　2071—2100 年华南日降水量相对于基准年的变化图

图 3.23 为华南地区日降水量的区域变化情况。相对于基准年，华南地区未来的年均日降水量以 22°N 为界，以北的区域是增加的，降水量增加最大的区域是广西东北部和福建省的沿海区域以及北部；而 22°N 以南的区域年均日降水量则较基准年减少。夏季平均日降水量较基准年有所增加，减少的区域与年均的分布基本相同，但是大值中心有所不同。广西东部、广东中北部，以及福建西北部的夏季日降水量较基准年都增加了 1 mm/d 以上。而整个华南地区冬季的日降水量较基准年都是减少的，负值中心位于广东北部和福建北部，减少了 1 mm/d。

根据未来降水量的这种变化分布状况，可以推测未来广东北部和福建北部夏季降水量将会增加，而冬季降水量则会减少，可以认为这两个区域有发生冬旱夏涝的可能性。

3.2　气候变暖的正负面效应

气候变暖对广东来说，主要有以下影响：一是正常的气候规律被打乱，极端气候事件频发，地区性灾害损失加大；二是海平面显著上升并加大潮灾、涝灾，危及沿海地区经济社会发展和生态环境；三是水资源质量下降，威胁用水安全；四是生产条件改变，有待合理布局与之相适应；五是人居环境改变，影响人类健康等，气候变化和城市化引发的热岛效应、高温热浪、灰霾等对人体健康造成了严重的影响。现阶段气候变暖对广东来说，既有正面效应，也有负面效应。

3.2.1　气候变暖的正面效应

3.2.1.1　气候变暖减轻低温阴雨和倒春寒灾害

广东在 20 世纪 80 年代中、后期以前，由于春季低温阴雨、倒春寒以及秋季寒露风、霜降风均较为严重，加上夏、秋季台风暴雨的袭击，导致早稻和晚稻产量很不稳定，粮食产量常出现大起大落的现象，因此，当时影响广东粮食生产的气候问题是“两头热量不足，中间台风暴雨”。但是，自从 20 世纪中后期气候持续变暖以来，春季低温阴雨、倒春寒以及秋季寒露风、霜降风均大为减弱，从而促使广东的早稻和晚稻产量基本稳定。如在 1959 年、1964 年、1969 年、1970 年、1983 年、1992 年均出现了严重的春季低温阴雨灾害。低温阴雨和倒春寒灾害，对早稻播种育秧和春种、春收作物有明显影响，严重低温阴雨可使春播、春种作物烂种死苗，不仅浪费良种，还延误早稻生产季节，甚至拖延晚稻生产进度，从而影响全年水稻生产布局。低温阴雨除影响春播、春种外，对其他种植业、养殖业均有较大的影响。它给春收作物带来湿害，使春收作物的产量和品质下降；导致叶菜类蔬菜提早抽薹而低产，使蔬菜上市供应量减少和提前结束供应期，导致早播喜温的瓜豆类蔬菜作物烂芽死苗，推迟上市供应时间；导致果树开花授粉和果实发育不良，落花落果增加而降低坐果率；还会导致香蕉心叶腐烂、果实软腐；低温阴雨还会影响鱼苗生长和发病致死；导致畜禽受寒诱发各种疫病，甚至造成大量死亡等。此外，在 1954 年、1957 年、1959 年，1965 年、1967 年、1970 年、1971 年、1975 年、1979 年均出现过严重的寒露风灾害。1970 年、1976 年、1978 年、1981 年、1988 年晚稻主要受了寒露风和霜降风灾害袭击，均出现明显减产。

3.2.1.2　气候变暖减轻农业气象灾害

广东气候变暖后，全年积温增多，春季低温阴雨、倒春寒和秋季寒露风、霜降风趋于减弱，农作物安全生育期将增加 15 d 以上，春、秋季低温冷害都将减轻，可延长作物生长期，对全年生产安排有利。调研表明，年平均气温升高 1 ℃，秋季的寒露风始期约推迟 10 d 出现，有利于晚稻高产，而且为选择高产良种提供了时间保证，也有利于早稻的早播早植，有利于发展以水稻为主的多熟制；气候变暖对发展热带、南亚热带经济作物和水果业也有利。

3.2.1.3 气候变暖改变水热匹配状况

随着气候变暖，温度、降水变化对农业的影响取决于水热匹配状况。据调研，如果气候变暖与变湿相匹配又在同季出现，则在多数情况下作物将增产。气候变暖后，除了个别异常变化外，总体来说，冬季是变暖了，广东的冬季“天然大温室”将更为显现了。为充分挖掘冬季光、温、水资源的潜力，真正把冬季农业生产当作一造来抓，有利于发展热带、南亚热带农业和优质高效农业。

3.2.2 气候变暖的负面效应

3.2.2.1 正常的气候规律被打乱，导致极端气候事件频发，局地性的自然灾害损失加大

自 20 世纪 80 年代中后期以来，受全球气候变暖的影响，广东气候趋于不稳定，气候持续变暖，暖冬现象普遍，但广东在气候变暖阶段却出现了严重寒害频发事件，例如 1991 年、1993 年、1996 年、1999 年和 2008 年的严重冬季寒害，分别使全省农业造成严重的直接经济损失；2008 年初广东韶关等地遭受了历史上罕见的低温雨雪冰冻灾害，造成直接经济损失 166 多亿元。充分说明随着经济不断发展和受气候变暖的影响，极端气象事件对经济社会的危害趋于加重。

3.2.2.2 地方性局部气象灾害频发

未来气候将继续变暖，可能会使广东的极端气候事件出现更为频繁，引发的灾害损失更为突出，气象灾害不仅直接造成经济损失，还会带来一系列社会环境问题。例如，长期持续降水和台风暴雨可引发涝灾、风灾、水土流失、滑坡、泥石流等；长期少雨干旱可加剧水资源供需矛盾，导致土地干旱化、荒漠化等等。气象灾害破坏生态环境，直接或间接影响大面积的农、林、牧、渔业的收成，导致农业遭受损失。

3.2.2.3 季节性干旱问题突出

气候变暖、变干，在多数情况下，水分不仅制约变暖的效果，季节性干旱问题突出，而且会加剧水土流失的发生。近几十年来，水土流失、沙漠化、受酸雨影响和盐渍化的土地面积不断增加。

3.2.2.4 加剧病虫害流行和杂草蔓延

气候变暖加剧病虫害流行和杂草蔓延，还导致施肥量、除草剂和农药用量增加，农业成本增大。研究表明，温度增加 1 ℃，速效氮释放量增加约 4%，释放期缩短 3.6 d。因此，要想保持原有肥效，每次施肥量需增加 4%左右。

3.2.2.5 影响水土资源

气候变暖导致地表径流、旱涝灾害频率和水质发生变化，影响水循环过程，降水变动率加大，旱涝灾害突出。水资源质量下降，威胁用水安全。气候变暖可能会改变区域降水量和降水格局，极易造成降水极端异常事件的发生，导致洪涝、干旱灾害的频次和强度增加。导致地表径流和一些地区水质等发生变化。据报道，珠江三角洲地区曾发生的几次严重咸潮，严重影响珠江三角洲地区和港澳用水安全。如 2005 年 12 月下旬，一场罕见的咸潮在珠江三角洲肆虐，倒灌的海水涌入珠三角淡水供应的“命门”西江，致使中山、珠海、番禺各取水口均被高度咸潮覆盖，其中，西江大涌口水闸观测到每升高达 7500 mg 的含氯度，为近年来的最高值，大大超过了 250 mg/L 的饮用水标准。珠江口近 6000 km^2 水域水体中的重金属、无机氮、石油类几乎 100%超标，伶仃洋绝大部分海域水质综合污染指数达到重污染水平，近岸海域无机氮超过四类海水水质标准，营养盐比例严重失衡。

气候变暖也导致生产和生活用水增加，使水资源供需矛盾更为突出。

气候变暖影响水土资源。水土资源不足和质量下降，将制约农业增长，而生态退化和自然灾害加重，将进一步影响农业综合生产能力。农业资源的高度开发利用，使大量农业废弃物和过量的化肥与农药残留在土壤与水体中，造成农田土壤环境和水环境污染严重，使农产品质量下降，严重威胁食品安全。

3.2.2.6 对自然生态产生了深刻影响

气候变暖对自然生态产生了深刻影响，如海平面显著上升或加大潮灾、涝灾，危及沿海地区经济发展

和生态环境。监测资料显示，1980—2019 年，南海沿海海平面呈显著上升趋势，平均每年上升 3.0 mm，低于全国同期平均上升速率(每年上升 3.4 mm)。自 20 世纪 90 年代起海平面开始明显上升，并持续高于常年平均海平面，其中，处于高位年的 2012 年南海海平面较常年平均海平面偏高 136 mm，2013 年为次高年较常年偏高 114 mm。海平面上升趋势与全球变暖是一致的，但有年际变化。海平面上升将会产生一系列的影响：一是导致城市排涝难度加大，大雨或高海潮时容易出现涝灾，导致城市内涝频繁发生，基础设施受到威胁。此外，河流入海口日益淤积，河床抬高，严重影响航道港口正常运行。二是导致海岸带侵蚀加剧，红树林和珊瑚礁生态系统退化。20 世纪 50—90 年代，华南三省(区)红树林面积减少 65%以上。气候变暖使春季物候期提前，如不调整品种布局，双季稻的生育期将缩短，不利于高产。

3.2.2.7 影响人类健康

气候变暖使城市中心区热岛效应加大。高温热浪、灰霾等现象加剧。近年来，珠江三角洲城市每年超过 35 ℃的高温日数多在 30 d 以上。监测显示，1981—2019 年，广东省年灰霾日数总体呈显著增加趋势，平均每 10 a 增加 4.9 d，2007 年为灰霾日数最多年份，全省平均值为 67.3 d，2007 年之后由于各级政府部门加大治理力度，灰霾日数呈减少趋势。2019 年，全省平均灰霾日数 22.0 d，相比 2018 年(27.6 d)减少 5.6 d；珠三角为 25.1 d，较 2018 年减少 13 d；广州为 18.2 d，较 2018 年减少 14.2 d。每逢灰霾天气呼吸道疾病发病率比平时增加 15%左右。气候变化还使一些病毒和病原体得以滋生蔓延，疟疾、登革热等传染病暴发的频率和范围有所加快和扩大。2003 年、2014 年在我国暴发的 SARS、登革热病毒等传染病，2020 年全球暴发的新冠肺炎更是敲响了防控警钟。

3.2.3 应对气候变暖的对策

(1)要采用调控措施，减少温室气体的排放总量。

(2)大力加强对温室气体的吸收和调节能力。在广东，最切实可行的办法是广泛植树造林，加强绿化，禁止滥伐森林，加强城市楼顶和阳台种花、种草等绿化工程，营造良好的生态环境。用绿色植物的光合作用吸收和固定大气中的二氧化碳，释放氧气，使空气清新，增加大气中的负离子，吸收和过滤各种有毒有害的污染物，净化空气，有效地改变大气组成成分，从而减缓气候变暖。

(3)大力开发利用新能源。积极开发利用风电和太阳能，大力开发利用生物质能和沼气建设。

(4)进一步严格制定实施节能减排、低碳经济的政策、法律、法规和计划，加强宏观调控，并制定广东应对气候变化的总体规划，把它作为促进广东经济可持续发展的动力之一。

(5)加强气候变化研究，提高气候监测、预测、预估及气候变化对广东自然生态系统和社会经济系统影响相适应对策的研究水平。建立气候变化人群健康数据共享平台，加强气象与卫生部门的紧密合作，建立气候变化对人群健康危害的应急预案，促进在气候敏感性疾病的监测、预测和早期预警中获取有针对性的气候服务，并将其应用于卫生规划和实践中。

(6)建设广东气候系统观测网。把观测范围扩大到整个气候系统，获得长序列、高精度的观测资料，建立新型的气候变化预估模型，以满足广东气候预估和气候变化研究的需求。还要提高公众对气候变暖的认识及其应对策略等。

参考文献

陈新光，潘蔚娟，2004. 广东省气候变暖的时空特征分析[J]. 广东气象(增刊)：33-34.

陈新光，钱光明，陈特固，等，2006. 广东气候变换若干特征及其对气候带变化的影响[J]. 热带气象学报，22(6)：547-552.

杜尧东，段海来，刘畅，等，2019. 气候变化对大湾区人群健康影响研究进展[J]. 气象科技进展，9(3)：185-189.

广东省气象局《广东省气候业务技术手册》编纂委员会，2008. 广东省气候业务技术手册[M]. 北京：气象出版社.

广东省气象局资料室，1987. 广东气候[M]. 广州：广东科技出版社.

梁敏妍,谢维斯,彭端,等,2019. 仁化长坝沙田柚的气候适应性及其变化趋势分析[J]. 广东气象,41(5):58-61.
廖雪萍,梁骏,黄梅丽,等,2012. 广西冬耕季农业气候资源对冬种马铃薯布局的影响[J]. 气象研究与应用,33(4):47-51.
鹿世瑾,1990. 华南气候[M]. 北京:气象出版社.
钱光明,陈特固,2000. 1998年:南部北部近百年来最暖的一年[J]. 广东气象(1):15-16.
邱宝剑,卢其尧,1987. 农业气候区划及其方法[M]. 北京:科学出版社.
沈国权,等,1989. 中国亚热带东部丘陵山区农业气候资源研究[M]. 北京:科学出版社.
沈平,杜尧东,张永华,等,2018. 广东冬种马铃薯种植气候的适应性区划[J]. 广东气象,40(6):49-52.
王华,陈慧华,唐力生,等,2018. 气候变暖背景下广东冬种生产季气候资源和气象灾害的时空变化[J]. 应用生态学报,29(1):93-102.
王娟怀,杨守懋,韦智嘉,等,2018. 全球气候变暖背景下广东"龙舟水"的变化特征[J]. 广东气象,40(1):4-8.
魏凤英,2007. 现代气候统计诊断与预测技术[M]. 北京:气象出版社.
张小丽,张儒林,2001. 二十世纪深圳气温变化特征及严重冷暖冬事件[J]. 热带气象学报,17(3):293-300.

第4章 气候资源的利用

气候变化导致水资源短缺、极端天气气候事件频发、海平面上升等，气候变化加剧食物、水和能源危机。当前，发展循环经济、环境和绿色资源利用型产业已成为新的社会经济热点。环境保护和可持续发展的需要，将改变工业产业结构和能源结构，可再生无污染的空中水资源、风能、太阳能、大气电能等气候能源的产业化利用将成为气候为经济社会发展服务新的增长点和产业开发点。气候信息在经济社会发展的防灾减灾、趋利避害和可持续发展过程中起着非常关键的作用，其经济和社会价值正被越来越多的人所了解。

人类利用气候资源包括3个方面：一是直接利用，即直接作为能源与物质的利用。例如：利用太阳能和风能发电、供热、作为机械动力等；利用空气制氧、制氮等。二是间接利用，如利用绿色植物光合作用同化二氧化碳和水，固定太阳能生产有机物质等。三是趋利避害利用，即根据气候变化规律，因时因地制宜利用气候资源。按照气候规律合理安排和布局经济建设，充分利用有利的气候资源，避免主要的气候灾害，从而取得最佳的经济、社会、生态效益。要扬长避短，既要充分利用其有利的条件和因素，又要尽量避免与防止不利的或灾害性的因素，从而使人们从气候资源中获得最大的效益。因此，要根据不同行业的需要找出能够充分利用气候资源的指标和范围，并利用一切近代手段和方法采取对策，以达到合理利用的目的。例如，日平均气温≥0 ℃、≥5 ℃、≥10 ℃等开始和终止日期，其间的持续天数和积温值，是农业气候分析所必需的。又如，要发展风能，就要了解当地风速在3～20 m/s间能利用的时数，以及其季节分布、昼夜的情况变化等。因为风速<3 m/s，风力发电机不能起动，风速>20 m/s，风力发电机易受损坏；再如，利用太阳能时，应先了解该地区年辐射总量和各月逐日日照>6 h的天数和月平均气温≥10 ℃的月数等，因为太阳能热水器只有在这样的条件下才会有较高的效益。

目前被人们广为利用的气候资源主要有：太阳辐射（或光）能、热能（温度）、降水、风能、湿度等。如按不同行业所利用的情况，又可细分为农业、工业、能源、建筑、军事、医疗、航海、航空、交通运输、商业、旅游等气候资源。此外，利用洋流和风以选择最短航程则是航海方面利用气候资源的例子。在风和日丽、气候宜人的风景区发展旅游业，气候条件就成了宝贵的旅游业资源。

4.1 气候资源在农业的利用

4.1.1 气候资源对农业的潜在影响与对策

4.1.1.1 气候是农业生产最重要的环境条件之一

农业是以土地、水、气候、能源和生物等自然资源为基础的产业，这些资源环境的数量与质量状况对农业生产和粮食安全至关重要。气候条件满足农业生产的要求，并成为有利的环境条件时，可看作是一种气候资源。气候资源提供了农、林、牧、渔、副业生产所需的气候资源和气候能源；气候提供了光、温、水、气等农业生物生存发展的基本环境条件，其数量、组合及分配状况在一定程度上决定了一个地区的农业结构、布局、生产类型、生产率和生产潜力等。因此，在农业发展过程中，因地制宜，趋利避害，充分利用广东丰富的气候资源，发挥各地的气候生产潜力，克服气象灾害的影响，对实现农业持续发展具有重大意义。

4.1.1.2 要充分发挥气候优势和气候潜力

广东地理位置得天独厚，有热带边缘、南亚热带和中亚热带的各带气候，气候资源丰富多样。从地形地貌看，省境内有沿海、海岸带、盆地、谷地、平原、台地、丘陵和山地，垂直气候带明显，地形气候复杂多样，适于种植业、畜牧业、渔业、林业的广泛发展。许多农作物、林果、畜禽、鱼类都能在广东找到适宜生长发育的气候环境。由于广东气候生态类型多样、复杂，动、植物品种繁多，种质资源丰富，土地适宜性广，因此作物与畜禽可全年生长，为发展农业奠定和提供了宝贵的种源基础和条件。而且广东有种类繁多的农业特产，十分有利于种植业、养殖业及多种经营和多样化商品生产。加上广东劳力资源充足，可以因地制宜地建立各种各样的农产品生产基地，向人们提供丰富的农、畜、果、林、副业产品。既可满足人民日益发展的生活需要，为工业提供充足的原材料，也可以扩大外贸出口，这是广东农村搞活经济的重要途径。广东耕地紧缺，主要依靠提高单位面积产量、载畜量和积材量，提高产品品质和经济效益来实现。也就是要充分发挥气候资源、土地资源和生物资源的潜力。广东各地具有光能利用率高、可利用时间长，光、热、水同季，生长季比我国中、高纬度长等特点，但是，广东气候资源的利用尚不充分，生产潜力有待进一步挖掘和提高。

4.1.1.3　气候资源与农业关系密切

气候条件决定了不同类型作物分布状况，在广东橡胶、椰子等热带作物，主要分布在雷州半岛的北热带地区；柑橘、茶、油桐、毛竹等主要分布在≥10 ℃的积温 4500～8000 ℃·d 的亚热带地区；在国内，冬小麦主要分布在暖温带地区，而且从北到南冬小麦品种分别为冬性、弱冬性、春性品种；北温带地区只能种植特早熟和早熟喜凉的春小麦及马铃薯等作物。因此，作物和品种布局、引种、扩种必须遵循不同气候带的气候特点才能取得良好效果。气候的垂直方向差异，对作物分布影响也很大。如热带山地，由于温度随海拔升高而降低，所以山底为热带作物，1500 m 以上为温带作物，3500 m 以上为林木，5000 m 以上为雪线。总之，动、植物类型地理分布界限主要取决于气候条件，特别是热量条件，因此，山区作物和品种布局应与山地气候变化相适应。气候条件决定生物群落分布，全球生物群落与全球的年平均气温和年平均雨量关系密切。世界上的天然草场主要分布在温带半湿润、半干旱和干旱地区；在中国，从东到西，草场类型从草原过渡到荒漠；随着距海洋的远近，在水平方向上，空气湿润度逐渐降低，形成湿润、半湿润、半干旱和干旱地区。在干旱地区若没有灌溉，就没有农业；在我国，大致年平均雨量 400 mm 的等值线是森林与草原形成的分界线。与此同时，光、温、水等气候条件是影响农产品产量的重要因素，合理利用气候资源有助于农产品产量的不断增长；农畜产品的品质除决定于品种类型外，很大程度上也受气候条件的影响。充足的光照有利于水果品质和农作物产量的提高；水分条件能影响蛋白质的含量；而温度能影响作物糖分的积累。很多农畜特产区的形成与当地气候条件有密切的关系。因此，充分发挥广东气候条件多样性的优势和广东的气候生产潜力，不仅对提高广东农产品产量，而且对提高农产品品质、发展多种经营加强商品竞争力等都是十分重要的，这是广东农业向产业化、商品化、现代化、科学化转化中应予充分重视的问题。为了充分发挥广东气候资源的优势和潜力，应广泛地对广东农畜品种所要求的气象条件进行鉴定，按其所适应的气象条件进行推广；研究作物产量和畜禽产量及其品质与气象条件的关系，为广泛地引种，建立农业商品化、产业化、现代化基地提供科学依据。

4.1.1.4　适应气候变化是发展农业产业的保证

发展农业与气候变化的关系极为密切。因气候因素覆盖农业的各领域，渗透到农业发展的各个环节。由光、热、水、风能等能量和物质要素组成的气候资源是潜力很大的重要自然资源，而旱、涝、风、寒等气象灾害又是威胁农业的自然灾害。发展农业的地域差异、生产水平、年成丰歉及作业和管理水平等均受到气象条件时空分布的制约和影响。总体来说，广东丰富的光、热、水等气候资源是发展农业的有利条件，但种类繁多的气象灾害又是发展广东农业的限制因子。

随着人口剧增和工业化、城市化的迅速发展，加上人类本身对自然环境的影响和破坏，将导致极端气候事件日趋严重，由气象灾害造成的经济损失也可能日趋严重。因此，加强气象灾害和气候变化规律的研究，趋利避害，最大限度地减轻不利气候造成的损失，是顺利发展农业产业的保证。

4.1.1.5　提高农业对气候变化的应变能力和抗灾减灾水平

选育抗逆品种，采用稳产增产技术，发展生物技术等前沿学科，科学地调整种植制度，以适应气候变暖。控制减少农业生产过程二氧化碳排放源，提高碳汇库潜力，发展相应前沿学科与高科技，加强气候变化对农业影响评估模拟和研究。

土壤和水环境安全状况直接关系到食品安全，而保障粮食安全必须从源头抓起，因此，加强土壤有机质与激素类污染物的监测，推广清洁农业生产，提高全民生态土壤意识，改善土壤环境，提高对农业水资源环境认识，建立全民节水型社会，开发和促进水资源高效利用技术应用，强化监测技术手段，保护水环境，缓解水资源危机。

4.1.2 合理利用广东不同气候带的气候资源

气候资源是影响农业生产最重要的外界因素之一，其中，光、热、水、气是农作物生长发育和产量形成的主要影响因子，充分合理地利用广东不同气候带的气候资源，避过主要气象灾害，才能保证农业稳产高产。因此，广东省农业部门十分重视气候资源的利用。主要考虑到广东地处4个气候带：第一，粤北中亚热带气候资源的利用。总的目标是：积极开发利用山区气候资源，在提高粮食单产的同时，大力发展多种经营，大搞造林种果，发展蚕桑、烤烟、茶叶、药材、牧草和反季节水果、蔬菜等；建设好林业和各类土特产基地；搞好生产、加工、销售服务系统，大力开发石灰岩山区，帮助当地人民解决温饱和脱贫致富。重点是利用山区立体、多层次的气候特点，因地制宜地合理布局多层次的立体农业。山地下层以种植业为主，在粮食自给的前提下，适当发展经济作物和经济林果、茶、桑、食用竹笋等。利用草山草坡发展食草畜禽，利用山塘水库发展水产养殖。山地中层，在保证粮食基本自给的前提下，发展经济林、用材林，开发名、特、优农产品，利用草山草坡，发展草食畜禽，发展食用菌、茶、毛竹、猕猴桃等。山地上层，主要以林为主，实行保护性发展，增强生态效益，发展旅游业等。第二，粤中北山地丘陵南亚热带北缘气候资源的利用。本地带应重点发展经济果林，以栽培柑橘、沙田柚、沙梨、大蕉为主。在山区多栽培柿树、橄榄和金橘。这一地带的热量丰富，在山脉南坡适宜荔枝、菠萝、香蕉生长，冬种小麦长期不受冻害，双季稻可中熟或中迟熟。西部植被条件和湿润条件较好，发展以油茶、竹类、茶、油桐为主的经济作物。但本地带4—6月大到暴雨多，尤其是中南部清新和佛冈北部一带，是广东省三大暴雨中心之一，北江中下游低洼田易受洪涝威胁。因此要种植水稻及夏季经济作物时，需将作物种植到高处，避开低洼地带，推行有效的防涝措施以及培育相应的耐涝品系。早春的低温阴雨和秋季的寒露风、霜降风，冬季的低温霜冻影响都比较严重，早稻播种育秧和晚稻开花结实必须避过低温冷害，才能获得稳产高产。第三，粤中南亚热带气候资源的利用。在抓好粮食生产的同时，大力发展经济作物，积极开展多种经营和特色农业。从本带的比较优势来分析，本带山地丘陵应重点发展森林植被，尤其是韩江、东江上游，要大力发展水土保持林，以保护中下游农田；山区草地广泛分布，应大力发展畜牧业。本带气候类型多样，应积极发展烤烟、茶叶、毛竹等，高海拔山区发展反季节农业生产，以解决越夏问题。盆地、河谷和平原，光、热、水条件较好，排灌方便，是粮食、蔬菜、果园的基地，应大力发展，使之形成一个较好的山区大农业生态系统。本带珠江三角洲已确定在水稻、蔬菜、果树、花卉、畜牧、水产、科技发展和农产品流通八大类型的农业现代化建设中起示范带动的作用。韩江三角洲地区也在科技创新思想指导下大力发展优质、高产、高效农业和特色农业。今后要在稳定粮食生产的同时，重点抓好菜篮子工程、环境工程、生物工程，发展高档优质无公害鲜活农产品、技术密集型设施农业、观光农业、生态农业、持续农业以及发展农副产品加工业等。第四，粤西边缘热带气候资源的利用。本带地处广东省最南端，带内各地气候差异大，发展农业要因地制宜和因时制宜，从实际出发，要充分发挥热带气候优势，在稳定粮食生产的同时，重点抓好蔗糖、北运菜、水果、水产、热带作物五大商品的生产，以促进气候资源合理利用和农业产业的发展。从总体战略考虑，本带应朝着建设现代化农业、热带农业和生态农业方向发展。本带发展热带作物需注意以下几点：一是要因地制宜，同时要选择避寒暖区种植，推行有效的防寒、防旱、防风措施以及培育相应的耐旱、耐寒、耐风的品系。二是改造自然生态，推行先造林后植热带果树和热带作物并加覆盖等。

4.2 气候资源在林业的利用

气候是影响森林植被分布的重要因素，尤其是气温和降水直接影响树木的生长发育，不同的气候条件决定了不同的森林植被分布。因此，广东省林业部门在实践中认识到：气候条件是树木生长发育的重要生态因子。树木生长的能源来自太阳辐射，其干物质的积累取决于大气和当地的土壤条件。各树种的分布取决于各地的温、光、水条件，树木的萌芽、生长、结实、休眠等周期性发育阶段受着当地气候变化所支配。影响林木引种的主要气候因子是温度和降水。第一，利用热量资源进行林业布局。根据气候资源，在广东北热带地区重点布局椰子、橡胶、波萝蜜、菠萝、芒果、番木瓜等热带林木和果树。在南亚热带地区重点布局马尾松林和荔枝、龙眼、香蕉等南亚热带林木和果树。在粤北中亚热带地区重点布局桃、李、梅、柿、板栗、金橘、柚和柑橙等。第二，利用降水资源进行林业布局。降水是决定引进外来树种成败的关键性因子之一，尤其是降水的月、季分配与林木引种关系更为密切。如广东4—9月多雨，引进地中海地区冬雨型的油橄榄、海岸松等树种，却很少成功；而引进夏雨型加勒比海松、湿地松等则生长良好。第三，利用森林的生态效益大力发展林业。森林又是生态系统的重要组成部分，它对调节气候，减免水、旱、风沙灾害，净化大气，改善环境，维护人和生物圈的生态平衡起着重要作用。森林是地球的一种特殊下垫面，是地面重要的保护层，它对地面热量、水分的保存和交换作用很大。森林覆盖率高，可以增多当地的贮水量，相当于水库的贮水。森林中的空气湿度一般比周围非森林区高5%左右，干旱地区更显著，能提高至10%～15%。森林能增加降水量6%左右，还能减低风速，起防风作用。因此，要加强林木管理，充分利用太阳能，使树木通过光合作用制造更多的有机物质，使林木快速生长，提高产量和质量。

4.3 气候资源在海洋业的利用

大气是引发众多海洋现象的动力和热力因子，而海洋则不断地向大气输送辐射能量、水汽及其他物质。广东全省海域总面积41.9万km^2，全省大陆海岸线长3368.1 km，居全国第一位。因此，广东十分重视海洋气候资源利用工作，早在1908年广州港务局建立“白蚬壳”验潮站监测潮位变化；新中国成立后又分别在广东沿海建立了海洋气象观测站，1965年在广州南海分局成立海洋气象研究机构，并与气象部门协作，共同开展海洋气象监测、预测和研究服务工作。具体做法有：第一，利用海洋气候资料研究大气与海洋的相互作用和变化规律及其对广东气候的影响；分析研究海洋暖流和寒流对广东气候的影响及作用，根据经济社会发展的需要提出利用海洋气候资源的方法和途径。第二，利用海洋气象监测资料，分析预测广东的海洋气象灾害，加强了海上和海洋气象预报和警报服务，以保障海上生产和海岸带经济社会的安全。第三，利用海上监测的气候资料，分析和预测广东海岸带及近海海洋污染状况，为海上污染物扩散和海区自净能力的判断提供天气气候的分析服务。第四，为广东省海洋交通运输、海洋捕捞、海水养殖、海洋油气勘探与开采、海洋滩涂开发、海岸和海洋工程、海底矿产资源开发、海洋盐业以及滨海旅游业等，开展了一系列的天气气候分析和预报服务工作。如出现海面强风和热带气旋、风暴潮等海上灾害天气时，则利用通信网络及早通知海上船只、渔船等一切海上作业者回港避风，停止海洋一切生产活动，以避免或减少人员伤亡和不必要的财产损失。第五，广东省海洋气象部门除了提供精确的、各种时效的天气气候预报分析服务外，还及时提供海上生产及生存环境条件的科学评价，以便更加合理地开发利用各种海洋气候资源。第六，根据近海和海岛的风能、太阳能、波浪能、潮汐能等海洋气候资源，科学分析可供开发利用的海洋风能、太阳能，以及与之有关的波浪能和潮汐能等，为开发利用海洋可再生清洁能源提供重要依据。此外，广东海洋气象部门在航海运输方面，还利用洋流和风向变化等气候资源，以选择最短航程运输航线，达到缩短航程和节省运输能源消耗等分析服务以及选择晴好天气开展晒盐、制盐等气象分析服务等。

4.4 气候资源在畜牧业的利用

第一，利用气候资源安排畜牧主产。既重视合理利用气候资源安排畜禽生长发育和繁育的同时，也合理利用气候资源安排饲料生产；第二，利用气候资源做好畜禽生产的防病和防灾减灾工作。畜禽疫病发生、防治与气候条件密切相关，故要制定不同季节的畜禽疫病的预防措施；针对酷热、严寒、台风、暴雨、洪涝、持续低温阴雨等灾害性天气气候对牲畜的直接影响，应安排做好灾前防灾、灾中抗灾和灾后救灾各项工作，力求减免灾害的损失。第三，广东具有发展畜禽业的有利气候条件，从趋利避害、合理利用气候资源的角度来看，粤北地区冬季较冷，春季低温阴雨较重，春夏多雨易涝，秋冬少雨易旱等，要加快山区畜牧业发展，在提高养猪水平的同时，应积极发展草食畜禽。粤中、南地区具有温暖多雨、光热资源丰富、雨量充沛、夏长无冬等气候特征，应大力发展和完善以畜牧水产为主导的高效畜牧业产业体系。粤西南地区全年温暖，基本无霜，光热水资源丰富，有发展牛、羊、禽饲养业的良好基础，因此，把草食畜禽作为发展主攻方向，同时要大力引进外地瘦肉型猪品种，利用水面发展养鸭、养鹅等。

4.5 气候资源在旅游业的利用

通常，一个旅游地点的选定，不仅要了解那个地方的自然风景、名胜古迹、山川地貌、风味特产、风俗人情，而且还与气候特色有关。广东地处低纬，具有夏季炎热、冬季温凉、春秋凉暖适中、雨量充沛、空气湿润的气候特点。冬季平均最低气温北部 8～11 ℃，南部高于 15 ℃，冰霜少见，雨水较少；秋季天高气爽，云雨较少，秋风徐来，暑热顿消，气候十分宜人，因此，秋冬的气候是广东适宜旅游的季节。广东大部分地区是长夏无冬的沃土，当北方还是寒冬腊月的时候，广东南部已是风和日丽，春光明媚了。广东的冬季尽管是一年中气温最低的季节，但与全国相比较，广东却是一个"天然大温室"，尤其是南部沿海地区，冬季日平均气温多在 15 ℃以上，霜冻出现的概率很低，一年到头，树木常绿，阔叶的香蕉和高大的柑橘、龙眼及荔枝树、无尽的矮桑林、枝叶连生的榕树，郁郁葱葱，表现着丰富的生命力，再有春荣、夏秀、秋华、冬青的姿色，奇花异卉，彼谢此开的胜景，构成了一座富有热带和南亚热带风光的"花园"，是发展生态农业和旅游业的好地方。

4.6 气候资源在建筑业的利用

广东气候资源在城市建筑上利用的具体做法有：第一，利用风资源变化，布局居民住宅。在城市布局上将工业区配置在最小频率风向，即位于居民区的上风一侧。在山区建工厂，因受山谷风局地环流的影响，厂址尽可能选择走向接近南北谷地，与季风风向一致，或与当地风向平行的山谷。第二，根据当地逆温层高度布局烟囱的高度。建议在城市布局时考虑烟囱的有效高度在逆温层之上，以利于污染物的扩散稀释。大气中的污染物在逆温层内扩散迟缓，滞留时间长。例如，广州的逆温层平均高为 200 m，所以在广州地区大中型工厂的烟囱应高于 200 m，才有利于城市大气污染的扩散。第三，利用当地日照资料布局城市建筑。为保证居住区固定日照环境，建议城市居住规划应考虑日照变化规律。由于各地日照时数、太阳高度角、方位角的变化以及日照引起增温程度不同，居住区的平面布置、房屋的间距等都必须根据日地的相对关系来决定；在设计建筑结构时要考虑风压等因素；施工最佳期最好选择风和日丽的干季。第四，根据玻璃与太阳光能的辐射、吸收等关系，建议在广东城市建筑物外表不宜安装玻璃幕墙，这种建筑物外表装上玻璃幕墙虽然美观，但它不适合广东沿海地区。它除了光污染和夏季更炎热外，也不利防御台风灾害。第五，充分利用气候资源选择居民住宅。建议购房时必须考虑以下的气候条件：一是光线条件。国家规定商品房光线条件的标准为"冬日满窗日照时数不少于 1 小时"。一般来说，楼房之间的间距越大、楼层越高，房子的日照时数就越多。二是湿度条件。近地层的空气湿度与当地的天气、气候和地质、地貌有关。一般来说，地势低洼、土质湿软的地方，终年湿度较大，雨季里墙壁、地板也容易潮湿，夏季蚊虫较多。而地势较高、土质板硬的地方，湿度相对偏小。三是风的条件。楼房门窗的朝向，宜与当地的"最多风向"保持一致，这样通风条件才能达到最佳。

4.7 气候资源在食物安全上的利用

阴雨潮湿和高温多雨，常会给区域的农业生产带来影响，容易导致农产品发霉变质而造成重大的损失。根据天气、气候变化，采取预防措施，可避免或减轻不利天气造成的损失。因此，广东食品管理部门十分重视保障食品安全工作，具体做法有：第一，利用有利的气候条件进行农产品生产和储备。①广东食品管理部门都要及早了解短期和中期天气预报。短期预报可以为农业生产提供灾前信息，通过采取一定预防或挽救措施，避开灾害或减轻灾害损失，可降低农产品生产的灾害性风险。②及早了解中期天气预报，可以为灾区制定应对措施以及食品储备计划争取时间，对保持粮食及其他食品供给能力的稳定意义重大，尤其是在牲畜和物资大规模避灾转移以及作物及早做好防灾减灾措施等作用明显。第二，利用良好的气候环境进行食品储存。食品储存与气候环境关系密切，受到不适宜的空气成分、温度、湿度等影响，容易导致食品发生霉腐、虫蛀、锈蚀、老化、溶化、变质、变味等；利用有利的天气、气候条件，根据各类食品在储存中对温度、湿度的要求，调节仓库内的温度和湿度，可预防食品霉腐、虫蛀等。第三，广东食品仓储管理部门利用仓储内温、湿度的调控,可避免食品变质。主要利用库内与库外气温和相对湿度相互间的定量关系,计算出库内气温和空气湿度,根据被储存食品对温、湿度的要求,采用密封法或通风法进行调节,达到储存食品对温、湿度要求的指标,可减免库储食品霉腐变质。

4.8 气候资源在交通运输业的利用

4.8.1 气候资源在航空事业上的利用

飞机在大气中航行,与气象要素和天气现象的变化至关重要,因此,广东航空运输部门十分重视气候资源在航空上的利用,具体做法有:民航和军航都分别各自建立了航空气象机构,以监测和预测飞行沿线的天气、气候变化,并全力做好如下分析服务工作:第一,首先要利用沿线的监测、预测资料,准确做出广东飞行沿线天气、气候的分析预报,进行合理选择飞行路线,减免在飞行中遇到不利天气的危害,以确保运输安全。第二,利用广东航线监测和预测的资料,分析飞机起飞和着陆时逆风滑行,利用逆风分量,缩短滑行距离。第三,根据航线不同高度风向、风速的监测资料,从节省燃料角度考虑,分析和选择顺风分量大或逆风分量小的航向和高度飞行。第四,气温的高低与飞机飞行的升力有关,因此,根据广东航线不同高度气温的监测资料进行综合分析,提出飞机飞行判断建议。第五,根据航线不同高度气压监测数据,提出调整飞机飞行的正确高度。第六,利用航线监测、预测分析资料,全力做好飞行气象分析服务工作,做出飞机起飞、着陆和飞行过程中,是否会出现对飞机飞行不利的天气预报,以确保飞机飞行安全。第七,利用航线和机场云、雾、能见度的监测和预测资料,准确做出航线和机场气象条件的科学判断,以确保飞机起飞和着陆的安全。第八,利用广东沿线不同高度的监测和预测资料,准确分析预报不同高层空气的湍流强度,准确做出飞机操作和乘客航行安全的分析预报。第九,利用航线监测、预测资料,预报低空有无强的风切变,分析和判断天气、气候对飞机起飞和着陆有无影响和威胁,以确保安全。第十,利用监测、预测资料,分析预报飞机在航线飞行时保证不会遇到含有过冷却水滴的云或雨中飞行,因为过冷却水滴易发生飞机积冰,强烈的飞机积冰会导致航空事故。此外,为了节能飞行,要根据气温、气压、风的状况和有无危险天气等情况,来选择有利的飞行航线。与此同时,机场的场址选择与建设均要考虑上述影响飞机飞行的气候资源要素等。为了保证飞行安全,广东航空气象部门建成航空气象观测与数据处理系统,以及全球数值天气预报模式系统的终端区和飞行航线天气预警预报系统、产品制造分发系统、保障服务系统;建设航空气象保障服务系统;建成空地结合、军民结合的空间天气立体观测系统、预报系统和信息服务系统,以确保飞行安全,万无一失。

4.8.2 气候资源在公路交通上的利用

公路工程设计、施工和养护与气候关系密切,了解公路沿线的气候状况,合理利用沿线气候资源进行选线和工程设计,可减轻或避免公路交通的气候灾害。因此,广东省公路交通部门非常重视气候资源在公路交通运营上的利用。具体做法有:第一,利用较适宜温度的条件下行车运行。因为过高或过低的温度都会增加公路交通事故发生。在冬季低温季节,交通运营至中高纬度,当地面温度降至 0 ℃以下时,路面会发生冻胀,出现凹凸不平,气温降至－10 ℃左右,汽车挡风玻璃上会结霜且不易擦除,会影响驾驶员的视线,从而影响车速。冬季降雪或降冻雨使路面湿滑,易出交通事故。低温也会使汽车燃油发黏,容易雾化,在汽缸内难以点燃。而在夏季高温时节,持续数天 35 ℃以上的高温天气,则会使沥青柏油路面软化,发黏影响行车速度,也易使汽车、自行车爆胎。因此,广东交通部门在交通安排上尽量不安排或少安排可能出现极端高温和极端低温的条件下行车运输。第二,尽量不安排在低能见度的条件下行车运行。阴雨、雾、霾和沙尘暴等造成低能见度,使得交通工具行驶速度被迫降低,甚至停驶。由于大雾而造成高速公路上汽车连环相撞事故时有发生。因为广东冬、春季多阴雨、雾霾,春末和夏季多大雨、暴雨,因此,广东交通运输部门一般多安排在晴好天气和大雾消散后的条件下行车运行,因为降水会造成路面湿滑,不及时刹车容易发生交通事故;汛期大雨、暴雨酿成洪涝直接冲毁公路、桥梁、涵洞和防护工程设施,在暴雨发生的同时也可引发山洪、滑坡、崩塌、泥石流等次生灾害。因此,尽量少安排在下雨天出车。第三,利用无大风的条件下行车运营，因为大风会吹倒广告牌而伤及车辆行人；交叉路口的强侧风容易造成汽车突然偏离方向，酿成车祸；大风天气下，在高架路、桥上行驶的汽车也易发生交通事故。因此，公路交通部门在公路设计或改造时，要收集沿线的气候资料，进行公路选线，公路沿线桥涵孔径的大小、路基的高度要分析当地暴雨强度资料，并尽量绕避容易引发泥石流、山体滑坡和塌方的山区。

4.8.3 气候资源在铁路交通上的利用

铁路运输与气候关系甚为密切，沿途的暴雨洪涝、冰雪、大风、风沙及雷电等都会给车辆运行造成困难，甚至会破坏铁路设施。因此，广东铁路部门十分重视气候资源在铁路交通上的利用，具体做法有：第一，在少出现暴雨的地区安排建设铁路交通轨道。暴雨会引发山洪和河流泛滥（包括塌方、滑坡、泥石流等）冲毁铁路和桥梁，以及淹没铁路造成交通中断或列车发生事故等。第二，利用少冰雪的天气条件下安排铁路运输。冰雪天气，易造成列车铁轨制动困难，甚至出轨，或因吹雪造成雪阻而易出现交通事故。第三，利用无强风和不出现雷暴天气下安排铁路运输。强风可导致列车晚点，甚至使列车倾覆，大风可吹毁桥梁和通信线路及触电等；风沙地区，风堆沙可造成沙阻车。雷暴可危及铁路的通信或信号，使通信中断，指挥失灵；电气化铁路接触电网遭雷击，可使电力机车失去动力，如果处在爬坡阶段，易造成事故。第四，在铁路选线上要收集和分析沿线有关气候资料，铁路建设的桥梁和路基设计的暴雨频率应比公路高些，设计桥梁应考虑风压和风振问题，铺设铁轨的轨缝大小，要考虑极端最高气温和极端最低气温及年较差。电气化铁路接触电网的力学计算需要收集和分析最高气温、最低气温、最大风速、覆冰厚度及当时的平均气温和相应的风速、平均雷电日数等资料。

4.9 气候资源在公共卫生业的利用

良好的气候环境，不仅有益于人的身心健康，还有助于治疗疾病和消除疲劳。因天气、气候变化而患的疾病，或者由于天气、气候变化而使病情加重的疾病称为“气象病”或“天气病”。由于气候与疾病防治关系密切，因此，广东疾病防治部门十分重视气候资源在疾病防治上的利用，具体做法有：第一，利用有利天气、气候条件，做好疾病预防。在冬季寒潮侵袭前、后两天，气温剧变，前、后两天气温可能相差十几摄氏度，气温变幅大可直接诱发某些疾病或使病情加重。在寒冷的气候中，御寒不佳会冻伤。在夏季酷暑高温的日子里，可能发生中暑、热痉挛现象等，因此，在外界极端天气、气候出现时，要求人们少外出活动，尽量做到少得病或不得大病。第二，要求人们全方位从环境和关系上做好疾病预防。①在 3000 m 以上的高山，由于人体对低气压环境不适应，会引起高山病（高原反应），身体不适应登高的人就不要登高山。②在强光照下，强烈的紫外线照射会使人引起日光性皮炎、视网膜灼伤等，人们应尽量避免在强光下活动或采用其他保护措施。③在环境温度与身体不适时，如热环境下出现热失调症的中暑、热衰竭、热疲劳、痱子、缺水、太阳灼伤症等；在寒冷环境下出现不适应症的感冒、关节炎、支气管炎、心血管病、哮喘、旧伤疼痛等，要求人们及时采取相应的措施，预防上述的“气象病”。季节病：一是以气候条件变化本身为发病原因的，如脑溢血、心脏病、小儿暑天发热、多尿综合征及成年“功能性低热”；二是因适宜于不同季节的各种传染病的动物、昆虫和细菌病毒滋生繁殖而致病的，如夏、秋季节多发的痢疾、霍乱、乙脑，冬、春流行的麻疹、流脑、猩红热等，因此，要求人们重视全方位从环境和关系上做好疾病预防，力求做到可少得“季节病”。第三，随着经济社会的发展，石化能源大量消耗，促使人类赖以生存的空气环境、水环境、食物环境不断恶化，直接危及人们的身心健康。为了亿万人民的身体健康，适应气候环境变化，必须高度重视养生排毒，关键是提高自身的免疫力和自身的排毒能力。

4.10 山区气候资源及其合理利用

4.10.1 山区地理环境概述

广东省是一个多山的省份，山地、丘陵约占全省总面积的 66%。山区不同的坡向、坡度和复杂的地形，使光、热、水资源重新分配组合，形成多种地形气候。不同海拔高度气候条件的垂直分布，导致土壤、植被及其他自然地理因素和农业生产对象的垂直地带性分布。加之山区交通、科技发展等社会、经济条件的特殊性，使山区工农业有独特的生产结构，具有向商品经济发展的大量潜在资源。森林是山区的主要植被，山区草地广泛分布，对发展畜牧业有利，低地河谷平地是粮食、蔬菜、果园的基地，上述结构，形成一个较好的山区大农业生态系统。

广东地势北高南低，在高山地区，从山麓至山顶随海拔高度变化，在不同高度上由气温、降水及植被特征等综合表现为层次明显而多样的立体气候特征。由于山区地形复杂，既受山脉海拔高度变化的影响，又受坡向、坡度和小地形等的支配，形成山区错综复杂的气候特征。因此，山地对光、热、水等气候资源可起着再分配的作用，而且还往往是气候的重要分界线。同一山地上的不同地点，即使高度相近，仍可因坡向和坡度不同而形成不同的气候特点，在垂直方向上立体气候十分明显。广东地处我国大陆的最南端，热量条件好是广东山区的优势。广东各地由于受夏季海洋季风与冬季大陆季风的影响，冬冷夏热仍较显著；冬季南北温差较大，夏季南北温差较小；热季南北高温使喜温植物分布到全省南北各地，但冷季的低温，使喜温的多年生植物只能分布在广东中、南部地区，北部地区易产生低温冷害；在广东，南部低层热带、南亚热带山区和北部低层中亚热带山区气候暖热，雨量充足，光、热、水资源丰富。随着海拔高度的增高，热量与日照时数有所减少，雨量和空气湿度有所增加，气候由暖热湿润向相对温凉、更湿润、少日照变化，因此山区有多种气候类型。

4.10.2　山区的主要气候资源特征

4.10.2.1　山区低层热量丰富，热量资源可一年三熟

广东雷州半岛是全省热量条件最好的地区，是一片台地，年积温(指≥10 ℃积温，下同)8000～8500 ℃·d，年平均气温22～24 ℃，最冷月平均气温15～17 ℃，为热带和南亚热带植物提供了热量条件；广东中、南部山区，低层年积温7000～8000 ℃·d，年平均气温21～23 ℃，最冷月平均气温11～15 ℃，是南亚热带植物的主产区；广东北部是全省热量条件较差的地区，山区低层年积温5900～6700 ℃·d，年平均气温19～22 ℃，最冷月平均气温7～11 ℃，喜温植物一般不能越冬生长，一年可三熟，但冬种只能种喜凉作物。

广东全省南北跨5个多纬距，全省南北各地的气候、土壤、植被和农业生产类型均有一定差别。但在同一气候带内的山区，具有大体相同的立体层次性结构，只有在层次达到一定的高度上，不同山区、不同坡向之间才有较明显的差别。广东各地夏季时间很长，热量丰富，霜期极短，冬季暖和，偶有冰冻，基本无雪。雷州半岛为一片台地，是广东冬季宝贵的大暖区，能种橡胶、椰树、咖啡等热带植物；广东中、南部多低山丘陵，植被覆盖密集，盛长阔叶林，低坡经济林和水田交错分布。山区低层双季稻加冬种喜温作物一年三熟，盛产荔枝、龙眼、菠萝、香蕉。广东北部地势较高，山系较高大，盛产杉树、松树等针叶用材林，低层双季稻加冬种喜凉作物一年三熟，喜温作物一般不能越冬生长。

4.10.2.2　山系对广东气候影响非常大

山区立体气候显著，地势每升高100 m，气温平均降低0.5～0.6 ℃，年雨量递增率平均为60～100 mm，年日照时数递减率20～40 h。山区地势起伏，峰谷相间，同一个山系中的山南和山北气候景观迥然不同，而且还往往形成两种气候的分界线。在广东，高山与盆、谷地的垂直气候差异很大，在同一座高大的山系中，可出现峰顶之处冬季不仅有寒冬，而且常见冰霜，偶见下雪，而山谷里却是一片青绿，阡陌沟渠，农耕兴盛，出现山上山下气候迥异的情景。从山麓到山顶各有着热带、亚热带、温带的气候特征，依次可见到热带雨林、阔叶林、针阔叶混合林、针叶林和苔原的自然景观，从千年古树到异邦新种，并茂一林，共繁共荣。山区不同海拔高度气候条件的垂直分布，导致山区土壤、植被及其自然、地理因素和农业生产对象的垂直地带性分布，使山区农业有其独特的立体生产结构。

4.10.2.3　热量资源垂直差异显著

山区热量资源随海拔高度增高呈线性递减，热量递减值在不同山区或同一山区不同坡向、坡度之间也有一定差异。在广东省，平均每上升100 m，气温约下降0.5～0.6 ℃，相当于平原地区向北迁移60 km左右；在垂直方向上，只不过数百米的差距，而气候的差异往往超过了平地上几个地理纬度的变化。广东省山区的热量垂直递减率是：粤南大于粤北；南坡、东坡大于北坡和西坡；夏季大于冬季。递减率的冬小

夏大型分布，使山区生长季和夏季热量的垂直差异显著，在广东省的夏季，一般在海拔 300～500 m 处，夏季即无 35 ℃的强高温出现；500 m 以上山区成为避暑胜地。海拔每升高 100 m，≥10 ℃积温减少 150～250 ℃・d，≥20 ℃的积温减少 200～300 ℃・d。日平均气温≥10 ℃的初日，每升高 100 m 推迟 1～3 d，终日提早 1～4 d，即作物生长期天数减少 4～6 d，海拔 1000 m 的山区生长季缩短 1 个半月至 2 个月左右。

4.10.2.4　山区最高温度水平的降低，可避免有害高温的出现

海拔 300～800 m 处，10～26 ℃的有效积温值最多，适于林木的木材积量的增加，成为杉木生长的优势高度，也是喜凉的温带动、植物越夏的优势高度。但双季稻等喜温作物只能分布在较低的高度。冬季垂直递减率较小，使多年生越冬林木可分布到较高的高度。以广东北部山区为例，气温与热量条件的垂直差异，使土壤由红壤向黄红壤、黄壤变化；自然植被由常绿阔叶林向常绿、落叶阔叶林和矮林灌木丛变化；农业生产的结构也由以双季稻为主体的农作层（300～500 m），向油茶、油桐、茶树等经济林木层（500～800 m），杉、松、竹林木层（800～1200 m）及保护层（高于 1200 m）变化。

东西走向的大山系阻挡冬季南下冷空气，山系南、北两侧冬季温度有显著差异，广东北部的南岭南北坡 1 月平均气温差达 2～3 ℃，如广东南部的云开大山（云雾山系）南坡由于山系屏障和海洋调剂作用，冬季形成一个暖区，冬季广种各类喜温水果和作物；多数山间盆谷地受山脉屏障保护和避寒有利的局部地形影响，削弱入侵冷空气的强度，或受水体、林带调温效应影响，形成相对暖区，使一些不太耐寒的动植物、经济特产得以安全越冬。山区温度随高度增高的逆温现象较普遍，对经济林木避免或减轻寒害、安全越冬具有重要意义。山区不同海拔高度因气候条件的差异，导致土壤、植被及其自然、地理因素和农业生产对象的垂直地带性分布，使山区农业有其独特的生产结构。

4.10.2.5　山区在一定高度上，随海拔增高雨量、雨日显著增多、强度增大、径流系数增高、水力资源丰富

广东受季风影响，是全国大陆雨量最多的地区，暴雨中心常常发生在大地形的迎风坡一侧喇叭口式的地形前面。由于地形对暖湿气流的抬升绕流以及气流的汇合作用，在山区形成多雨中心。广东省山区在海拔 300～1000 m 处，年雨量以大山系，如云开大山、天雾山、南岭弧形山地和莲花山的南坡最多，以大山脉北坡和地形闭塞的盆、谷地最少；各山区雨量，一般南坡、东坡多于北坡、西坡；在地域分布上雨量由南向北、由东南向西北减少。广东雨量充沛，尤其在生物旺盛生长季（4—10 月）雨量占全年的 75%～90%，对双季稻、茶、橘、荔枝、香蕉、菠萝、甘蔗、油桐、油茶、杉、松、竹等常绿阔叶林等提供了优势生长的水分资源。山区年雨量随高度的增高，在一般情况下，以 800～1000 m 高度雨量最多，但在 1000 m 以上，雨量随高度增高反而有所减少；最大降水高度位置在多雨的山区、多雨的年份或季节有所降低，同时雨量随高度的递增率也较大。不同山区的递增率平均为 60 mm/100 m。多数山区递增率值为山麓年雨量的 3%左右。雨量较少的地区，不同高度雨量差异也比较小。广东各地山区全年雨日为 100～180 d；山区每增高 100 m 雨日增加 5～9 d。广东各地山区是我国暴雨频繁区，每年 5—9 月山区都有特大暴雨出现。山区年径流量占降水量的 50%～70%，可见山区涵养林、水土保持林对涵养和保持水土是很重要的。同时 25°坡度必须作为开垦的限制坡度，严加控制。山区的蒸发量随高度增高而急剧减小，一般每上升 100 m 平均减小 40 mm，在 1000 m 左右往往出现蒸发量最小的高度。总体上看，广东低山区比较干热，随着海拔高度的增高干燥程度迅速减弱，水分条件迅速改善。

4.10.2.6　山区光能总量减少，晴天或晴热季光强大，生物旺盛生长季辐射总量较大，生产潜力大，散射光能资源丰富，适宜喜阴植物生长

广东低层山区年日照受复杂的地形气候影响和明显的垂直地带变化，有利于因地制宜发展立体农业和农林牧渔业。总的分布是东部多于西部，沿海多于同纬度内陆地区，平原丘陵多于山区。广东地处低纬度，太阳高度角大，晴天或晴热季光照强度大，生物的生长季长，生长季光能总量多，由此可见，广东山区光资源的生产潜力比较大，尤其 7 月、8 月的高温强光有利于喜阳植物和一季稻的生长。

山区日照时数与辐射量既受坡向、地形起伏遮蔽程度的影响，也受云雾的影响。随着高度的增高，常因云雾、雨日、雨量的增加，日照时数、总辐射量均减少。日照时数在雨量较多、云雾最多的高度附近往往出现最小值，此高度在广东山区多数为 500～800 m。广东山区大致每升 100 m，年日照时数减少 20～40 h。多雨的 4—10 月，日照随高度增高减少更为显著，而在少雨的 11 月至次年 3 月，有时日照

时数常随高度增高而增加。山区总辐射量也有相应变化，据在1000 m以上的中、高山实测，1月总辐射量为山麓的110％～120％，7月却只有山麓的80％～90％。因此，4—10月高山地区光能减少，总辐射量少于低海拔高度。山区雾日随高度的增高显著增加，每上升100 m增加15～20 d。多雾的天气使山区散射光增加，适宜喜阴湿植物的生长，所以，广东山区宜于发展茶、竹、杉、食用菌、罗汉果、猕猴桃、中药材等一些喜阴耐阴植物，有利于提高茶叶、中药材的品质，使高山云雾茶享有世界声誉。在山区阳坡、开阔地，在夏季晴热季节，有较好的光照条件，对油茶、油桐、乌柏等喜光温树种，可选择山区背风向阳南坡种植。

4.10.2.7　山地不同地形的气候差异显著

山地不同的走向、坡向、坡度及山间盆地、谷地的差异，对气候影响很大，广东省大部分山地多以北东—南西走向。山地南坡成为夏半年海洋暖湿气流的迎风坡，由于气流被山地抬升，产生冷却效应，因而降水量较多，冬季气候也较温暖；北坡在夏半年为背风坡，当海洋气流越过山顶向北坡下沉时，会产生干热增温的焚风效应(垂直递增率约为1 ℃/(100 m))，故降水量较少；山地向阳坡受热多，背阳坡受热少，故形成山脉两侧气温的差异明显。东西走向的山脉能阻挡和削弱冬季寒潮的影响和夏季海洋季风的调剂，在冬季，山脉南侧形成暖湿区，山脉北侧则成为干冷区。例如，处于南岭南坡的广东乐昌、南雄、连州等地比北坡的湖南郴州、桂阳、宁远、嘉禾等地年平均气温高2 ℃左右，1月平均气温高3 ℃左右，年平均降水量多88 mm左右。南向或东南向开口的弧形山脉，如粤东莲花山脉南坡、粤西天露山南坡、粤北弧形山地南缘成为广东的三大降水中心(广东三大暴雨区)。山区的盆地、谷地，由于地形闭塞，夏季得不到海洋气流调剂，气温较高而酷热(极高气温可达40～42 ℃)；冬季又成为冷空气聚积的“冷湖区”，气温偏低而寒冷(极低气温曾达－7.3 ℃和－6.9 ℃)，如五华谷地、罗定盆地、梅县盆地、韶关盆地、连州盆地等，都是夏热冬冷的典型地区，均为山区地貌影响所致。

4.10.3　充分合理利用山区气候资源

4.10.3.1　典型的季风气候区，光热水资源丰富，具有发展大农业的有利条件

广东山区在主要农林植物生长季节(4—10月)的太阳辐射、积温和降水可占全年总量的70％～85％，光、热、水的配合，有利于热带、亚热带各种喜温作物、林木和灌木的生长，具有发展大农业的有利条件。由于山岭对光、热、水的影响，在垂直方向上形成了明显的气候带(层)，随着山脉走向、坡地方位和地形起伏的不同，在同一地区或同一海拔高度上的阳坡和阴坡、坡地和盆谷地，可以出现迥然不同的气候。由于不同的动植物，甚至同一动植物的不同品种，对气候条件都有不同的要求，因此，在同一山区往往这里的气候适宜某种动植物生长，而那里的气候又适宜另一种动植物的培育，土地的适种性广，可选择度高，为发展立体农林业和多种经营提供了重要的适生条件。此外，广东山区降水变率大，由于降水的不均匀性，干旱、洪涝、高温热害、台风暴雨、寒害等自然灾害比较频繁，山区多暴雨冲刷，中高山地生态系统稳定性较差，对此目前还缺乏应有对策，因此，山区建设应在因地制宜和趋利避害、防灾抗灾方面引起高度重视。

4.10.3.2　充分合理地利用山区自然资源，促进山区生态系统建设

大力发展以林为主，农、林、牧、副、渔综合经营的商品生产，是丘陵山区治穷致富、振兴经济的根本途径。丘陵山区是森林立身之处，江河之源，合理利用和治理丘陵山区，可以改善生态环境，减少自然灾害，促使生态系统的良性循环。总体来说，森林是山区的主要植被，山区应广泛植树造林种果，大力种植防护林、水土保持林、水土涵养林、经济林果等；山区草地广泛分布，应大力发展草食畜禽畜牧养殖业和经济林果；低地河谷是粮食、蔬菜、果园基地，应大力种植水稻、玉米、薯类、蔬菜、果树等种植业。因地制宜地把山区建成一个较好的大农业生态系统。

4.10.3.3　充分发挥气候优势，建立商品生产基地

充分合理利用山区丰富的气候资源，建立各类商品基地，实行集约性经营，这对于山区经济的发展、改善生态环境有着重要意义。因此，要因地制宜地建立以下相应的生产基地：

(1)用材林基地　山区水热资源丰富，优良的速生树种多，还有不少珍贵树种，具有发展林业生产的优越条件。

(2)杉木　是我国亚热带主要用材林种,速生高产,木材通直,材质优良。杉木喜温暖、湿润、微风的气候环境,怕高温、干旱、冰冻。日平均气温 20～26 ℃时生长迅速。从气候条件看,杉木基地建设以中亚热带中部和南部最佳。广东北部的南岭山区冬暖夏凉,雨量充沛,终年湿润,土壤适宜,十分有利于杉木生长,一般 20～25 年内每亩蓄积量可达 10 m^2 以上。

(3)马尾松　是我国亚热带重要的用材和产脂树种。它喜温、喜光、喜湿,较耐干旱瘠薄,怕低温、冻害。对土壤条件要求不严格。适宜广东北部在 800～900 m 和广东中、南部在 1000～1200 m 的阳坡种植。

(4)毛竹　是我国亚热带速生高产、用途多样、经济价值较高的林种。它喜温、喜湿,怕大风冰冻。日平均气温 15～25 ℃最有利其生长。毛竹种植基地应建立在南岭山区 400～800 m 为宜。

(5)木本油料基地　油茶、油桐和乌桕是我国亚热带主要木本油料植物,经济价值较高,增产潜力较大。

(6)油茶　是我国亚热带木本油料树种。它适应性强,盛果期长,产量高,又是优良的食用油。主要分布在我国中亚热带地区。它喜光、好温、忌寒,油茶基地以中亚热带 500 m 以下山区阳坡最佳。海拔高度升至 500～800 m 的山区则产量不稳定。

(7)油桐　广泛分布在我国亚热带低山丘陵地区,它喜温、喜光,要求年平均气温 14～20 ℃,冬季要求短期低温休眠,但气温低于－12 ℃则受冻害,要求年雨量 900～1000 mm,7—9 月月雨量 50 mm 以上。千年桐则以南亚热带 300 m 以下和中亚热带南部 600 m 以下种植最适宜。

(8)茶树基地　茶树是我国亚热带地区主要经济林之一,茶叶是出口创汇的重要产品。茶树喜温、喜湿、喜散射光,要求年平均气温 13 ℃以上,极端最低气温－10 ℃以上,生长期间月雨量＞100 mm,相对湿度＞70%。我国南、中、北亚热带山区均有在国内外市场享有盛誉的名茶,都具有建立茶树基地的气候条件,南亚热带和中亚热带南部冬暖,还可以发展大叶茶。

(9)水果基地　广东山区水果种类很多,既有亚热带水果,也有热带水果,如柑橘、香蕉、龙眼、荔枝、菠萝、柚、杨梅、中华猕猴桃等。

(10)柑橘　主产区在我国北纬 20°～30°,分橙、柑、橘、柚、金橘五大类。它是典型的亚热带水果,喜温暖湿润的气候,低温是柑橘分布的限制因子。柑橘基地建设应重点放在中亚热带中、南部以及南亚热带北部。柑橘适宜种植在南亚热带山区 700 m 以下和中亚热带山区 500 m 以下。

(11)中华猕猴桃　猕猴桃喜温凉、喜散射光、怕强光,其生产基地以山区 500～1000 m 为适宜。在亚热带丘陵山区以野生为主,已初步建立人工栽培生产基地。

(12)龙眼、荔枝、香蕉、菠萝　是南亚热带水果,由于其不耐低温(一般在－2 ℃即受冻害),只适宜于南亚热带平原丘陵地区种植。基地建设应注意选择避寒暖区。

此外,广东山区还有许多名、特、优产品,如香菇、黑木耳等食用菌类和黄连、厚朴等中药材类,以及漆树、枇杷、刺梨、板栗等,均可选择适宜地区建立生产基地。

4.10.3.4　适应广东丘陵山区气候特点,宜布局山区多层次的立体农业

广东山区具有丰富多样的气候资源,针对山区气候特点,宜布局山区多层次的立体农业,大力发展多种经营,对维护和改善山区生态环境,获得良好的经济、社会和生态效益,具有重要意义。

一般来说,在同一气候带内,低海拔区的农业大致相同,但在垂直方向上差异却十分明显,为了合理开发利用山区地形气候资源和治理丘陵山区,应改善立体农业生态环境,充分发挥山区优势,避免山区建设中的失误。因此,在广东省山区,应根据上、中、下不同层次的山地采取不同的农业布局。

(1)下层(海拔 300～400 m)　以种植业为主,在保证粮食稳步增长的前提下,扩大经济作物的种植面积,适当发展经济林果,积极开发草食畜禽和水产养殖。雷州半岛台地为热带作物、多熟农作区,是广东热带作物主产区,还适宜甘蔗、菠萝、香蕉生长,除种植双季稻加冬种外,利用避寒的有利地形可种植橡胶、咖啡、胡椒等热带作物;在发展甘蔗和水果生产的同时,还可利用冬暖优势大力发展冬种玉米、薯类和冬季蔬菜生产等。广东中、南部山区,是一年三熟的粮食主要产地,还适宜生长龙眼、荔枝、香蕉、菠萝、甜橙和大叶茶等,甘蔗可以越冬生长,在大力发展粮食生产的同时,积极发展甘蔗、花生、荔枝、龙眼、香蕉、菠萝、茶等商品生产;利用冬暖优势大力扩种冬季作物和蔬菜业生产等,该地区丰富的林副产品也很有发

展前途。粤北山区适宜种植双季稻加冬种喜凉作物，而且适宜茶、柑橘、李、枇杷、油茶、油桐生长，在保证粮食稳定增长的前提下，宜扩大经济作物面积，提高复种指数；与此同时，还可利用草山草坡发展牛、羊、兔、鹅、鸡等草食畜禽，以及充分利用水面发展水产养殖；大力开发缓坡地发展果、茶、桑和食用竹笋等；利用山区一些大中型水库的水体气候效应，可发展果、茶、牧、蔬菜等多种经营；利用山区不同层次的气候差异，种植果蔬供应城市，解决城市淡季供应问题，提高经济效益。

(2)中层(海拔 400～800m) 一年三熟或两熟。广东中、南部地区适宜于茶、柑橘、山楂等生长，适宜种植双季稻加冬种喜凉作物的三熟制，应大力提高双季稻粮食单产，发展茶、柑橘及各种林特产(如紫胶、黑荆树、山楂等)的商品生产。广东北部地区适宜种植单季稻加喜凉作物两熟制为主，应大力推广高产的单季水稻，积极发展食用菌、毛竹、猕猴桃、油茶、油桐及杉木等商品生产。大力发展经济林和用材林，开发名、特、优农产品，利用草山草坡发展牛、羊、兔、鹅等草食畜禽。城市近邻山区，可利用夏凉气候种植番茄、甜椒、萝卜、花卉、柑橘及各种林特产的商品生产。

(3)上层(海拔 800～1000 m) 该层气候湿冷、地势高、耕地少。农林牧副业的发展应以林为主，宜发展用材林、水源涵养林和药材，适当发展食用菌等；实行保护性开发，增强生态效益，对山顶的森林植被必须保护。山区森林具有调节气候、保持水土、涵养水源、保存野生动物、维护良好的生态循环的功能，是平原农业生产的保障。有条件的山区采取分散小群放牧方式，可以利用草山适当发展养羊、养牛业，并因地制宜地适当发展旅游业等。

4.10.3.5 防御山区气象灾害，促进山区农业稳步发展

(1)保护森林，绿化荒山，充分发挥森林保持水土、减少旱涝的功能 广东山区雨量多，季节分配不均，易旱易涝，对农业生产影响很大。因此，保护森林(尤其要注意保护水源林、阔叶林)，植树造林，绿化荒山，对于改善生态环境、减少旱涝灾害有极为重要的作用。

(2)合理种植，防灾减灾，大力提高山区粮食单产 季风气候为广东山区带来充沛的热量和降水。可是水热条件在时空分配上常出现急剧变化，农业生产往往因此而受到危害。因此，要根据山区的气候条件，确定各地适宜的种植制度。各种作物的不同品种要求不同的气候条件。因此，在确定了种植制度后，还应根据各地气候条件选用适宜品种，才能达到稳产高产的目的。

(3)利用有利层次、有利地形，发展经济林、用材林和林特产，避免气象灾害 山区多层次、多类型的立体气候，既为发展多种经营提供了条件，又易发生各种气象灾害。如中亚热带下层多高温干旱，上层多冰冻。如盆地易使冷空气堆积，寒害重，山顶或迎风坡雨凇、雾凇多等。因此，山区发展农业必须充分注意不同层次不同类型的气象灾害，合理布局。如在南亚热带南部种植热带作物要获得成功，就必须选择背风向阳的避寒有利地形等。许多事实表明，利用山区有利层次、有利地形发展多种经营，可以避免气象灾害，取得显著的经济效益和生态效益。

(4)加强水利建设，实行水旱轮作，发展旱地农业，提高防旱抗旱能力 随着经济社会的发展，对水资源的需求越来越大，所以在发展林业、提高森林覆盖率、发挥森林绿色水库作用的同时，必须加强水利建设。广东山区每年均有不同程度的干旱发生，使作物产量受到影响，有些地方实行水旱轮作，既减轻干旱影响，又可改良土壤，有利于持续增产，因此，山区应大力发展旱地农业。

(5)推广先进的农业技术，改善田间小气候，防御气象灾害 为了避免或减轻气象灾害，可以采取各种农业技术措施，改善作物生长的小气候条件，如营造防护林、实行喷灌、采用地膜覆盖等。实践证明，农田营造防护林可以减轻作物冷害和热害，有利于作物产量稳步增长。例如，在广东北部山区推广玉米地膜覆盖，成熟期提早 5～7 d，避免了冷害，玉米获得增产。

4.11 珠江三角洲都市群的气候资源和合理利用

珠江三角洲都市群除了广州、深圳两个大城市外，还有珠海、佛山、东莞、惠州、中山、江门、肇庆等中等城市组成的都市群，是广东省经济社会最为发达的地区。地处南亚热带季风气候区，由于背靠山脉，面向海洋，季风气候异常显著，夏半年暖湿气流盛行，促使汛期(4—9 月)降水充沛，雨热同季，这是珠江三角洲跟纬度相近的撒哈拉大沙漠气候截然不同的原因。所以，珠江三角洲是全球同纬度水热资源较优越的

地区，它既有雨量充沛、空气湿润的海洋气候特色，又有光温资源丰富的大陆性气候特点，构成热量丰富、雨量充沛、冰霜稀少的南亚热带季风气候特点。各地光、温、水气候要素状况见表 4.1。

表 4.1　广东省南亚热带代表站点光、温、水气候要素状况（1981—2010 年）

	深圳	中山	广州	佛山	珠海	东莞	惠州	肇庆
年平均日照时数(h)	1839.6	1705.4	1558.8	1525.0	1876.3	1889.0	1817.9	1632.2
年平均气温(℃)	23.0	22.5	22.4	22.6	22.7	22.6	22.3	22.5
最冷月平均气温(℃)	15.4	14.3	13.9	14.0	15.0	14.6	14.1	14.1
最热月平均气温(℃)	28.9	28.2	28.9	29.3	28.6	28.7	28.6	29.0
≥10 ℃平均积温(℃·d)	8289.6	7945.2	8187.7	8237.5	8166.6	8045.9	7815.3	7974.3
4—9 月降水量占年雨量(%)	86%	82.3%	82.2%	79.9%	85.7%	83.3%	83.5%	79.9%
年平均降水量(mm)	1935.8	1886.0	1950.1	1737.9	2080.6	1831.7	1769.8	1633.1

珠江三角洲地处季风盛行区，北倚世界最大的欧亚大陆，东南面临世界最大的太平洋和南海，位于强大的大陆气团和强大的海洋气团的交界处，成为两大气团交汇带，陆地、海洋、大气之间相互作用强烈，低纬度的热带天气系统和高纬度的寒带天气系统均能影响珠江三角洲，导致珠江三角洲天气气候异常复杂，风、热、寒、旱、涝等气象灾害频繁出现。

珠江三角洲地处低纬，气候资源丰富，加上经济地理条件优越，对发展城市群农业具有得天独特的优势和条件，但珠江三角洲又是气象灾害频发地区之一，因此，在发展都市群农业的过程中，必须提高气象现代化水平，以适应发展都市群农业的需要。例如，在考虑优化农业结构时，必须根据当地气候资源和气象灾害的规律和特点，合理安排农业的种养季节和搭配适宜的品种，把种养业安排在最适宜的气候区域和最适宜的季节，以充分利用气候资源，避过主要的气象灾害，创造出效益倍增的产值。为此，必须致力于品种改良，根据气候规律引进和培育优良品种，加快品种的更新和进行良种培育。

随着都市群的发展，人口、工业和交通工具高度集中于城市；人类生活和生产活动，排放大量的热量、水汽、粉尘粒子和有害气体等，导致城市大气污染日益突出；然而，气象要素的变化和分布状况又与城市污染和变化息息相关，例如，风和降水对大气污染有净化作用；大气逆温有堆积大气污染的作用；大气中的二氧化硫含量将随着气温上升而减少，随着空气湿度增大而增多；雾能阻滞空气中的粉尘粒和有毒气体的稀释和扩散，会加重大气污染，危害人体健康等。又如城市布局多遵循"工业区布局在主导风向的下风侧，居住区布局在主导风向的上风侧"的原则。在人口密集区，要妥善设计街道走向和宽度以利通风；在近湖近海处不宜建立密集高大的建筑物以防挡风。为了预防地面积水和城市涝灾，必须根据城市降水规律和特点，设置足够排水渠道和防洪林地等。因此，摸清城市的气温、风、降水、湿度、雾、能见度和太阳辐射等气候要素的时空分布规律及变化特点，对于都市农业合理布局以及城市规划和发展珠江三角洲现代化都市群农业建设，都是非常重要的。合理利用城市气候资源，防御城市气象灾害，是发展现代化都市的保证。

4.11.1　建成以林木为主的绿化生态系统

改革开放以来，随着城市化进程的迅速发展，城市气候生态环境问题成为人们聚焦的热点。由于工业和人口向城市集中，城市规模越来越大，将大片的自然生态系统变成密集的建筑群和密封的水泥沥青地面；大量车流人海，滚滚的烟尘和噪声，使城市因工业和人口高度集中而出现大气污染日益严重。

因此，现代城市必须建成以林木为主的绿化生态系统，建设以林木为主，乔木、灌木、花卉、草地合理搭配的生态环境，这不仅是美化城市景观和市容的需要，更是减轻城市环境污染所必不可少的。它具有五大功能：一是调节小气候，二是防治大气污染，三是涵养水源，四是净化水质，五是美化环境。绿化造林还具有吸滞粉尘、消毒杀菌、降低噪声、带动旅游休闲等多种功能。它是改善城市气候环境、促进城市可持续发展、不断满足城市生态安全、生态文明的需要。

4.11.2　珠江三角洲都市群农业的功能应向多元方向发展

(1)大力发展高档精致鲜活和无公害农副产品生产，充分利用珠江三角洲所具有的大、中型市场和城市、工业、科技的优势，逐步建成现代化都市群农业。城郊的鲜活副食品生产逐步转向高档精致和无公害方向发展。

(2)大力发展农副产品加工业，重视冷藏、保鲜技术，改进加工包装和加工机械，发展加工新产品，以及生物技术在食品上的应用等。

(3)大力发展技术密集的设施农业，利用现代科技与设施，生产高品质无农药残毒无公害的农副产品。

(4)积极发展观光农业，山区和山系及森林公园均可发展森林旅游胜地。

(5)重点发展生态农业，绝不能以牺牲环境来换取工业现代化和城市现代化。主要措施有：

第一，大力发展城市绿化。城市绿化具有吸收二氧化碳、制造氧气、吸收有害气体、除尘等净化环境的作用，还有遮阳降温等功能，可明显改善城市小气候，使人们生活在优美舒适的环境中。

第二，建造城市公园。公园中有湖泊、树木、花草等，在夏季能起到降温效应，冬季则起到保温作用，从而调节着城区温度和湿度的变化。

第三，城市采用清洁能源。未来城市能源应以最大限度利用太阳能、风能和水能等可再生的清洁能源为主。

第四，城市垃圾变成城市的一大资源。采取有效措施，科学地处理、利用垃圾，向垃圾要资源、要能源、要效益，保证城市实现生态平衡。

第五，实现城市现代化农业。尤其是无土栽培和有机农业的崛起，为城市发展农业带来极好的机遇。

4.12　分区气候资源的合理利用

4.12.1　大力发展高效的南亚热带特色农业

广东省大部分处在南亚热带地区，因此，必须充分发挥南亚热带的资源与环境优势，因地制宜，大力发展具有南亚热带特色的种植业、畜牧业、林业等多元化农业，建立包括粮食作物、优稀水果、蔬菜、畜牧产品、花卉在内的持续高效农业生产基地。在粮食、蔬菜与经济作物生产上，要大力发展优质稻、旱粮、蔬菜、花卉、饲料、豆类、薯类等特色品种。在水果生产上，重点发展具有南亚热带特色的名、优、特、稀水果，着重发展荔枝、香蕉、柑橘、菠萝、龙眼、芒果六大名果，同时要因地制宜地发展杨桃、李、橄榄、枇杷、杨梅、梨等杂果。在丘陵山区要因地制宜地发展蚕桑和茶叶生产，并尽量与粮食生产、养鱼、养猪、种蔗等结合起来，发展种植养殖复合产业。同时，要发挥南亚热带冬季气候资源优势，大力发展冬种蔬菜、玉米、薯类等生产。在林业方面，要大力发展水源涵养林、水土保持林、村边林和农田防护林等生态公益林，以增强区域的生态环境功能。

大力发展淡水养殖和海洋渔业。充分利用本带淡水水面和海洋资源，发展平原塘鱼精养以及山塘、水库养鱼，开展江河人工增殖河沙围田区废河涌养鱼。要合理保护和利用近海资源，大力发展海洋经济鱼、虾、贝、藻类和水生生物饲料等海产品生产。与此同时，还要大力发展高科技、知识型与生态型农业，大力发展南亚热带观光旅游业等，并把它作为未来发展的一个重要方向。

4.12.2　合理利用广东省边缘热带气候资源

粤西南地区属于边缘热带，本带的光热资源是广东省最丰富的地带，而且具有热带、沿海、土地和人力资源等优势，具有发展热带农业和增创社会经济的潜力，要进一步提高热带作物、冬季作物、蔬菜、水果、水产、糖蔗生产基地的产量、品质，发展优质、高效的创汇型经济。但是，由于本带气象灾害较多，春旱严重，台风入侵频繁，夏秋多暴雨洪涝等，使丰富的光热资源利用受到一定的限制。因此，要兼顾气候资源合理利用和气象灾害防御两方面；遵循当地气候规律，发挥气候优势，因地制宜，趋利避害，合理利用气候资源。

4.12.2.1 发挥本带热带气候资源优势

积极引进和发展高效热带经济作物，把本带发展为广东重要的热带作物基地。调研表明，如火龙果过去靠进口，在21世纪初雷州半岛引种火龙果获得成功，还有些昂贵进口轻工产品原材料，如红花油、白花油、祛风油等所用的原料，进口香烟中所添加的丁香、香子兰等香料，西药救心丹、可的松、寿比宁等的制作原料和热带棕榈科、樟科等油料作物，从美国引进的在我国尚属空白的一些化妆产品，如一品红、胭脂、指甲油及画眉所采用的热带作物，进口香水采用的原料，如香茅油、丁香油、定香剂，以及一些进口的热带树木、热带水果等，均可在本带的雷州半岛试种和发展，逐步建立各类热带作物基地。

4.12.2.2 充分利用冬季热量资源，发展冬季农业

冬季热量丰富是本带气候资源的突出优势，当北方冬季处于“千里冰封、万里雪飘”时，本带仍是春意盎然，充满生机，故本带应充分利用这个得天独厚的气候优势，大力发展冬季农业，使这一优势转化为物质优势，产生更大效益。冬种蔬菜、冬种瓜豆是冬季农业的支柱产业，因蔬菜需求量大，市场前景广阔；冬种玉米也有较好的经济效益；冬种薯类不仅可做粮食或饲料，深加工后可做成其他食品和原料，提高经济效益。

4.12.2.3 因地制宜，按气候规律调整作物布局

本带各地气候有一定差异，南部气温高于北部，沿海风力比内陆大，雷州半岛西岸干旱比东岸重，阴雨和雾日也比东岸少；以徐闻县境内为例，西南部(苞西)的年平均气温达24 ℃，比东北部(曲界)约高1.5 ℃；而年雨量西南部仅1100～1200 mm，而东北部为1700～1800 mm。因此，在调整作物布局时，应考虑各地气候特点和作物对气候的要求来安排。从作物布局上考虑，对热量要求较高的品类宜安排在本带南部，如芒果、菠萝、香蕉等水果和其他热带作物；而对热量要求相对较低，甚至能耐一定低温的则安排在北部。由于雷州半岛西南部春季芒果花期阴雨和雾就少，气温高，特别有利于芒果生长，是广东省最理想的芒果商品生产基地；菠萝耐旱、耐瘠，且抗风力强，但怕涝渍和日灼，故宜安排在较高坡地且较干旱的地方或东部沿岸风力较大的地方；香蕉喜潮湿，抗风力差，宜安排在雷州半岛南部的低洼地方；甘蔗需水量较大，宜安排在雷州半岛东雨量较多的地区或水利灌溉条件较好的地区；冬种蔬菜和西瓜等作物，在温暖、晴天少雨、日夜温差大的气候环境下产量高、品质好，因此，宜安排在气温较高、冬春雨量较少的雷州半岛西南部种植。总之，要做到趋利避害和因地制宜，即根据各类作物对气候条件的要求，尽量安排在适宜地段种植。

4.12.2.4 大力开发利用“绿色能源”

如太阳能、风能、水能、地热能、生物质能等，它是一种可再生能源。本带在开发利用“绿色能源”方面有优越的资源优势，它既处于低纬和临海，又具有丰富的太阳能、风能和潮汐能资源，开发利用“绿色能源”的潜力很大，应大力加强“绿色能源”的研究和开发力度。

4.12.2.5 加强防旱、防风建设

水热不调和风害严重是本带气候资源开发利用的最大障碍，因此，必须突出抓好水利工程和生物工程建设，大力兴修水利和发展林业、涵养水源，改善生态环境，调节季节性和地区性的缺水和风害问题，加强气候资源的开发利用和保护力度。

参考文献

陈新光，钱光明，陈特固，等，2006. 广东气候变暖若干特征及其对气候带变化的影响[J]. 热带气象学报. 22(6).

陈新光，植石群，李衍雄，1996. 粤北石灰岩地区温度场的计算与分析[J]. 广东气象，(4)：15-17.

杜尧东，毛慧琴，刘爱君，等，2003. 广东省太阳总辐射的气候学计算及其分布特征[J]. 资源科学，25(6)：66-67.

龚佃利，边道相，2002. 山东省空中水资源的初步分析[J]. 气候与环境研究，7：474-482.

广东省气象局《广东省气候业务技术手册》编纂委员会,2008. 广东省气候业务技术手册[M]. 北京:气象出版社.

广东省气象局资料室,1987. 广东气候[M]. 广州:广东科技出版社.

国家气象局展览办公室,1986. 我国农业气候资源及区划[M]. 北京:测绘出版社.

黄红明,2004. 广东省水资源开发利用前景分析研究[D]. 武汉:武汉大学.

黄增明,周世怀,2001. 广东省山区农业气候资源与农业气象适用技术[M]. 北京:气象出版社.

李玉林,杨梅,冯宏芳,2003. 江西省空中水汽量与降水效率特征分析[J]. 江西气象科技,26:25-29.

刘世祥,王遂缠,陈学君,2005. 甘肃省空中水资源潜力气候研究[J]. 甘肃科学学报,17:44-47.

鹿世瑾,1990. 华南气候[M]. 北京:气象出版社.

庞庭颐,1996. 中国热带、亚热带西部地区热量带的划分[J]. 地理学报,51(3):224-22.

王钊,2006. 广东省水资源演变情势分析[J]. 广东水利水电,05.

王祝,2006. 广东省降水的趋势变化和时空分布特性分析[J]. 人民珠江,2:37-40.

亚热带丘陵山区农业气候资源合理利用研究课题协助组,1988. 亚热带丘陵山区农业气候资源研究论文集[M]. 北京:气象出版社.

第5章　气候能源的合理开发

气候资源和气候能源是发展经济社会的物质条件。广东是一个化石能源缺乏的大省，而且消耗化石能源排放大量温室气体，导致气候变暖和气候灾害加重等，为此，广东必须走能源资源多样化、资源渠道多样化的发展道路。气候能源与煤炭、石油、天然气、核能等矿物燃料相比具有明显优点：第一，普遍存在，可直接开发利用，不需要开采和运输；第二，无毒，开发利用不会污染环境，是清洁能源；第三，气候能源是可循环利用的可再生能源。自1992年联合国全球环境和发展大会后，我国政府提出10条对策和措施，明确提出：因地制宜开发和推广太阳能、风能、地热能、潮汐能、生物质能等新能源。中国21世纪议程中再次强调指出，中国要实现国民经济快速发展，就必须将开发利用新能源和可再生能源放到国家能源发展战略的优先地位。

5.1　气候能源概况

5.1.1　气候能源的含义和范围

能源是指能够转换为机械能、热能、电磁能、化学能等各种能量的资源。气候能源是可再生的新能源。它包括太阳能、风能、水能、海洋能、潮汐能、雷电能、地热能、生物能等。一切气象要素和天气现象在一定时期所具有的能量以及派生和贮存的能量都可称为气候能源。

5.1.2　气候能源的基本特征

(1)能量巨大　据报道，太阳能是地球最大的能源，其数值相当于1.3亿t标准煤燃烧所产生的全部热量。太阳辐射通过地球大气层到达陆地和海洋表面的能量只有47%，约80亿kW，比人类目前所消耗的总能量高1万倍以上。据统计，地球上可利用的风能约为可利用的水能的10倍。雷电能同样极其丰富，一次闪电能的电功率也以数万千瓦计。地热能的总贮量约为煤炭的1700万倍。

(2)循环再生　气候能源是“取之不尽，用之不竭”的再生、持久的能源。

(3)分布广泛　气候能源几乎遍及全球各地，处处皆是，就地可取。

(4)无污染　气候能源不用燃烧，不会污染，又不破坏环境。

(5)能源密度低　由于气候能源分布面广，不集中，因此不易天然汇集，而且各种气候能源的能量密度差异很大。

(6)稳定性差　气候能源因受自然因素的影响，变化很不稳定。

5.1.3　气候能源的开发利用

科学开发利用气候能源，可以缓解能源紧张的压力。气候能源是重要的可再生能源，太阳能、风能等能源有着巨大的开发潜能，要充分利用现代科技成果，建设太阳能、风能等气候资源和能源的监测和评估体系，建立气候资源、能源数据库，为实现可持续发展战略奠定基础。我国各地空中水汽资源含量丰富，要依靠现代科技提高人工影响天气工作水平，提高大气水资源的综合开发与优化利用。要在现有工作的基础上，进行气候资源、能源的普查、评估和合理区划，针对气候能源开发利用的关键科技进行试验研究，提高气候能源开发利用水平，改善能源短缺的状况。要通过多种途径，使气候能源真正成为国家的基础性自然能源、战略性经济能源和公共社会能源，为能源结构调整做出贡献。

广东是经济大省，也是能源消耗大省，必须走能源资源多元化、资源渠道多样化的发展道路，应提升核电、天然气在广东能源结构中的地位；同时，应积极发展可再生能源，以保障广东省能源供给，并形成具有广东特色的能源产业和能源装备工业。实际上广东也有比较丰富的可再生能源，如风能、太阳能、地热能、海洋能等。

5.2 太阳能区划和开发利用

5.2.1 太阳能概述

由太阳内部氢原子发生聚变释放出巨大核能而产生的能，即为太阳光的辐射能量。广义上的太阳能是地球上许多能量的来源，包括光能、热能、风能、化学能、水的势能等。太阳能可以成为工农业生产的主要能源。广东地处低纬，北回归线横过广东中部，大部分市、县位于北回归线以南，年内太阳两次经过天顶(5月和7月)，太阳辐射量之丰富，仅次于海南省。光能资源一般用太阳总辐射来表示，太阳辐射能量的单位用 J/m^2 或 MJ/m^2 来表示。广东省因云雾和降雨较多，太阳辐射受云雨遮盖，使太阳辐射到达地面量减少，属全国光照时数偏少的地区。广东东南部和南部沿海地区太阳辐射能均比较丰富。东部沿海晴天较多，日照比较充足，太阳辐射比较强，属于全国三类(中等)地区。这些地区纬度较低，可照时数长，日照百分率较高，年日照时数超过2000 h，年总辐射量在5240 MJ/m^2 以上，太阳资源相对比较丰富，太阳能利用条件优越。广东其余大部分地区属于全国四类(较差)地区，年日照时数为1400～2000 h，虽然太阳能资源条件略差，雨日和阴天比较多，日照百分率较低，但是对太阳能的利用仍有一定的价值。广东西北部地区太阳能资源则比较差，全年日照时间虽较短，但夏季太阳辐射较强，高温晴好天气较多，能较充分利用太阳能。开发利用广东的太阳能资源，对加速广东经济社会和工农业生产发展、改善人民生活、保护生态环境均具有重要的作用。

5.2.2 光能资源

光能资源是大气和地球表面上一切物理过程的能量源泉，是一切生物生长发育的基本因素，它是一个地方所接受的太阳辐射量。光能资源来源于太阳辐射，它是地球上动植物生命的主要能源。当太阳辐射(波长为0.29～3.0 μm)达到地球表面时，辐射的热效应产生热量资源。此外，植物体内的叶绿素在适宜的温度条件、充足的水分、二氧化碳气体以及矿物质环境中，吸收太阳辐射波长0.38～0.71 μm的光合有效辐射，进行光合作用，将辐射能转化为生物能，即太阳辐射的光合效应，完成植物生长发育和产量形成的全过程。从理论分析研究，辐射能转化为生物能的转化率最高为20%～25%，所以太阳辐射能利用率潜力很大。光是一切绿色植物光合作用的必要条件，也是绿色植物能源的来源。光既能增加原生质的透性，调节叶片的气孔开闭，又能增加植物体的温度，对植物的蒸腾作用和呼吸作用等许多生理进程均有直接或间接的影响。农作物的生物产量90%～95%来源于光能。植物的生长是靠叶绿素的光合作用，把二氧化碳和水变成自己生存需要的养分——糖、淀粉等碳水化合物，再由淀粉转化为脂肪和蛋白质，使植物机体不断生长，并为人类及其他动物提供食品，滋养着地球上各种生物，使一切生物欣欣向荣。

从当前的情况来看，提高光能利用率的可行途径主要是大力推广太阳能产品的应用和普及。从国企、民企来说，一是企业生产太阳能产品后，推向市场销售，供用户利用；二是国家建设太阳能发电工程，将太阳能发电并入国家电网，增加电网的电量提供国计民生利用。在农业方面：①培育高光效的农作物品种。要求具有高光合能力、低呼吸消耗，光合机能保持时间较长，叶面积适当，株型、长相有利于田间群体最大限度地利用光能，农产品的经济效益高。②采取合理的栽培技术措施。在不倒伏和不妨碍二氧化碳流通的前提下，扩大田间群体叶面积指数并维持较长的功能期，使之有利于作物光合产物的积累、运输，有效地增加产品的收获量。③充分利用生长季节。采取间套复种和轮作改制，合理安排茬口，不断创造和改善合理的农田群体结构，使之更多截取阳光进行光合作用，以提高复合群体的光能利用率。④提高叶绿体内的光合效率。如抑制呼吸作用，补施二氧化碳肥料，利用人造光源补充光照等，提高光合作用效率。此外，通过人工调节光照时间，控制作物开花和衰老，以及充分利用生长季节的有利条件，达到正常结实成熟。

太阳总辐射　是太阳向宇宙空间发射的电磁波和粒子流。太阳辐射中约有一半是光能。在实际生产中，落在农田上的光能一部分被反射掉，一部分投于非光合器官，一部分投于地面，还有一部分在光合过程中或以后为呼吸作用所消耗。这类损失，即使作物因素与环境因素都处于最适状态也不能完全消除。多年以来，国内外对单位土地面积作物群体最高太阳光能利用率作理论计算，所得结果为 9%～12%，但大面积的全年光能利用率还是很低的，除了受光能条件限制外，有些时期，由于受气温过高或过低的限制，作物利用阳光的效能不高；加上作物因素、其他环境因素和栽培技术等，导致光能利用率偏低。

广东各地夏季是春播、春种作物旺盛生长期，太阳光能日值常超过 600 MJ/m^2。9 月、10 月间，是夏播、夏种作物籽粒形成期，阳光日值也多在 355～500 MJ/m^2，从上述的一些数据可见，广东农田还有很大的增产潜力。

光合有效辐射　植物进行光合作用的过程中，叶绿素只吸收太阳辐射光谱中波长 0.38～0.71 μm 的光合有效辐射能，这部分的辐射量称为光合有效辐射，通常占太阳辐射总量的 42%～48%。光合有效辐射是形成植物生物量的基本能源，直接影响着植物的生长、发育、产量和产品质量。广东的光合有效辐射是东部和沿海多，北部、西部和内陆少。冬、春季少，夏、秋季多，一年中以 7 月最大，2 月最小，除雷州半岛外，全省其他地区年变化曲线均为单峰型，只有雷州半岛除 7 月出现一次高值外，5 月也有一个次高值，呈现双峰型变化。

光能利用率　是单位土地面积上农作物通过光合作用所产生的有机物中所含的能量，与这块土地所接受的太阳能的比。其理论计算值一般可达 6.0%～8.0%，而实际生产中一般仅为 0.5%～1.0%，最大可达 2%。

5.2.3　太阳总辐射的分布特征

5.2.3.1　太阳辐射年变化

图 5.1 是韶关（粤北）、广州（粤中）、汕头（粤东）、湛江（粤西南）太阳总辐射年变化曲线。从图中可以看出，全省各地太阳总辐射年变化趋势有单峰型和双峰型两种，单峰型太阳总辐射以 7 月最大，2 月最小，除雷州半岛外，其他地区都表现为这种类型。这主要是由于广东 6 月正处于前汛期后期，阴雨天较多，日照较少，虽然 6 月天文总辐射最大，但受阴雨天的影响，总辐射因而受到削弱，而 7 月正处于夏季风最盛行时期，副热带高压稳定控制广东，多晴好天气，天文总辐射也仅次于 6 月，因此，太阳总辐射最大。2 月广东处于冬、春转换季节，北方冷空气频频南下，而海洋暖湿空气也开始活跃北上，两股气流对峙，使广东经常出现低温阴雨天气。统计资料表明，2 月出现低温阴雨的概率粤北达 50%～100%，粤中达 30%～60%，粤东达 20%～40%，粤西南也有 10%～20%。出现低温阴雨天气时，低云多，云层厚，日照时数往往少于 2 h。因此，虽然天文总辐射以 12 月最少，但到达地面的太阳总辐射以 2 月最少。

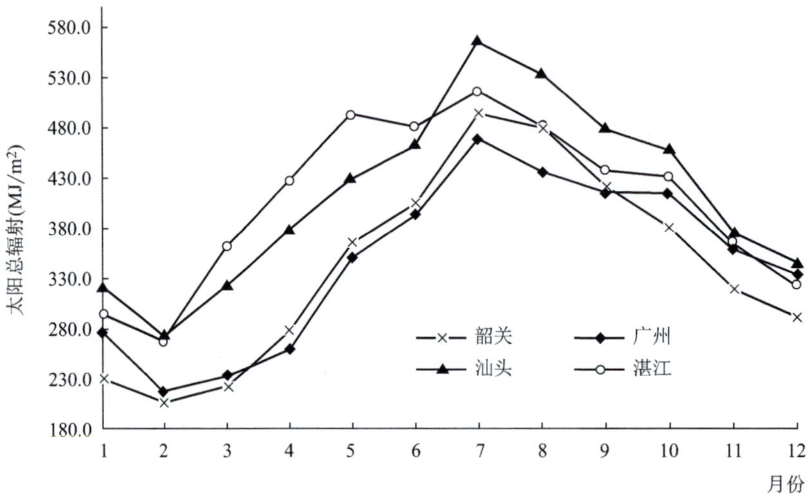

图 5.1　广东省不同地区太阳总辐射的年变化

双峰型变化除 7 月出现一次高值外，5 月也有一个次高值，而 6 月为一相对低值。这种类型主要出现在雷州半岛。

5.2.3.2 太阳辐射的地区分布

广东省年总辐射在 3758.8～5273 MJ/m²。分布趋势东部和沿海多，北部、西部和内陆少。东部地区年总辐射达 4600～5270 MJ/m²，其中，南澳 5273 MJ/m² 为最大，澄海、饶平、潮阳也都在 5100 MJ/m² 以上，雷州半岛的雷州、徐闻年总辐射在 4790 MJ/m² 以上。西部和北部年太阳总辐射较少，连山和云浮为两个低值中心，年太阳总辐射分别为 3758.8 MJ/m² 和 3926.3 MJ/m²。和平—龙门—广州—恩平—廉江一线以西、以北地区，年太阳总辐射低于 4500 MJ/m²（图 5.2）。

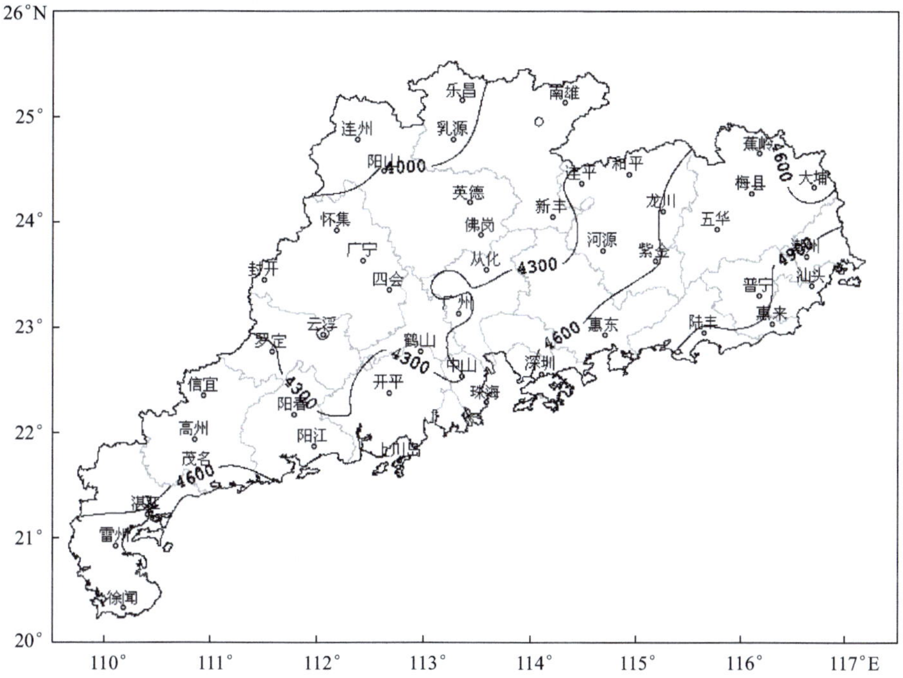

图 5.2 广东省年太阳总辐射分布（MJ/m²）

5.2.3.3 太阳能资源的评价

按接受太阳能辐射量的大小，我国大致上可分为五类地区：

(1)一类地区　全年日照时数为 3200～3300 h，辐射量 6700～8370 MJ/(m²·a)。相当于 225～285 kg 标准煤燃烧所发出的热量。

(2)二类地区　全年日照时数为 3000～3200 h，辐射量 5860～6700 MJ/(m²·a)，相当于 200～225 kg 标准煤燃烧所发出的热量。

(3)三类地区　全年日照时数为 2000～3000 h，辐射量 5020～5860 MJ/(m²·a)，相当于 170～200 kg 标准煤燃烧所发出的热量。

(4)四类地区　全年日照时数为 1400～2000 h，辐射量 4190～5020 MJ/(m²·a)。相当于 140～170 kg 标准煤燃烧所发出的热量。

(5)五类地区　全年日照时数为 1000～1400 h，辐射量 3350～4190 MJ/(m²·a)。相当于 115～140 kg 标准煤燃烧所发出的热量。

一、二、三类地区，年日照时数多于 2000 h，辐射总量高于 5860 MJ/(m²·a)，是太阳能资源丰富或较丰富的地区，具有利用太阳能的良好条件；四、五类地区虽然太阳能资源条件较差，但仍有一定的利用价值。

5.2.3.4 太阳能开发利用的优势

太阳能作为一种能源，与煤炭、石油、天然气、核能等矿物燃料相比，具有以下明显的优点：

(1)普遍　太阳光普照着整个大地，无论是陆地或者海洋，无论是高山或者岛屿，处处皆有，可以直接开发和利用,而且无须开采和运输。

(2)无害　开发利用太阳能不会污染生态环境,它是最清洁的能源之一,在环境污染越来越严重的今天,这一点是极其宝贵的。

(3)巨大　每年到达地球表面上的太阳辐射能约相当于 160 万 t 吨标准煤,其总量属现今世界上可以开发的最大能源。

(4)长久　根据目前太阳产生的核能速率估算,氢的贮量足够维持上百亿年,而地球的寿命也就约为几十亿年,从这个意义上讲,可以说太阳的能量是用之不竭的。

太阳能资源虽然具有上述几方面常规能源无法比拟的优点,但作为能源利用时,也有以下缺点:

(1)分散性　到达地球表面的太阳辐射的总量尽管很大,但是能流密度很低。平均来说,北回归线附近,夏季在天气较为晴朗的情况下,正午时太阳辐射的辐照度最大,在垂直于太阳光方向 1 m^2 面积上接收到的太阳能平均有 1000 W 左右;若按全年日夜平均,则只有 200 W 左右。而在冬季大致只有夏季的一半,阴天一般只有晴天的 1/5 左右,这样的能流密度是很低的。因此,在利用太阳能时,想要得到一定的转换功率,往往需要面积相当大的一套收集和转换设备,其造价较高。

(2)不稳定性　由于受到昼夜、季节、地理纬度和海拔高度等自然条件的限制,以及晴、阴、云、雨等随机因素的影响,所以,到达某一地面上的太阳辐照度既是间断的又是极不稳定的,这给太阳能的大规模应用增加了难度。为了使太阳能成为连续、稳定的能源,从而最终成为能够与常规能源相竞争的替代能源,就必须很好地解决储能问题,即把晴朗白天的太阳辐射能尽量储存起来以供夜间或阴雨天使用,但目前储能也是太阳能利用中较为薄弱的环节之一。

(3)效率低和成本高　目前太阳能利用的发展水平,有些方面在理论上是可行的,技术上也是成熟的,但有的太阳能利用装置,因为效率偏低,成本较高,总的来说,经济性还不能与常规能源相竞争。在今后相当一段时期内,太阳能利用的进一步发展,主要受到经济性的制约。

至于太阳能利用中的经济性问题,还必须考虑下列两种因素:第一,世界上越来越多的国家认识到,一个能够持续发展的社会应该是一个既能满足社会需要,而又不危及后代人前途的社会。因此,尽可能多地用洁净能源代替高含碳量的矿物能源,是能源建设应该遵循的原则。随着能源形式的变化,常规能源的储量日益下降,其价格必然上涨,而控制环境污染也必须增大投资。第二,我国是世界上最大的煤炭生产国和消费国,煤炭约占商品能源消费结构的 76%,已成为我国大气污染的主要来源。大力开发新能源和可再生能源的利用技术将成为减少环境污染的重要措施。能源问题是世界性的,向新能源过渡的时期迟早要到来。从长远看,太阳能利用技术和装置的大量应用,也必然会制约矿物能源价格的上涨。

广东省是我国的经济大省,但也是消耗能源的大省。近几年来,广东省经济快速发展,能源需求不断增长,已面临保障能源供给的巨大压力。因此,如果不及时制定全面、协调、科学的能源战略规划和政策,能源问题必将制约广东省的经济社会发展。与巨大的能源需求相比,广东省是一个化石能源资源缺乏的大省,人均资源占有量仅为 33 t 标准煤,约为全国的 1/20,能源自给率只有 12.4%,石油对外依存度高达 70.4%。广东省必须走能源资源多元化、资源渠道多样化的发展道路。

广东省地处华南,属热带、亚热带地区,太阳照射的时间比较长,拥有比较丰富的太阳能资源。除粤北地区外,大部分属于我国三类(中等)地区,全年日照时数在 2000 h 以上,与云南省相同。但是受社会观念和生产成本的影响,广东省的太阳能开发利用仍处于起步阶段,远远落后于云南、江浙沪地区,在太阳能的开发利用上有着很大的潜力和光明的前景。

5.2.4　太阳能区划

5.2.4.1　太阳能资源的整体分布

我国总辐射年总量为 3340～8400 MJ/m^2,最大值在西藏高原,最低值出现在川黔盆地。总辐射年总量分布的基本特征是西高东低。为了便于太阳能资源的开发和利用,按接受太阳能辐射量的大小,我国大致上可分为五类地区(表 5.1)。

表 5.1　我国太阳能热能资源分布

地区分类	年日照时数(h)	年辐射总量(MJ/m^2)	包括的主要地区	备注
一类	3200～3300	6680～8400	宁夏北部,甘肃北部,新疆东南部,青海西部,西藏西部	太阳能资源最丰富地区
二类	3000～3200	5852～6680	河北西北部,山西北部,内蒙古南部,宁夏南部,甘肃中部,青海东部,西藏东南部,新疆南部	较丰富地区
三类	2000～3000	5016～5852	山东,河南,河北东南部,山西南部,新疆北部,吉林,辽宁,云南,陕西北部,甘肃东南部,广东南部,福建南部,江苏北部,安徽北部	较丰富地区
四类	1400～2000	4180～5016	湖南,广西,江西,浙江,湖北,福建北部,广东北部,陕西南部,安徽南部,江苏南部,黑龙江	中等地区
五类	1000～1400	3344～4180	四川大部分地区,贵州	较差地区

一、二、三类地区,年日照时数＞2000 h,辐射总量＞5000 MJ/m^2,是太阳能资源丰富或较丰富的地区,具有太阳能利用的良好条件。四、五类地区虽然太阳能资源条件较差,但仍有一定的利用价值。

5.2.4.2　广东省太阳能资源分区

按照年日照时数分布来看(图 5.3),广东东南部地区和西南部沿海地区晴天较多,日照比较充足,太阳辐射比较强,属于三类地区。这些地区纬度低,可照时间长,日照百分率较大,年日照时数超过 2000 h,年辐射量在 5000 MJ/m^2 以上,太阳能资源相对比较丰富,太阳能利用条件很优越。广东其余大部分地区属于四类地区,日照时数在 1400～2000 h,虽然太阳能资源条件略差,降水日数和阴天比较多,日照百分率较小,但是对太阳能仍有一定的利用价值。西北部地区太阳能资源则比较差,全年日照时间较短,但是其夏季太阳辐射较强,高温晴好天气较多,对太阳能的利用还是有价值的。

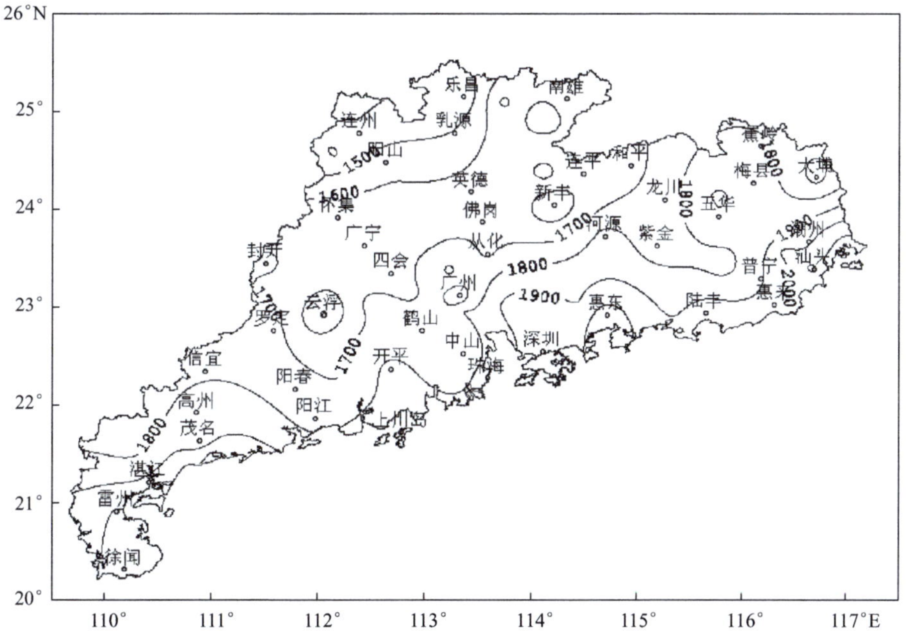

图 5.3　广东省年平均日照时数分布图(单位:h)

(1)太阳能较丰富区　本区分布较分散,主要是在沿海地区,包括汕头、惠州的中南部,以及雷州半岛等地。年太阳总辐射 4800～5300 MJ/m^2,年日照时数 2000～2200 h,日照百分率 50%,年降水量 1400～1600 mm。

(2)太阳能可利用区　本区包括西北部地区的清远南部、韶关东部,东北部地区的河源、梅州,珠江口及以西沿海,中部地区的大部,惠州的西北部,以及怀集等地。年太阳总辐射 4180～5000 MJ/m^2,年日照时数 1700～2000 h，日照百分率 40%～50%，年降水量 1400～2300 mm。

(3)太阳能低值区　本区集中在西北部地区，大致包括韶关和肇庆的大部，以及广州等。年降水量 1350～1800 mm，年太阳总辐射 3700～4180 MJ/m^2，年日照时数 1400～1700 h，日照百分率 30%～40%。是全省阴天日数出现最多的地区，达 190～210 d。

5.2.4.3　太阳能按气候的分区

根据广东各地区气候条件的差异，划分为粤北山区，粤中北丘陵山区，粤中、南平原、丘陵区和粤西南平原台地丘陵区。

(1)粤北山区　年太阳辐射总量 3900～4500 MJ/m^2，全年≥10 ℃期间的太阳辐射总量 3600～4000 MJ/m^2。年日照时数 1500～1800 h，全年≥10 ℃期间的日照时数 1200～1600 h。其光能特征：一是日照年际变化大；二是平原、盆地多于山区；三是东部多于西部；四是冬、春季光能显著偏少，夏、秋季显著偏多；五是随海拔高度增高光能显著偏少。

(2)粤中北丘陵山区　年太阳辐射总量 4396～5024 MJ/m^2。年日照时数 1700～2100 h，各地日照时数分布：东部多于西部，平原、盆地多于山区，少雨区多于多雨区。

(3)粤中、南平原、丘陵区　年太阳辐射总量 4300 MJ/m^2 以上。全年日照丰富，年日照时数 1500 h 以上，太阳能以东部、沿海日照多，中部、西部日照少。

(4)粤西南平原台地丘陵区　年太阳辐射总量 4400 MJ/m^2 以上。年日照时数 1800～2200 h，平均每天日照时数 5～6 h；光能资源呈现南多北少，沿海多、内陆少，东部多、西部少，东部沿岸多于西部沿岸的特点。

5.2.5　太阳能储量估算

从上述分析可知，广东省大部分区域属于太阳能资源丰富区，部分沿海、海岛地区属于太阳能资源很丰富区。广东省境内仁化—曲江—清远—三水—南海—鹤山—云浮—郁南一线以北地区及廉江、茂名、阳春等地太阳能资源稳定程度等级为不稳定等级，其余大部分地区含乐昌、连山太阳能资源稳定程度等级均为较稳定等级。太阳能资源条件为良好状况。

据 2010 年广东省国土资源厅数据，广东省土地总面积为 17.975 万 km^2，其中，农业用地 15.274 万 km^2，占全省土地总面积的 84.97%，建设用地 1.438 万 km^2，占全省土地总面积的 8.0%，未利用地(含荒草地、荒山、裸土地、田坎、滩涂和裸岩难利用地等)1.263 万 km^2，占全省土地总面积的 7.03%。

假设广东省 1%的土地即约 1800 km^2 用于太阳能光伏开发，以每平方千米装机容量 4 万 kW 估算，广东省太阳能光伏装机容量为 7200 万 kW，以全年平均日照时数 1800h、光伏电能转化效率 20%估算，全年发电量约为 260 亿 kW・h，以目前广东省全年用电量 5200 亿 kW・h 计算，则全年太阳能光伏发电量约占广东省用电量的 5%。

5.2.6　太阳能开发利用

广东省在光伏发电方面是全国的先行者，2004 年在深圳建成了当时亚洲装机容量最大的 1 MW 并网屋顶光伏发电示范系统。“十二五”以来，广东省积极推进金太阳示范项目和光电建筑一体化项目建设，屋顶分布式光伏发电获得较快发展。国发〔2013〕24 号文及系列扶持政策出台后，广东省迅速抓好贯彻落实，制定出台了《广东省人民政府办公厅关于促进光伏产业健康发展的实施意见》(粤府办〔2014〕9 号)，广州从化明珠工业园、深圳前海深港现代服务业合作区和佛山三水工业园被列为国家分布式光伏发电规模化应用示范区，总容量达 26 万 kW。截至 2016 年底，广东省建成光伏发电累计装机容量约 156 万 kW。虽然广东省光伏发电起步较早，但与国内其他省份相比，近年来发展却相对滞后。

5.3　风能区划和开发利用

风能是空气流动时所产生的动能。空气产生相对于地面的水平运动而形成风。风能资源与其他能源相比，明显的优点是蕴藏量巨大，可以再生，分布广泛，没有污染；其弱点是：密度低，不稳定，地区差异大。

把自然界风能经一定的转换装置转变为机械能、电能、热能等有用的能量，进行风能利用，如风力机、风能提水、风力发电等。其中，风力机是将风能转换为机械能的动力装置；风力提水是利用风能将低处的水提升到高处的作业；风力发电是指利用风能获得电能的转换过程；风帆助航，如明代郑和七下西洋均使用风帆；风力制热是将风轮输出的机械能转换成热能的过程。

风能资源是清洁的可再生能源，风力发电是正在兴起的可再生能源利用方式。广东省一次能源资源贫乏，发展风电是广东省能源战略的重要内容，对于增加广东省能源供应，改善能源结构，推进经济、社会和环境的协调和可持续发展具有重要意义。

5.3.1 风能资源计算及评价

根据国家发改委2004年发布的《全国风能资源评价技术规定》，用于评估风能资源的主要参数包括：平均风速、空气密度、风速频率、风功率密度、有效风功率密度、风能方向频率、有效风力小时数、Weibull分布参数等。根据1971—2000年广东省86个气象台站测风资料计算及分析各风能参数，可对广东省风能资源进行初步的评价。

5.3.1.1 平均风速

平均风速是风能资源评价的一个基本参数，根据风速观测资料的来源，有两种不同的计算方法。对于有自记风记录的测站平均风速($\overline{V}$)的计算用下式：

$$\overline{V}=\frac{1}{n}\sum_{i=1}^{n}V_i$$

式中，$\overline{V}$ 为平均风速(m/s)，V_i 为风速观测序列，n 为平均风速计算时段内(年、月)风速序列个数。

对于无自记风记录的测站平均风速、风向频率按照《全国地面气候资料统计方法》进行计算，或从《全国地面气候资料1971—2000年整编成果》中提取。

广东全省各地年平均风速为0.8～5.0 m/s，从区域分布看(图5.4)，年平均风速的大小与离海岸的远近有密切关系，风速由沿海向内地衰减。沿海地区风速大都在2.5 m/s以上，上川岛气象站高达5 m/s。

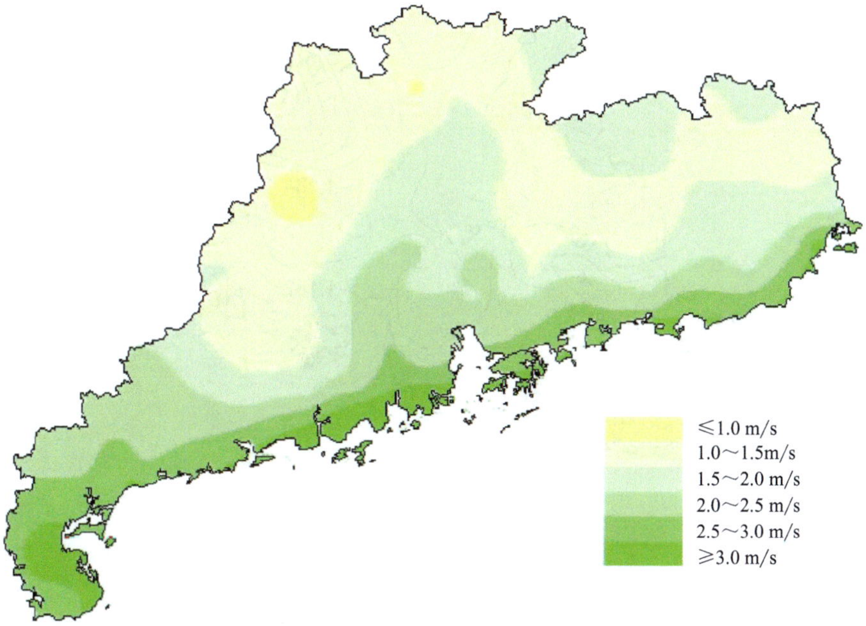

图5.4 广东省年平均风速分布图

5.3.1.2 空气密度

空气密度直接影响到风能的大小，在同等风速条件下，空气密度越大、风能越大。空气密度的计算方法：

$$\rho=\frac{1.276}{1+0.00366t}\left(\frac{p-0.378e}{1000}\right)$$

式中，ρ 为空气密度(kg/m^3)；p 为平均大气压(hPa)；e 为平均水汽压(hPa)；t 为平均气温(℃)。

广东省年平均空气密度为 1.18 kg/m³，冬季较大为 1.23 kg/m³，夏季较小为 1.15 kg/m³。空气密度的各月变化和平均风速的变化基本是同步的，即风速较大的季节空气密度也较大，风速较小的季节空气密度也较小（图 5.5）。

广东省年平均空气密度的区域分布具有粤东、粤中、粤北较大，粤东北和粤西南以及粤北高山地区较小的特点；空气密度较大的为潮阳、潮州、揭阳、南澳、饶平、汕头和澄海等地，基本分布在粤东沿海，其值在 1.188～1.190 kg/m³；空气密度较小地区分布在雷州半岛和粤北高海拔地区，其值在 1.162～1.168 kg/m³（图 5.6）。

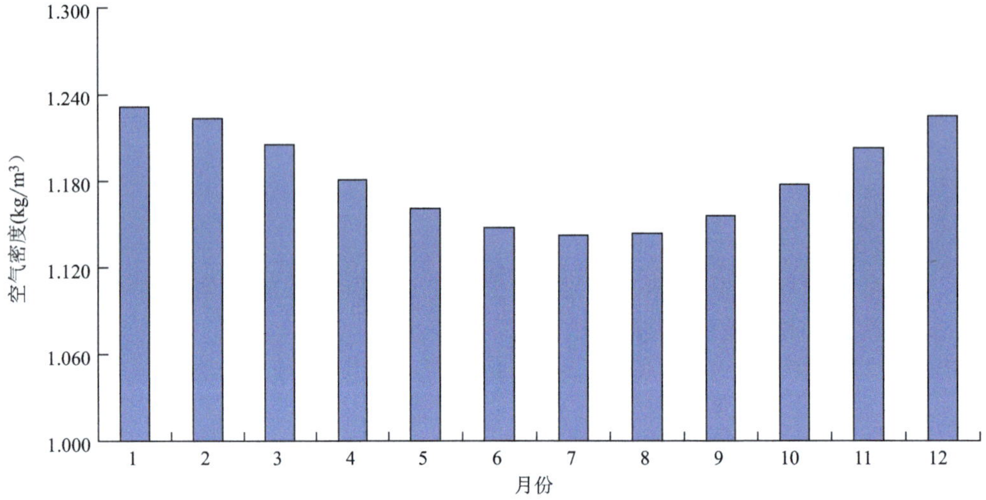

图 5.5　广东省各月平均空气密度（全省 86 站平均）

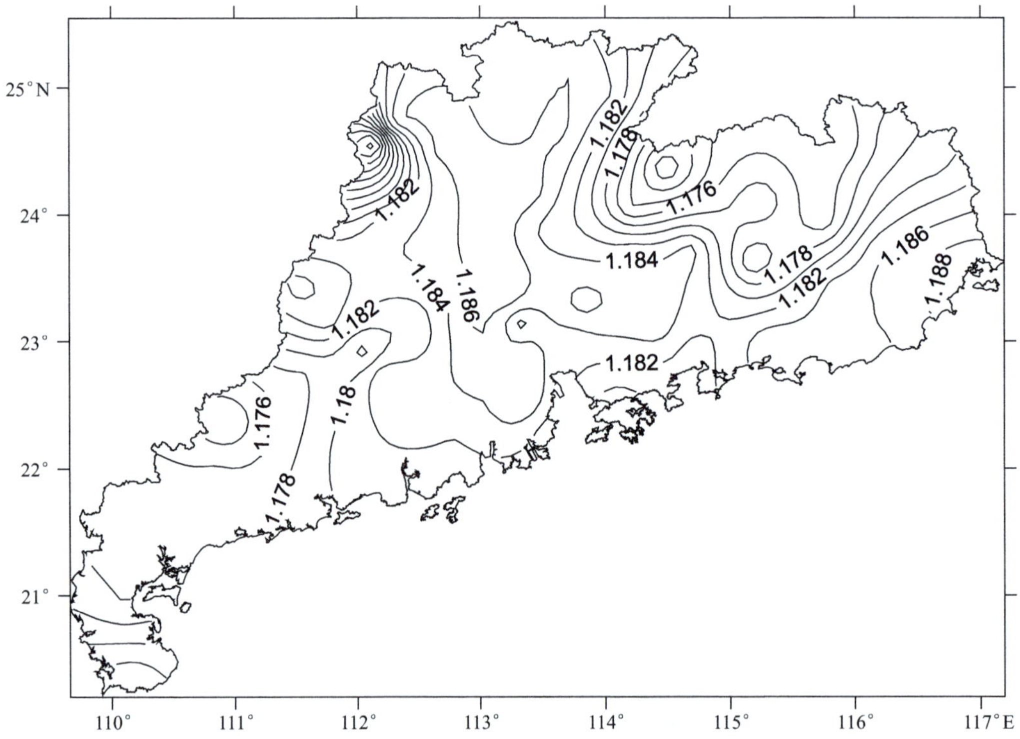

图 5.6　广东省年平均空气密度分布图（单位：kg/m³）

5.3.1.3　风速频率

以 1 m/s 为一个风速区间，统计代表年份测风序列中每个风速区间内风速出现的频率。每个风速区间以中间值数字来代表，如 5 m/s 风速区间为 4.6～5.5 m/s。

广东省平均风速频率分布以 0.5～2.0 m/s 风速为主，占 75%，>3 m/s 的有效风速（"有效风速"是指风机能启动的风速）占 25%；有效风速频率较高的地区主要分布在沿海一带（图 5.7，图 5.8）。

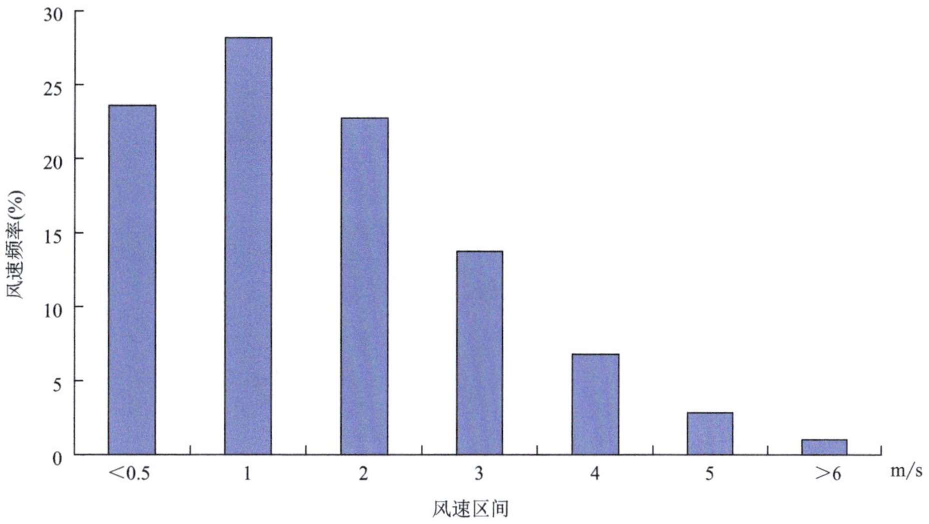

图 5.7　广东省年平均风速频率直方图

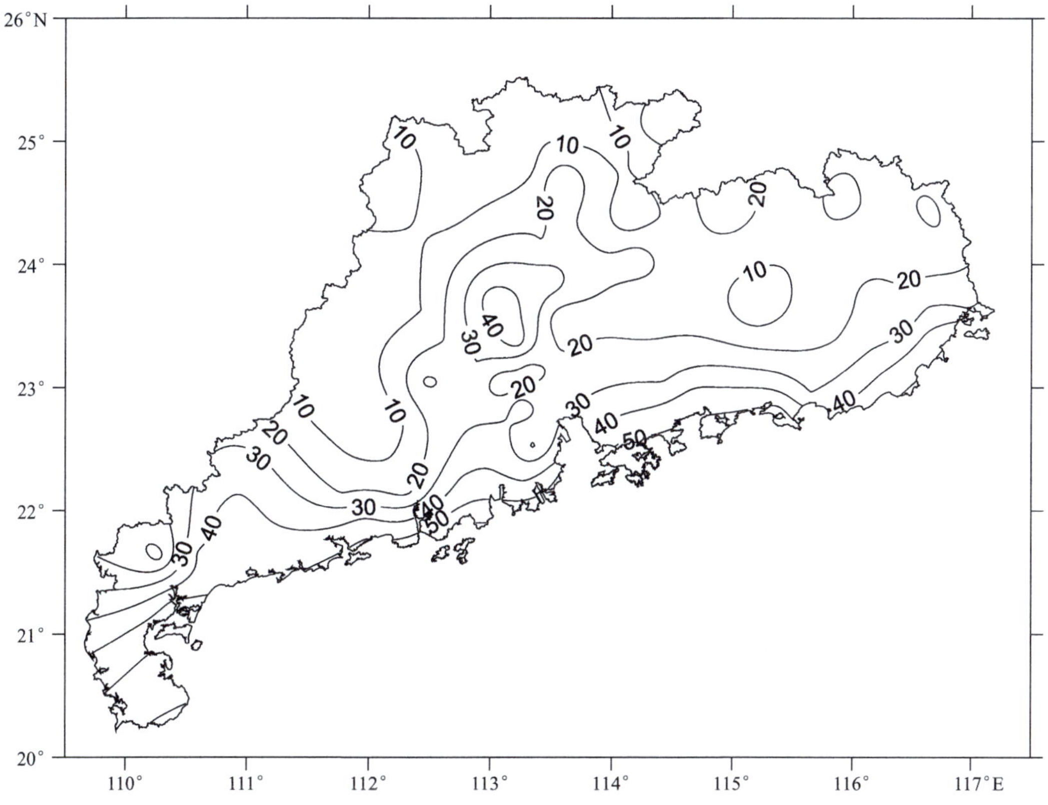

图 5.8　广东省年平均有效风速频率分布图（单位：%）

5.3.1.4　风功率密度

风功率密度是估算风能的基本量，是评价一个地区风能资源状况的重要指标。广东省各气象站年平均风功率密度为 1.4～168.7 W/m^2，只有上川岛、南澳、潮阳、澄海、遂溪和吴川等地年平均风功率密度 >50 W/m^2，年平均风功率密度在 25～50 W/m^2 的气象站有汕尾、惠东、徐闻、雷州、高州、珠海、花都和清远 8 个站，主要分布在粤东沿海、雷州半岛，以及珠江三角洲地区。年平均风功率密度较小的地区为怀集、紫金、翁源和乳源等四周受高山阻挡的地方（图 5.9）。年内各季以秋、冬季节风功率密度较大，春、夏季节较小。

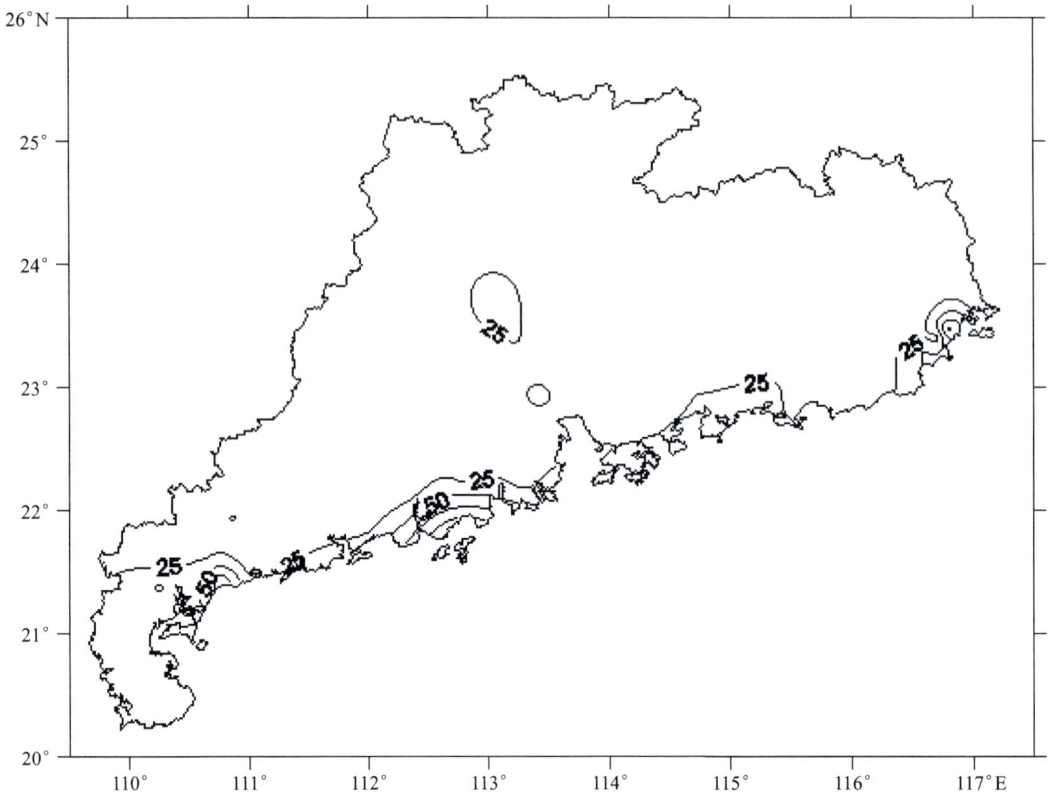

图 5.9　广东省年平均风功率密度分布图(单位:W/m²)

5.3.1.5　风能方向频率

根据风速、风向逐时观测资料,按不同方位(16 个方位)统计计算各方位具有的能量,其与总能量之比作为该方位的风能频率。广东省风能主要分布在偏北和偏东风向,其中,偏北方向(NNW、N、NNE)占 32%,偏东占 20%。偏南和偏西方向风能的分布相对较少。从地区分布上来看,沿海一带风能大多集中在偏东方向,其中,珠海偏东方向风能占 66%;内陆地区风能主要集中在偏北方向,三水、信宜和英德等地偏北方向风能超过 70%,其中,英德高达 85%;风能集中在偏南风向的地区为廉江、仁化、五华、阳春、中山、惠东和化州等地;乳源和平远的风能集中在偏西方向,这可能与当地的复杂地形有关(图 5.10)。

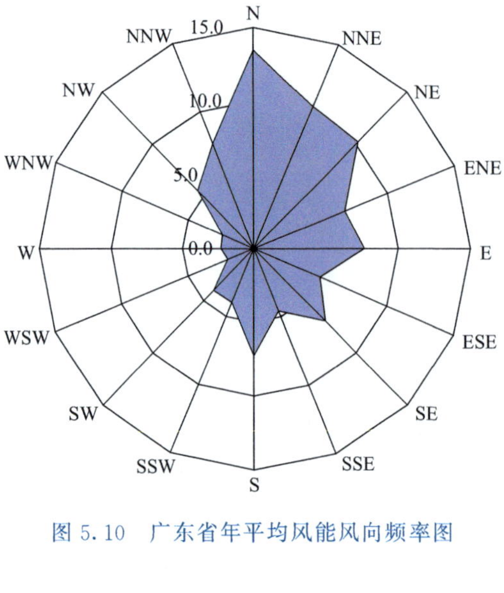

图 5.10　广东省年平均风能风向频率图

5.3.1.6 有效风速小时数

有效风速是指风力发电机开始启动和安全关机之间的风速，目前常用风电机的启动与关机风速区间为 3.0～25.0 m/s。据此统计出的有效风力小时数，代表了风资源的可利用时间。

广东全省各地年有效风力小时数为 142～5724 h，上川岛最多(5724 h)、翁源最少(142 h)。沿海一线及清远和花都年有效风力时数＞3000 h，上川岛、徐闻、南澳及雷州地区年有效风力时数＜4000 h。

5.3.1.7 Weibull 分布参数 *k*、*c* 值

Weibull 分布双参数曲线被普遍认为适用于风速的概率密度分布的统计描述，Weibull 函数分布的形状参数 k 和尺度因子 c 是描述风速分布的重要参数。有自记风记录的测站建议采用以平均风速和标准差估算 Weibull 分布参数 k、c，无自记风记录测站的可采用多年年平均风速及年最大风速估算 Weibull 分布双参数 k、c(保留 2 位小数)。利用广东省各地气象站的测风资料计算的年平均 k 值在 0.73～2.29，呈明显的偏态分布，其中，乐昌最小、徐闻最大。各地的年平均 c 值为 0.7～5.0，乐昌最小、上川岛最大。

5.3.1.8 风能储量

根据国家发改委发布的《全国风能资源评价技术规定》，风能资源总储量计算方法为：

$$\text{风能资源总储量} = \frac{1}{100}\sum_{i=1}^{n} S_i P_i$$

式中，n 为风功率密度等级数，S_i 为年平均风功率密度分布图中各风功率密度等值线间面积(km^2)，P_i 为各风功率密度等值线间区域的风功率代表值，其中：

$P_1 = 25\ W/m^2$(＜50 W/m^2 区域风功率密度代表值)，

$P_2 = 75\ W/m^2$(50～100 W/m^2 区域风功率密度代表值)，

$P_3 = 125\ W/m^2$(100～150 W/m^2 区域风功率密度代表值)。

…(根据需要 P_i 以 50 W/m^2 间隔递增)

风能资源技术可开发量需要考虑风机叶轮扫过的单位圆形面积系数：$0.5^2 \times \pi = 0.785$，根据《全国风能资源评价技术规定》风能资源技术开发量为年平均风功率密度≥150 W/m^2 的区域风能资源储量值×0.785。

利用广东省 86 个气象站的测风资料，计算各站年平均风功率密度，根据技术规程规定的风功率密度等级数做出等值线图，再分别计算出各等级的面积和风能资源储量及广东省风能资源总储量(表 5.2)。

表 5.2 广东省风能资源储量

年平均风功率密度(W/m^2)	总 量	0～50	50～100	100～150	≥150
面积(km^2)	177900	173874.9	3484.9	402.6	137.6
理论可开发量(MW)	4.68×10^4	4.35×10^4	2.61×10^3	5.03×10^2	2.32×10^2

注：表中值为仅利用气象站资料计算的结果。

依据国家气象站测风资料计算，广东省风能资源总储量为 4.68×10^4 MW，技术可开发量为 1.82×10^2 MW，广东省 99.7%的区域风功率密度＜100 W/m^2，风功率密度＞150 W/m^2 仅占总面积的 0.08%，这一计算结果与广东省实际风能储量有较大差距，特别是沿海地区。为了较客观地评估广东省风能资源，必须利用更为详细的野外观测或自动气象站的测风资料做进一步的计算分析。

5.3.2 风能区划

广东省海岸线长达 4300 多千米，大陆海岸线为 3368 km，辖区海域面积 41.9 万 km^2，有 1300 多个大小岛屿，其中，面积 500 m^2 以上的大小岛屿 759 个，面积 1600 km^2，约占广东省土地面积的 0.9%，蕴含着丰富的风力资源，开发利用风力发电具有得天独厚的地缘优势。

广东省风能资源的气候特征分析表明，广东省冬半年是风能资源开发的最好季节，风向比较稳定，风速较大。夏季风电场的高产时期主要是热带气旋的影响期，值得注意的是，热带气旋对风电场的影响利弊兼有，强度不太强(如"热带风暴"级)的热带气旋，以及其外围环流影响的区域，可以给风电场带来较长的"满发"时段(风机以额定风速运转的时段)，但是强度较强的热带气旋(如台风、强台风、超强台风)会给

风电场带来极大的破坏。

5.3.2.1 风能资源整体分布

根据广东省86个气象台站1971—2000年测风资料的计算结果表明，广东省各地年平均风速为0.8～5.0 m/s，年平均空气密度为1.18 kg/m³，>3 m/s的有效风速占25%，年有效风力小时数为142～5724 h，年平均风功率密度为1.4～168.7 W/m²，风能主要分布在偏北和偏东方向。

以上结果表明，广东省风能资源分布不平衡，风能资源较丰富区仅分布在上川岛一带，澄海一带为风能资源欠丰富区，吴川、遂溪一带和潮阳一带，以及南澳岛为风能资源一般区，其余广大地区均为风能资源贫乏区。

值得注意的是，由于自20世纪80年代中期以来广东省气象台站受城市化影响较大，利用其观测结果计算的风能资源会与当地的实际风能资源有较大的差距。

5.3.2.2 风能资源的宏观区划

有效风功率密度(风速3～25 m/s)大小的分布，是风能资源区划的有效指标，通常以4级区划标准来进行风能资源的宏观区划(表5.3)。

表5.3 风能资源区划指标

风能分区	10 m高处有效风功率密度(W/m²)
丰富区	≥200
较丰富区	150～200
可利用区	50～150
贫乏区	<50

依据表5.3的区划指标，计算广东省各地10 m高处有效风功率密度值，图5.11显示了其分布状况。

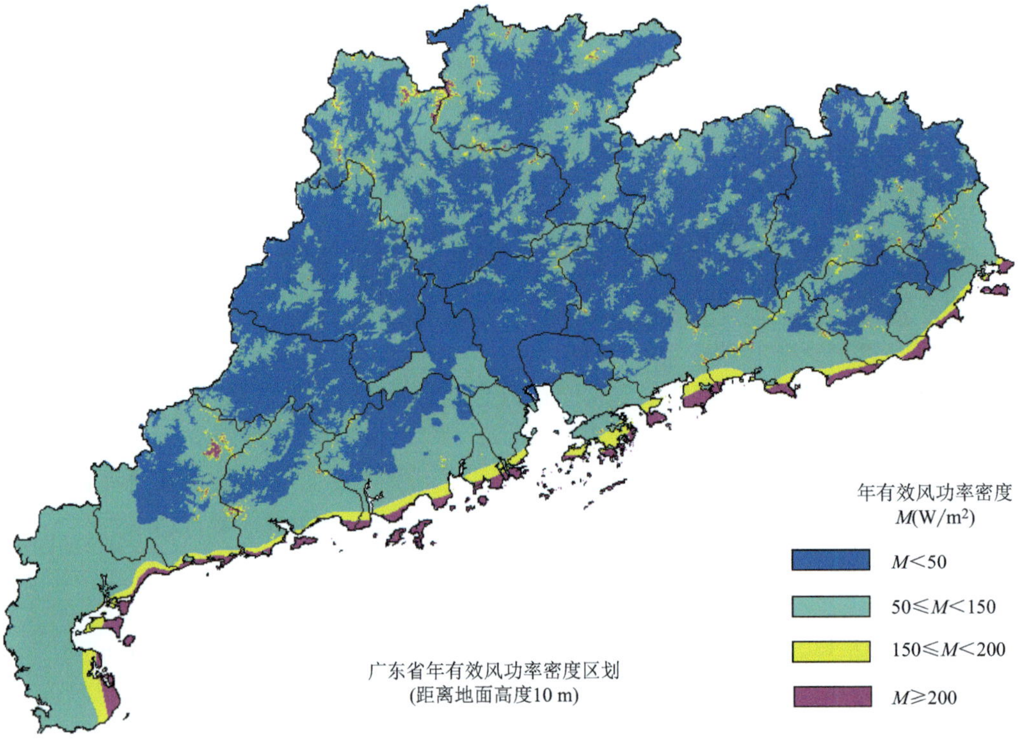

图5.11 广东省风能资源宏观区划图

由图5.11可见，广东省的风能丰富区(图中粉红色部分)主要分布在南部沿海以及近海岛屿，沿海的内凹海湾地区，有效风功率密度只能达到较丰富区的量级。广东省内陆地区高山上的风能也可以达到丰富的量级，其中，位于南岭山脉的天井山、石坑崆一带和西南部的云开大山山脉的风能资源丰富区较为集中，其他高山的风能分布较为零散。

5.3.2.3 风电场选址区划

广东省地处我国东南沿海的风资源丰富区中，风能资源状况及分布特点随地形、地理位置不同而有所不同，可利用的风能资源主要分布在广东沿海地区、近海海上岛屿和内陆的高山一带，其中，向外海突出的沿岸地区、海岛和内陆地区的高山山脊，以及海上的风力资源十分丰富，具备建设大中型高产风电场的风资源条件。

5.3.2.3.1 选址区划指标

参照《风电场风能资源评估方法》GB/T18710—2002，综合分析广东省风能资源的自然状况和开发利用技术的发展，针对可并网发电的大型风电场选址建设，提出广东省风电场选址区划指标(表5.4)。

表5.4 风电场选址区划指标

风能区域	高产区	近期可开发区	中期可开发区	潜在开发区	潜在利用区
10 m高处年平均风功率密度(W/m^2)	≥250	200～250	150～200	100～150	50～100

(1)高产区　风能资源很丰富。就目前的风力开发技术和建设成本，建于该区域的风电场可产生良好的经济效益。

(2)近期可开发区　风能资源比较丰富，就目前的风力开发技术和建设成本，已具备风电场建设的资源条件，且建于该区域的风电场可取得较好的经济效益。但有可能受小风年份和小风时段的影响。

(3)中期可开发区　风能资源比较丰富，但受小风年份和小风时段的影响明显。就目前的风力开发技术和建设成本，建于该区域的风电场的市场竞争能力较差，但如果有更优惠的扶持政策或随着风电开发技术的发展，本区域将成为中期开发目标。

(4)潜在开发区　具备较好的风能资源。随着风力发电技术的“个性化”发展，国家对可再生能源利用的进一步鼓励，该区域将在未来成为可开发的风电场。

(5)潜在利用区　具备一定的风能资源。在风力发电技术取得突破性发展后，随着环境和能源形势对可再生能源利用的进一步需求，该区域将在未来可能成为季节性或调剂型的风电场。

5.3.2.3.2 风电场选址区划

依据表5.4的选址区划指标，利用地形订正和GIS的空间模拟技术，计算出各区的陆地面积及风能储量(表5.5)，并绘制出广东省风电场选址区划图(图5.12)。

表5.5 广东省各产区陆地面积和风能储量

	总　量	高产区	可开发区	潜在开发区	潜在利用区
面积(km^2)	90107	1797	8360	6599	73351
理论可开发量(MW)	7.50×10^4	5.72×10^3	1.54×10^4	7.99×10^3	4.58×10^4
技术可开发量(MW)	5.89×10^3	4.49×10^2	1.21×10^3	6.27×10^2	3.60×10^3

计算结果显示，广东省有9万km^2面积的风能资源可以达到潜在利用以上量级，理论可开发总量为7.50×10^4 MW，技术可开发总量5.89×10^3 MW。

5.3.2.3.3 各区风能储量

(1)高产区　广东省高产的风电场(图5.12中深色的部分)主要分布在向外海突出的沿岸、近海岛屿和内陆地区的高山山顶一带，面积为1797 km^2，理论可开发量为5.72×10^3 MW，技术可开发量为4.49×10^2 MW。

(2)可开发区　广东省可开发的风电场(图5.12中稍浅色的部分)分布在沿海近海岸区域，较高的山地也有零星分布，面积为8360 km^2，理论可开发量为1.54×10^4 MW，技术可开发量为1.21×10^3 MW。

(3)潜在开发区　广东省风能的潜在开发区(图5.12中浅色的部分)分布在沿海和河口一带，面积为6599 km^2；理论可开发量为7.99×10^3 MW，技术可开发量为6.27×10^2 MW。

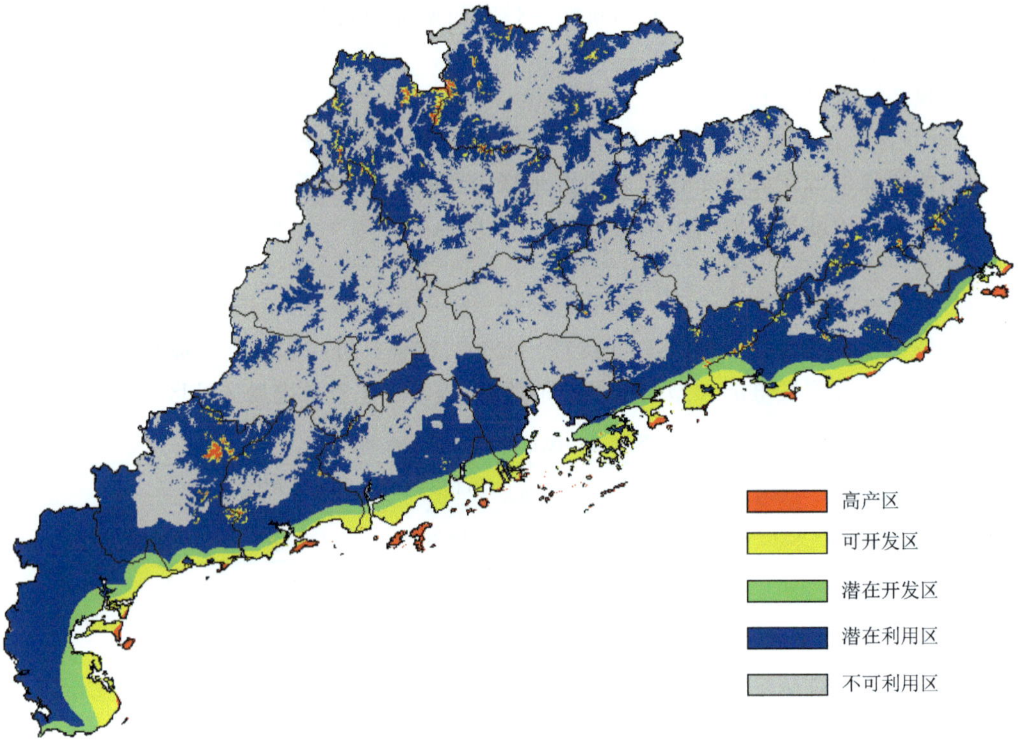

图 5.12　广东省风电场选址区划图

此外，内陆山区的风电场，由于交通、电网和施工条件的限制，开发难度会大一些，但是，如果风资源特别丰富，则建成后的风电场将会产生丰厚的回报。

5.3.3　近海风能资源估算

5.3.3.1　近海风能资源估算方法

根据广东海上风电规划要求，综合分析广东省沿海和海岛各个长期气象站的建站时间、测风环境、历史数据的一致性、代表性等因素，并依据一定区域的气候特征具有相对均匀分布的原理，从中选取了具有较好的区域代表性的 5 个气象站，分别是：南澳气象站、汕尾气象站、横澜气象站（香港）、上川岛气象站、徐闻气象站，其各自代表的海域见图 5.13。

根据近海风速分布的一般特征，风速将沿海岸向内陆递减，向海洋递增。风速离岸向海洋递增的规律和特征与海岸地形和岸线走向、海岛分布等相关，根据广东省海岸地形，收集、普查广东省整个海岸线位于近海和海岸上的测风站资料，从中筛选广东省近海海域现有的 5 组由海岸向近海延伸的风速剖面观测资料，分别为：南澳风屿岛—南澳气象站，陆丰甲子屿岛—陆丰长湖村测风站—陆丰气象站，珠海三角岛—珠海九州岛测风站—珠海气象站，电白博贺峙仔岛—吴川沙角旋测风站—电白气象站，徐闻罗斗沙岛—徐闻砲台角测风站—徐闻气象站。

采取空间多元回归方法，将上述 5 组剖面观测资料，统一订正到距海面 90 m 高度（目前主流海上风机轮毂高度），并统一转化为代表年的逐时测风数据，再以 9 个海上观测站距海面 90 m 高度的年平均风速为应变量，考虑观测站的经度、纬度、距海岸线距离为影响沿海海上风速的因子，进行多元回归分析，得到如下回归方程：

$$Uy = -21.882 + 0.223 \times \mathrm{Lon} + 0.110 \times \mathrm{Lat} + 0.214 \times Ds$$

式中，Uy 为距海面 90 m 高度的多年平均风速（m/s），Lon 为观测站经度（°），Lat 为观测站纬度（°），Ds 为距海岸线距离（km）。

经验证，复相关系数为 0.866，在 0.01 信度上回归效果显著，可以满足评估要求。根据上述经验公式，可推算出广东省近海的风速分布，结合沿海气象站的空气密度，即可推算出广东省近海的风功率密度分布（图 5.14）。

图5.13　长期参证气象站和近海测风塔位置图

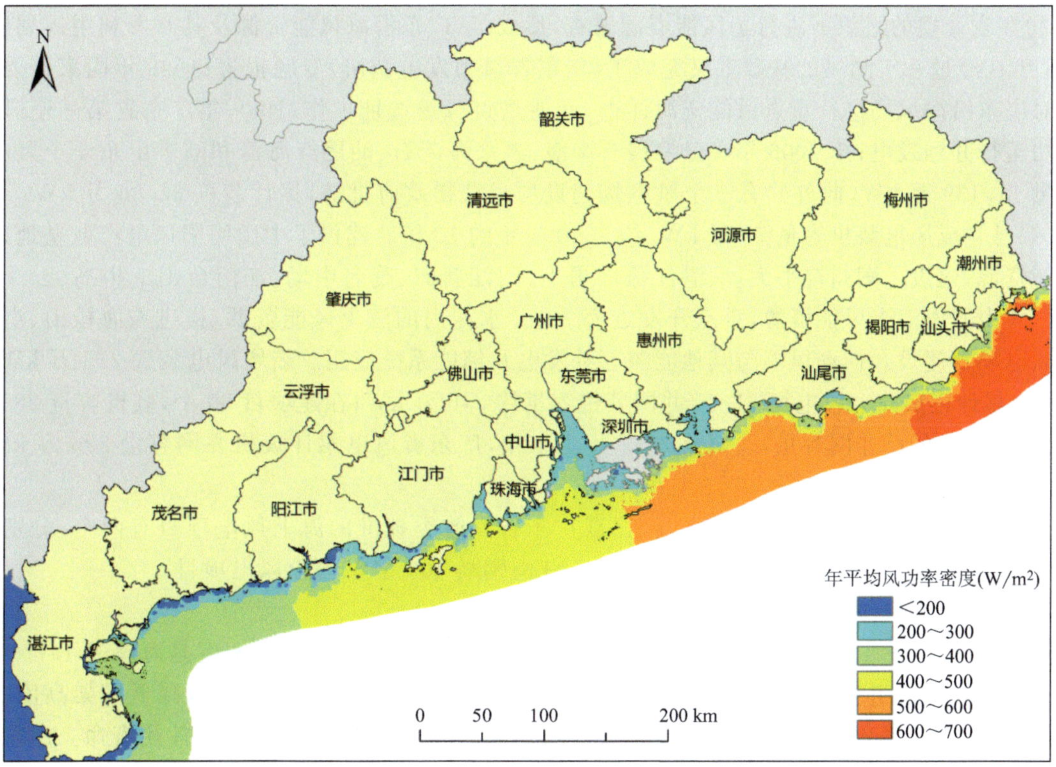

图5.14　广东省近海40 km范围海域距海面90 m高度的年平均风功率密度分布

5.3.3.2　近海风能储量估算

根据广东省沿海及近海的风资源、地理、电力系统情况，及沿海各市海洋功能区划修编稿等基础资料估算，广东省近海风资源状况良好，离海岸 40 km 海域范围内的风资源呈自东向西递减、自近岸向海中递增的趋势。揭阳中部至潮州在离岸 10 km 以上，近海海域的年平均风功率密度可达到 6 级(很好)，香港中部至揭阳中部在离岸 10 km 以上，近海海域的年平均风功率密度可达到 5 级(很好)，阳江西部至香港中部在离岸 10 km 以上(含珠江口外海)，近海海域的年平均风功率密度可达到 4 级(好)，徐闻南部至阳江西部在离岸 10 km 以上，近海海域的年平均风功率密度为 3 级(较好)。在海图上避开了海洋功能区划区、环境保护区、军事区域、海洋生物保护区、航道等区域，初步确定广东省近海浅水区(10～30 m 水深)各方面条件落实的场址面积约为 2300 km^2(约占广东省 10～30 m 水深海域的 8%)，可开发海上风电场容量约 1150 万 kW。而广东省近海深水区(30～50 m 水深)海上风电场场址面积经过初步论证可达 3 万 km^2，可开发海上风电场的装机容量约 1.5 亿 kW。

以近期广东省具有开发条件的近海浅水区海上风电场容量 1150 万 kW、风机年等效满负荷小时数 2000 h 估算，全年发电量约为 230 亿 kW·h，以目前广东省全年用电量约 5200 亿 kW·h 计算，则全年海上风电场发电量约占广东省用电量的 4.4%。

5.3.4 风能开发利用展望

5.3.4.1 近年来风能资源利用

风力发电是指利用风能获得电能的转换过程；风帆助航，中国是最早使用风帆的国家之一。明代郑和七下西洋，是中国风帆船鼎盛时期；风力制热是将风轮输出的机械能转换成热能的过程，其转换效率高。目前广东省风能的利用，主要是由国家建设风能发电工程，利用风能发电并入国家电网，供国计民生利用。

5.3.4.2 开发现状

广东地处热带、亚热带季风气候区，濒临南海，海岸线长，有上千个岛屿，受海洋动力作用(海洋表面平滑，使气流加速)、海陆热力作用(由于大陆和海洋热力性质的差异而产生海陆风)，以及局部地形的影响，在沿海地区和部分山地具有丰富的风力资源，开发利用风能具有得天独厚的地缘优势。广东省实施可持续发展的战略，对风能等可再生能源的开发利用十分重视。广东省风电产业起步于 1986 年，20 世纪 90 年代初在省计委的组织下进行了风能资源普查，形成了《广东沿海风能资源及其开发利用规划调研》报告；1996 年在经过一年测风的基础上又完成了《广东省风力发电调研》专题报告；1998 年国家计委与广东省共同对广东沿海风场进行重点风能资源详查，开展重点风场选址工作；1989 年广东省第一座风电场在南澳成功运行并网发电；至 2006 年底已发展有南澳、惠来海湾石、汕尾红海湾和陆丰甲东 4 个风电场，总装机容量 11.139 万 kW，此外共有 9 个风电场建设项目获得政府批准，累计装机 32.36 万 kW。至 2010 年底，广东已建成风电装机容量 75 万 kW，约为 2005 年的 10 倍。建设了中山明阳风电产业基地；开发了陆上风能资源，建设了潮州饶平大埕、湛江徐闻勇士、阳江新洲、茂名中坳、江门台山下川岛、云浮新兴等风电场。大力开发海上风能资源，重点开发近海 30 m 水深内的海上风能资源，推进珠海桂山、湛江外罗等海上风电项目建设。推动风能与其他能源互补发电及储能系统应用。新增风电装置 275 万 kW。截至 2015 年底，累计建成陆上风电场 61 个，并网装机容量约 246 万 kW；在建项目 50 个，装机容量 284 万 kW(不含部分项目中的已并网容量)。截至 2017 年上半年，广东省风电累计装机并网容量 296 万 kW，年发电量约 17 亿 kW·h。

目前广东尚未有已投产的海上风电场，已获广东省发改委核准的海上风电项目有两个，分别为广东粤电阳江沙扒 300 MW 海上风电项目和中广核阳江南鹏岛 400 MW 海上风电项目。

5.3.4.3 开发展望

通过上述分析，广东省近海海上风速比岸边风速大 20%～30%，风功率密度是海岸的 1.7～2.0 倍，可以有效利用风电机组发电容量；海水表面粗糙度低，风速随高度的变化小，可以降低塔架高度；海上风的湍流强度低，没有复杂地形对气流的影响，可以减少风电机组的疲劳载荷，延长使用寿命。广东省近海的风力资源为陆地的 7～10 倍。随着海上风电场技术的发展成熟，海上风电场将是广东省未来最具发展潜力的可再生能源利用领域。

从目前广东省的装机容量来看，风能资源开发还处在刚刚起步的阶段，风能资源开发具有广阔的前景。

风能和太阳能同属国家的新能源，它们具有用不完、不用运输、不破坏生态平衡、又无污染的优点。但也存在能量密度小，不稳定，时间、空间分布变化大的弱点。因此，必须进一步加强研究风能、太阳能的利用效率和经济效益。此外，也应将风能和太阳能看成一个系统，研究它们的配合分布、时空变化和机械的新装置等，直接将风能和太阳能综合利用于经济社会建设。

5.4 地热能和开发利用

地热能是指地球内部的热能，地球由地壳、地幔和地核组成。地幔的温度约 1000 ℃，地核的温度在 2000～5000 ℃，内部储存巨大的热量。

地球是一个庞大的“热库”，蕴藏着巨大的热能。这些热能通过热传导、火山爆发、地震、深层水循环、温泉等途径不断地向地表散发。在当前技术条件下，只有很少一部分能量可供利用。

地热能利用：①地热发电。是地热能由载体通过转换系统转变成电能的过程。②地热农业利用。一般用于温室种植、养鱼、孵化禽类、灌溉和农副产品加工等。③地热的工业利用。地热水的工业利用主要在纺织工业、食品加工业、造纸、烤胶、水泥制品加工、木材烘干、皮革加工、制冷与空调等方面。④地热的医疗卫生利用。温泉中含有较多的矿物质成分，如硫、氟、氡等元素，具有一定的医疗价值。⑤地热在生活方面的利用。中低温地热水用于地热采暖、洗浴、地热游泳池、洗衣、理发，水质较好的温泉可作为生活用水。

5.5 海洋能、生物能和开发利用

海洋能一般包括海水的机械能、海水的热能和海水的化学能。其中，有潮汐能、潮流能、波浪能、海流能、热能、盐差能等。海洋能可以周而复始地产生，是一种取之不尽、用之不竭的可再生能源，它储量大，无污染，有利于环境保护和改善自然景观。其中：①潮汐能。是指天体运动引起海水周期性垂直涨落所具有的势能。②潮流能。潮汐引起海水水平方向上流动所具有的动能。③波浪能。海水在外力作用下（风力）产生波动所具有的能量。④海洋热能。海洋表层水接受来自太阳的辐射热，并储存在海水中的能量。⑤海流能。由于风、温度差、密度不均及地球自转的原因，形成海水有规律的流动所具有的能量。⑥海洋化学能（盐差能）。在沿海江河入海处，盐水与淡水的盐差形成渗透压而具有的能量。

潮汐能利用有：①潮汐磨；②潮汐水轮泵；③潮汐发电。

生物质本身所具有的能量称为生物能。生物能种类繁多，主要有薪材类、农业废弃物、水生植物、油料作物、有机物加工废料、粪便等。生物能蕴藏量极大，仅地球上的植物，每年生产量就相当于目前人类消耗矿物能的 20 倍，或相当于世界现有人口食物能量的 160 倍。生物能的开发和利用具有巨大的潜力。目前主要从 3 个方面研究开发：一是在农村建立以沼气为中心的物质循环系统，使秸秆中的生物能以沼气的形式缓慢地释放出来，解决燃料问题；二是建立“能量林场”“能量农场”“海洋能量农场”这些以植物为能源的发电厂，变“能源植物”为“能源作物”，如“石油树”“绿玉树”；三是种植甘蔗、木薯、海草、玉米、甜菜、甜高粱等作物，既有利于食品工业的发展，植物残渣又可以制造酒精以代替石油。我国人口多，虽然可作为生物能源的粮食、油料资源很少，但是可作为生物能源的生物质资源有着可挖掘的巨大潜力。

参考文献

杜尧东. 广东省空中水资源开发综合技术体系技术报告[R].

高绍凤,陈万隆,朱超群,等,2001.应用气候学[M].北京:气象出版社.
潘嘉念,催健,涂悦贤,等.广东气候与农业[M].广州:广东高等教育出版社.
潘嘉念,涂悦贤,陈国珊,等,1996.广东气候与农业[M].广州:广东高等教育出版社.
潘嘉念,涂悦贤,李载忠,等,2000.广东省农业气象灾害及其防灾减产对策[M].北京:气象出版社.
钱光明,杜尧东,王春林,等,2008.广东省气候业务技术手册[M].北京:气象出版社.

第 6 章　气象灾害和防御

6.1　气象灾害概述

广东地处热带、亚热带，光、热、水气候资源丰富，气候条件优越，这是主导方面。但也有热带气旋（台风）、暴雨、干旱、雷电、低温寒害、高温热害、雷暴、强对流天气、灰霾等多种气象灾害，它们是气候资源开发利用的限制因素，也制约了广东经济社会的发展。据统计，20 世纪 90 年代因气象灾害造成的损失平均每年损失 120 亿元。在气象灾害中，台风造成的经济损失所占比率为 52.1%，暴雨占 26.9%，低温冷害占 17.8%，干旱占 1.7%，强对流占 1.1%，雷电占 0.4%。广东是气象灾害的多发区。

6.1.1　气象灾害的特点

广东省地处低纬，濒临海洋，位于大陆气团和海洋气团的交界处，成为两大气团的交接带，天气气候异常复杂。冬半年（10 月至次年 3 月）常受来自西伯利亚的强大寒冷气团影响，而夏半年（4—9 月）又频繁受到来自热带海洋天气系统的袭击，因此，无论是灾害性天气，还是短过程的天气系统均来得特别频繁、多样、剧烈，台风、暴雨、低温、干旱、强对流及其产生的次生灾害连年不断，四季不断。气象灾害的发生有频率高、灾季长、灾种多、灾害损失大等特点。年内各月都有灾害发生的可能。12 月至次年 3 月有寒潮、低温阴雨等冷害，对冬种作物、越冬作物、塘鱼养殖、早稻播种育秧可造成较大危害。2—3 月经常低温寡照，春播春种作物常出现烂秧死苗，推迟早造（指生长期较短、成熟较早的农作物）播种季节，影响全年生产布局。2—5 月常出现强对流天气，例如，短时暴雨、龙卷风、冰雹、雷雨大风、雷暴袭击，对农业生产、公交运输、人身安全构成很大威胁。4—9 月为暴雨季节，是洪涝多发期，也是广东省防汛最紧张和最关键的时期。5—10 月为热带气旋登陆和影响季节，平均每年约有 4 个热带气旋登陆广东。9 月下旬开始至次年 3 月底、4 月初，冷空气可翻越南岭，直泻南海，在广东省形成寒露风、霜降风和寒潮、冰、霜、雪等低温寒害天气，对晚稻后期生长和冬种作物造成严重影响。广东是全国气象灾害的频发地区，据统计，广东平均每年发生 20～30 次程度不同的自然灾害，多的年份可达 50 次，其中，由气象原因引起的灾害占 80%左右。与此同时，气象灾害造成的直接经济损失有逐年增加的趋势，例如：1996 年受热带气旋、前汛期大暴雨、寒潮、龙卷风和冰雹等袭击，广东省共造成 247.22 亿元的经济损失，相当于广东省当年全省生产总值的 20%以上。

6.1.2　气象灾害的危害

广东地处祖国的南疆，地理位置和气候条件特殊，是各种气象灾害的常发区、多发区，每年都有不同程度的台风、暴雨、洪、涝、旱、寒等灾害为患。其中，台风、暴雨、洪涝发生频率高、强度大，居全国之首。诸多气象灾害，给广东经济社会造成巨大的损失。以广东水旱风灾害为例，每年台风、洪涝、干旱灾害造成的直接经济损失达数十亿元，其中，1993 年为 160 亿元，1994 年为 264 亿元。气象灾害是造成广东农业生产不稳定的重要因素。广东农业上凡是大的歉收大都是由气象灾害造成的。从历史上看，以广东粮食生产为例，1986 年的 8607 号台风在粤东登陆，造成当年早稻总减产（与上年相比，下同）6.19 亿 kg；1994 年 6 月、7 月发生大洪涝，使早稻总减产 5.26 亿 kg；1970 年、1976 年、1978 年、1981 年、1988 年晚稻主要受后期低温冷害袭击，总减产分别为 9.4 亿 kg、7.08 亿 kg、10.65 亿 kg、12.31 亿 kg、7.08 亿 kg；1993 年晚稻中后期连遭 6 个热带气旋袭击，总减产 9.91 亿 kg。从以上历史事实可以看出，广东农业特别是种植业是增产还是减产，很大程度上取决于当年气象灾害的严重程度，这是一条按目前科技水平难于改变的客观规律。气象灾害还严重破坏了自然生态和人们的生存环境，危及人民生命财产安全，严重影响了广东经济建设、社会发展和人民生活。据广东省民政厅资料统计，2013 年广东省气象灾害异常严重，2013 年各种气象灾害共造成广东省 2194 万人受灾，174 人死亡，12 人失踪，农作物受灾面积 115.1 万 hm^2，倒房 6.9 万间，直接经济损失 492.4 亿元。这些触目惊心的数据被气象灾害吞噬。1994—2019 年广东省因气象灾害造成的受灾人口、农业受灾面积、死亡人口等均呈明显减少趋势(图 6.1)，直接经济损失呈增加趋势。2009—2019 年气象灾害造成的直接经济损失平均每年达 205.1 亿元，较 1994—2008 年的平均值增加 65.2 亿元。

此外，气象灾害除了危害农业外，对经济社会发展也有重要影响，例如，1991 年、1993 年、1996 年、1999 年这 4 年冬季寒害，给广东造成直接经济损失超过 213 亿元；1993 年、1994 年因台风和洪涝等灾害造成直接经济损失超过 200 亿元，相当于当时广东国民生产总值增长部分的 20%以上。随着经济建设的发展，社会财富越来越多，灾害的影响就越大，不仅危及农业，还危及二、三产业，危及人民生命财产，危及整个现代化建设，说明经济越发展，广东防灾减灾、保卫经济建设成果就显得越来越重要，越来越紧迫。因此，对气象灾害必须正确认识、积极面对，防避为主，抗御结合，最大限度地减轻气象灾害所造成的损失，以保障经济社会的正常持续发展。

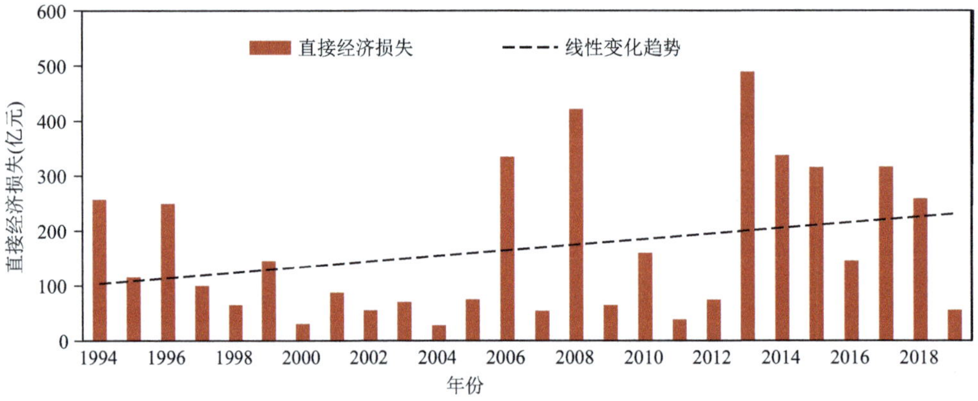

图 6.1　1994—2019 年广东省气象灾害造成直接经济损失变化

6.1.3　气象灾害的监测

对气象灾害监测的目的在于及时提供灾情，采取防灾、减灾、救灾措施；以及确定灾害指标，掌握灾害发生的规律，探讨其危害机理，为制定防灾减灾对策提供基本数据，既对气象灾害的状况和变化进行监测，同时又对经济社会各方面的影响和危害状况进行收集。气象灾害监测主要包括对各气象要素和大气现象所造成的灾害现象，及其对经济社会造成的影响、危害程度和状态进行评定及收集记载等。通过气象观测网、天气雷达和气象卫星三种手段实现。气象人员将从中获得的资料进行整理分析，判断气象灾害出现的区域、强度、影响某地的时间、移动的方向、速度、灾害的分布和变化情况等，即通过现代通信网传到用户，以便及时采取措施，减免损失。目前气象观测网点遍布广东省各地，它可将观测结果及时输送到有关机构，供灾害分析使用。如测风、测雨雷达可监测台风、暴雨、冰雹的发生及其出现区域和强度等。气象卫星接收、处理系统，可监测各类气象灾害发生、发展动态，为有关部门和领导及时、准确地提供灾情信息，在防灾、抗灾、减灾决策中发挥积极作用。

6.1.4　气象灾害的防御

气象灾害的发生，影响着人类经济社会的正常发展，而人类的经济社会活动又可能诱发自然灾害的发生。因此，对气象灾害必须正确认识，积极面对，防避为主，抗御结合，最大限度地减轻气象灾害所造成的损失，以保障经济社会的正常持续发展。其要点有：

(1)树立科学的防灾减灾意识，提高全民的防灾减灾水平　首先必须正确认识气象灾害是大气运动造成的，以目前人类所具有的实力尚不足与之抗衡的情况下，可通过人类的主观能动性科学地加以防避，趋利避害，增强防灾减灾的应变能力，有限度地防避气象灾害，就能在突变的气象灾害中减轻损失。因此，要减轻气象灾害，必须认识气象灾害的成因，了解气象灾害的时空分布特征和阶段性变化，树立科学的防灾减灾意识，提高全民的防灾减灾技能，增强防灾减灾的应变能力，这对减轻灾害的损失、加速经济社会的发展具有重要意义。

(2)加强防灾减灾工作领导，建立防灾减灾指挥系统，健全防灾减灾法制机制　气象灾害具有经常性、突发性和影响面广的特点，防灾减灾是长期的战略任务，必须建立完善的防灾减灾决策指挥系统，提高气象灾害的预警、预报能力，把灾害监测、预警、评估和防御对策等列入现代化建设的重要内容。因此，必须加强领导和协调指挥能力，随时掌握灾害动态，部署防灾减灾工作，及时、科学地采取对策。建立和健全相应的法规机制，要在国家颁发气象法、水法等法律的基础上，以法规形式规范防灾减灾行为，以实现最大限度地减轻受灾损失。

(3)提高防灾减灾的科学性　气候是变化的，广东气候的年际间变化较大，多雨年和少雨年雨量差异悬殊，冷年、暖年温度差异也较大，容易给农业造成灾害，有些地方由于人们防灾的意识薄弱，也有些是对气候的变化缺乏足够的认识规律，只根据个别年的经验，盲目引种或改变种植制度而造成损失；或者是气候规律已发生了变化，而农业的生产布局仍是沿用过去的老办法，因而造成栽培措施与天气气候环境不适应而带来的损失。因此，防御气象灾害要从多方面采取对策，统筹安排，以提高抗灾能力，减少气象灾害造成的损失。此外，在依靠科技进步，提高防灾减灾能力方面还有：①在投资重大工程、重大建设项目前必须考虑灾害因素，要进行气象、环境条件的论证、鉴定等，以提高项目的抗风险能力。②提高对灾害的监测、预测和预警应变能力，及时、快捷地将相应的预警信息送到各级领导和广大民众手中，以便及时采取相应的防御措施，减轻灾害损失。③健全防灾减灾服务系统，最大限度地趋利避害，减负增效，保障现代化建设稳步、持续发展。④增加防灾减灾的投入，利用现代科技不断深化各种灾害发生发展规律及其相应对策和措施的研究，以不断提高防灾减灾的科技水平，增强防灾减灾的能力。

(4)加强气象灾害的监测　对气象灾害监测的目的在于及时提供灾情，采取防灾、减灾、救灾措施，以及确定灾害指标，掌握灾害发生规律，探讨其危害机理，为制定防灾减灾对策提供基本数据。既对气象灾害的状况和变化进行监测，同时又对经济社会各方面的影响危害状况进行收集。

(5)以防为主，积极采取挽救措施　气象灾害发生面积广，危害大，灾害一旦发生尚难以抗御，因此，在防御策略上应以防为主，灾害发生后，积极采取挽救措施，以减少损失。根据当地自然条件和主要气象灾害，分别采用种草、种树、营造各种类型的防护林等，改善生态环境，选育抗灾性强的优良品种，使生物措施和工程措施相结合，以提高抗灾效益。

(6)完善灾害损失补偿机制　使受灾主体在灾后及时获得一定的经济补偿，以恢复生产，增强抗灾能力，达到分散风险的目的，增强灾后恢复生产活力。

6.1.5　气象灾害种类

气象灾害是指不利气象条件给人类和经济社会造成的灾害。由温度引起的有热害、冻害、冷害、霜冻害等；由水引起的有干旱灾害、湿害、洪涝灾害、龙舟水害、雪害和雹害等；由风引起的有台风、龙卷、雷雨大风、寒潮大风、海面强风等；由气象因子综合作用引起的有干热风害、寒露风害、霜降风害、低温阴雨害、倒春寒害、冷雨害等。

6.2　热带气旋(台风)灾害

6.2.1　概述

热带气旋(台风)是发生在热带和副热带海洋上的强烈风暴(大气涡旋)，在全球的海洋面上，它对西北太平洋、西北大西洋和孟加拉湾及其海岸地区的影响最大。广东省热带气旋发生频率和强度居全国之首，每年都有热带气旋影响和登陆广东。1951—2005 年，影响和登陆广东的热带气旋平均每年分别有 5.11 个和 3.78 个，其中，登陆最多的年份有 7 个，最少的年份有 1 个，多发生在 6—10 月。登陆广东的热带气旋强度大，风力10级以上的强热带风暴约占58.9%。如1964年9月5日在珠江登陆的6415号台风极大风速在64 m/s以上；1979年8月2日在深圳登陆的7908号台风极大风速在60.4 m/s以上；2014年9月16日在徐闻登陆的台风“海鸥”中心附近最大风速13级，最大阵风16级。热带气旋降水是夏、秋季降水量的主要来源，它有解除旱象、增加水库蓄水量和解热消暑等积极作用。热带气旋带来的丰沛降水，形成广东雨热同季显著的季风气候特色，这是广东与纬度相近的撒哈拉大沙漠气候景观截然不同的根本原因。但是，在热带气旋登陆和影响的过程中，伴有狂风、暴雨、巨浪和风暴潮等现象，具有很大的破坏力。总体而言，热带气旋对广东造成的损失居于各种自然灾害之首，广东因热带气旋造成的经济损失约占全省全年自然灾害损失总值的50%～60%，随着广东国民经济的持续发展，热带气旋造成的损失还将增加。

6.2.2 等级划分

2006年6月15日起中国正式实施《热带气旋等级》国家标准，热带气旋分为热带低压、热带风暴、强热带风暴、台风、强台风和超强台风6个等级。

6.2.3 结构

热带气旋中心是台风眼区，其直径一般为10～60 km，大的超过100 km，小的不到10 km。热带气旋的范围很大，它的直径常从几百千米到上千千米，垂直厚度为10多千米，垂直与水平范围的比例约1∶50。热带气旋在水平方向上一般可分为热带气旋外围、热带气旋本体和热带气旋中心三部分。热带气旋外围是螺旋云带，直径通常为400～600 km，有时可达800～1000 km；热带气旋本体是涡旋区，也叫云墙区，它由一些高大的对流云组成，其直径一般为200 km，有时可达400 km。

6.2.4 生成

热带气旋产生必须具备特有的条件：一是要有广阔的高温、高湿的大气。热带气旋只能形成于海温高于26～27 ℃的暖洋面上，且在60 m深度内的海水温度都要高于26～27 ℃；二是要有低层大气向中心辐合、高层向外扩散的初始扰动。且高层辐散必超低层辐合；三是垂直方向风速不能相差太大，上下层空气运动小，以利于形成并加强热带气旋暖中心结构；四是要有足够大的地转偏向力作用，才有利于气旋性涡旋的生成。热带气旋发生在大约离赤道5个纬度以上的洋面上。热带气旋的发展，一般可分为扰动、增暖、加深和成熟4个阶段。广东省位于太平洋西岸，濒临南海，是西太平洋热带气旋登陆我国的主要地区，平均每年登陆我国的热带气旋9.5个，其中，广东最多，有3.78个，海南和台湾次之，各有2.5个和2.1个，登陆我国沿海其他6省(区)共1.4个。

6.2.5 影响程度分类

在热带气旋预测预报中，将热带气旋对广东的影响分为登陆、严重影响和一般影响三类。登陆广东的热带气旋是指在广东境内登陆的热带气旋(包括登陆香港和澳门地区的热带气旋)；严重影响广东的热带气旋是指虽没在广东登陆，但离广东海岸线的最近距离≤1个纬距范围的热带气旋；其余引起广东出现风雨等现象的热带气旋均统称为一般影响的热带气旋。从登陆的热带气旋生命史分级次数看：台风级(占总数54%)、强热带风暴级(占总数25%)、热带风暴级(占总数10.5%)、热带低压级(占总数10.5%)。从登陆时达到的分级次看：台风强度的占总数的22.4%，强热带风暴强度的占总数的31.2%，热带风暴的占18%，热带低压的占28.3%。

6.2.6 时间分布特征

广东是全国热带气旋登陆最多和影响最大的省份，在1951—2005年的55年间，共有281个热带气旋登陆或影响广东，影响和登陆的平均每年5.11个；其中登陆208个，平均每年3.78个。热带气旋的影响个数逐年分布不均匀，最多的年份有9个(1974年、1980年)，而最少的年份只有1个(1969年)；一年中登陆广东最多的热带气旋有7个(1952年、1961年、1967年、1993年、1999年)，最少的年份有1个(1956年、1969年、1997年、2005年)。各月影响和登陆广东省热带气旋数量以8月最多，其次是9月、7月、6月、10

月;5 月和 11 月影响概率较小,12 月和 4 月极少(仅有 1 个),1—3 月无热带气旋影响和登陆广东省。登陆广东省的热带气旋以 7 月最多,8 月和 9 月数量相当。影响和登陆广东省的热带气旋主要集中在 7—9 月,占全年登陆数量的 72.2%。“初台”:每年第一个登陆广东的热带气旋称为“初台”。广东“初台”的平均日期是 7 月 3 日,最早的是 4 月 19 日(2008 年),最迟的是 9 月 9 日(1983 年、1996 年)。“终台”:每年最后一个登陆广东的热带气旋称为“终台”。广东“终台”的平均日期是 9 月 14 日,最早的是 6 月 30 日(1956 年),最晚的是 12 月 2 日(1974 年)。

6.2.7 空间分布特征

登陆和影响广东省的热带气旋约有 36%源于南海,有 64%源于西太平洋。把广东沿岸分为粤西(阳江—徐闻)、粤中(惠东—台山)和粤东(饶平—海丰)3 个沿海地区,分类统计表明,3 个沿海地区中以登陆粤西沿海的热带气旋最多,占全省的 45%;粤中沿海次之,占全省的 32%;粤东沿海最少,占全省的 23%。从登陆地点看,粤西沿海多于粤中沿海,粤中沿海多于粤东沿海。从各沿海登陆时间上看,5 月以粤中沿海为多;6 月以粤西沿海最多,粤东沿海最少;7 月以粤西沿海最多,粤中沿海最少;8 月以粤西沿海最多,粤东沿海最少;9—11 月以粤西沿海最多,粤中、粤东沿海很少。

6.2.8 危害

热带气旋是广东省一种极其严重的灾害性天气系统,具有发生频率高、影响范围广、突发性强、群发性显著和成灾强度大等特点。常见的灾害现象有大风、巨浪、暴雨、暴潮、龙卷,以及热带气旋引发的次生灾害,如洪水、崩塌、滑坡、泥石流和水土流失等。在热带气旋带来的狂风、暴雨和大海潮的共同影响以及热带气旋灾害作用下,具有极大的摧毁力,可倾覆海上船只,对海上过往船只、石油平台和其他海上作业威胁极大;在陆地可将大树连根拔起、毁坏农作物、刮倒房屋,甚至摧毁城镇;热带气旋暴雨引发洪涝灾害波及城镇乡村,造成人畜伤亡,淹没农田,破坏海水养殖业,给人民生命财产和工农业生产都造成巨大损失。历年典型的台风灾害个例如下:

(1)9615 号台风　9615 号台风于 1996 年 9 月 9 日 11 时前后在吴川沿海地区登陆,登陆时中心附近最大风力 12 级,阵风 12 级以上(风速高达 57 m/s,持续 4 h),台风登陆后穿过湛江市区、遂溪、廉江等市进入北部湾,风力在 11 级左右。9615 号台风风速之大、范围之广,造成风灾之重,为广东甚至新中国成立以来所罕见。茂名和湛江各地气象站测得的极大风速达 50～60 m/s,滨海地区估计极大风速约 60～70 m/s。粤西南普降暴雨到大暴雨,局部地区特大暴雨,造成山洪暴发,农业、工业、交通、运输、供电、邮电、水利工程等生产和设施遭受严重破坏,造成广东省直接经济损失高达 175 亿元,是新中国成立以来造成广东损失最大的一次台风。

(2)0814 号强台风“黑格比”　0814 号强台风“黑格比”于 2008 年 9 月 24 日在广东茂名市电白县登陆,登陆时中心气压 950 hPa,中心附近最大平均风速 48 m/s,最大阵风 65 m/s(相当于 17 级)。这是继 9615 号台风以来登陆广东的强度最强、移速最快的台风,也是新中国成立以来登陆广东的最强秋台(9 月 21 日后的热带气旋称为“秋台”)。台风“黑格比”强盛期的 7 级风半径达 500 km,10 级风半径为 200 km,风圈半径之大、影响范围之广为近几年来少见。受其影响,广东近海普遍出现巨浪狂涛,珠江口及其以西的沿海地区出现 9～12 级的大风,阵风 14～16 级,沿海地区普降暴雨、局部大暴雨。由于台风“黑格比”的强度大且影响范围广,给广东造成严重损失,粤西和珠三角西部共 6 个市 652 万人受灾,直接经济损失 114 亿元,死亡 22 人。

(3)1011 号超强台风“凡亚比”　1011 号超强台风“凡亚比”分别于 2010 年 9 月 19 日和 20 日登陆我国。19 日 08 时 40 分登陆台湾花莲县沿海,登陆时中心附近最大风力 15 级(50 m/s),中心最低气压 940 hPa;9 月 20 日 07 时在福建漳浦沿海再次登陆,登陆时中心附近最大风力 12 级(35 m/s),中心最低气压 970 hPa,之后进入广东饶平继续西行,自东向西影响广东,21 日 05 时在广州花都区境内减弱为低气压,23 日中午前后对广东影响基本结束。受“凡亚比”影响,9 月 20—23 日广东自东向西普降暴雨到大暴雨、局部特大暴雨,出现暴雨以上降水 77 站日,其中,大暴雨、特大暴雨 18 站日。据统计,受台风“凡亚比”影响,茂名、阳江、云浮等市共有 27 个县(市、区)205 个乡镇 130.83 万人受灾,倒塌房屋 1.45 万间,受灾农作物面积 59.08 千 hm^2，直接经济损失 50.98 亿元，死亡 107 人，失踪 30 人。

(4)1319 号超强台风“天兔” 1319 号超强台风“天兔”于 2013 年 9 月 22 日 19 时 20 分在汕尾市沿海地区登陆，登陆时中心附近最大风力 14 级(45 m/s)，中心最低气压 935 hPa。据广东省民政厅统计，“天兔”共造成 981 万人受灾，30 人死亡，1 人失踪，紧急转移安置 65.1 万人，农作物受灾面积 24.97 万 hm^2，农作物绝收面积 2.96 万 hm^2；倒塌房屋 1.06 万间，直接经济损失 235.5 亿元。

(5)1409 号超强台风“威马逊” 1409 号超强台风“威马逊”为 1949 年以来登陆中国的最强台风。“威马逊”具有“移速快、强度特强、路径稳定、破坏力大”的特点。2014 年 7 月 12 日，“威马逊”在西北太平洋洋面上生成，强度为热带风暴级；18 日 15 时 30 分在海南文昌翁田镇沿海登陆，登陆时中心附近最大风力 17 级以上(70 m/s)，中心最低气压 910 hPa；登陆后穿过文昌东北角进入琼州海峡，以登陆海南岛的相同强度于 18 日 19 时 30 分在广东徐闻县沿海再次登陆，以登陆时中心附近最大风力为 48 m/s(15 级)的强度于 19 日 07 时 10 分在广西防城港市沿海第三次登陆。

受“威马逊”影响，广东普降暴雨和大暴雨，不少地区出现特大暴雨，并出现 13～15 级持续大风、阵风达 16～17 级。18 日到 19 日上午，粤西出现暴雨到大暴雨，粤东和珠江三角洲出现大雨到暴雨局部大暴雨。18 日 12 时开始，粤西海面和沿海市(县)出现了 13～15 级阵风、16～17 级的大风，并持续约 18 h；18 日 16—17 时，广东茂名浮标站测到 14.1 m 的最大浪高。“威马逊”造成广东阳江、湛江、茂名、云浮 4 市 24 个县(市、区)246 个乡镇(街道)不同程度受灾，受灾人口 264.7 万人；紧急转移安置 16.5 万人；农作物受灾面积 22.86 万 hm^2，其中，绝收面积 10.97 万 hm^2；倒塌房屋 4841 间，5 万余间房屋不同程度损坏；广东全省直接经济损失达 158.6 亿元，其中，粤西直接经济损失 130.19 亿元。

(6)1822 号超强台风“山竹” 1822 号超强台风“山竹”是 2018 年登陆我国的最强台风，具有“台风块头大强度强、大风范围广持续时间长、特大暴雨点多面广”等特点。“山竹”从 9 月 11 日 08 时至 15 日 08 时维持超强台风级别达 96 h，中心附近最大风力达 17 级以上(65 m/s)，“山竹”主体云系直径超过 1200 km，8 级大风风圈直径约 900 km，12 级风圈覆盖粤港澳大湾区。“山竹”9 月 16 日 17 时以强台风级(45 m/s)在广东江门台山海宴镇登陆，登陆时中心最低气压 945 hPa。15 日夜间到 17 日，广东自东向西持续出现平均风力 10～13 级、阵风 15～17 级的大风，香港、澳门、深圳、珠海普遍出现平均风力 13～14 级、阵风 16～17 级，其中，香港大老山录得最大阵风 71.1 m/s，超过 1999 年 9 月 16 日在香港登陆的台风“约克”所录得的极值 62.6 m/s。16—17 日，珠三角沿海 12 级以上大风持续时间超过 16 h。15 日 20 时至 17 日 20 时，广东省(国家站和区域站)平均雨量达 99.1 mm，有 126 个气象站录得 250 mm 以上的累计雨量，有 1073 个气象站点录得 100～250 mm 的降水。广东省最大累计雨量 468.4 mm 和最大日雨量 317.1 mm，最大 1 h 雨量 92.1 mm。

受台风“山竹”直接影响，广东及港澳地区风雨肆虐、树木大面积倒伏、内涝成灾。据广东省三防办统计，截至 9 月 21 日，广东省 21 个市 117 个县(市、区)共 1025 个乡镇(街道)295.9724 万人受灾，农作物受灾面积 398.3048 万亩*，倒塌房屋 963 间，死亡 5 人(广州 3 人，东莞 1 人，云浮 1 人)，累计转移人员总数 313.0882 万人，直接经济总损失 144.7439 亿元，其中，水利设施直接经济损失 21.9007 亿元。

6.2.9 防御对策与措施

减轻热带气旋灾害，可归纳为：灾前预防、灾中抗灾、灾后救灾 3 个方面。①根据热带气旋预报的路径、强度、风雨情况等，及早检查民房、海堤、水库、堤围和险段，加固危房和堤坝，做好危险地段的人员疏散和物资转移，海上船只和渔船及早回港避风，尽量减少人员伤亡和人民生命财产的损失。②修筑和完善海堤的防风系统，包括建造海堤、营造沿海防护林、营造完整的农田防护林网，提高农田林网防风效能，抵御热带气旋灾害。③热带气旋灾害多发区应加强农田排水渠系统建设，减少由热带气旋暴雨引发的洪涝灾害。④采取防风栽培，通过综合农业栽培措施，合理安排品种和播植期；选择抗风、矮秆、高产品种和调整作物内部结构；果树要修剪、整形、矮化、密植，种植耐风品种，设立支柱，使用落果防止剂等；搞好农田基本建设，改善农业生态环境，适应作物生长发育。⑤加强水利建设，加固海堤、河堤和山塘、水库的围

* 1 亩≈666.67 m^2，下同。

堤,拦蓄洪水,疏浚河道、沟渠,建设好排灌系统,平整土地,使台风暴雨引发的内涝积水能及时排泄,低洼地种植耐涝作物等。热带气旋来临前夕,提前收割接近成熟的作物。⑥及时抢修被毁水利工程、围堤,疏通渠道,排涝去渍,尽快恢复生产,防止疫病的发生和蔓延;农作物受灾之后要做好扶苗洗苗、培土,适施速效肥,及时喷药除虫。还要加强防灾减灾的法律法规建设,制定一套合理有效针对灾害防御的应急措施。同时,还要做好如下应急措施:固紧门窗、围板、棚架、临时搭建物,妥善安置易受热带气旋影响的室外物品。停止高空及户外危险作业,危险地带工作人员需撤离,关紧门窗。切断霓虹灯招牌及危险的室外电源。在进入特别紧急状态时,应停业、停课,人员尽可能待在防风安全的地方,建议幼儿园、中小学停课,居民切勿随意外出。停止室内大型集会,立即疏散有关人员。

6.2.10 广东沿海台风风险图谱

对大型工程的热带气旋式强风概率进行风险区划,利用上海台风研究所发布的"CMA－STI 热带气旋最佳路径数据集",采用热带气旋路径细分、概率分布函数计算和经验订正等技术方法,结合 GIS(地理信息系统)进行计算分析,完成了广东省沿海陆上和海上台风风险图谱制作(分为各等级台风频数分布图和 50 年一遇风速分布图两种),为开展广东省沿海风电场台风风险评估提供了实用的基础资料(详见第 7 章)。

6.2.11 广东沿海风机抗台工程参数设计研究

开展广东沿海风机抗台工程参数设计研究(研究成果详见附录)。

6.3 暴雨洪涝灾害

6.3.1 暴雨

6.3.1.1 概述

暴雨是指在短时间内出现大量降雨的现象。暴雨的标准现在是全国统一的,中国气象局统一规定:日雨量在 50.0～99.9 mm 为暴雨,日雨量 100.0～249.9 mm 为大暴雨;日雨量≥250.0 mm 为特大暴雨。广东省是我国大陆暴雨最多、最强的省份,主要出现在 4—10 月的汛期中。如 1985 年 8 月 25 增城金坑水库最大 10 min 暴雨量 84.8 mm,是迄今为止中国大陆实测暴雨强度的最高纪录。广东省 24 h 雨量超过 700 mm 的特大暴雨多达 13 场。1997 年海丰共下了 23 d 暴雨,1972 年阳江下了 22 d 暴雨。

广东地处热带、亚热带季风气候区,由于其西北背靠世界最大的欧亚大陆,东南面临世界最大的太平洋,因而季风气候特征极其显著。在适当的大气流场和特定的地形地势配合下,形成暴雨的水汽、热力及动力条件皆强于我国大陆其他沿海省(区),故暴雨强度之大,季节之长,降水强度之大,季节之长,皆居全国大陆省(区)的前列。

暴雨是导致广东省洪涝灾害的主要原因。历史上严重的洪涝灾害都是暴雨强度特别大、暴雨时间特别长,加上防洪涝措施,如泄洪、农田排水不良而引起的。暴雨洪水来势凶猛,常常冲毁堤围、房屋、道路、桥梁,淹没农田作物、冲刷土壤,还可能引起泥石流和山体滑坡等,不仅使农业生产造成严重损失,而且危害人、畜的生命安全,是一种特别严重的自然灾害。

6.3.1.2 特点

丰富的水汽来源和特殊的地理环境造成广东降水强度大、降水量丰富的特点。暴雨主要出现在夏半年 4—9 月的汛期中,其中,4—6 月为前汛期,锋面暴雨占 85%,重要的天气系统有冷锋、静止锋、西南倒槽、低涡、切变线和低空急流等;7—9 月为后汛期,热带气旋暴雨在酿成大暴雨和特大暴雨的过程中占了主要地位,约占后汛期暴雨的 90%以上。后汛期广东省明显的降水过程主要是由热带气旋、热带辐合带、东风波、季风低压、中层气旋等天气系统所形成。

由于广东独特的自然环境和地形条件,促使广东的暴雨天气系统十分强烈而复杂,中小尺度天气系统异常活跃,输入了大量来自印度洋孟加拉湾和太平洋的暖湿气流,所以广东暴雨出现早、结束迟、暴雨日数多。据统计,广东省暴雨日数之多位居全国第二,仅次于台湾省。

广东年降水量分布特征多呈双峰型，两个峰值分别出现在5—6月和8月，而且5—6月的降水量峰值比8月要大一些。由于地形的影响，广东分别有3个多暴雨中心和3个暴雨出现较少的地区，多暴雨区主要出现在：天露山、八甲大山南坡的阳江、恩平、斗门等地，莲花山西南麓的海丰、陆丰、普宁，以及青云山与罗浮山西南缘的清远、佛岗、龙门一带。

广东省暴雨中心的暴雨集中期主要出现在5月中旬至6月中旬、7月上旬、8月上旬和9月下旬等几个时段。大范围的持续暴雨会引发洪涝灾害，使国民经济造成巨大损失。

6.3.1.3 时空分布

据统计，广东省各地年平均暴雨日数4～10 d，占暴雨以上降水总日数的7～9成；大暴雨以上降水日数占1～3成。从空间分布上看，年降水量越多的地方各级暴雨日数越多。广东各地多年平均暴雨日数为3～13 d，存在3个高值中心，分别对应年降水量高值中心，其中，以恩平、海丰两地最多。除少数地区外，广东省大部分地方的多年平均暴雨日数均达5 d以上，其发生频率之高在全国都是十分突出的。年暴雨日数的年际变化较大，台山上川岛1973年的暴雨日数多达26 d，而中北部地区在少数年份会出现空暴雨年，如1979年韶关、乐昌、连州、连南均无暴雨。暴雨日数集中在汛期的4—9月，如海丰、阳江由于前后汛期都较明显，所以这几个月平均都有1～3个暴雨日。内陆地区受热带气旋的影响相对较小，暴雨一般集中出现在前汛期的5月、6月两个月，清远平均月暴雨日数在2 d以上，到9月暴雨日数已减少到平均0.1～0.9 d。12月、1月和2月的暴雨日数是全年中最少的，平均都不超过0.1 d。暴雨过程次数的变化与暴雨日数的变化十分一致，只是过程次数少于日数，它们之间的比例关系表明了暴雨的连续情况，海丰、阳江在暴雨过程内平均有1.6 d暴雨，也即暴雨连暴雨的机会很大，而韶关、梅县、罗定等只有1.2 d暴雨，连续暴雨的概率要小一些。暴雨出现的时间上有从北向南推进的趋势，北部地区暴雨的开始和结束都比南部偏早。

6.3.1.4 暴雨强度

暴雨强度为单位时间的最大降水量，人们通常用一天最大降水量反映降水强度。据气候资料统计，广东省各地5年一遇1 h降水量在45～102 mm(图6.2)，沿海地区大于中北部地区，其大值中心与3个暴雨中心相一致，而且西南部大于东南部，最大的是湛江102 mm，次大的是阳江98 mm。广东省各地5年一遇6 h降水量在74～228 mm(图6.3)，阳江最大为228 mm。广东省各地5年一遇24 h降水量在111～389 mm(图6.4)，阳江最大为389 mm，它们的分布特点与5年一遇1 h降水量相似。由此可见，暴雨强度较大是广东降水的一个突出特点。

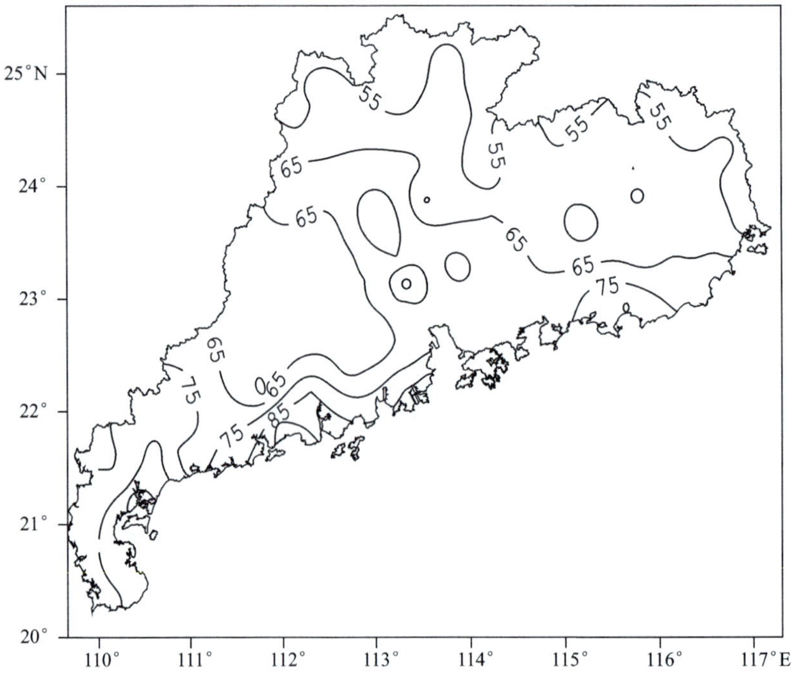

图6.2 广东省5年一遇1 h降水量图(单位：mm)

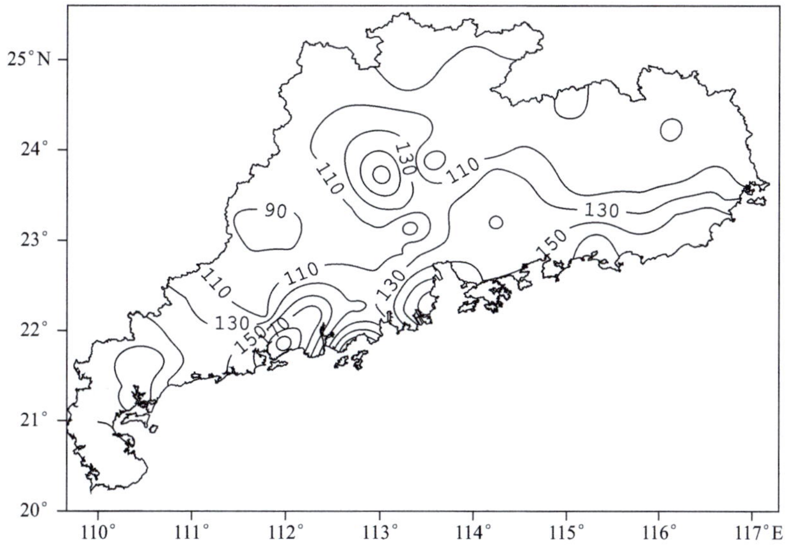

图 6.3 广东省 5 年一遇 6 h 降水量图(单位:mm)

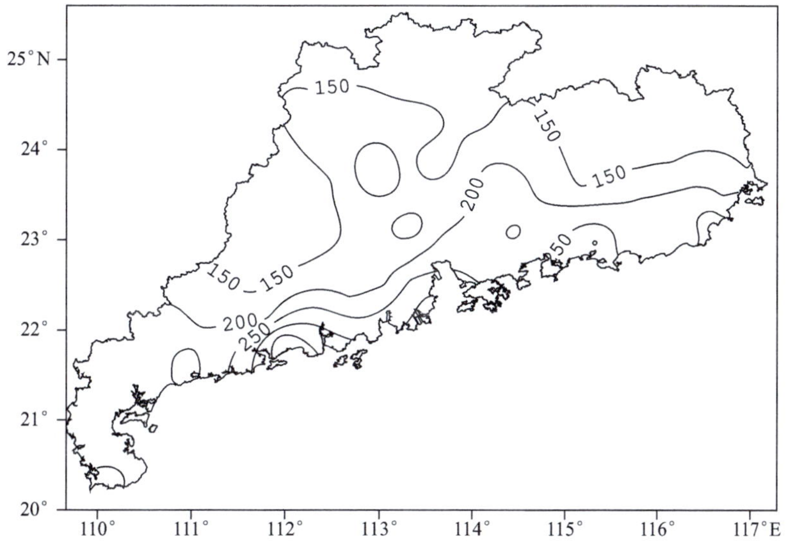

图 6.4 广东省 5 年一遇 24 h 降水量图(单位:mm)

广东的暴雨强度分布与年暴雨日数比较接近,如多雨区的阳江、海丰一带年暴雨日数在 12～14 d,也是广东暴雨强度最大的地区;清新、龙门一带年暴雨日数在 9～11 d,也属暴雨强度较强的地区。广东具体各地暴雨强度呈现以下特征:①5 年一遇 1 h 降水量在 45～102 mm 的,沿海地区多于中北部地区,3 个暴雨中心更为明显,同是沿海地区,西南部沿海又多于东南部沿海,其中,湛江最大为 102 mm,阳江次大为 98 mm。②5 年一遇 6 h 降水量在 74～228 mm 的,阳江最大为 228 mm。③5 年一遇 24 h 降水量在 111～389 mm 的,阳江最大为 389 mm。上述情况可见,广东西南部沿海暴雨强度最大,也表明暴雨强度大是广东降水的一大特征。

6.3.1.5 变化趋势

根据广东省气象局首发年度气候变化监测公报报道,气候变化也对广东的降雨情况带来影响,总趋势是:雨量变化不大,暴雨增多。1961—2013 年,广东省降水量无显著线性变化趋势,但年际年代变化明显,20 世纪 60 年代、80 年代,21 世纪初期降水偏少;20 世纪 70 年代、90 年代中期降水偏多。不过,在 52 年里,广东省年降水日数呈显著偏少趋势,减少速率为每 10 年 3.7 d,这说明降雨强度加大,反映在气象灾害上,就是年暴雨日数呈弱的上升趋势,最大日雨量呈波浪式上升趋势,平均每 10 年上升 10.8 mm。在年降水量无显著变化的情况下,降水日数有所减少,意味着雨水下得更大了,不论是洪涝还是干旱,都有所增多,说明极端天气比以前多了。

从韶关、广州和汕头 3 个代表地区的阶段性特征看:①韶关的暴雨:自 20 世纪 90 年代以来,暴雨天数有明显增多的趋势。②广州的暴雨:阶段性明显,20 世纪 50 年代偏少,60 年代前中期、90 年代前期及 21 世纪以来偏多,其余年份偏少。③汕头的暴雨:阶段性不明显,以年际变化为主,其变化趋势:20 世纪 50 年代中后期和 70 年代前期偏多,90 年代前期略偏多,其余年份偏少。

6.3.1.6 对经济社会的影响和危害

暴雨是导致广东洪涝灾害的主要原因。严重的洪涝灾害,都是暴雨强度大、暴雨持续时间长,加上泄洪不良而引起的。

(1)农业生产的影响和危害 对水稻生产的影响和危害:广东暴雨盛发期,恰是早稻和晚稻分蘖、幼穗发育和开花结实期,如果此时遭受强大的或持续性暴雨袭出,可出现如下影响和危害:暴雨寡照,不利水稻壮根、壮秆、壮穗,易引起茎叶徒长和早衰及诱发病害;稻株受暴雨冲击损伤,引起生理机能和光合效能降低,造成穗粒数减少、籽粒变轻;暴雨造成“雨打禾花,花而不实”而减产;暴雨造成稻株倒伏,导致稻株、籽粒霉烂和发芽。对蔬菜生产影响和危害:蔬菜播种期和幼苗期遭遇暴雨冲击,导致缺苗和机械损伤;暴雨造成菜田土壤渍湿,菜根缺氧中毒死苗;暴雨后急转晴热天气,植株生理机能遭受破坏而死苗;暴雨遇大风,吹倒瓜豆棚架,内涝积水,菜叶被雨滴打烂,甚至霉烂,造成毁灭性打击。因此,强大的或持续性暴雨过后,都会出现菜少价高的现象。对其他经济作物的影响和危害:暴雨寡照影响果树和经济作物生长发育及产量形成;影响荔枝、龙眼、芒果等果树开花结果,导致落花落果;暴雨导致水土流失,夹带的泥沙沉积,冲刷造成植株淹埋、折断、倒伏,并诱发病虫害等。

(2)对其他经济社会的影响和危害 暴雨引发山洪冲塌民居,人民生命财产遭受损失,影响社会的安定,增加国家的负担;暴雨山洪冲断铁路、公路和输电线路等,造成设施损坏、运输和电力部门停业;暴雨山洪造成内涝积水,甚至淹没工厂、机关、单位的财产和设备,导致工厂停产、单位停工、学校停课等;暴雨山洪引起水利设施的破坏,如大坝溃决、堤防溃决,还会冲毁渠道、桥梁、涵闸等水利工程;持续暴雨,还会引发山体滑坡、泥石流、塌方等地质灾害,导致人民生命财产的重大损失。

典型的暴雨灾害个例有:

2010 年 5 月 6—7 日暴雨和强降水:2010 年 5 月 6—7 日,受切变线、副高东退及高空槽的共同影响,广东粤北、粤东和珠三角大部分地区出现暴雨到大暴雨、局部特大暴雨的强降水过程。暴雨中心由 6 日的粤东北转移到 7 日的广州一带。此次过程具有“影响范围广、降水强度强、持续时间长、造成影响重”的特点,广东共出现暴雨 32 站日,其中,大暴雨 21 站日、特大暴雨 1 站日。此次降水过程共造成广东 100 万人受灾,农作物受灾面积 85 千公顷,16 人死亡、6 人失踪,直接经济损失约 26 亿元,其中,广州多个地下车库被淹,车辆损失巨大。

2013 年 8 月中旬暴雨:2013 年 8 月 14—18 日,受强台风“尤特”和强烈南海西南季风接连影响,广东出现历史罕见的持续性特大暴雨降水过程,广东平均雨量 266.8 mm,近 9 成乡镇出现暴雨,是广东省有完整气象记录(1951 年)以来最极端的一次降水过程。16 日特大暴雨区域主要出现在粤东和粤西北区域,惠东高潭镇 8 月 16 日 14 时至 17 日 14 时录得广东最大日雨量 924.3 mm,刷新广东省有气象记录以来最大日雨量纪录。这次罕见的持续性特大暴雨降水过程使广东省遭遇 1951 年以来范围最大的特大暴雨洪涝灾害,受灾面积之广、受灾人数之多、造成的损失之严重,均属历史罕见。据广东省民政厅统计,广东共有 917.47 万人受灾,因灾死亡 55 人,失踪 4 人;紧急转移安置 119.79 万人;农作物受灾面积 46.96 万 hm^2,倒塌房屋 3.1 万间,部分交通中断,水利基础设施受损严重,直接经济损失达 168.59 亿元。

2017 年“5.7”暴雨:2017 年 5 月 7 日,广州、清远、河源出现暴雨到大暴雨、局地特大暴雨,广州黄埔区九龙镇区域自动站录得日雨量 542.7 mm,打破了广州市日雨量历史极值,增城新塘镇区域自动站 3 h 雨量 382.6 mm,破广东 3 h 雨量历史极值。受此次降水影响,广州多地出现严重内涝。8—9 日,受飑线影响,广东大部出现了大雨到暴雨。据广东省民政厅统计,此次暴雨过程造成广东 6.21 万人受灾,农作物受灾面积 8600.1 hm^2,倒塌房屋 904 间,直接经济损失 6.67 亿元。

2018 年 8 月底至 9 月初暴雨:2018 年 8 月底至 9 月初的持续性强降水过程造成珠三角和粤东部分地市遭受严重洪涝灾害。8 月 27 日 20 时至 9 月 1 日 20 时,广东平均雨量 172.5 mm,有 5 个站累积雨量超过 1000 mm,有 3382 个站超过 100 mm,占广东总站数(共 4876 个)的 69.4%。惠州高潭镇录得过程累积雨量 1394.6 mm，刷新了广东省过程雨量极值。惠东高潭镇日雨量 1056.7 mm(8 月 30 日 05 时至 31 日 05 时)，刷新了广东省日雨量极值，也创中国大陆非台风降水日雨量极值。据统计，此次暴雨过程共造成广东 193.2 万人受灾，农作物受灾面积 7.69 万 hm^2，倒塌房屋 308 间，死亡 2 人，失踪 2 人，转移人口 9.48 万人，直接经济总损失 63.81 亿元。

6.3.1.7 防御对策与措施

广东沿江河地带和山地丘陵低洼地，遇有连续性暴雨会导致山洪暴发，江河泛滥，造成内涝积水或引发洪涝灾害，导致人民生命财产遭受损失，因此，必须做好防灾减灾工作。从生态环境考虑，重视种草种树，可以减少地表径流和水土流失，防止或减轻暴雨造成的灾害；兴修水利、治理河流、开挖渠道，增强暴雨的排泄能力，使出现暴雨后的积水能及时排出；修筑水库能拦蓄河水，减少流量，从而有效地防止暴雨引发的洪涝灾害；加强农田基本建设，合理开沟，降低地下水位，使地表水、浅层水和地下水能及时迅速排泄出去；根据暴雨发生的规律，合理布局农业和经济发展项目，尽量减轻暴雨的危害。此外，还应采取如下具体措施：①在汛期，应加强暴雨监测、预报和情报工作，建立防灾减灾预报服务系统，做好准确的暴雨预报、预警，使各级领导和生产部门能及时掌握信息，及早做好防灾减灾工作。②暴雨出现后，要做好暴雨的实时评估分析，提出相应的防灾、减灾、救灾措施。③在暴雨季节前，及早加固和加高堤围，做好一切防汛准备，检查堤围、水坝，加固险段，备足防汛器材，落实各项防汛措施，以防不测。④根据暴雨发生的规律，选择相适应的作物品种，合理安排播植期；旱地作物实行深沟高畦耕作；健全田间排水系统，使田间积水能及时排出；暴雨过后，及时修复毁坏的堤围、库坝，疏通排灌渠道，排涝去渍；及时松土、施肥、喷药防病除虫，加强田间管理。⑤当出现强烈暴雨天气时，应暂停在空旷地方的户外作业，户外人员要到安全的地方暂避；切断低洼地带有危险的室外电源，转移危险地带人员到安全的地方，危房居民安置到安全的地方暂避；当强暴雨持续并可能出现危险时，应启动应急抢险方案，幼儿园、学校应停课，危险地带单位应停工停产。

6.3.2 洪涝灾害

6.3.2.1 概述

洪涝灾害是指河流泛滥，山洪暴发和积水所造成的洪灾和涝灾。广东的洪涝灾害，主要是持续性的暴雨，形成巨大地表径流，造成山洪暴发，江河泛滥，导致江河两岸及低洼处被淹浸而造成农作物和民房被淹浸，危及人、畜的生命安全等。广东的洪涝灾害主要出现在每年的 4—9 月前、后的汛期中，它的起讫时间与季风的进退关联。4 月开始，随着副热带高压脊线的北抬，广东受热带天气系统的影响加大，这时副热带高压北侧偏南气流带来大量水汽涌进广东，加上广东北高南低的地形抬升作用，故每年 4—6 月是出现前汛期洪涝灾害高峰期；7—9 月主要受热带气旋和热带天气系统影响，而产生后汛期洪涝灾害。广东的洪涝属全国最为频繁多见的地区，洪涝灾害是广东主要的自然灾害之一。例如，1915 年广东西、北、东江大洪涝，死伤 10 余万人，灾民 378 万人，广州水淹 7 昼夜，人民生命财产遭受惨重的损失。1994 年 6 月和 1968 年 6 月西江、北江大洪水，1964 年 6 月韩江、东江、北江大洪水，1959 年 6 月东江、珠江三角洲及粤东大洪水等，均对广东农业和经济社会造成重大的危害。

洪涝灾害通常又称水灾，从概念上来说，洪灾是外地客水入侵所致；涝灾则为本地的内水(当地雨水)所造成。对平原地区来说，洪灾是作为外地客水的上游洪水，流经平原地区，越过了河道的宣泄能力或堤防的防洪能力，导致洪水泛滥，堤防溃决、淹没农田、城镇等灾害。涝灾，则是作为本地内水(当地雨水)过多，河道排水能力低或受江河洪水、潮水顶托，堤围区内水不能及时排出，农田积水过深，导致农作物减产或失收，严重时还会造成农村和城镇受浸。但事实上堤围区内的外地客水与当地内水是难以严格区分的。特别是严重的洪涝灾害出现时，往往是大范围普降暴雨，平原地区的水灾，既有客水洪水入侵，又有当地内水的雨水为害，所以在此种情况下洪涝是很难分清的。

广东地处低纬度，属热带、亚热带季风气候区，雨量充沛，但降雨径流不仅年内分配不均，年际变化也较大，而且在地区分布上也有明显差异。所以洪涝灾害在年内既可交替出现，也会在不同地区同时产生。广东地处珠江、韩江流域的下游，所承受的客水集水面积是广东陆地面积的 2 倍，洪涝灾害威胁特别严重。广东大陆海岸线又是全国最长的省份，加上东边的太平洋是世界最大的台风源，广东是全国台风灾害最严重的省份，所以台风暴雨形成的洪涝灾害也比较严重。

6.3.2.2 划分标准

以 4—10 月降水量距平值为准，凡月降水量距平百分率≥50%，且在过程中将造成较明显的危害，故它在一定程度上反映了广东的实际，对鉴定广东大范围的洪涝灾害程度是适用的。

6.3.2.3 空间分布

广东 3 个暴雨中心区和南部沿海地区洪涝出现次数多，内陆山区出现次数少，其余地区介于两者之间。根据年平均洪涝次数分析，广东省大致可分为三类：多洪涝区，主要分布在三大暴雨中心的阳江、海丰、清远及粤东、粤西沿海一带地区，年平均出现洪涝 0.9～1.3 次，最多可达 5 次。其次是南部沿海如汕头、湛江、徐闻，年平均 0.9～1.0 次；少洪涝区，内陆山区如韶关、梅县、罗定等地，由于出现暴雨次数少，故年平均出现洪涝仅 0.2～0.3 次，最多为 2～3 次。普通洪涝区，即省内其他地区，年平均出现洪涝 0.7～0.9 次，最多 3～4 次，以及中部和珠三角一带，如广州年平均 0.8 次。

6.3.2.4 时间分布

广东洪涝害平均出现期大多在 7 月。东部地区和西部地区前汛期降水相对较少，大部分地区雨季来得稍迟，洪涝出现的平均日期也就较迟。雷州半岛虽然洪涝灾害较多，但多发生在后汛期，如徐闻后汛期各月洪涝灾害的出现次数是前汛期的 4 倍，因此，平均出现日期也比较晚，多在 8 月下旬。北部地区洪涝灾害出现的平均初日在 6 月下旬，珠三角和中东部沿海地区的平均初日在 7 月上旬至下旬。广东省各站点中，平均初日出现最早的是清远 6 月 23 日，最晚的是罗定 9 月 11 日。而对某一年来说，除罗定、梅县外大部分站点在 3 月、4 月就可能出现洪涝灾害，其中，清远有记录的最早洪涝灾害出现在 1 月 7 日（1983 年），而且连续下了 9 d 的雨，其中，一天为暴雨，一天为大暴雨。而罗定在 5 月、6 月虽然各有过一场大暴雨，但未达到洪涝灾害标准，故其最早出现洪涝灾害的时间是 7 月 23 日，比其他站点要迟得多。洪涝灾害的终日不同地区可相差 50 d，早的东莞为 10 月 7 日，晚的韶关为 11 月 28 日。若按前后汛期来划分洪涝灾害，则徐闻的洪涝灾害绝大多数发生在后汛期。后汛期洪涝灾害明显比前汛期多的还有罗定、梅县、海丰、汕头地区。其他地区发生洪涝灾害的概率前后汛期差别不明显。从连续发生洪涝灾害的可能性看，则后汛期比前汛期要大，徐闻在 1985 年 7—10 月连续发生 5 次洪涝灾害，阳江同期发生 4 次，湛江、汕头、海丰、广州在后汛期均出现过连续 3 次洪涝灾害。前汛期只有阳江在 1978 年 4—6 月发生过 5 次洪涝灾害，湛江、韶关各有一年发生过 3 次洪涝灾害，其他最多只有 2 次（表 6.1）。

表 6.1 广东省各地洪涝灾害出现期（日/月）

地点	韶关	梅县	清远	广州	海丰	汕头	罗定	阳江	湛江	徐闻
最早出现期	30/3	7/6	7/1	7/4	16/3	21/3	23/7	4/4	5/4	13/4
最迟出现期	28/11	19/10	24/10	5/11	18/10	16/11	26/10	11/11	8/11	13/11
平均出现期	27/6	26/8	23/6	22/7	6/7	10/7	11/9	3/7	19/7	22/8
保证率 80%不出现期	19/7	2/10	2/9	14/9	10/9	20/8	10/10	7/9	1/10	3/10

从广东省各站点洪涝灾害总平均出现月份来看，4—10 月出现次数占全年的 96%；尤以 8 月、9 月出现最多，各占全年的 18%；其次是 5 月和 7 月，分别占 15%和 14%；而 1—3 月、11—12 月由于广东省出现大暴雨的次数均较少，故出现洪涝灾害的次数仅占全年的 4%左右（表 6.2）。

表 6.2 广东省各地各月平均洪涝灾害出现次数

月	1	2	3	4	5	6	7	8	9	10	11	12	合计
韶关	0.0	0.0	0.0	0.0	0.0	0.1	0.0	0.0	0.0	0.0	0.0	0.0	0.2
梅县	0.0	0.0	0.0	0.0	0.0	0.1	0.0	0.1	0.1	0.0	0.0	0.0	0.3
清远	0.0	0.0	0.0	0.2	0.2	0.1	0.1	0.1	0.1	0.1	0.0	0.0	0.9
广州	0.0	0.0	0.0	0.1	0.1	0.1	0.1	0.1	0.1	0.0	0.0		0.8
海丰	0.0	0.0	0.1	0.1	0.1	0.2	0.1	0.1	0.2	0.1	0.0	0.0	1.0
汕头		0.0	0.0	0.1	0.2	0.1	0.2	0.3	0.1	0.0	0.0	0.0	0.9

续表

月	1	2	3	4	5	6	7	8	9	10	11	12	合计
罗定	0.0	0.0	0.0	0.0	0.0	0.0	0.0	0.0	0.1	0.1	0.0		0.2
阳江	0.0	0.0	0.0	0.1	0.4	0.1	0.1	0.2	0.2	0.1	0.0	0.0	1.3
湛江	0.0	0.0	0.0	0.1	0.1	0.1	0.1	0.1	0.2	0.1	0.0	0.0	0.9
徐闻		0.0	0.0	0.0	0.0	0.1	0.1	0.2	0.2	0.2	0.1	0.0	0.8

从具体站点出现洪涝灾害的年平均值来看，有以下几个特点：①三大暴雨区的清远、海丰、阳江出现次数多，年平均在0.9～1.3次；南部沿海次之，如汕头、湛江、徐闻年平均0.9～1.0次；中部和珠江三角洲再次之，如广州年平均0.8次；内陆地区，如韶关、梅县、罗定最少，年平均仅0.2～0.3次。②洪涝灾害除海丰在3月出现10%外，其他站点全部出现在4—10月，占全年的100%。③三大暴雨区和南部沿海出现洪涝灾害的时间早，内陆地区出现洪涝害的时间迟，如韶关、梅县、罗定要到6—9月才出现。典型的洪涝灾害有：

1988年西江洪灾：1988年8月下旬至9月4日，受冷空气与低压槽的共同影响，西江流域上游和广西境内连降大雨到暴雨、局部特大暴雨，使柳江、桂江、浔江、贺江及梧州的水位急剧上涨。8月29日至9月3日，柳江、天鹅、迁江、大湟江口等站以及西江干流的武宣站均先后出现超过或接近新中国成立以后最高水位，梧州站出现新中国成立后第四高洪水位。9月3—4日，广西的桂江、浔江、贺江、梧州以及广东的封开、德庆、高要区间降大雨到暴雨，广东高要站洪峰水位也出现新中国成立后第四高位。西江大量洪水涌入北江，使北江的河口、西南、西山各站也超过警戒水位。高要站超过警戒水位(9 m)，时间长达9 d。处于西江下游的肇庆、江门、佛山、中山、珠海等市受到严重损失，封开、郁南2个县城和14个乡镇、274个自然村被洪水淹浸，水深2～5 m，受灾人口21.26万人，受浸农田6.33万hm^2，倒塌房屋1261间，损坏房屋28570间，损坏水利工程403宗，崩决0.07万hm^2以下堤围135条，损坏电排站21个站，装机容量3065 kW，通信线路116 km，公路81 km，国民经济直接损失价值1.95亿元。

1994年6月西、北江大洪水：1994年6月8—17日，受9403号强热带风暴、西南急流、中纬槽、低层暖湿气流以及地势抬升等的先后或共同作用和影响，西、北江流域连降暴雨，洪水猛涨，同时并发约50年一遇的特大洪水，是自新中国成立后最大的一场洪水，也是20世纪仅次于1915年的第二位大洪水。这场洪水来势猛、范围广，洪灾造成的损失十分严重。“94·6”暴雨具有历时长、范围广、强度大、雨量大的特点，其中，不仅有台风、暴雨灾害损失，还有次生灾害龙卷风造成的损失。广西大面积普降暴雨至特大暴雨，广东的粤北、粤西也连降暴雨，局部特大暴雨，整个暴雨过程在珠江流域内覆盖的面积占全流域境内面积的68%。西江广东高要站和马口站20日的洪峰水位、洪峰流量均为新中国成立后最大的洪水，重现期达50年一遇。北江洪水为全流域洪水，以北江干流而言，上至韶关，下至三水，“94·6”洪水的规模是新中国成立以后最大的。“94·6”暴雨洪水灾情十分严重，遭受的损失为新中国成立以后之最。暴雨洪水波及广东7个市、28个县、366个乡镇，受灾人口424万人，145人死亡，倒塌房屋11万间，淹浸农田26万hm^2；水利工程、交通、电讯、工矿企业也受到很大损害。据统计，广东直接经济损失达102亿元。

1994年7月西江大洪水：1994年7月下旬，西江发生大洪水，北江的支流绥江、滨江也同时发生大洪水。7月中、下旬，印度和南海西南季风持续偏强，与副高南部偏东气流形成东西向的季风辐合带。辐合带上多次产生扰动低压，在两广境内回旋，其路径之曲折，影响时间之长，为历史罕见。在此期间，由于连续受北部湾低压槽、热带低压环流、热带辐合带等暴雨天气系统影响，两广境内西、北江流域连降暴雨到大暴雨、局部特大暴雨。“94·7”洪水，广东有14个市、44个县(市、区)受灾，受灾人口932万人；被洪水围困86万人，死亡109人，伤425人；损坏房屋102.44万间，倒塌房屋45.44万间；农田受灾面积30.56万hm^2，鱼塘漫顶0.62万hm^2，毁坏供电通信线路9021 km，毁坏公路929 km，直接经济损失68亿元。

6.3.2.5 龙舟水

龙舟水是指广东每年5月下旬至6月中旬的强烈降水。此时是广东前汛期降水量最集中的时候。广东常年4月以后，大部分地区进入雨季，5—6月南方北上的海洋暖湿气流进一步加强，北方南下的冷空气则进一步减弱，此时西南、东南和北方来的三股气流常交汇于广东上空，形成强烈降水。特别是从5月下旬开始，广东上空的水汽除来自孟加拉湾和南海以外，还有由西南季风从赤道附近海面带来更加湿热的水汽，因此，常年从5月下旬开始，广东水汽来源更充沛，暴雨强度更大，到了6月上、中旬端午节赛龙舟前后往往达到最高峰，人们习惯称这段时间的降水为“龙舟水”。

统计还表明，逐次龙舟水害的影响天数各代表站点之间相差不大，平均都在7～8 d。如按统计标准将龙舟水害分为强、中、轻、无4个等级，则清远及阳江出现强龙舟水害的概率为24%，三大暴雨中心出现中等以上的龙舟水害占53%～66%，其中，海丰达66%。广州、东莞中等以上的龙舟水害占30%左右。而徐闻、罗定、梅县、湛江、韶关地区出现龙舟水害的概率低于50%，其中，徐闻龙舟水害出现最少，出现概率只有24%，且未出现过强的龙舟水害。

(1)龙舟水的标准　从5月21日至6月20日，凡过程降水量≥100 mm，且在降水过程中出现日降水量≥50 mm，即作一次龙舟水统计。在龙舟水灾害的期间内，以持续降水天数≥15 d为重，9～14 d为中，≤8 d为轻；一年中出现两次轻级，且两次累计降水天数≥10 d，则定为中级；当一年中出现两次中级则该年为重龙舟水年；一年中出现一次中级一次轻级，且累计降水天数≥17 d，则该年亦为重龙舟水年；≤17 d者为中级。

(2)龙舟水的空间分布　龙舟水害对广东省影响最大的地区是海丰、清远、阳江3个暴雨中心，年均发生龙舟水害1.2～1.4次，影响时间平均为9.9～11.4 d。龙舟水害次数最多的年份出现3次，在龙舟水出现最多的年份，龙舟水出现天数可达26～29 d，其中，海丰从有记录的1960年开始，年年有龙舟水害发生，年最少天数为2 d(1980年)；阳江和清远发生龙舟水害的概率也分别高达87%和85%；其次是中部地区及东南沿海地区，平均每年0.9次左右，平均天数为6～7 d，也有不出现龙舟水的年份，其不出现概率可达37%；其他地区年均出现龙舟水害0.3～0.6次，年均天数在5 d以内；不出现龙舟水害的概率在51%～76%，受害较轻。

从龙舟水强度分析，广东省大致可分成三类：①强度区：海丰、清远、阳江3个暴雨中心地区，年平均出现龙舟水1.2～1.4次，年平均天数9.9～11.4 d，年最多达26～29 d，年最多出现次数为3次，年出现龙舟水的概率：海丰为100%，阳江和清远分别为87%和85%，其中，出现强龙舟水的概率为24%，中等龙舟水为53%～66%。②中度区：中部和东南沿海地区，年平均每年0.9次，年平均天数6～7 d，年不出现龙舟水概率为37%。③轻度区：即广东其余地区，年平均0.3～0.6次，年平均天数不超过5 d，不出现龙舟水的概率51%～76%，其中，徐闻、罗定、梅县、湛江、韶关等地，年出现龙舟水的概率低于50%，徐闻出现概率仅24%，为广东省最低。总的来说，广东龙舟水的分布是：雷州半岛最轻，粤东、粤西和粤北地区一般，珠江三角洲稍重，三大暴雨中心—北江谷地、莲花山东南侧、云雾山南麓及其附近地区龙舟水最重。

(3)龙舟水的时间分布　龙舟水害的出现期，除徐闻最早出现在5月30日外，其余各站均在5月21日前后开始出现；大多数地区最迟出现期多在6月16—19日。龙舟水害结束期的时间分布是：粤北迟、南部早、粤中和暴雨中心介于两者之间。保证率50%的龙舟水害结束期以后，早稻基本上进入安全齐穗期，时间是6月8—15日，其中，暴雨中心如海丰、阳江、清远出现在6月13—15日，其他站点出现在6月10—13日。保证率80%的龙舟水害结束期以后，进入早稻安全齐穗期，粤北、粤中和暴雨中心出现在6月20日及其以后；雷州半岛出现在6月15—16日；其他站点出现在6月17—18日。上述日期以后齐穗的，10年中有8年不受龙舟水害，因而容易获得稳产高产。

(4)龙舟水的危害　龙舟水出现在5月下旬至6月中旬，此时正是广东早稻幼穗发育和抽穗开花时期，早稻抽穗开花如遇上龙舟会导致花粉发育和授粉受精不良而成为空粒，加上阴雨寡照削弱水稻的光合作用，诱发纹枯病和白叶枯病等病害，从而影响水稻灌浆结实而减产。龙舟水对早稻产生影响和危害的原因：①不利于稻穗发育、授粉受精和开花结实，使穗粒数减少，空秕粒增多，结实率和千粒重降低。②阴雨寡照，使露晒田壮秆难以进行，易引起徒长，后期根、叶易早衰。③诱发纹枯病、稻瘟病和白叶枯病蔓延、发展。从早稻生产来说，保证率50%不出现龙舟水危害的时期，早稻才能基本安全抽穗开花，称“基本安全齐穗期”；保证率80%不出现龙舟水危害的时期，早稻才能安全抽穗开花，称“安全齐穗期”。

此外，常年5月下旬至6月中旬期间，夏季风已盛行于长江以南地区，冷暖空气交锋在江南一带，而广东又首当其冲，降水量常达顶点，这时土壤水分已达饱和，降落到地面的雨水造成强烈的地面径流，加上潮水顶托，水势更明显，如果此时出现强龙舟水，往往会出现大范围的洪涝灾，导致人民生命财产遭受重大损失。

2008年龙舟水　2008年前汛期广东平均雨量达1111 mm，为1951年以来最多；2008年的龙舟水为广东自新中国成立以来最严重的龙舟水（5月下旬至6月中旬即端午节前后的降水），广东平均雨量626 mm，较常年同期偏多1倍，创历史新高，19个市（县）的龙舟水雨量破历史同期最高纪录。2008年龙舟水有四大特点：强度大、时间长、范围广、灾害重。同时降水期间还伴有8～10级雷雨大风，吴川等地还遭到龙卷风袭击。强降水过程始于5月28日，降水集中期长达22 d，期间连续出现4次降水高峰，广东范围的强降水基本没有间歇。过程期间暴雨影响区域达17.2万 km^2，占广东面积的95%以上，其中，出现100 mm以上大暴雨的区域有9.6万 km^2，占广东面积的54%，影响范围非常广。强降水导致西江、北江水位超警戒，部分地区山洪暴发、山体滑坡、房屋倒塌、农田受浸、交通中断、城市内涝严重，广东直接经济损失64.5亿元，死亡33人。

6.3.2.6　洪涝的危害

洪涝灾害严重危害国民经济建设和人民生命财产安全，造成的损失是多方面的。

（1）农业生产方面　广东的洪涝害多发生在沿海、沿江河两岸和湖泊洼地。由于江河上游洪水暴发，中下游受潮汛顶托，以及平原水网径流汇集、退水缓慢等所致。当农作物被水浸没时，就切断了作物与大气的接触，致使作物呼吸作用受抑制而引起生理障碍。这时作物仅能靠水中溶解氧获得氧气供应，经过较长时间后就会发生呼吸困难，导致作物体内碳水化合物被迅速消耗，进而出现呼吸停止，以致枯死。同时由于洪水进入农田流速减慢，夹带的泥沙沉积，造成植株为泥沙埋没、折断、倒伏等直接机械损伤，并诱导病菌侵染，加重危害。所以，淹水受害的影响最大，危害最重。农作物发生洪涝灾害的受害程度，与受洪涝时作物所处的生育期、淹水时间长短、水层深浅、水温高低，以及水质浑浊度等有密切关系。

洪涝灾害对水稻生长发育的影响在各生育期的表现是不同的。如：分蘖期受淹，稻株脚叶坏死，呈黄褐色或暗绿色，心叶略有弯曲，水退后有不同程度的叶片干枯，但不致引起腐烂死亡。孕穗期受淹，特别是花粉母细胞减数分裂时期，会出现烂穗、畸形穗等现象，且使抽穗和成熟期推迟5～15 d，每穗粒数减少，瘪谷增多。

涝害和湿害是造成玉米减产的主要原因。水分过多时玉米生长减慢，植株较弱；叶片发黄，茎秆变红；根系发黑、腐烂。涝害常与寡照同时发生，低温、寡照与涝害相结合，对玉米危害比较重，并且常常诱发病害蔓延，使玉米减产。玉米虽然需水量很大，但却很不耐涝。

花生是比较耐旱的作物，但比较怕涝。若排水不畅，田间积水易发生涝、湿害。开花至结荚期雨水过多，排水又不良，会引起茎蔓徒长，植株过早封行，甚至发生倒伏。土壤含水量接近最大持水量时，抑制子房的发育和荚果的膨大，饱果率降低，种仁含油率低，影响产量和品质。

（2）交通运输方面　随着社会经济的发展，人们对交通运输的需求不断增长，现代交通运输追求快速、高效、安全、准时，但在很大程度上却受天气因素的制约。因此，交通运输是一个对天气影响高度敏感的行业。尽管雨、雪、雾、沙尘暴、高温、低温等天气都对交通运输有一定影响，但洪涝灾害对交通运输的影响更为深刻、严重。

对于中国来说，铁路是国民经济的命脉。随着中国经济的快速增长，铁路所担负的交通运输任务也越来越繁重，但每年各类洪灾都对列车行车安全和正常运输构成很大威胁。中国七大江河中下游地区的许多铁路干线，如京广、京沪、京九、陇海和沪杭甬等重要干线每年汛期常处于洪水的威胁之下。全国受洪水威胁的铁路干线超过1万 km。此外，西南、西北地区的铁路则常受山洪暴发和泥石流的影响。受山洪泥石流影响较重的有成昆、宝成、天兰、阳安、兰新、兰青等铁路干线。洪水冲断铁路、公路和输电线路等，造成设施损坏，运输和电力部门停止营业，造成损失。据统计，近40多年中，全国平均每年因洪涝、泥石流等灾害导致列车脱轨、颠覆等重大行车事故有5起左右，中断行车5 d以上的累积有60多次。特大洪灾对广东境内铁路的破坏尤其严重，1982年5月因为北江洪水，京广铁路广州—韶关段中断行车达12 d之久，造成经济损失约4.4亿元；1959年6月东莞县境内京山段于16日为洪水冲毁，至30日修复通车，中断行车达15 d之久。

洪水对公路的破坏更加严重。1987年5月19—23日，北江、东江、增江洪水暴发，毁坏桥梁1321座，冲坏公路9566 km。1995年8月上旬的洪水造成茂名、阳江、湛江、云浮、江门5市损坏公路桥涵47座，毁坏公路基面 389 km。此外，山洪暴发和泥石流对公路交通运输业构成很大威胁。

以上事实表明，洪涝灾害对铁路、公路交通运输有严重影响。交通运输部门应及时掌握准确的气象资料和天气预报，特别是致洪暴雨的预报，以避免人员、财产蒙受重大损失。在发达国家，交通运输部门对天气、气候信息和预报十分重视和依赖。中国的交通运输部门对专业气象服务的要求也越来越高。

(3)城乡居民家庭生命财产方面　洪水冲塌房屋，居民生命财产被洪水吞没，无家可归，不仅个人生命财产受损失，也给国家增加负担，影响社会的安定。

(4)工矿企事业方面　洪水使工厂停产、单位停工，甚至淹没工厂、机关、单位的财产和设备，造成严重损失。

(5)水利方面　洪涝灾害往往是由于水利设施的破坏而引起的。如大坝溃决、堤防溃决等；洪水还会冲毁渠道、桥梁、涵闸等水利工程。在历史上广东曾遭受过重大的洪涝灾害。如 1964 年 9 月 4—7 日广东出现大范围持续暴雨，珠江口一带雨量 200～300 mm，珠三角受涝面积达 26.2 万 hm^2。1993 年广东省 20 个市共 95 个县(区)遭受洪涝灾害，受灾人口 2811 万人次，死亡 250 人，直接经济损失 160.33 亿元。1994 年 6 月中旬发生的西、北江特大洪水造成重灾灾害，据不完全统计，该年广东省死亡人数 217 人，直接经济损失 26 亿元。

6.3.2.7　洪涝灾害的防御对策与措施

在防御洪涝灾害工作中应当采取蓄泄统筹，标本兼治相结合，治水与治山相结合，工程防治与生物防治相结合，合理规划，综合治理，将下降的水量进行合理再分配，减少洪涝灾害损失。要把绿化造林、大搞农田水利建设、建设旱涝保收的高产稳产农田作为防御洪涝灾害的根本措施来抓。

第一，要重视生态环境，加强江河上游水土保持，减少泥沙入江河量。第二，要扭转“重库轻堤，重建轻管”的倾向。增加防洪投入，提高防洪工程标准，尽快扭转江河防洪能力普遍偏低的被动局面。第三，疏通河道，还地于水，提高防洪行洪能力。第四，增强水患意识，提高大江大河防洪除涝能力。第五，提高气象、水库的监测、预报水平，准确预报洪涝灾害的发生和变化。

从整个流域上、中、下游，山区、平原、丘陵、洼地全面规划和治理，做到河库相通，塘堰相连，大、中、小水利工程结合，化水患为水利。此外，还需注意如下具体措施：

(1)实行深沟、高畦耕作，可迅速排除畦面积水，降低地下水位，洪涝发生时，洪水可及时排出。

(2)洪涝发生前，如作物接近成熟，应组织力量及时抢收，以免遭受洪涝损失。

(3)洪涝灾害发生过程中，要利用退水，清洗沉积在植株表面的泥沙，同时要扶正植株，让其正常进行各种生理活动，尽快恢复生长。

(4)洪涝灾害过后，必须迅速疏通沟渠，尽快排涝去渍。还要及时中耕、松土、培土、施肥、喷药防虫治病，加强田间管理。如农田中大部分植株已死亡，则应根据当地农业气候条件，特别是生长季节的热量条件，及时改种其他适当的作物，以减少洪涝灾害损失。

(5)旱地怕涝作物要采取联片种植，做到排灌分家，避免水田和旱田用水相互矛盾。

(6)龙舟水害的防御对策与措施：根据当地气候规律，扬长避短，发挥气候优势，合理搭配品种和适时播植，使关键生育期避过龙舟水出现最盛期。此外，还必须搞好水利设施，做好防汛防洪工作，疏通沟渠，以防渍水，加强前中期露田、晒田，培育强壮的有效分蘖，增强根系活力，提高作物对龙舟水害和病虫害的抵抗能力，减轻龙舟水害。当出现持续大雨到暴雨导致农作物内涝积水的时候，应尽早使作物叶子露出水面，使之能及早进行光合作用；洪水退落的时候，要及时清洗叶片上的淤泥；作物恢复生势后，应适当追肥，以促生机。此外，必须及时进行各种病虫害综合防治。

6.4　干旱灾害

6.4.1　概述

广东省地处热带、亚热带，虽属我国多雨地区之一，但因受季风气候和地理、地质条件等因素影响，也常受干旱困扰，又因广东以水稻种植为主(占粮食总产的 80%以上)，水稻属沼泽植物，对水分要求高，若在水稻主要生育期发生严重干旱，即可造成很大危害，甚至导致全省粮食大幅度减产。据有关部门统计：新中国成立以来，广东省每年受旱面积一般在十几万至几十万 hm^2，受旱严重的年份超过 200 万 hm^2；20 世纪 80 年代中期以后，干旱程度有加重的趋势，目前全省仍有 25%以上的耕地易受干旱。干旱对广东经济社会的发展威胁很大。

6.4.2 干旱成因

干旱是季风反常的结果。广东虽然降水量丰沛，但由于降水的季节分配不均、干湿季明显、降水强度大、降水利用率低等弊端，加上广东太阳辐射强、气温高、蒸腾蒸发量大、作物生长时间长等，因此常有季节性春、秋旱和冬春连旱，有时也有夏秋连旱，且干旱频率甚高，几乎年年都有。对广东而言，一年四季都可发生干旱，但对农业生产的总体影响来看，主要是春旱和秋旱两种。

(1)春旱　是指发生在 2—5 月的干旱。广东省春季降水的天气系统，主要是由北方冷气团与南方暖湿气团在本省上空交绥而形成的锋面降雨。从粤北移向粤南，在 4—6 月，由于南方暖湿气流进一步加强，当北方南下的冷空气与暖湿空气相遇时，即产生剧烈的降水天气，因而进入多雨的前汛期。但是，若大气环流出现异常，锋面活动少，导致长时间的降水偏少，即可形成春旱。产生春旱的原因主要是冷暖气团未能在广东境内交锋时所造成的。具体有以下 3 种情况：①由于冬季风在大陆过于强盛，使夏季风不能及时进入广东境内，以致广东为干冷气团控制，天气晴好，降水量少，广东的早春旱大都是这种原因造成的。②西北太平洋(含南海)副热带高压西伸北移较早，暖气团势力过强，冬季风势力弱，广东境内主要受夏季风控制，冷暖气团在广东境外交锋，故广东少雨或无雨，也易酿成春旱，广东的晚春旱大都是此种原因造成的。③冷暖气团虽在广东境内交锋，但由于两股气团势力悬殊，锋面降水短暂，降水量也不多。此外，春旱与春季气温升高和蒸发量增大也有关系。春旱主要发生在粤南沿海和雷州半岛地区，由于该地区纬度低，春季冷空气到达已成强弩之末，难于形成锋面降水，春雨来得迟，加上春季升温快，太阳辐射强，蒸发蒸腾量大，故易酿成春旱。

(2)秋旱　是指发生在 8—10 月的干旱。秋季广东的降水主要来自南海和西太平洋热带气旋，此外，热带辐合带、东风波、季风低压、中层气旋、热带云团等也带来一定降水，若夏秋生成的热带气旋数偏少，路径异常，登陆或影响广东的热带气旋少，导致“台风雨”偏少，则形成秋旱。广东省秋旱的环流特征是副热带高压位置偏南、偏西，广东处于副热带高压控制之下，受下沉气流影响，降水偏少。广东的秋旱主要发生在粤北内陆山区，从气候角度而言，广东秋旱的形成主要有 3 个原因：①热带气旋影响小。广东盛夏季节冷暖气团交锋的锋面降水几乎绝迹，地方雷雨又属局部性降水，所以夏、秋季降水的主要来源是热带气旋降水。热带气旋发生在热带海洋上，粤北内陆山区距离海洋较远，而且秋季热带气旋移动路径偏西，多在广东西南沿海登陆，对粤北内陆山区影响小，加上层层山脉阻隔，因此，一般不太会使粤北内陆山区普遍大量降水，因而易酿成干旱。②西北太平洋副热带高压强盛。副热带高压的气流是下沉性的，气流下沉 100 m，气温平均升高 1 ℃左右，气流不断下沉，气温就会不断升高，空气中的水汽就会大量蒸发消耗，所以在副热带高压控制下，往往是万里无云，烈日当空，天气特别干热。太平洋副热带高压系统在秋季是自北向南移动的，粤北内陆山区秋季副热带高压相对较强，阳光强烈，天气炎热。据统计，粤北内陆山区夏、秋季极端最高气温≥35 ℃的日数比粤西南地区偏多 20 d 以上。由于粤北秋季高温强光，以致少雨久旱。③粤北地处内陆山区，境内万山重叠，地形闭塞，夏、秋季节海洋气流北上过程中受到多层山系阻挡，受海洋的潮湿气流调剂弱，加上夏季风南退较早，9 月以后，西太平洋高压迅速南退东撤，雨带南移，粤北雨季先后结束，步入少雨干燥季节，蒸发、蒸腾量大，故形成粤北内陆历史性的秋旱区。

6.4.3 时空分布

从广东省范围看，春旱、秋旱每年都有发生，只是波及范围大小和旱情轻重程度不同而已。

(1)春旱　主要发生在粤西南和粤东南沿海地区，由于纬度低，春季冷空气到达已成强弩之末，受春季锋面降水影响小，春雨来得迟，气温高，蒸发量大，故常酿成春旱。据资料统计显示，以年平均春旱天数看，粤北不足 30 d，粤中 30～40 d，粤南沿海地区 40 d 以上，雷州半岛 50～60 d。若以连旱天数≥30 d 出现概率来看，粤北约 3 年一遇，粤东 5 年三遇。而从春旱期≥2 个月的比率看，徐闻达 2 年一遇，为全省最高。历史上最长春旱期，粤中南及其以南地区达 100～120 d。新中国成立以来，春旱比较严重的有 1955 年、1956 年、1960 年、1963 年、1971 年、1972 年、1973 年、1977 年、1984 年、1991 年 10 年。

（2）秋旱　主要发生在粤北内陆山区，该地区由于夏季风南退较早，且受热带气旋影响小，9 月雨季即先后结束，步入少雨干燥季节，又因其时气温仍较高，晴天多，蒸发、蒸腾量大，故易酿成秋旱。据资料统计显示，广东省各地年平均秋旱期都有 20～60 d，其分布趋势为粤北多、粤南少，粤东多、粤西少的特点。其中，粤北 50～60 d，粤中南 30～40 d，珠江口以西及其沿海最少，30～35 d。以秋旱不同持续期出现的频率来看，持续≥50 d 的，粤北为 2 年一遇，粤中南 10 年三遇，粤西南 10 年一遇，是广东省秋旱最少的地区。新中国成立以来出现严重的秋旱年有 1955 年、1966 年、1971 年、1986 年、1989 年、1991 年、1992 年，严重的干旱带来极大的危害。据统计，广东省受旱面积 66.67 万 hm^2 以上的有 6 年，133.3 万 hm^2 的有 1 年，损失粮食 5 万 t 以上的有 5 年，25 万 t 以上的有 4 年。

典型干旱个例有：

2003 年广东省大范围严重干旱　2003 年广东省平均降水量偏少 19%，持续的高温少雨导致较严重的春旱和夏秋连旱。冬春西南部降水严重偏少 5 成以上，湛江和茂名两市的农作物受旱面积达 14.9 万 hm^2，其中，严重受旱 4.5 万 hm^2，16 万人因旱饮水困难。7 月 1 日至 8 月 20 日，广东省大部降水偏少 3～7 成，农作物受旱面积 15.94 万 hm^2，其中，重旱 4.23 万 hm^2，干枯 0.76 万 hm^2，部分地区出现人畜饮水困难。

2004 年广东省范围严重干旱　2004 年是 1963 年以来降水量最少、干旱最严重的一年，降水偏少 26%。3 月中旬广东四大江河出现历史最低水位，干旱影响到春耕生产和居民生活用水；前汛期降水不足，东南部旱情相当严重，至 6 月中旬，南澳县水库基本干涸，是 40 年来缺水最严重的一年；10 月广东省有 37 个县（市）滴雨未下。广东省作物受旱总面积近 93.33 万 hm^2，其中，严重受旱 32 多万 hm^2，绝收 6.67 万 hm^2，珠江口河道出现 20 年来最严重的咸潮。

2005 年部分地区严重干旱　2005 年广东干旱主要发生在春季和秋冬季，全年干旱程度比 2004 年略轻。2004 年 9 月至 2005 年 4 月，严重旱情主要表现在水库缺水，河流水位偏低，徐闻县从 2004 年 9 月 24 日开始连续 248 d 没下过“透雨”（日降水量≥20 mm），打破了 1902 年以来的历史纪录，为百年一遇的特大干旱。广东省严重旱情带来咸潮、森林火灾等问题，12 月中下旬，广东山火频发，仅 22 日广州地区便发生了 7 宗山火。

2015 年雷州半岛严重春夏连旱　2015 年雷州半岛出现罕见春夏连旱，造成严重影响。2 月至 7 月上旬，雷州半岛降水偏少 8 成，为其历史同期最少降水纪录。持续的温高雨少天气导致雷州半岛出现历史罕见的春夏连旱，干旱持续时间和强度为近 60 年来所罕见。据不完全统计，雷州半岛春夏连旱共影响人口 47.8 万人，农作物受灾面积 14.767 万 hm^2，直接经济损失 6.24 亿元。

6.4.4　对农业的危害

干旱灾害对农业生产的影响和危害程度与其发生季节、时间长短，以及作物所处的生育期有关。2—4 月是早稻播种、插秧，以及旱地作物种植的繁忙季节。此时，农业用水明显增多，如水分不足就会影响春季农业生产。春旱往往造成早稻缺水耕田，不能适时播种、插秧，使春种作物缺苗断垄，影响春收作物后期的正常生长，延迟果树的发芽时间和降低发育势等。夏旱影响夏种作物的出苗和生长，影响早稻和春玉米正常灌浆及晚稻的移栽成活。秋旱会影响晚稻和其他秋收作物的生长发育及产量形成。冬旱影响冬种作物播种、出苗及其生长发育。干旱轻者影响农作物正常生长发育，重者导致作物死亡，使农作物减产或失收。

干旱对作物生理活动将会产生系列影响，首先当植株吸收水分不足时，作物净光合强度下降，甚至停止。干旱破坏了光合生理机能正常活动，使二氧化碳同化量减少。干旱时，气孔保卫细胞水势降低，使气孔关闭，阻碍了二氧化碳的扩散及其透过性。其次，干旱使作物绿色叶片的光合能力降低，干物质积累少，供给器官生长的营养物质不足，因而生长慢，这是水对生长的间接影响。干旱影响作物植株呼吸作用正常进行，当植株严重缺水时，呼吸释放的能量，以热的形式散失掉，影响了代谢过程。干旱可削弱作物的蛋白质合成过程，增强其分解过程，影响脯氨酸的形成及氮素来源。干旱对细胞的分裂和细胞体积的增长有明显的抑制，从而影响作物正常的生长发育使产量降低。

6.4.5 干旱灾害的防御对策

目前广东水利设施尚未过关，全省仍有 30×10^4 hm^2以上的耕地没有水利设施，在现有水利设施中，还有相当一部分是抗旱能力低的小型工程，在有效灌溉面积中，保证旱期能灌溉的只占 86%左右，还有 14%左右(约 2814×10^4 hm^2) 得不到保证。因此，必须及时采取相应对策，减轻干旱的危害。

(1)开发空中水资源，增加自然降水　解决干旱缺水，开发水源十分重要。大气降水是地面水资源和地下水资源的来源，充分利用、合理开发空中水资源，实施人工增雨作业是缓解干旱的有效手段之一。根据科学和实践经验，有两方面因素制约了增雨抗旱工作：一是在旱季开展增雨抗旱作业的机会少、难度大，而雨季增雨抗旱作业的机会很多，增加降水量明显，能够事半功倍；另外，根据中央领导要求增雨抗旱向“抗旱减灾、缓解水资源短缺和生态建设等”服务的指示，以及科学管理、合理调配水资源的要求，要把增雨抗旱工作作为每年的常规任务来抓，雨季增雨蓄水、旱季引水和应急增雨抗旱两手抓。二是由于云水资源和地面水源分布与行政区域分布不重合，增加旱区降水的作业需要跨行政区作业，须统筹、协调相关区域，才能最有效缓解旱情。因此，增雨抗旱急需从应急局部型转向常规统筹型，才能最大限度地发挥增雨作业的抗旱效益、生态效益、经济效益和社会效益，并避免应急作业可能出现的安全隐患。

(2)兴修水利，搞好农田基本建设　加强农田基本建设，进行综合治理，建设旱涝保收的基本农田。在广大平原和沿江、沿海地区，可修建引水灌溉工程，也可建机电排灌站网。在山区和丘陵区宜修水库、塘坝，把雨季的降水储蓄起来，供少雨季节使用。要根据当地水源的实际情况，制定发展水利的科学规划，有步骤地加以实施，才能发挥更大的抗旱作用。广开水源，扩大农田灌溉面积是防御干旱的根本措施。平整土地是减小径流、控制水土流失、增加土壤蓄水量的有效办法。山坡地修成水平梯田后，大大减慢了径流速度，增加雨水渗入土壤时间，减少水土流失。河道平原区要修好灌水渠道，改良土壤结构以提高农田蓄水、保肥、保水能力。

(3)造林种草，涵养水源，改善小气候　为了从根本上解决旱涝灾害，要造林种草，涵养水源，改善小气候，保护生态环境。造林种草，起保护农田和提供饲料的作用。群众说：“山上长满树，像个大水库，雨多它能吞，雨少它能吐。治山治水不种树，有土有水保不住。”树林能够提高空气湿度，据有关研究报道，森林上空比农田上空的空气湿度高 10%，林区年降水量可增长 5%～20%，甚至 30%，炎热季节气温比无林地偏低 0.7～2.3 ℃，在树高的 20～25 倍范围内平均风速降低 16%～60%，提高土壤湿度 1%～4%，所以能显著减轻林区的旱灾危害。

(4)合理布局，抗旱栽培　根据干旱的发生规律，因地制宜地实行作物合理布局，选种抗旱作物和耐旱品种；调整作物播期，趋利避害，避开干旱威胁，在干旱灾害发生时选用相应的抗旱栽培措施，要千方百计全力抗旱，保证粮食种植面积，如实在没有足够的水田播种的，可及时改种旱地作物。

(5)节水灌溉，提高水资源利用率　节水灌溉包括两个方面：一是根据农作物生长发育各阶段的耗水规律和本地的气候特点(如降水蒸发等气候条件，以及土壤水分状况)，制定一套合理的灌溉制度，做到既满足作物需水，又不浪费水资源。二是采用先进的喷灌、滴灌、地下水灌溉等节水灌溉技术。在水源不富裕的地区还可集中灌水，即在农作物生长发育的需水临界期或关键时期集中灌水，使少量的水用在刀刃上，提高水分利用率。

(6)耕作保墒　根据土壤水分一年四季的变化规律，采取各种农田耕作措施，保持土壤水分，增加蓄水能力。主要措施有：深耕保水，中耕保水以及变浅耕为深耕，变浅种为深种，变浅锄为深锄，深松耕作等抗旱耕作方式。通过深松耕切断土壤毛细管，抑制土壤深层水分蒸发，起保墒作用。

(7)覆盖抑制农田蒸发　可用地膜、薄膜覆盖或其他作物残留物覆盖农田土壤上，抑制土壤蒸发。还可利用某些化学物质，铺撒于土壤表面，形成一层薄膜覆盖层、泡沫覆盖层或粉末覆盖层，抑制土壤蒸发。

6.4.6 对经济社会的影响和危害

干旱不仅威胁着广东的农业生产，而且随着社会和经济的发展及城市化程度不断提高，对淡水的使用量剧增，干旱也已越来越影响到社会各个方面，广东省的几个大中城市已经历多次“水荒”危机，缺水问题已成为制约广东经济社会发展的重要因素之一。

6.4.7 对森林火灾的影响

在干旱时期内，降水稀少，空气干燥，为森林火灾提供了有利的环境条件。研究表明，日降水量 1～5 mm 时即可湿润林地，>5 mm 则林内可燃物吸水一般达到饱和状态，可以维持 3～5 d 内不着火。试验发现，日雨量>3 mm 时，当天无火灾发生，若日雨量<3 mm 的连续天数超过 30 d，则林火的可能性达 100%。

6.4.8 对城市用水的影响和危害

由于城市水资源不足，城市生活、工业和环境等需水量超过当地水资源的承载能力。广东的缺水城市主要分布在粤东、粤西沿海地区和石灰岩地区，由于粤东、粤西沿海地区河流短浅，集水面积小，建水库条件差，且绝大部分水量在汛期直泄入海，枯水期可利用的水量十分有限；粤北石灰岩地区受地质条件限制，溶洞漏水影响建库蓄水，所以可利用的地表水资源更为有限。例如，广州市位于珠江三角洲顶部，是珠江干流汇流处，水利条件得天独厚。但是，随着城市人口的不断增加，社会经济迅速发展，广州市供水呈水质性和工程性缺水并存的局面。主要表现在：①供水工程太少及供水布局与城市发展不够协调，加剧了供水的紧张局面。②水源污染日益严重。一是工业废水处理达标率低；二是每年还有几十万吨粪溺直接排入河道；三是农田灌溉的回归水也携带大量污染物直接入河，严重污染水体。③咸潮上溯严重影响城市供水。④用水浪费和重复利用率低。据统计，广州市民每日用水量居全国第一，但水资源重复利用率远低于国家标准，工业用水重复利用率不足北方城市的 1/3。

6.4.9 防御对策与措施

目前广东仍有一部分耕地无水利设施，有部分耕地虽有水利设施但抗旱能力较低，因此，在合理开发利用气候资源、保护好现有自然植被不被破坏的同时，应做好如下措施：

(1)建设稳产高产农田　农田基本建设的中心是平整土地，保土、保水。修建各种形式的梯田、沟坝地，进行小流域综合治理，是行之有效的抗旱增产措施。

(2)合理耕作，蓄水保墒，对抗旱增产具有重要作用　耕作保墒的要点是要适时耕作，讲求耕作方法和质量，通过深松耕切断土壤毛细管，抑制深层土壤水分蒸发，起保墒作用。

(3)增加灌溉水源，提高抗旱能力　大力兴修水利，搞好防旱工程建设。在干旱地区必须抓好蓄水防旱工程，充分发挥水利工程在抗旱中的作用，在充分利用自然降水和土壤储水的基础上，设法增加流域蓄水量，搞好水土保持和流域综合治理，如修建水库、塘坝等，把雨季的降水储蓄起来，供旱季使用，控制水土流失，增加土壤蓄水量，增加雨水渗入土壤时间，减少水土流失；根据实际情况，制定水利规划，发挥抗旱功能，提高防旱抗旱能力；广开水源，扩大农田灌溉面积。

(4)造林种草，涵养水源，改善农田小气候　据调研，森林能够提高空气湿度，在正常情况下，森林上空比农田上空的空气湿度高 10%左右，林区年降水量比非林区增加 5%～20%，炎热季节的气温比无林地偏低 0.7～2.3 ℃，能提高土壤湿度 1%～4%，故造林种草能减轻旱灾。

(5)节水用水，提高水资源利用率　节水用水应制定科学合理的节水灌溉措施和采取有效的节水灌溉技术。制定合理的灌溉和用水制度，做到既满足作物需水，又不浪费水资源。为了节约用水，应采用先进的农业节水技术，有效利用有限水量，如滴灌、喷灌、地下水灌溉等。据报道，滴灌不仅节约 50%用水，还节约化肥和农药，并能减少盐分的集结，使作物产量提高。在干旱缺水较重的地区还可集中灌水，即以保证作物需水关键期供水和干旱期用水，使有限的水资源用在刀刃上，提高水资源的整体效率，发挥水资源的最大效益。

(6)采用综合措施，防旱抗旱　覆盖抑制农田蒸发，如采用秸秆、地膜等材料覆盖在农田表面，可以有效地抑制土壤蒸发，起到很好的蓄水保墒效果。此外，增施有机肥，可以改善土壤结构和提高农田蓄水、保肥能力。

(7)加强科研工作　提高旱灾发生的预测预报能力和应变能力，及时做好防旱抗旱工作，以减轻灾害损失。

(8)开展人工增雨试验和实施工作　广东地处中国大陆南北水汽通道的前沿，具有丰富的云水资源。采用人工增雨手段，能在一定程度上缓解因水资源短缺的干旱问题，抓住有利时机，增加自然降水，是增强抗旱和调节水资源的应急措施。

(9)选用抗(耐)旱作物和品种　应选用抗旱性强、生育期短和产量相对稳定性高的作物和品种。

(10)化学控制措施　经试验和推广证明，中国在化学覆盖剂、保水剂、抗蒸发剂等方面的试验研究获得了重要进展，为防旱抗旱工作开辟了新途径。

此外，还应高度重视水资源的保护，防止水质继续污染，做到城市污水处理能达到或超过供水能力的目标，以及加快人畜饮水工程建设。

6.5　寒冷灾害

6.5.1　冬季寒害

6.5.1.1　概述

冬季寒害是一种气象灾害。它是影响广东冬季农业生产的主要灾害。从农业灾害角度而言，寒冷灾害包括冷害和冻害两个方面。

冷害是在农作物生长季节 0 ℃以上(有时在 20 ℃左右)低温对作物的损害，往往又称低温冷害。冷害使农作物生理活动受到障碍，严重时可导致农作物某些组织遭破坏。但由于冷害是在气温 0 ℃以上，有时甚至在接近 20 ℃的条件下发生的，作物受害后，外观无明显变化，故有“哑巴灾”之称。

冻害是冬季作物和果树、林木在越冬期间因遇到 0 ℃以下的低温或剧烈变温所造的灾害，包括越冬作物冻害，果树和林木的冻害。冻害主要使植株体内水分冻结而造成伤害。冻害轻者则冻伤植物一部分枝叶花穗，重者导致整株冻死。广东地处低纬，其寒害发生的频率和出现的最低气温虽然比我国中、高纬度地区轻，但广东寒害过程的降温幅度平均达 13～14 ℃，降温幅度是全国最大的，且降温幅度值是越往南越大，其剧烈变温幅度，粤南大于粤中，粤中大于粤北。改革开放后，为了提高经济效益，粤中、南地区冬季农业生产大量引进优质高效但抗寒性较差的热带、南亚热带新品系和新项目，冬季蔬菜和热带、南亚热带果树种植面积和水产养殖越来越大，因而降低了总体抗寒能力，冬季寒害带来的灾害越来越严重，种养业造成重大损失。冬季寒害是由冬季寒潮(广东规定：24 h 降温达 8 ℃以上或 48 h 降温达 10 ℃以上，且最低气温在 5 ℃以下)和强冷空气(24 h 降温达 6.0～7.9 ℃且最低气温≤7.0 ℃或 48 h 降温达 8.0～9.9 ℃且最低气温＞5 ℃)引发的。寒潮和强冷空气的源地在北极地区，经西伯利亚中部或西部地区积聚加强而暴发南下影响中国和广东，强大的寒潮可长驱直入广东各地区，造成降温范围广、强度大，而且持续时间长的寒潮降温天气。广东地处极地大陆高气压的东南缘，寒潮和强冷空气可沿河谷等低地南下，造成剧烈降温，个别年份还会出现大范围的霜、冰天气。

广东地处中国东南沿海低纬地区，属于热带、亚热带气候，夏长冬短或基本无冬，同时属于世界上严重的气候脆弱区之一。尽管广东寒害发生频率以及极端最低气温远不能和北方相比，但过程降温幅度平均达 13～14 ℃，是全国最大的，且降温值越往南越大。随着区域经济的高速发展，引进了一些优质高产但抗灾性能相对较差的新品种，进一步降低区域植被总体抗寒能力。寒害往往对冬春作物、蔬菜、花卉、牲畜饲养，特别是对果树、淡水养殖等典型热带、亚热带农业项目造成重大损失。新中国成立以来，1955 年出现 60 年一遇的严重寒害，使大批橡胶树冻死，春收作物减产 20%～50%。1963 年出现持续低温霜冻。1975 年 12 月底出现强寒潮带来的严重冰雪天气。20 世纪 90 年代就有 4 次寒害分别给广东农业生产造成 18 亿元(1991 年)、41 亿元(1993 年)、46 亿元(1996 年)和 108 亿元(1999 年)的巨大损失，90 年代广东省寒害损失合计达 213 亿元，比以往多得多。事实上，寒害已经成为广东省继洪涝、热带气旋之后的第三重大灾害性天气。

6.5.1.2　寒害类型

以过程降温幅度和同时相应出现的过程最低气温及低温持续时间等几个因素为指标划分为：一般寒害(亚类Ⅰ、Ⅱ)和严重寒害(亚类Ⅲ、Ⅳ、Ⅴ)2 个等级和 5 个亚类，亚类Ⅰ、Ⅲ为降温型寒害，亚类Ⅱ、Ⅳ、Ⅴ

为低温型寒害(表 6.3)。

表 6.3 寒害指标和标准

寒害等级	一般寒害		严重寒害		
	Ⅰ	Ⅱ	Ⅲ	Ⅳ	Ⅴ
日平均气温连续降温(℃)	≥10	≥5	≥15	≥10	≥5
同时出现的最低气温(℃)	≤5	≤0	≤5	≤0	≤-2

6.5.1.3 分布特征

冬季寒害主要是北方的寒潮和强冷空气南下影响广东造成的，寒潮和强冷空气在自北向南的移动过程中，是逐步变性的，气温逐渐升高，空气湿度逐渐加大，强度逐渐减弱；由于粤北位置偏北，因此，寒害频数和寒害次数都呈现由北向南递减；由于粤南位置偏南，冬季气温较高，遭遇寒潮和强冷空气入侵后，变温剧烈，降温幅度大，因此，出现过程降温幅度地区分布为北小南大。其特点有：

(1)频数特征 寒害频数北多南少，广东省年平均 1.02 次，其中，一般寒害年平均 0.64 次，占总次数的 63%，严重寒害年平均 0.38 次，占总次数的 37%；降温型寒害年平均 0.78 次，占总次数的 76%，低温型亚类仅占总次数的 24%。从各亚类来看，亚类Ⅰ频数最多占 55%，亚类Ⅲ次之，年平均 0.23 次，亚类Ⅴ最少，年平均 0.05 次。

(2)寒害次数 由北向南递减，年平均寒害次数：粤北大部地区 1.5～3.0 次，连州年平均 3.5 次，为全省最多；粤中 0.5～1.5 次；粤南沿海和雷州半岛 0.5 次以下，其中，徐闻 0.13 次，为广东省最少。广州年平均 0.77 次，比广东省平均的 1.02 次少 2 成。

(3)过程降温特征 广东省各地寒害过程降温幅度在 11.5～16.5 ℃，广东省平均 13.6 ℃，是全国降幅最大的。过程降温幅度地区分布为北小南大，越往南越大。虽然南部寒害频数较少，但一旦达到标准，降温幅度往往大于北部。各地过程的极端最低气温平均为 0.9～4.4 ℃，广东省平均为 2.6 ℃，呈北低南高趋势。各地过程降温持续天数在 3.1～4.9 d，广东省平均为 4.1 d。总的来看，过程降温幅度越大，降温时间越长。

(4)月际分布 广东寒害出现于 10 月末至次年 3 月底，在冬半年各月均可能出现寒害，其中，最早出现在 10 月 30 日，最晚出现在 4 月 2 日。10 月至次年 3 月逐月累计频数以 1 月最多，12 月、1 月、2 月 3 个月比较集中，累计占总频数的 85%，其余 3 个月占 15%，10 月仅占 0.7%。

6.5.1.4 寒冷灾害危害特征

从植物的生理机制来说，冬季寒害主要反映在两个方面：一是 0 ℃以上致喜温作物的低温冷害，另一个是 0 ℃以下致喜凉半耐寒作物的低温冻害。

6.5.1.4.1 低温冷害

极端最低气温≤5 ℃是喜凉作物的冷害指标，也是广东越冬作物生长的制约温度。年平均日数广东省以连山为最多，达 45.6 d，连平、翁源、新丰、龙门和龙川、紫金等地有 25～30 d；广州及其以南的广大南部和沿海地区不足 10 d；地处广东南端的徐闻也有 0.5 d。由此可见，在寒潮入侵过程中，这种低温冷害可以波及广东省各地。

低温冷害有明显的年际变化，以广州为例，自新中国成立以来，冷害的集中期大致出现在 1954—1955 年、1962—1963 年、1966—1970 年、1973—1974 年、1975—1977 年、1983—1984 年、1985—1986 年和 1992—1993 年等年份。在上述年份中，出现日数比多年平均偏多 5 成至 1 倍以上。这种低温冷害的最早出现初日，一般在 11 月上旬至 12 月中旬，最迟终日可晚于次年 3 月上旬至下旬。在寒潮直驱广东粤西沿海的异常年份中，湛江可出现低温冷害 4 d。广州 1993 年 1 月下旬出现低温冷害 8 d，成为 1908 年有气象记录以来之最。

6.5.1.4.2 低温冻害

(1)极端最低气温≤0 ℃日数 极端最低气温≤0 ℃不仅是喜温作物的致死温度，也是喜凉作物的危害温度。基本集中出现在偏北地区和中部山区，平均有 3～10 d。广东省以连山的 9.2 d 为最多，中部地区为 5～10 年一遇，中南部及沿海地区为基本无出现区。新中国成立以来，广东省最低的气温极值出现在粤东北的梅县，-7.3 ℃(1955 年 1 月 12 日)。广州在 1957 年 2 月中旬，也出现过 0.0 ℃的极端最低气温纪录(创1908年以来最低)。由此可以说明,地形对低温冻害有极其显著的再分配作用。所以,在扩大发展冬种和热带果树中,尤要注重小地形对局地气候的影响。

(2)霜冻日数　在广东偏北地区冬季霜是一种常见的天气现象,因其成因不同可分3种类型,一种是平流霜,即受北方强冷空气或寒潮入侵影响,气温急剧下降,使水汽直接凝华而成白色疏松结晶体,这种霜的出现是大范围的。另一种是辐射霜,在一些地形闭塞的地方(盆、谷地),白天太阳照射温度高,夜间晴空辐射冷却而形成霜,这种霜多是局部性的。第三种是混合型的,即在上述两者共同作用影响下产生的。霜常可使越冬作物植株体细胞膜受害,严重时导致作物死亡,这就是霜害(或称霜冻)。

广东霜日的分布北多南少。偏北地区和山区10～16 d,中部5～10 d,中南部减至1～5 d,南部和沿海地区多为10年一遇。在偏冷的年份,各地霜的出现日数都比平均值多3～6倍以上。这是广东越冬作物受威胁最大的气象因子。

从平均初霜日期的分布来看,北、西北部以出现在12月中旬居多,中部稍迟于12月下旬,中南部于1月初(少数在12月下旬),沿海最迟在1月中。平均终日,大多在2月中旬或1月中下旬。在一些偏冷的年份,北部最早初霜可提前在11月上中旬,广州、湛江等地区也可提前在12月。而最晚终霜大都在3月上旬或2月底。有霜期,北部和山区为50～70 d,中部和中南部20～30 d,往南迅速减少,至沿海不足10 d。为此,要在广东发展热带果树,需确切掌握霜冻出现的气候规律。

(3)冰、雪现象　冰、雪现象是最强烈低温冻害的反映,一旦出现,都会造成大批冬种作物和热带果树严重损伤和死亡。结冰天气出现的范围仅限于北部和山区,年平均不足7 d。广州年平均虽然有近2 d,但主要集中出现在20世纪50年代后期、60年代初期和70年代中后期,80年代比较少见。雪象比结冰的范围更小,即使在偏北地区,年平均也只有1～2 d。白皑皑的大雪,只有粤北于1980年1月、2016年1月下过,其他都以冰粒形式降落。典型寒害个例有:

1999年12月中、下旬寒害:这次寒害的降温幅度虽未达到寒潮的指标定义强度,但冷空气于12月17—18日自北向南影响广东省后,北方仍有冷空气不断南下补充入侵本省,促使气温持续地逐日下降,至23日广东不少地区出现了历史同期最低气温。粤北和粤中偏北地区最低气温在0 ℃以下,其他地区在0～5 ℃。此次寒害过程从12月19日、20日的阴雨寡照、湿度大、日夜温差小的天气,急转为干冷天气至月底,其特点是:天气晴朗、碧空无云、日照强烈,气温急升急降。以广州资料为例,12月23—27日的日最高气温分别为13.2 ℃、16.4 ℃、18.3 ℃、21.2 ℃、22.7 ℃,而相应的日最低气温分别为0.0 ℃、2.8 ℃、3.6 ℃、4.1 ℃、6.4 ℃;日夜温差分别为13.2 ℃、13.6 ℃、14.7 ℃、17.1 ℃、16.3 ℃。夜间气温极低,天气异常寒冷;日间气温急升,日照强,空气十分干燥。同时,12月中旬后期至12月下旬,广东连续出现多日大范围霜冻和冰冻现象,致使广东各地受灾极其严重。据广东省农业厅信息中心统计,广东受灾农作物、果树等78.3万hm^2,其中果树34.3万hm^2,蔬菜20.8万hm^2,旱粮19.1万hm^2,其他作物4.1万hm^2。还有水产鱼类和畜禽等均受到不同程度的灾害,如湛江市3330多hm^2罗非鱼、6660多hm^2斑节对虾、530多hm^2罗沼虾全部冻死。广东种养业的经济损失约108亿元。

2008年1月中旬至2月中旬罕见低温雨雪冰冻天气:2008年初,在异常大气环流和拉尼娜事件的共同作用下,冷空气活动活跃,低温、雨雪、冰冻等灾害性天气频频来袭,导致广东遭遇了历史罕见的严重冷害,给社会各行业和人民生产生活带来严重影响和重大损失。1月中旬至2月中旬,受不断补充的强冷空气和降水影响,广东出现范围大、持续时间长的严重低温雨雪冰冻灾害,这次过程具有持续时间长、平均气温低、雨水异常多、日照严重少和影响范围广的特点,相应多个气象要素的统计值破历史纪录。湖南、湖北、江西等19个南方省份也受到这次寒冷过程的影响,其影响范围之广前所未有。长时间的低温和阴雨寡照导致粤北出现严重的雨雪冰冻现象,植被净初级生产力遭到严重破坏,交通、电力、农业、养殖业、林业等各方面损失严重,广东直接经济损失达166.41亿元。此外,由于恰逢春运高峰期,大量旅客受困滞留,社会反响巨大。综合考虑寒冷灾害的持续时间、低温强度、积寒等指标及社会经济影响,评定这次低温雨雪冰冻灾害的严重程度为80年一遇。

2016年强寒潮过程:2016年1月22—26日,受强寒潮天气影响,广东省出现了全省性低温和大范围的冰冻天气,茂名等24个县(市)气温跌破历史极值,粤北大部出现雨雪冰冻现象,京珠北高速云岩路段积雪厚度达4 cm;24日,珠江三角洲和广东南部部分县(市)出现了历史罕见的雨夹雪或霰(小冰粒),降雪范围突破了1951年以来降雪的最南界，广州市区出现降雪奇观。这次过程具有“极端气温低、降温幅度大、冰雪范围广、大风时间长”的特点，对广东农业、林业、养殖业、畜牧业造成较大影响。东部、西南部的蔬菜、马铃薯、甘薯、玉米等作物遭受寒害，部分作物绝收；柑橘、香蕉、橡胶等热带、亚热带经济林果遭受不同程度寒害；禽畜、水产养殖也出现因灾死亡，尤其是海水网箱养殖损失惨重。据广东省民政厅统计，这次强寒潮导致韶关、清远、河源、广州、惠州、汕尾、江门、茂名、湛江9个市29.7万 hm^2 农作物受灾，直接经济损失61.0亿元，茂名、潮州、汕头、揭阳等市水产养殖业损失大。总体而言，2016年广东低温冷冻灾害损失仅次于2008年，为近10年第二重。

6.5.1.5 防御对策与措施

主要是采用趋利避害，避、抗、防相结合的措施。“避”，就是掌握当地寒冷灾害发生规律，使作物(生物)关键生育期避过寒冷灾害频繁出现时期，以减免寒冷灾害。为此，要搞好品种的种植区划，确定品种的种植范围，进行合理布局。选择和培育抗寒力较强的作物和品种。喜温作物选择背风向阳的平地或山坡的南坡种植，避免在向风背阳和山谷、洼地或山顶种植。“抗”，就是改善农业生态环境，如营造防护林带或林网，调节和改善农田小气候状况，达到防寒保暖、保护农业生物免受寒害的目的。栽培技术着眼于提高农业生物的抗寒能力。“防”，主要采用物理和化学方法，提高农业生物的抗寒能力，物理方法是以水调温，保持近地面的农田温度，或覆盖生物体的地上部或地下部，使生物体与外界冷源隔开，减少有效辐射和防御寒风侵袭，达到保温目的。化学方法主要是在低温来临之前采用化学药剂，增强抗害能力。具体方法有：①灌水法：在可能出现寒冷灾害(霜冻)前一天灌水，以保护地面热量，提高近地层空气温度和湿度。小面积可在霜冻出现前夕喷水，因为水温比气温高(初霜时期气温0 ℃时，水温一般在10～15 ℃)，水在作物上遇冷凝结会释放热量，缓解植物体内降温，防御霜冻效果好。②覆盖法：用稻草、薄膜等覆盖农田表面，既可防止外面冷空气吹袭，又能减少农田地面热量散失，一般能提高土温1～3 ℃。③施肥法：在霜冻来临前3～4 d，在田间施上厩肥、堆肥和草木灰等，既能提高土温，又能增加土壤团粒结构，提高地力。④风障法：霜冻来临前，在作物田间北面设置风障，阻挡寒风吹袭，减轻寒害。⑤熏烟法：用能产生大量烟幕的物质，在霜冻来临前1 h点燃，形成烟幕，能使地面气温提高1～2 ℃，但此法会污染大气，仅适于保护价值高的种苗田间短期使用。此外，还应加强冬季寒害的预报和服务工作，改进通信手段和信息传输工具，尽快把寒害的天气预报和防御措施送到生产部门和民众中，以便及时做好防寒工作。与此同时，还应做好如下应急措施：加强人员、牲畜、家禽的防寒保暖工作，农业、水产业、畜牧业等要积极采取防霜冻、冰冻措施。尤其要做好牲畜、家禽、热带、南亚热带果树及有关水产、农作物等种养品种的防寒防风等措施。

6.5.2 春季低温阴雨和倒春寒

6.5.2.1 概述

春季低温阴雨是冬夏季风交替的结果。因为春季极地冷空气势力减弱，在欧亚环流场出现高压阻塞系统时，冷空气不能一举南下，却可逐股渗透。若副热带系统的南支槽活跃，槽前的西南季风将源于孟加拉湾的暖湿气流频频东传，与南下渗透的冷空气交绥为锋面或静止锋时，就在广东上空形成低温阴雨天气。广东气象上表征低温阴雨有如下两个条件：①日平均气温≤12 ℃，连续≥3 d。②日平均气温≤15 ℃，每天日照时数≤2 h，连续≥7 d。凡在2月1日(可上跨)至4月30日期间，出现的上述两个天气过程之一者，即统计一次低温阴雨过程。

低温阴雨过程的次数以粤北最多，年平均有2～3次，往南明显减少，至粤中南地区只有1～2次，粤南地区约1次，粤西南沿海最少，大约2年一遇。粤北低温阴雨过程的次数多，结束迟，粤中和粤东(广州、汕头)出现的次数虽较少，但结束也比较迟，在2月下旬至3月上旬结束的比率仍较高。

倒春寒是指晚春仍出现较强的冷空气而导致的低温阴雨天气过程。广东规定为：当粤北地区从3月21日起，粤中、南地区从3月11日起出现的低温阴雨天气过程，称为“倒春寒”。倒春寒出现概率：粤北偏北地区约2年一遇，粤北(韶关)10年三遇，其余地区出现机会更少。20世纪50年代以来，倒春寒过程结束日期，粤北可迟至清明节气前后，其余地区多结束于春分节气前后。70年代至90年代前期出现持续连阴雨现象较多，烂秧死苗比较严重，使露地秧无法适时播种，尼龙秧也无法炼苗。

6.5.2.2 低温阴雨灾害

春季正值早稻播种和旱地作物播种及种植时期，早稻播种育秧（或抛秧）粤中南地区一般在“雨水”至“惊蛰”间，粤北地区集中在“惊蛰”至“春分”间。20 多年以来，广大农村推广了抛秧技术，早稻在温室育秧基本不出现烂秧死苗的现象，但此期间，恰处在广东低温阴雨多发期，早稻抛秧至大田后，仍有可能出现烂秧死苗的风险。在冷空气影响下，广东每年 2—3 月可出现连续 3 d 或以上日平均气温≤12 ℃阴雨连绵的低温阴雨天气，低温阴雨对春种、春收作物有明显影响，严重低温阴雨可使春播、春种旱地作物和春种瓜豆烂种死苗。低温阴雨除影响春播、春种外，对其他种植业、养殖业均有较大影响。它给春收作物带来湿害，使春收作物的产量和品质下降；导致叶菜类蔬菜提早抽薹而低产，使蔬菜上市供应量减少和提前结束供应期，导致早播喜温的瓜豆类蔬菜作物烂芽死苗，推迟上市供应时间；导致果树开花授粉和果实发育不良，落花落果增加而降低坐果率；还会导致香蕉心叶腐烂、果实软腐；低温阴雨还会影响鱼苗生长和发病致死；导致畜禽受寒诱发各种疫病，甚至造成大量死亡等。从历史上看，1968 年 2 月广东省各地持续 27～30 d 以上的低温阴雨天气，日平均气温≤10 ℃的天数，韶关 23 d、广州 17 d、湛江 12 d，烂秧损失严重，雷州半岛热带作物大部分冻死。1976 年“雨水”和“春分”两个节气均出现持续低温阴雨和倒春寒过程，气温比常年同期偏低 3～4 ℃，广东省烂秧损失谷种 0.9 亿 kg，季节推迟半月以上。1996 年 2—3 月广东省出现 4 次低温阴雨和 2 次倒春寒天气过程，导致烂秧损失严重，季节推迟 10～15 d。

6.5.2.3 倒春寒灾害

对农业生产来说，倒春寒可能更有害。因为春播、春种是分期分批进行的，在早春，一次低温阴雨过程，仅危害和影响一部分早播种和早种植的作物，同时，此时大多数果树仍未进入开花授粉期，对外界环境条件的适应能力较强。但是，一旦过了“惊蛰”节气之后，广东各地气温已明显上升，春播、春种已大面积铺开，多数果树已进入开花授粉期，抗御低温阴雨能力大为减弱，故这时出现倒春寒天气，对春播、春种和果树及其他种植业、养殖业的影响和危害就较重。

6.5.2.4 防御对策与措施

（1）根据早春气候规律，选择适宜的春播、春种期　尽量避过长过程的强低温阴雨期，以保温育苗（秧）抗御中等强度的低温阴雨期，培育大苗壮秧渡过阴雨期的原则，来选择适宜的春播、春种的时期。研究表明，日平均气温稳定通过 12 ℃，是广东省早稻露地秧安全播种温度。广东省稳定通过 12 ℃的初日，雷州半岛和茂名市南部沿海、粤东沿海出现在 2 月中旬中期，粤北大部地区在 3 月上旬到 3 月中旬，其余地区在 2 月中旬到 3 月上旬。因此，根据早稻露地秧安全播种温度进行春播、春种是比较稳妥的。

（2）在适宜春播、春种期间，选择有利时机适时春播、春种　即抓住“冷尾暖头”，抢晴暖天气进行春播、春种。这样，播下去的种子，往往可以获得 5～6 d 甚至更长的日平均气温≥15 ℃的有利天气，促使种子正常出苗扎根生长，可大大避免烂芽死苗。

（3）大力推广保温育秧（苗）技术　保温育秧（苗）能创造一个保温、保湿和透气的小气候环境，可促使种子快速出苗生长，可达到培育健壮秧苗的目的。

（4）“看天、看苗、看田”采用机动灵活的管理措施　培育壮秧（苗），改善根际土壤肥、水、气、温条件，促进根系生长，增加根系吸水吸肥能力，是提高秧苗抗御低温阴雨的基础。春种旱地作物遇上阴雨天气，应及时把田水排干，防止畦面渍水。

（5）注意防治病害　低温阴雨天气会诱发腐性病菌的侵袭而引起烂秧死苗，故做好土壤灭菌和播种前晒种、选种及种子消毒等，是防止腐生性病害的措施。

6.5.3 寒露风

6.5.3.1 概述

寒露风是指秋季冷空气入侵引起明显降温，而使晚稻抽穗开花受到冷害的一种天气现象。这种对晚稻抽穗开花产生冷害的寒露风天气，在广东多发生在“寒露”节气前后，俗称寒露风。它影响晚稻抽穗、开花、授粉和受精过程的正常进行，降低稻穗的结实率，增加空秕粒而减产。广东晚稻抽穗开花期正值秋季北方冷空气逐渐增强南侵的季节，冷空气带来刮风和降温天气，对晚稻抽穗开花产生危害。根据多年试验研究和结合生产实践得出：凡在 9 月 21 日至 10 月 20 日期间，出现日平均气温≤23（或 22）℃，且连续

≥3 d者，则定为一次寒露风过程。寒露风影响次数为北多南少，影响时间为北早南迟。寒露风出现概率：粤北和粤西北年平均1.5～2.0次，过程总天数9～11 d，往南迅速减少，广州为3年2次和3 d左右，粤西南约2年1次。从不出现寒露风年份的频率看，韶关为28%，梅县为15%，广州为41%，湛江为74%。从寒露风初日集中出现期看，粤北(韶关)主要在9月的第5候和10月的第2候，粤中(广州)和粤西南(湛江)集中在10月的第3候、第4候，粤东(汕头)主要在10月的第3候和第1候。但在寒露风偏早的年份粤北可提早在9月中下旬出现。晚稻在80%保证率不出现寒露风初日前齐穗，称"安全齐穗期"，按晚稻安全齐穗期统计：广东偏北地区(蕉岭—紫金—河源—韶关—连山一线以北)在9月第5候前，粤中地区在9月底至10月初前，粤南地区在10月上旬中期前，沿海地区在10月中旬前。晚稻生产应根据安全齐穗期选择适宜的品种、茬口和合理的播植期，在安全齐穗期前抽穗开花，才能达到稳产高产。

6.5.3.2 灾害

晚稻抽穗开花期遭遇的低温冷害，它主要影响晚稻抽穗、开花、授粉、受精几个过程，导致结实率下降而影响产量。寒露风若遭遇热带气旋登陆或严重影响广东时，则会造成更严重的危害。晚稻遭遇寒露风灾害后，就会抑制和延缓抽穗、开花、授粉、受精，甚至可能延迟成熟，较严重的寒露风害，会使抽穗、开花、授粉、受精不良，甚至能使受精后的子房和胚乳早期停止发育。寒露风害导致晚稻空秕率增多的原因，主要是寒露风害使晚稻生理机能受到破坏，造成颖花不育或胚乳早期停止发育所致。其危害过程归纳起来大致有4个方面：①抽穗速度减慢，形成包茎现象，一部分颖花被包在叶鞘内，不能正常授粉、受精，形成空秕粒。②延迟开花受精时间，甚至闭花授粉，造成空秕粒。③抑制花粉粒正常充实，导致花药开裂不正常，使空秕率增加。④促使颖花内子房停止伸长发育而成秕粒。据调研，晚稻抽穗开花期如果没有寒露风影响，结实期光照充足、气温适宜，结实率可达90%～95%，如果抽穗开花期遭遇强寒露风危害，结实期光照不足，结实率可下降至70%～80%或以下，严重影响产量。例如，1976年9月下旬至10月中旬广东省各地分别受2次较强的寒露风袭击，9月下旬平均气温比常年同期偏低3 ℃左右，10月中、下旬出现≤20 ℃的天数，粤北15～17 d，粤中5～7 d，并伴随持续阴雨天气，致使广东省晚稻大幅减产。1978年10月中旬，北方南下的冷空气与台风遭遇，出现了极其严重的湿寒露风过程，广东省大面积晚稻抽穗开花遭受严重危害，晚稻颖壳普遍变成黑褐色，稻株迅速衰枯，结实率下降10%～15%，导致大幅减产。1981年10上旬广东省各地出现一次湿寒露风过程，影响严重，再加上10月下旬后又遭受两次霜降风袭击，广东省比上年减产12亿多千克。1997年9月下旬广东省各地分别受到两次较重的寒露风影响，粤北地区在9月20日前后齐穗的结实率为84%左右，齐穗期推迟，结实呈有规律地下降，产量也随之下降。

从历史上看，在20世纪50—60年代，寒露风对晚稻危害较重，70—80年代寒露风对晚稻危害最重；自20世纪80年代中、后期广东气候变暖以来，寒露风对晚稻的影响和危害大为减轻，但有些年份仍会出现寒露风害，对粤北山区影响较为明显。

6.5.3.3 防御对策与措施

(1)适时播种、移植　根据当地气候规律，选择适宜当地气候栽培的品种，并做到适时播种、移植，争取在寒露风害集中出现期前抽穗开花。因此，应选择晚稻抽穗开花期不出现寒露风害保证率达80%的品种作为当家品种，适当搭配其他品种，这是防御寒露风害的战略措施。

(2)提高晚稻的抗灾能力　晚稻生产要大力普及科学栽培技术、科学施肥和合理排灌，选育耐寒、优质高产的优良品种，努力改善生产条件，提高植株的抗灾能力。

(3)改善稻田的小气候生态环境　如灌水保温、保湿，风前增施壮尾肥和风后根外追肥、喷施生长激素等均可减轻寒露风危害。

6.5.4 霜降风

6.5.4.1 概述

霜降风是广东晚稻灌浆结实时期出现的另一种秋季低温冷害。它使晚稻植株早衰、茎叶早枯而造成籽粒灌浆不饱满，使结实率及千粒降低而减产，其时正值"霜降"节气前后，俗称霜降风。凡在10月21日至11月20日期间，出现日平均气温≤18 ℃，且连续≥3 d者，则定为一次霜降风过程。霜降风出现时间为北早南迟，出现次数为北多南少。粤北偏北地区年平均约1次，往南迅速减少。在广东境内北纬22°半以北的地区，不出现率低于50%，由此以南的地区，却增加至70%以上。霜降风出现的平均初日，粤北偏北（连山、南雄）地区为10月下旬，粤中和粤中南地区11月上旬末至中旬初。在冷得早的年份，粤北偏北地区可提前在10月中旬后期，其余地区在10月下旬出现，比平均初日提早10～20 d。霜降风集中出现期，粤北在11月上旬前期，粤中南在11月中旬前期。按80%保证率不出现的初日统计，大致从和平—新丰—连平一线以北地区，在10月第5候；大埔—紫金—增城—四会—新兴—郁南一线以北，在10月第6候；珠江三角洲地区，在11月上旬；粤南沿海地区，在11月中旬。

6.5.4.2 灾害

霜降风是影响广东晚稻正常灌浆结实的低温风害，它使晚稻灌浆结实受到阻碍，从而造成结实率和千粒重下降，导致晚稻减产。霜降风对晚稻灌浆结实危害的原因主要有两个：一是晚稻灌浆结实期，植株生理机能已趋于减弱，对外界环境条件适应能力减弱，此时如果遇上低温加干燥北风的霜降风天气，会使稻株水分蒸腾量大于根系吸水量，从而使稻株茎叶变黄早枯，根系早衰，灌浆减慢，甚至停止，导致谷粒不饱满而减产。二是“霜降”节气，太阳直射位置向南半球的南回归线靠近，广东的气候已明显地由暖湿转为干凉，此时较强的北方冷空气入侵时，常出现低温伴随干北风天气，水稻生理上不适应，出现稻株体内水分失调，导致植株提早衰亡（未成熟，先死亡），俗称“早收尸”。为了避免霜降风害，粤北地区晚稻成熟期宜安排在11月上旬，而粤中南地区宜在11月中期末至下旬初，这样可避免霜降风危害，实现晚稻稳产高产。

6.5.4.3 防御对策与措施

（1）趋利避害　掌握当地霜降风害发生规律，使晚稻灌浆结实期避过霜降风集中出现时期，以减免霜降风灾害。为了避免霜降风害，晚稻灌浆成熟期宜安排在不出现霜降风保证率达80%以前，这样可避免或减少霜降风危害，实现晚稻穗产高产。

（2）提高抗御霜降风害的能力　重点是选育抗御霜降风较强的晚稻品种，在栽培技术上着眼于提高晚稻的抗霜降风害的能力。

（3）灌水保温增湿　水能缓和降温及回暖时温度的激烈变化。在低温干风期灌水，不仅能在一定程度上保持田间温度，还能提高田间空气湿度，从而减轻霜降风的危害。

（4）在霜降风害来临前，施用热性肥、壮尾肥、根外追肥和喷药，也可以起到减轻霜降风害的作用。

6.6 高温热害

6.6.1 概述

高温热害是指高温对人类生产、生活造成影响和危害的一种气象灾害。一般以日最高气温≥35 ℃作为高温指标，可以用高温的天数和高温强度（极端最高气温值）来反映高热害的严重程度。高温热害给工农业生产、交通安全以及人们的日常生活和健康等带来不利影响，持续的高温会引发大面积干旱和火灾，对城乡的供电、供水造成压力，甚至会威胁人们的生命财产及能源、水、电资源供应和粮食安全等。从农业气象角度来说，高温热害是指高温对植物生长发育及产量形成造成损害的一种灾害，包括农作物及畜禽、水产鱼类高温热害和林木、果树日灼等。农作物高温逼熟是高温天气对成熟期作物产生的热害，广东早稻的灌浆期正值6月下旬至7月上、中旬的盛夏季节，过高的温度会促使光合同化物输送到穗、粒的能力下降，酶的活性降低，致使灌浆期缩短，籽粒不饱满而影响产量。日灼，是由强烈太阳辐射增温所引起的林木和果树的枝、干伤害，常常是在干旱失水和高温的综合危害。

广东地处北半球低纬度，进入夏季后，地球白天吸收太阳的热量越来越超过夜间散失的热量，地面上积累的热量也是越来越多，直至“夏至”节气以后，地面每天仍在继续储蓄热量；到了“三伏”天（一般出现在7月中旬至8月中旬之间），正是一年中地面积蓄热量最多的时节，这正是一年中最热的时候，故有“热在三伏”之说。21世纪以来，广东的高温热害处于偏重阶段，已有近40%地方的极端气温记录纷纷告破，多数站点最高气温比常年同期偏高，出现了大面积的破历年同期最高纪录。

6.6.2 时空分布

时空变化特点。时间分布:除雷州半岛外,广东省大部分地区高温热害出现在 7 月、8 月。广东省近 90%的地区 7 月、8 月的高温天数占全年的 70%~90%;只有徐闻、雷州仅占 30%~40%。而广东省各地的极端最高气温除雷州、徐闻出现在 5 月上旬、揭阳在 6 月上旬、五华 9 月上旬出现过外,其余地区均出现在 7 月、8 月。高温出现最早时间:雷州半岛在 2 月底 3 月初,粤东南沿海在 6 月,其余地方为 4—5 月。高温出现最迟时间:粤西南和粤东南在 9 月,揭西在 11 月 1 日,为广东省最晚,其余地区多在 10 月。空间分布:广东的高温热害北重南轻。极端最高气温从西北向沿海递减,粤中北地区的极端最高气温均高于 39 ℃,曲江曾达 42 ℃(1953 年 8 月 12 日出现),为广东省最高。高温天数北多南少。广东省有 3 个高值中心:①以曲江、阳山为中心的粤西北高温区。②以大埔、梅县为中心的粤东北高温区。③以封开、郁南为中心的粤西高温区。3 个中心的高温天数多年平均都在 30 d 以上。

6.6.3 阶段变化

1961—2019 年,广东年高温日数(日最高气温≥35 ℃的日数)呈显著增加趋势,平均每 10 年增加 3.1 d,1998 年以来高温日数增加更快,其中,有 18 年的高温日数>20 d(图 6.5)。

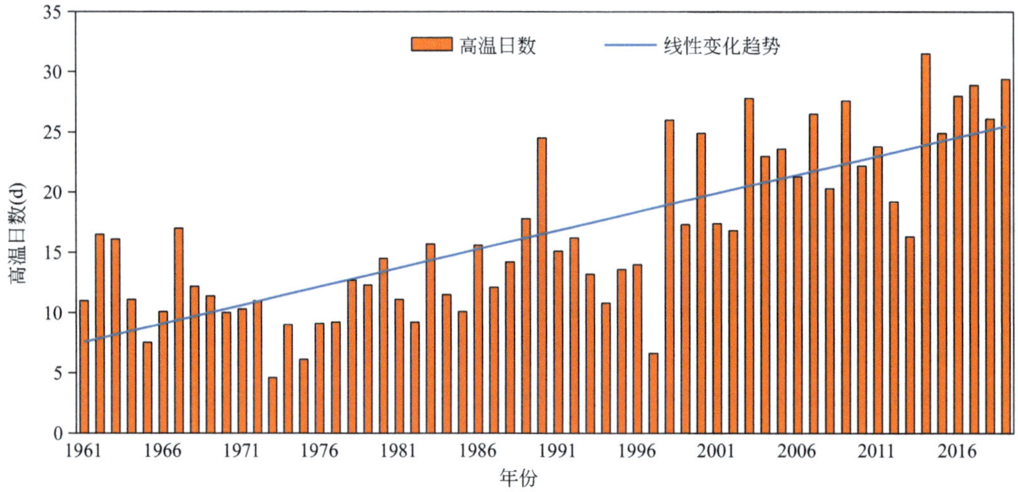

图 6.5 1961—2019 年广东省年高温日数变化

粤西北(以曲江为代表)和粤东北(以梅县为代表)年高温日数逐年变化相当一致,具有明显的阶段性变化,20 世纪 70 年代后期至 80 年代末为多高温日数期,90 年代后期以来又为多高温日数期。粤中(以广州为代表)20 世纪 80 年代后期以前年高温日数基本在 10 d 以内波动,之后有较大幅度的增加。1951—1985 年平均为 5.2 d,1986—2005 年平均就多达 15.8 d。1998 年后高温日数更有突增的趋势。1990 年以及 2003—2006 年高温热害严重。粤东南(以汕头为代表)2000 年起高温日数有突增的趋势,粤西南(以湛江为代表)1998 年后高温日数增多,然后又有明显地减少趋势。

典型个例有:

2005 年异常高温:2005 年,广东省高温热害突出,高温天气来得早,去得迟。全年各地高温日数总体与 2004 年基本持平,有 26 个县(市)极端最高气温破(或平)历史纪录。4 月底雷州半岛便出现高温天气;7 月中旬、8 月上旬至中旬初,受强盛副热带高压和台风外围下沉气流的共同影响,广东出现大范围持续高温天气,其中,7 月中旬有 26 个县(市)的最高气温破(或平)历史纪录,8 月 12 日广东省有 74 个县市出现高温;9 月中旬,受副热带高压以及台风外围下沉气流影响,北部和中部部分地区出现 3~5 d 的高温天气。

2014 年异常高温:2014 年广东省平均年高温日数 31.5 d,较常年 17.5 d 偏多 14 d,破历史最多纪录。中部和北部有 46 个县(市)高温日数在 30 d 以上,其中韶关、梅州、云浮以及清远的高温日数超过 50 d,大埔高温日数达 72 d,为广东省最多。广东省有 30 个县(市)年高温日数破或平年历史最多纪录。高温导致用电量屡创新高，森林火险气象等级偏高，梅州发生森林火灾。大范围高温天气使广东用电负荷不断攀升，7月7日11时14分，广东电网统调负荷再创历史新高，达到9021.4万kW，同比增长9.02%，广东电网成为全国首个统调负荷突破9000万kW的省级电网。

6.6.4 主要危害

6.6.4.1 对人体的危害

在高温环境中会导致人体生理失调，引发中暑、热昏厥、汗闭性热衰竭、缺盐性热衰竭及热浮肿等病症。高温酷暑严重时，会促使某些病情加剧，引起高温期内死亡率的显著增加。

6.6.4.2 对农业的危害

当温度升高至超过作物临界温度上限时，就会限制作物生长，气温若进一步升高，则会出现高温热害。高温除了会使农业生物机体生理失衡而影响生长发育外，还会致使谷类作物灌浆期缩短，籽粒不饱满，产量下降；高温还会引起蔬菜落花、落果，使坐果率降低，果树和林木灼伤等。农业生物热害的机理有：一是光合作用减弱，呼吸作用加强，净同化量减少。二是破坏受精过程，使结实率降低。三是阻碍籽粒发育，形成秕谷。四是高温使灌浆速度减慢，灌浆期缩短，粒重降低而减产。五是高温加速根系衰老，降低吸肥、吸水能力，导致植株生育不良。六是高温强光下，植株受灼伤以致死亡等。

6.6.4.3 对畜牧业的危害

高温对畜禽的危害表现为呼吸急促、脉搏加快，采食减少，产量大降，受精率降低，病害加重等。高温使畜禽体热失调，无论是对奶牛的产奶量、蛋鸡的产蛋量，还是繁殖、生长等方面都有不利影响。

6.6.4.4 对渔业的危害

连续高温会导致水质恶化，氧气不足，影响鱼虾的摄食和生长；过剩的饲料及塘底有机质发酵消耗大量氧气，缺氧导致塘鱼浮头甚至死亡。

6.6.4.5 对经济活动的影响

高温会增加人们的疲劳感，引起劳动生产率和工作效率下降，会影响机器设备的正常运转，导致工伤事故多发，产品质量也随之下降；高温高湿还将引起商品霉变等。

总之，高温环境降低了生产效率和经济效益；高温期间生产、生活用水用电急剧增长，加大供水供电负担，引起供求矛盾加剧。此外，高温还会带来加剧光化学污染，使橡胶制品龟裂老化、腐蚀金属、损坏各种器物、材料和建筑物等，并导致交通事故上升。

6.6.5 防御对策与措施

注意综合防灾减灾，完善高温预警机制和灾害应急体系，加强极端高温的监测、预测、评估及相关研究，建立健全高温预警机制，加强民政、卫生、水务、电力、交通、城管、城乡建设、公共事业等部门之间的信息交流和应急协调。此外，还要加强对城市困难群体应对高温的社会救助，保障生命安全和社会稳定。加强科学调度，保障能源和水资源的供应安全。城市建设注意科学规划，改善气候环境。此外，要减轻高温热害对农作物生长发育和产量形成的损害，要从改革耕作制度、调整播植期等大的方面着手，但也要注意采取灌溉、遮阴等改善田间小气候等措施。果树防御高温热害措施要注意果园保墒、果园灌溉、树干涂白和洒药剂等。防御林木灼伤要注意阴性树种及阳性树种混交搭配种植，营造复层林，以及在造林时选择有利的地形和土壤等。还应注意如下具体措施：①合理安排生产，躲避高温热害。②选用耐高温的作物和品种。③科学灌水，以水调温，抗御热害。④喷水降温。⑤间作套种，利用高秆作物遮阴，降低矮作物体温，减轻热害。⑥奶牛场和畜禽场建在通风良好的地方，增加畜禽舍高度和敞开度；夏季屋顶喷白、喷水，喂食清凉食物等。⑦农作物可喷施生长调节剂或其他药剂，以减轻高温危害。与此同时，还应做好如下应急措施：注意防暑降温，酷暑天尽量减少户外活动，尤其避免午后高温时段的户外活动；有条件的地区应当开放避暑场所；户外活动或在高温下的作业人员应当采取必要的防护；出现持续强高温时，建议停止户外露天作业；要特别注意防火；加强食品卫生安全监督检查等。

6.7 强对流天气灾害

6.7.1 概述

强对流天气灾害是因发生强对流天气而造成的灾害。强对流天气是指出现短时强降水、雷雨大风、龙卷风、冰雹和飑线等现象的灾害性天气，它发生在对流云系或单体对流云块中，在气象上属于中小尺度天气系统。4—6月是广东雷雨大风、冰雹、龙卷风等强对流天气多发期。广东地处低纬，多丘陵山地，具备较好的空气对流的热力和动力条件，容易形成强对流天气。由于强对流天气突发性强、破坏力大，往往使局部地区出现严重灾害。几分钟的龙卷风、大冰雹，可使丰收在望的农作物受到毁灭性打击；一场狂风暴雨可造成拔树倒屋、江河水位骤涨、海水倒灌、内涝积水，使大片庄稼淹没于水中，造成极大损失，人民生命财产安全受到威胁。

6.7.2 典型强对流个例

(1)飑线致灾严重个例　如：1980年2月27日在潭江水道行驶的"曙光"401客轮，被飑吹沉，死亡301人，经济损失100万元；1983年3月1日在东平水道航行的"红星"283号客轮，被飑吹沉，死亡148人，经济损失110万元；1985年3月27日在天河水道航行的"红星"312客轮，被飑吹沉，死亡83人，经济损失120万元；2005年3月22日09时，一条南北向长达300多千米的飑线自西向东影响广东，韶关、肇庆、茂名、广州、惠州、梅州等市先后出现8级以上雷雨大风、冰雹和强降水。南海小塘等多处自动站测到12级的阵风。云浮、广州等市县出现冰雹，茂名等地出现强降水。据统计，这次强对流天气共造成广东省6人死亡、37人受伤，直接经济损失1.13亿元；2006年4月13日早上05时40分至07时，强飑线自西向东袭击广东，东莞市出现强雷电、最强11级的瞬时大风、短时强降水等强对流天气，多处出现大树被连根拔起或拦腰折断，造成全市5万户居民停电，泥洲轮渡停航，强飑线天气过程还导致东莞市麻涌镇龙门吊发生移动倒塌事故，造成严重人员伤亡；2016年4月22日04时左右起一条强飑线自西向东影响广东，粤西、珠江三角洲、韶关、清远、肇庆、云浮各县(市)先后出现8～10级雷雨大风，佛山禅城区和南海区交界的扶西水果批发市场约1000 m^2的铁棚被吹翻，市场倒塌，事故造成2人死亡、24人受伤，直接经济损失703.1万元。

(2)龙卷致灾严重个例　如：1987年4月6日在从化发生的一次龙卷风，吹塌房屋950间，严重损坏3210间，吹断荔枝1460棵，三华李、柑橘、橙等果树15300株，死亡4人，受伤14人，经济损失100多万元；1990年4月10日龙卷风袭击阳江市，死亡16人，伤10人，倒塌房屋250多间，揭顶750间，在漠阳江上航行的船只被龙卷风吹倒，死10人，伤5人；2004年4月24日15时30分左右，曲江县白土镇界滩村遭龙卷风袭击，持续时间约5 min，受灾地域长250 m，宽30 m，雷雨和强风使200多棵松树折断或连根拔起，损坏100多间民房，部分水利设施受损；2004年5月8日12时10分左右，揭阳惠来岐石镇发生龙卷风，其附近自动站测得最大风速49.4 m/s，死伤70人，其中死亡4人，倒塌房屋476间；2005年5月9日从化、潮州、汕尾局部出现龙卷，直接经济损失约330多万元；2009年3月28日龙卷风袭击广州市黄埔区石化路以及文船路一带，冰雹袭击广州市天河区东圃和黄埔区；德庆县播植镇出现雷雨大风和冰雹天气，受灾人口0.37万人，受损房屋10间，柑橘、桂树、水稻等农作物受灾共153 hm^2；2009年7月4日下午3时08分左右，龙卷风袭击番禺东涌镇，造成9人受伤，东涌镇5家企业部分厂房损害，部分农作物及住宅受损，直接经济损失约836.1万元。

(3)雷雨大风致灾严重个例　如：1997年4月12日，花都、从化和广州市白云区15个乡镇遭受雷雨大风袭击，受伤2人，损坏房屋1047间，揭掉瓦房瓦面280间，荔枝等果树被吹断4800多棵，倒塌工棚6.6万 m^2，损坏稻田、菜地4074亩，死亡三鸟6.5万只，直接经济损失2481万元；2003年5月17日，潮州市潮安县龙湖、江东、浮洋等村镇，遭遇雷雨大风袭击，直接经济损失700万元；2003年6月10日傍晚07时40分，花都狮岭镇、长岗镇等遭遇雷雨大风袭击，5人受伤，经济损失约250万元；2009年5月17日，中山市黄圃镇发生雷雨大风天气，造成1人死亡3人受伤，经济损失600万元；2009年8月21日19时开始，佛山市南海、禅城和顺德出现雷雨大风天气，造成佛山市直接经济损失657万元（禅城区30万元，南海区627万元），民房轻微受损23间，简易厂房、房屋屋顶受损面积约8150 m^2；2016年4月17—18日，粤北县市出现暴雨局地大暴雨，云浮、潮州和珠江三角洲大部分县市出现了大雨局部暴雨，并伴有较大范围的8～10级雷雨大风。17日下午连南、连州、乳源、翁源先后出现了冰雹，造成直接经济损失5601.0万元。

（4）冰雹致灾严重个例　如：1997年4月3日清新县10个镇受冰雹袭击，全县受损房屋10750间。高州市6个镇受冰雹袭击，损坏房屋16000间；1997年4月12日茂名市北部山区出现暴雨和冰雹等灾害，信宜市14个乡镇出现6～7级阵风，最大冰雹雹块直径较大，一般大的如鸡蛋，小如花生米，造成3人死亡，倒塌房屋750间，被揭房屋瓦面2万多间，损失三鸟300多万只，经济作物受损达10多万亩；2011年5月1日凌晨，韶关始兴、仁化两县遭受雷雨大风和冰雹袭击等强对流天气袭击，造成直接经济损失0.68亿元；2011年5月2日18时20分左右，乐昌市坪石镇出现冰雹，造成经济损失795.6万元；2011年5月7日，佛山出现局地强对流天气，导致南海区4死17伤；2011年4月17日中午前后佛山市、广州南沙、肇庆市多地先后出现了冰雹天气，过程造成19人死亡，155人受伤，直接经济损失约0.55亿元。

（5）短时强降水致灾严重个例　如：1997年5月7—9日，清远市和广州市北部普降短时暴雨，由于暴雨集中，强度大，致使山洪暴发，山体下滑，江河水位猛涨，部分堤围溃决，造成极其严重的洪涝灾害，受灾人口36万人，死亡112人，倒塌房屋1.83万间，全停产乡镇企业65个，冲毁桥涵52座，损坏高压输电线路12 km，损坏通信线路82 km，农业受浸面积3.97万 hm^2，直接经济损失达13.7亿元；2009年3月27—29日，受暖湿海洋气流、冷空气和低槽共同影响，广东西部和珠江三角洲地区先后经历了强降水、雷暴、冰雹、龙卷风等多种强对流天气。强降水中心位于佛山—广州—东莞—惠州一线，部分市县伴有8～9级短时雷雨大风或冰雹，部分地区受灾严重；2013年3月19—20日，受偏南暖湿气流和弱冷空气影响，出现强降水和强对流天气过程：珠江口和北部地区出现中到大雨降水，多地先后出现冰雹、龙卷、雷雨大风和短时强降水等灾害性天气，这次过程的主要特点是冰雹明显、风力极大，根据广东省民政厅统计，此次强对流天气造成韶关、梅州、东莞等市部分地区不同程度受灾，累计受灾人口3.5万人，因灾死亡10人，受伤148人，倒塌房屋36间，农作物受灾面积3527 hm^2，直接经济损失近4亿元。

6.7.3　天气特点

在广东强对流主要特点有：①发生早、结束迟：广东的强对流天气全年都可发生，但一般2月开始增多，春夏之交最为多见，9月以后逐渐减少。②强度强、破坏严重：强对流天气的发生具有突发性强、破坏力大、空气垂直速度相当大（强对流）等特点，如个别龙卷风的瞬时风速可超过100 m/s。③出现频繁、水平尺度小、生命史短：强对流天气是广东各种自然灾害中出现次数最多的一种灾害性天气，雷雨大风是各地汛期较为常见的强对流天气现象，并常伴随出现冰雹，有时一天可降冰雹4次，降雹持续时间最长的历史纪录为半小时。强对流天气的水平尺度小，发生范围通常＜200 km，有时仅几千米。生命史短，一般几小时至十几小时，有的仅几分钟。④不同区域出现频率不同：各类强对流天气的发源地和时间有所区别，龙卷风易于在平原、沿海地区发生，雷雨大风多出现在潮湿闷热的午后至傍晚，冰雹多出现在内陆山区空气对流发展旺盛的午后。太阳辐射强度和下垫面的差异，是引发各类强对流天气发生发展的动力和热力条件。

6.7.4　天气现象

广东的强对流天气主要是指短时强降水、雷雨大风、龙卷风、冰雹、飑线等一种或几种现象共同出现的灾害性天气。这些天气现象的具体表现各有不同。强对流天气广东省各地均有发生的可能，但它在粤西北、粤东北和粤西南偏西地区出现的概率较大，其中，四会年平均发生4.03 d，是发生最多的地区，南澳年平均发生0.17 d，是发生最少的地区，广东省年平均发生121.84站日，其中，飑线是最常见的一种。

（1）飑线　飑是指风向突变、风力突增的强风现象。飑出现时，瞬时气象要素剧烈变化，常伴随雷雨出现。飑线是指风向和风力发生剧烈变化的天气变化带，沿着飑线可出现雷暴、暴雨、大风、冰雹和龙卷等剧烈的天气现象。飑线按其形成的天气背景可分为锋前飑线、热带气旋飑线和气团飑线。它多发生在傍晚至夜间。从生成到消亡可分为3个阶段：①初生阶段：经历3～5 h，并伴大风、雷雨。②全盛阶段：历时1～2 h，风向突变，风速骤增，气压急升，气温剧降，狂风暴雨，破坏力大。③消散阶段：历时2 h左右，风力减小，雷雨降低，气压渐降，气温渐升，天气渐好。飑线出现时，极易发生树木折断、房屋掀翻、瓦砾横飞、人畜受伤害、庄稼倒伏、航行船只被吹翻等灾害现象。飑线年平均日数最多的是四会3.87 d，最少的是怀集0.07 d。1951—1993年共发生8次持续时间超过1 h的飑线，主要发生在粤中和粤西地区，粤东未见出现，其中，珠三角地区曾出现较长时间的飑线。历史上持续时间最长的飑线是1955年2月19日出现在连州市的飑线，持续时间长达4 h 42 min。1988年3月中旬，连州、从化等地出现飑线，并伴有雷雨大风，损坏民房341间、春种春收作物306 hm^2、果树8400多棵。

(2)龙卷风　又称龙卷，是一种小范围的强烈旋风。根据发生地，可将其分为陆龙卷、海龙卷和空中漏斗。龙卷风是大气中最强烈的涡旋现象，风力大，最大可达100 m/s以上，一般伴有雷雨，有时也伴有冰雹。它的影响范围虽小，但破坏力极大。龙卷掠过之地，常见庄稼倒伏、果木被折断或连根拔起，交通中断，房屋损毁，人民生命财产遭受损失。龙卷风是在极不稳定天气下由空气强烈对流运动而产生的，其涡旋状结构与热带气旋相似，只不过尺度比热带气旋小很多。它属于小尺度天气系统，影响地面的水平范围很小，直径从几米到几百米，平均为250 m左右，最大为1 km左右，其空中直径可有几千米，最大有10 km。其持续时间一般仅几分钟，最长几十分钟，最大风力可达100～200 m/s，具有极大的破坏力，造成的灾情很严重。广东是我国龙卷风多发区之一，一年四季都会发生，从时间上看，以春末夏初为多；从地区上看，沿海多于内陆，如海丰年平均0.33 d为最多。历史上持续时间超过30 min的只有4次，其中，最长的是1963年6月28日发生在雷州市长达69 min，而1973年5月23日出现在中山市的也长达35 min。1990年4月1日惠来县和南海市受龙卷风伴随暴雨袭击，使3人死亡、14人受伤，损坏大批农作物，经济损失100多万元。

(3)冰雹　坚硬的形状不规则的固体降水，常伴随雷暴出现。大的冰雹直径可达数十厘米，常见的直径为0.5～2.0 cm。冰雹是雷雨云中水汽凝华和水冻结相结合的产物。在0 ℃以下的云层里，形成了冰粒或雪粒在对流旺盛的积雨云中反复升降，不断壮大，使之形成冰雹。据估计，降雹时，空气的上升运动必须＞20 m/s；要产生10 cm的大冰雹，必须有50 m/s以上的上升气流运动。所以降雹的一个必要条件，是空气存在极不稳定的大气层，通常发生在系统性的锋面活动或热带气旋登陆影响的过程中。冰雹灾害为外力冲击，降至地面会砸坏农作物、果园、房屋和其他设施、设备，致使人畜伤亡等。冰雹多出现在春夏过渡时期空气对流发展旺盛的午后，且多出现在内陆山区，主要出现在粤西、粤北，以及珠三角的北部山区。高要是出现冰雹最多的地区，达0.53 d/a。广东是全国出现冰雹较少的地区之一，因广东上空的大气正温区很厚，易使已形成的冰雹还没落到地面就被融化。广东冰雹分布范围很广，从最北的乐昌到最南的徐闻都有出现降雹的可能。冰雹发生的规律是：山区多于平原、内陆多于沿海、西部多于东部。从常年平均状况看，阳山经四会到高州一带约10年3～4 d，其中，郁南4.7 d/(10 a)、阳山4.4 d/(10 a)；粤东沿海地区10年不足1 d，其余地区介于两者之间，约10年1～3 d。冰雹往往都伴有龙卷风或飑线，有时则有暴雨或强烈雷电出现，可伤及人畜和农作物等。1993年4月16—18日广东始兴、大埔、信宜、阳春等县遭受冰雹和飑线袭击，并伴短时暴雨，导致通信设施、供电系统，农作物、房屋等受灾严重，死亡7人，直接经济损失5600万元。同时大埔、信宜、高州、阳春等市县受冰雹伴雷雨大风、飑线等袭击，损失亦十分惨重。

(4)雷雨大风　出现大风(≥8级)并伴随出现雷雨的天气现象。雷雨大风出现时，乌云滚滚，电闪雷鸣，狂风夹伴强降水，有时伴有冰雹，风速极大。它涉及范围一般只有几千米至几十千米。雷雨大风常出现在冷锋前面的雷暴高压中，下沉气流极为明显。雷暴高压暖区有上升气流，就在这个下沉气流与上升气流之间，存在着一条狭窄的风向切变带，即为雷雨大风发生处。如果雷雨大风发生在单一气团内部，则常是由于局地受热不均引起的。雷雨大风的生命史极短，其大风总是带有阵性。它多发生在沿海地区，尤以珠江口附近的沿海地区发生最为频繁，南澳和上川岛也是雷雨大风的多发区，分别达到51.1 d/a和44.4 d/a，较多的珠海为8.9 d/a。雷雨大风的发生不仅有大风，而且伴随有电闪雷鸣和暴雨等现象。雷雨大风导致人、畜伤亡，房屋倒塌和大片农作物被毁等。1985年3月27日江门航运公司红星283客轮受雷雨大风袭击，发生翻船事件，致死83人死亡，直接经济损失120万元。

(5)短时强降水　短时间内降水强度大，降水量达到或超过某一量值的天气现象。广东省气象局采用

1 h 连续降水≥20 mm 或 6 h 连续降水≥50 mm 作为强降水标准。广东各地都有强降水出现的可能，以沿海和珠三角北部地区较为常见。恩平是发生强降水最多的地区，达 9.5 d/年，其次是海丰和阳江。乐昌是强降水发生最少的地区，为 1.7 d/a。1992 年 5 月 3 日，受冷锋低槽影响，信宜及化州等地遭受短时强降水伴随飑线袭击。持续 20 多分钟，造成人、畜、房屋、农作物和鱼类等损失十分严重。

6.7.5 防御对策与措施

强对流天气突发性强，灾害种类多，一旦发生强对流天气，破坏力极大，其影响波及农业、工业、电力、通信、城市建设、航空、交通运输等各行各业，并危及人民生命财产和安全，但是，当前仍无有效办法进行人为削弱和防治。预防为主、防救结合、防重于救是减轻强对流灾害影响的有效途径。主要措施有：提高强对流天气的预测、预报水平，建立合理抗灾的农林牧生产结构，建立健全防灾减灾体系是防御强对流灾害总的指导方向。具体措施还应采取植树造林，绿化环境，做好水土保持，减弱空气对流作用，以减少或破坏强对流天气形成的条件。下垫面增加水面，可减小对流强度。此外，通过培育优良的抗灾作物和品种；改善生态环境，减轻强对流天气的影响；通过巩固堤坝、疏通沟渠管道、人工消雹等措施，减轻强对流天气的危害。与此同时，做好强对流突发性灾害的监测和预警，对减少损失是十分必要的。因此要及时收听收看当地天气预报及预警信息，采取防范措施防范雷雨、大风、冰雹等灾害的不利影响，同时注意防范短时强降水和持续降雨可能引发的滑坡、泥石流等地质灾害。如遇强对流天气时，还应做好如下应急措施：雷雨大风：①做好防风、防雷电准备，要妥善保管易受雷击的贵重电器设备。②注意有关媒体报道的相关资讯，学生停留在安全地方。千万不要在树下、电杆下、塔吊下避雨，出现雷电时应当关闭手机。③把门窗、围板、棚架等搭建物固紧，切断霓虹灯招牌及危险的室外电源，人员应当尽快离开临时搭建物；高空、水上等户外作业人员停止作业，危险地带人员撤离，妥善安置易受雷雨大风影响的室外物品。④如在短时内可能出现狂风并伴强雷电时或冰雹伴随雷电天气：注意天气变化，做好防雹和防雷电工作；妥善安置易受冰雹影响的室外物品、小汽车等；老人、小孩不要外出，留在家中；将家禽、牲畜等赶到带有顶篷的安全场所；不要进入孤立的棚屋、岗亭等建筑物或大树底下，出现雷电时应当关闭手机；如在短时内可能造成重雹灾并伴随雷电天气时，户外行人立即到安全的地方暂避。相关应急处置部门和抢修单位随时准备启动抢险应急方案。

6.8 雷暴灾害

6.8.1 概述

雷暴是自然界中雷云之间或天空与大地之间的一种放电现象。其特点是电压很高、电流很大，能量释放时间短，危害性大。随着高层建筑物的不断增多和各种通信电子设备的广泛应用，雷电灾害造成的损失越来越严重。广东地处低纬，一年四季水汽丰富，温暖多雨，热力对流引起的雷暴出现频繁，是我国雷暴多发区之一，广东省年平均雷暴天数为 87.6 d，部分地区达 127 d。雷电产生的高温、高压、高电磁脉冲成为灾害源，常引起火灾、爆炸、建筑物损毁、信息通信系统瘫痪等次生灾害，给国家利益和人民生命财产造成损失。据广东省防雷中心不完全统计，1995—2005 年广东省共发生雷电灾害 17661 宗，平均每年 1606 宗。仅在 1996—1999 年 4 年间，广东省因雷灾造成直接经济损失平均每年 3.75 亿元。在全部雷击事故中，有 2/3 是雷击电子设备，平均每年有 1067 宗，占雷击总数的 66%，其次是破坏供电系统，导致发生停电事故，影响经济社会和工农业生产，这类事件占 22%，平均每年有 360 宗，平均每年人员伤亡多达 149 人。当前，雷电灾害的影响还很大，每年造成广东的直接经济损失超过亿元，因此，防雷减灾工作仍需加强。

6.8.2 分布特征

雷暴主要是热力对流形成的，局地受热不均，加上地形抬升作用，有利于雷暴的生成。广东雷暴发生的空间分布特征是：山丘多于平原，内陆多于沿海，西部多于东部。总的趋势是自西向东递减，最大值出现在雷州半岛的雷州，年平均雷暴日 101.0 d，多雷暴带大多与地形关系密切，主要的多雷暴带为：怀集、德庆、罗定及粤西南一带丘陵地区，年平均雷暴日数 85 d 以上，增城、龙门一带丘陵区也是雷暴的多发区，而粤南沿海平原地区的雷暴比内陆山丘地区少。时间分布特征：广东各地全年均有雷暴发生的可能，但主要集中在 4—9 月，其中，又以 8 月最多，如雷州 8 月的雷暴日多达 19.4 d，广州 15.2 d，乐昌 15.4 d，雷暴常与大雨、大风相伴。冬季雷暴极少出现。一天内各时次都有雷暴发生的可能，但主要集中在午后，15—18 时热力对流旺盛时期，是一天中雷暴发生的高峰时段。表明雷暴和气温的日变化在时间上基本是同步的，雷暴主要是由热力作用引起的，但也与地形有关，粤北山区雷暴初日比省内其他地区早。广东省大部分地区 80％保证率的雷暴出现初日为 2 月上、中旬，说明广东省初雷大多出现在 3 月之前。广东省雷暴终日出现较晚，9 月出现终日的保证率仅 5％，95％保证率的终日出现在 11—12 月，说明 11 月中旬以后出现雷暴的可能性是很小的。

6.8.3 防御对策与措施

要从多方面做好雷暴灾害的防御措施。

（1）人身安全防护　当出现雷暴天气时，如果人在建筑物内，应注意如下几点：①不能停留在楼（屋）顶面上。②雷暴出现时，关闭门、窗，阻隔空气运动，可起到阻止球雷入室的作用。③雷暴出现时，不宜使用花洒洗澡。④人员不宜靠近建筑物的外墙和电器设备；不宜进入棚屋、岗亭和低矮建筑物中；不宜躲在大树底下；不宜在旷野打雨伞或扛锄头等物体；应停止行走，更不能飞跑狂奔；不宜在野外或农田耕地作业；不宜快速开摩托车、骑自行车，应尽快就近寻找安全的避雨场所避雨；不宜进行户外球类运动。

（2）电子电器设备防护　①计算机：要定期检测计算机所在建筑物综合防雷系统的技术参数，同时还应注意计算机系统的工作接地线与建筑物防雷接地线是否各自保持独立，并使两者有足够的安全绝缘距离。计算机房及计算机系统除采取完善的屏蔽与接地措施外，还应在信号电缆终端设备的输入端装设信号避雷器，在总电源、机房配电柜及设备插座端安装电源避雷器，从而使建筑物达到综合防雷的效果，这样就可基本避免计算机遭雷击之害。②电视机：雷雨天，特别是雷电活动强烈时，不要使用电视机，拔下电源插头，拔下室外天线接头，切断雷电进入电视机的途径，以确保安全。室外天线不要架设在大树上。如果附近有避雷针或高大建筑物上有避雷针时，室外天线应架设在避雷针范围内，以免遭受雷击。在电源和信号线入户处，应安装性能合格且经气象主管机构认可的避雷器。③冰箱、空调、洗衣机等：遇到剧烈的雷电活动时，家用电器不仅要切断开关，还要切断电源，即从插座上拔下插头才安全。

6.9 霾灾害

6.9.1 概述

霾是一种天气现象，是指空气中悬浮着大量的烟、埃尘、硫酸与硫酸盐、硝酸与硝酸盐及有机碳氢化合物等粒子，使得大气普遍变得浑浊，视野模糊并导致能见度变差。当水平能见度＜10 km 时，将这种非水成物组成的气溶胶系统造成的视程障碍称为霾或灰霾（香港天文台称为烟霾）。霾天气是大气边界层乃至对流层低层整体的大气浑浊现象。霾粒子的尺度比较小，仅 0.001～10 μm，平均直径为 1～2 μm，肉眼看不到空中飘浮的颗粒物。由于灰尘、硫酸盐、硝酸盐等粒子组成的霾，其散射光的波长较长，霾看起来呈黄色或橙灰色，加之城市污染大气气溶胶中有许多黑碳粒子，因而也将其称为灰霾天气。霾天气已经成为广东大、中城市冬春季的一种严重的灾害性天气现象。

广东的冬、春季节，由于低空有逆温层的存在，地表层气温低，不利热力对流形成，因而广东在冬、春季节，空气中污染物不易扩散，容易产生霾天气。霾的组成成分很复杂，包括数百种大气颗粒物。据广东医疗部门反映，霾中的大气气溶胶大部分均可被人身呼吸道吸入，其中，主要危害人类健康的是直径＜10 μm 的气溶胶粒子，如矿物颗粒物、海盐、硫酸盐、硝酸盐、有机气溶胶粒子等，它能直接进入并黏附在人体上、下呼吸道和肺叶中。人在这样的空气中停留一定时间后，心脏病和肺病患者症状会显著加剧，健康人群中也会出现不适症状，还可能引起鼻炎、支气管炎等病症，如果长期处于这种环境下还可能诱发肺癌等。与此同时，霾天气易导致大气中紫外线的减弱，从而影响人体维生素的合成，容易诱发小儿佝偻病；同时，紫外线是自然界杀灭大气微生物的主要武器，紫外线的减弱易使空气中的传染性病菌的活性增强，导致传染病增多；出现霾天气时，室外能见度降低，人的精神状态不好，容易出现车辆追尾或相撞事件，导致事故发生。由于霾减弱了到达地面的太阳辐射，使农作物光合作用强度受到削弱，加上霾微粒沉降到植物叶片和植株上，也会阻碍植物呼吸作用和光合作用等生理活动的正常进行，从而影响作物的生长发育和产量形成。

6.9.2 空间分布

从1986年、1996年和2006年的3幅霾日分布图（图6.6、图6.7、图6.8）可见，霾日主要出现在珠江三角洲的广州市、中山市一带，随时间的推移，霾日发生范围有扩大的趋势。1986年：年霾日超过100 d的测站，广东省共有10个。除澄海外，其余均出现在珠江三角洲地区，其中，三水、南海的霾日分别达到215 d、200 d。1996年：年霾日出现较多的范围从珠江三角洲的广州、中山一带向西、向北扩展，出现100 d以上霾日的测站有10个，粤西的德庆、郁南，粤北的清新和始兴均达到90多天。2006年：珠江三角洲大部分地区的年霾日超过100 d，其中，新会、珠海、恩平、东莞在200 d以上。

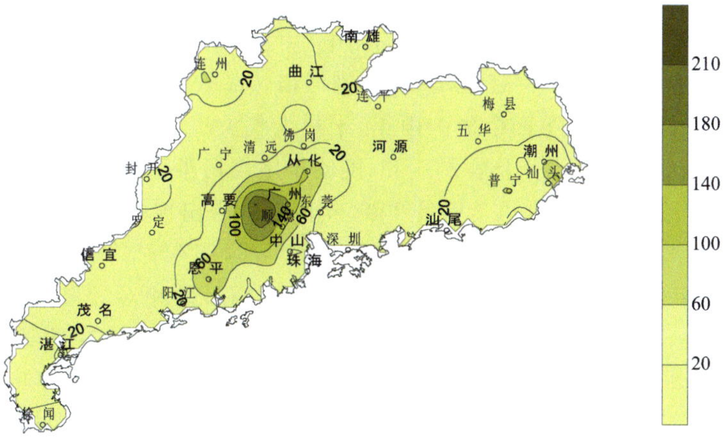

图6.6 1986年广东省霾日数分布（单位：d）

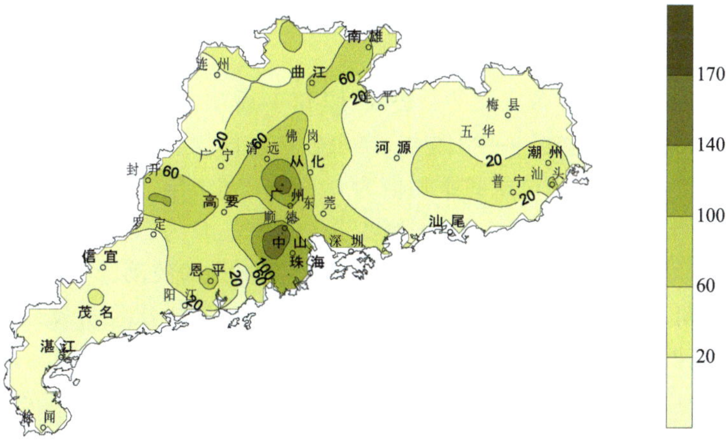

图6.7 1996年广东省霾日数分布（单位：d）

6.9.3 时间分布

霾的产生与空气污染程度和大气气溶胶的浓度有关，因此，霾的时间分布变化，也与不同时期的经济发展程度和环境保护措施密切相关。它的年际变化：从图6.6、图6.7和图6.8可见，从1986—2006年，广东年平均霾日数，总体呈上升趋势，并在2003年有突然加速增多的趋势。在2002年以前从未出现过的

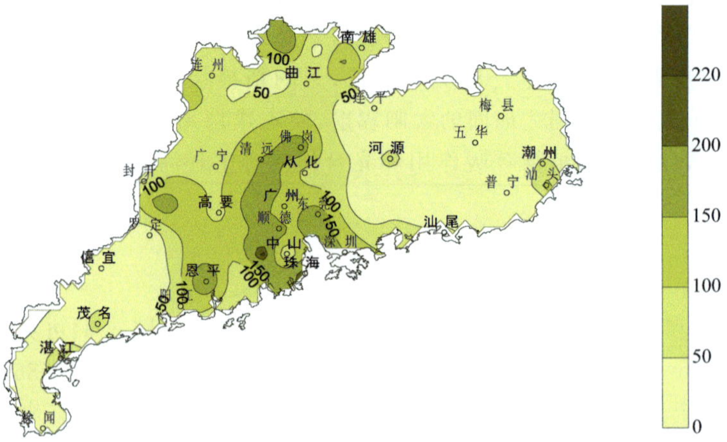

图 6.8 2006 年广东省霾日数分布(单位:d)

最严重霾(能见度≤2 km,相对湿度≤80%的霾日),但广州在 2004 年却出现了 10 d。2003 年霾日异常增多的原因是:该年的气候背景呈现异常高温和异常干旱两大特点:一是 2003 年是广东自 1963 年以来继 1998 年、2002 年之后的第三个最暖年,气温高,人们用电、用水增多,导致能源消耗增多,增加了大气污染物的排放;同时,空调向大气排出的"热气"也增多,加剧城市热岛效应,导致大气质量变劣。二是 2003 年是继 1963 年、1991 年、1977 年之后第四个最少雨年,干旱天气大气污染物得到雨水的及时冲刷、清洗的机会减少,也不利于对流云、雨的形成;干旱天气下,机动车尾气污染引发的光化学污染与气溶胶叠加较严重,因而空气污染物容易在大气中累积。三是 2003 年广东夏季出现长达 1 个月的高温炎热天气,其持续时间之长、温度之高均破历史纪录。同时,春夏间粤西大旱后,广东省又出现严重的夏秋连旱。广东平均霾日在全年各月出现霾日次数是不同的,冬、春季各月出现霾日数相对较多,而夏、秋各月出现霾日数相对较少。如广州 1980—2005 年各月平均霾日资料显示,年内 5—9 月出现的霾日比其他月份少,5—9 月仅占全年霾日数的 28%。因为 5—9 月正值广东汛期,多雨潮湿,气温也较高,低层空气热力对流旺盛,低层大气污染物容易得到扩散,同时雨水对大气污染物的冲洗作用也减少了霾出现的可能。而冬半年正值少雨干燥季节,气温较低,低层热力对流不旺盛,且多有逆温层存在,故低层空气污染物不容易向外扩散,对霾天气的形成较为有利。

6.9.4 发展趋势

从 1981—2019 年广东省年霾日数变化的趋势线(图 6.9)看出,自 20 世纪 80 年代初开始,该地区的能见度急剧恶化导致霾天数增加。1981—2019 年,广东省年霾日数总体呈显著增加趋势,平均每 10 年增加 4.9 d,2007 年为霾日数最多年份,广东省平均值为 67.3 d,2007 年之后霾日数呈减少趋势。2019 年,广东省平均霾日数 22.0 d,相比 2018 年(27.6 d)减少 5.6 d;珠三角为 25.1 d,较 2018 年(38.1 d)减少 13 d;广州为 18.2 d,较 2018 年(32.4 d)减少 14.2 d。其中,有 3 次大的波动:20 世纪 80 年代初至 80 年代中后期是第一次明显上升期,一般认为与改革开放后珠江三角洲的第 1 次经济发展有关,当时中国环境保护法规还不完善,环境保护措施刚刚起步,大气污染物直接排放,气溶胶污染较为严重;80 年代末出现了持续好转,与中国当时的环境政策有关,珠江三角洲地区开展的消烟除尘措施有效地改善了能见度;而后随着经济建设的规模扩大,二氧化硫污染日趋严重,二氧化硫氧化的硫酸盐粒子与直接排放的气溶胶粒子叠加形成了第二次能见度恶化时段,时间大体在 1990—1997 年;而后中国开展了以酸雨控制和二氧化硫控制为主的大气污染治理,珠江三角洲地区是两控区,因而在 1998—2000 年能见度出现了明显的好转;目前进入自 2002 年开始的第三次能见度恶化周期,2007 年为霾日数达到峰值。近年来珠江三角洲运输业高度发展,机动车尾气污染引发的光化学污染在珠江三角洲地区出现,再叠加上直接排放的气溶胶和硫酸盐粒子,珠江三角洲进入了复合大气污染的时代。2012 年以后广东省大力开展大气污染防治,霾日数逐年减少。

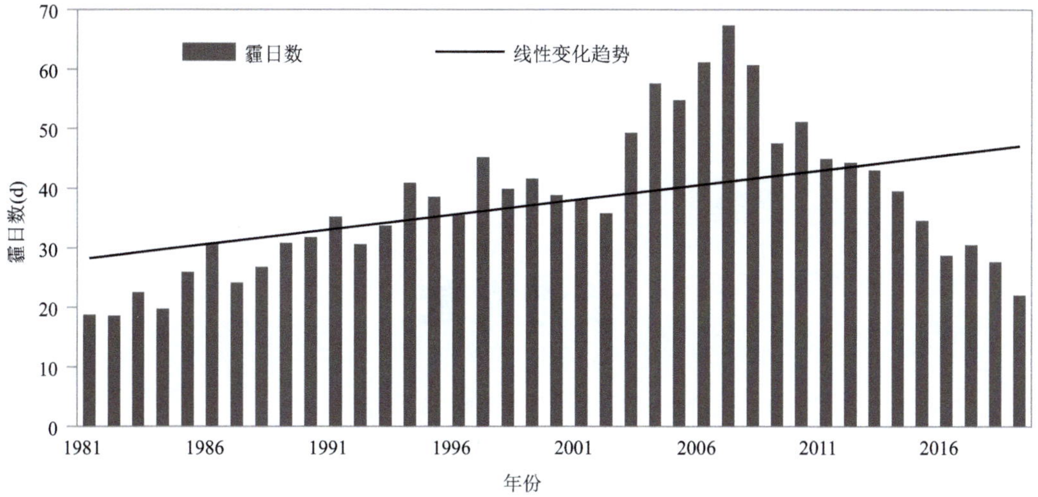

图 6.9 1981—2019 年广东省年霾日数变化

6.9.5 霾的影响与防治

6.9.5.1 霾的影响

霾对人类的身心健康、交通安全及农作物的生长发育均有较大的影响。

(1)霾直接影响人们的身体健康 霾的组成成分非常复杂,包括数百种大气颗粒物。其中,危害人类健康的主要是直径<10 μm 的气溶胶粒子,它能直接进入并黏附在人体上、下呼吸道和肺叶中,引起鼻炎、支气管炎等病症,长期处于这种环境还会诱发肺癌。

(2)霾天气易导致紫外线的减弱 由于太阳中的紫外线是人体合成维生素 D 的唯一途径,因此紫外线辐射的减弱直接导致小儿佝偻病高发;其次,紫外线是自然界杀灭大气微生物的主要武器,紫外线的减弱易使空气中的传染性病菌的活性增强,传染病增多;另外,它还会在某种程度上影响人们的心理健康。因为霾天气容易让人产生悲观情绪,如不及时加以调节,很容易出现抑郁、狂躁不安等心理疾病,严重的还会导致精神分裂症。

(3)对交通安全的影响 霾天气出现时,室外能见度降低,容易出现车辆追尾或相撞事件,影响正常的交通秩序,导致事故频发。

(4)霾还会导致农作物产量下降 霾能够降低到达地面的太阳总辐射,减少日照时数。而日照减少又会导致光合作用的减少;同时霾沉降到植物叶面上,也会阻滞植物呼吸和光合作用。

6.9.5.2 霾的防治

据研究,霾日数年际变化与大气中的污染物浓度有关。正是因为霾的产生与城市发展造成的环境污染息息相关,动态调控和减少污染物排放总量,可在源头上减缓环境恶化的速率和程度,减小霾天气的负面影响。

防治和减小霾天气的影响可从以下 4 个方面着手:

(1)动态调控污染源排放总量是减小霾天气危害的最有效途径 从目前掌握的情况来看,城市化和工业化是霾产生的主要因素,而霾天气出现的一个气象特征是其区域有一个气流停滞区。可借鉴国外有些发达国家的经验做法,利用不同气象条件对社会生产进行动态调控的方法来尽量减小霾的影响和危害,其实质是对污染源进行总量调节。

(2)严格限制机动车尾气排放和工业气体排放 机动车尾气排放和工业气体排放量日益加剧,是霾产生的因素,因此要积极开发可再生、高效、洁净、低排放能源,有效走出能源匮乏的困境,减少汽车尾气污染,减轻霾对城市的危害。

(3)城市群之间应统筹考虑霾的防治工作 作为地区性的气候灾害现象,治理时也要加强地区联手,才能达到最佳的治理效果。

(4)在城市规划中,要注意将污染严重的工业企业布局在城市主导风向下游处,避免这些工厂排出的污染物从近地面流向城区,要充分考虑大气的扩散条件,预留空气通道。实施绿化造林,增加城市绿地,不仅利于吸烟除尘、让树木阻挡雾气,又可达到吸收过滤各种有毒有害大气污染物和净化空气的功能,减轻大气污染程度。

参考文献

陈创买,郑德娟,赵仲辉,1997.广东干湿气候特征[J].热带气象学报,13 (3):193-200.

陈世训,陈创买,林应河,等,1993.气象学[M].广州:中山大学出版社.

《大气科学辞典》编委会,1994.大气科学辞典[M].北京:气象出版社.

丁一汇,1991.高等天气学[M].北京:气象出版社.

丁一汇,戴晓苏,1994.中国近百年来的气温变化[J].气象,12:19-26.

樊琦,梁必骐,2000.热带气旋灾害经济损失的模糊数学评测[J].气象科学,20(3):360-366.

傅抱璞,虞静明,卢其尧,1996.山地气候资源与开发利用[M].南京:南京大学出版社.

广东省地方史志编撰委员会,1996.广东省志・气象志[M].广州:广东人民出版社.

广东省地方史志编纂委员会,2001.广东省志・自然灾害志[M].广州:广东人民出版社.

广东省农业厅,广东省气象局,2000.广东省农业气象灾害及其防灾减灾对策[M].北京:气象出版社.

广东省气候中心,2020.广东省气候影响评价/广东省气候公报[Z].广州:1997-2020.

《广东省天气预报技术手册》编写组,2006.广东省天气预报技术手册[M].北京:气象出版社.

广东省气象局资料室,1987.广东气候[M].广州:广东科技出版社.

广东省人民政府农业办公室,广东省气象局农业气象中心,1996.广东气候与农业[M].广州:广东高等教育出版社.

郭兆夏,朱琳,叶殿秀,等,2000.在气候资源分析及农业气候区划中的应用[J].西安大学学报,30(4):357-359.

国家环境保护总局环境工程评估中心,2006.环境影响评价技术导则与标准[M].北京:中国环境科学出版社.

国家环境保护总局环境工程评估中心,2006.环境影响评价技术方法[M].北京:中国环境科学出版社.

贺海晏,1998.近 40 年广东省的旱涝特征[J].热带气象学报,14 (4):2972305.

Houghton J,1998.全球变暖[M].戴小苏,石广玉,等,译.北京:气象出版社.

湖南省气象灾害术语和等级,湖南省地方标准,DB43/T234-2004.

黄大文,1995.广东寒潮的分析和预报[J].广东气象,4.

黄浩辉,刘锦銮,陈新光,2001.地理信息系统在广东省农业气候资源分析中的应用[J].广东气象,4.

黄增明,谢炯光,吴尚森,等,2000.广东省短期气候预测研究[M].北京:气象出版社.

纪忠萍,谢炯光,2000.广东春季低温阴雨的年景变化趋势分析[J].热带气象学报,16(1):76-84.

李春梅,罗晓玲,刘锦銮,等,2006.层次分析法在广东省热带气旋影响评估模式中的应用[J].热带气象学报,22(3):223.

李洁,宁大同,程红光,等,2005.基于 3S 技术的干旱灾害评估研究进展[J].中国农业气象,26(1):49-52.

梁必骐,樊琦,杨洁,等,1999.热带气旋灾害的模糊数学评价[J].热带气象学报,15(4):305.

梁建茵,吴尚森,1999.广东冬季气温变化的气候诊断分析[J].热带气象学报,15(3):221-229.

林爱兰,吴尚森,1998.近 40 多年广东省的寒潮活动[J].热带气象学报,14(4):337-343.

林继生,罗金铃,1995.登陆广东的热带气旋灾害评估和预测模式[J].自然灾害学报,4(1):93-97.

刘小宁,孙安健,张尚印,1996.华南寒潮气候特征研究,中国气候灾害的分布和变化(1)[M].北京:气象出版社.

毛慧琴,宋丽莉,刘爱君,等,2005.广东省雷暴天气气候特征分析[J].广东气象,(2):7-9.

十三届广东省人民政府第 25 次常务会议,2018.广东省突发气象灾害预警信号发布规定[Z].广东省人民政府粤府令第 255 号.

宋丽莉,王春林,董永春,2001.水稻干旱动态模拟及干旱损失评估[J].应用气象学报,12(2):226-233.

汤仕文,刘英伟,2005.澳门度日(Degree days)与电能消耗[J].广东气象,(2):4-6.

王春林,董永春,黄珍珠,等,2007.广东干旱逐日动态监测模型及其应用[J].自然灾害学报,16(4):36-42.

王春林,董永春,李春梅,等,2006.基于 GIS 的广东干旱逐日动态模拟与评估[J].华南农大学报,27(2):20-24.

王春林,刘锦銮,曾侠,等,2004.近 50 年广东冬季寒害特征[J].自然灾害学报,13(4):121-127.
王春林,唐力生,陈水森,等,2007.寒冷灾害监测中的全天候地表温度反演方法研究[J].中国农业气象,28(1):80-87.
魏凤英,1999.现代气候统计诊断与预测技术[M].北京:气象出版社.
吴尚森,2000.广东冬春低温寒害气候特征和预测研究进展[C]//广东省短期气候预测研究[M].北京:气象出版社.
徐向阳,刘俊,1999.水旱灾害损失评估系统[J].灾害学,14 (1):1-5.
么枕生,丁裕国,1990.气候统计[M].北京:气象出版社.
张尚印,宋艳玲,张德宽,等,2004.华北主要城市夏季高温气候特征及评估方法[J].地理学报,59(3):383-390.
张勇,王春林,罗晓玲,等,2000.广东干旱害的气候成因及其防御对策[J].热带地理,20(1):16-21.
赵焕臣,许树柏,和金生,1986.层次分析法[M].北京:科学出版社.
中国气象局,2005.干旱监测和影响评价业务规定(气发〔2005〕135 号)[Z].
中华人民共和国国家标准.气象干旱等级:GB/T 20481—2006.

第 7 章　广东省沿海台风风险图谱

广东省沿海有丰富的风能资源，近海和海上更是广东省未来风能资源开发的主要区域，初步探明的广东省近海 5～50 m 水深区域的风能资源可装机容量就达 5 亿 kW，加上＞50 m 水深的更广阔海区的风能资源，形成了未来风能资源开发的主要区域，具有巨大的风能开发潜力。初步确定，广东省目前具有开发海上风能条件的近海浅水区（10～30 m 水深）面积约为 2300 km^2（约占广东省 10～30 m 水深海域的 8%），可开发海上风电场容量约 1150 万 kW，建成后全年发电量约为 230 亿 kW·h，约占广东省年用电量的 4.4%；而广东省近海深水区（30～50 m 水深）海上风电场场址面积经过初步论证可达 30000 km^2，可装机容量约 1.5 亿 kW。掌握广东省沿海的近地层风场条件及风资源状况，可为沿海及海上风资源的合理开发利用、风机选型以及制定防御台风的工程和技术措施等提供可靠、科学的基础依据和技术支撑。

本项目根据 IEC61400-1（INTERNATIONAL STANDARD，Part 1：Design requirements）、《建筑结构荷载规范》（GB50009—2012）等标准规范，利用上海台风研究所发布的“CMA-STI 热带气旋最佳路径数据集”，采用热带气旋路径细分、概率分布函数计算和经验订正等技术方法，结合 GIS（地理信息）进行计算分析，完成了广东省沿海陆上和海上台风风险图谱制作（分为各等级台风频数分布图和 50 年一遇风速分布图两种），为开展广东省沿海风电场台风风险评估提供了实用的基础资料。

7.1　各等级台风频数分布

采用“CMA-STI 热带气旋最佳路径数据集”，年限为 1949—2019 年。数据主要内容为热带气旋每隔 6 h 的中心经纬度、中心最低气压和中心附近最大风速（正点前 2 min 平均）。为了绘制台风频数分布图，将图形区网格化，网格分辨率为：0.03°（经度）×0.03°（纬度），约 3 km×3 km。

对于沿海海上和陆上风电场，按照 IEC 的风机选型标准（IEC61400-1），关注的台风级别为中心附近最大风速（10 min 平均）分别≥32.7 m/s、37.5 m/s、42.5 m/s 和 50.0 m/s，关注的高度为基础高度 10 m 和主流风机的轮毂高度 90 m。

图 7.1 至图 7.4 为广东省沿海海上和陆上不同高度、不同风速等级的台风频数分布图。

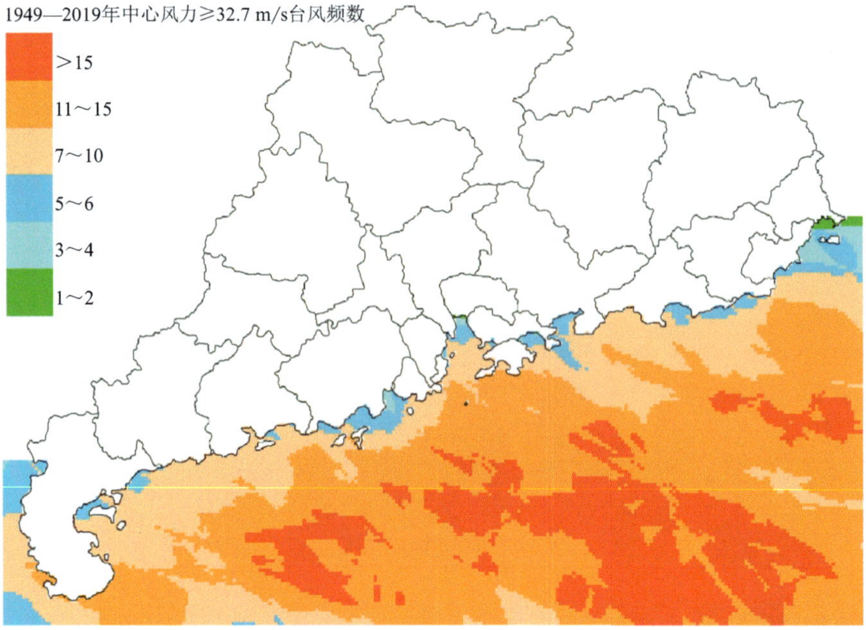

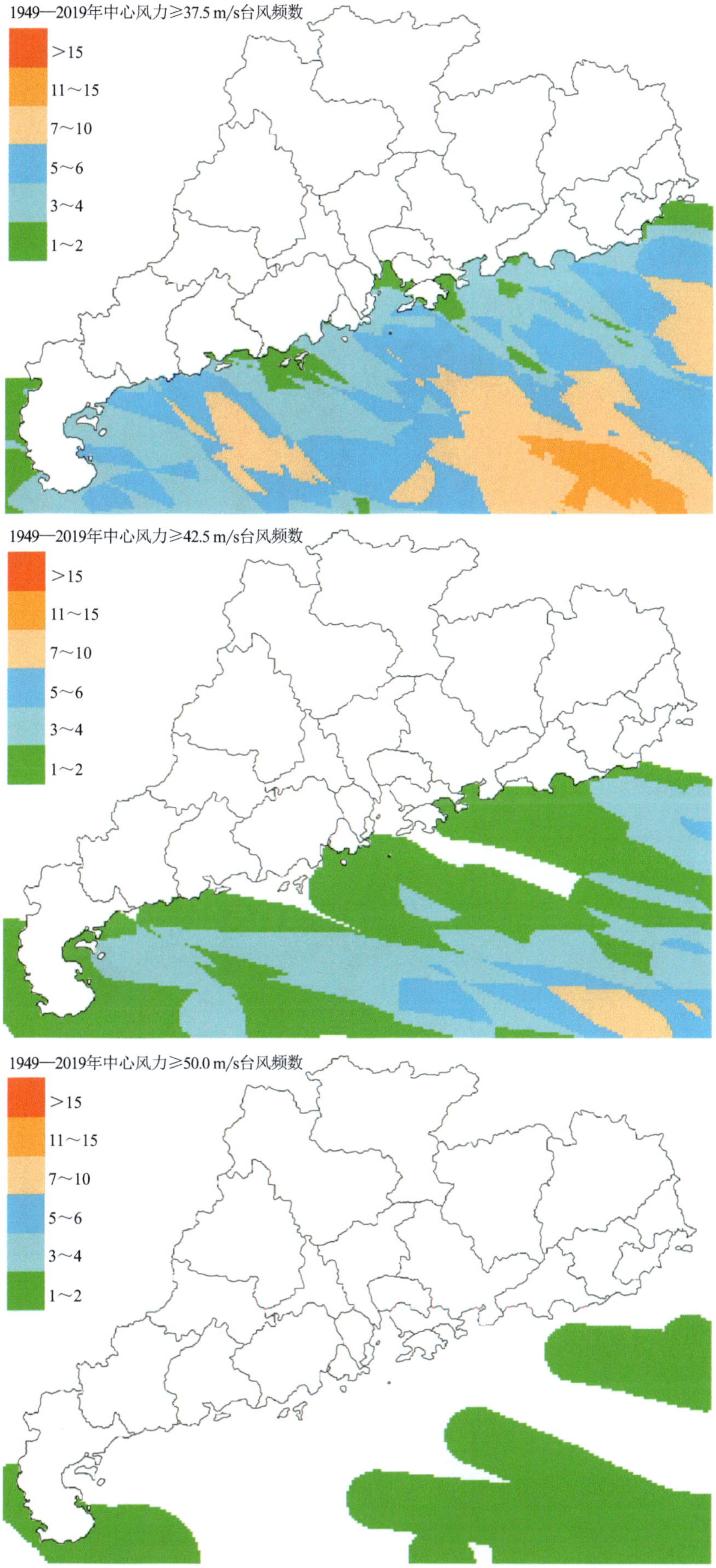

图7.1　广东省海上沿海10 m高度台风频数(次)分布图谱

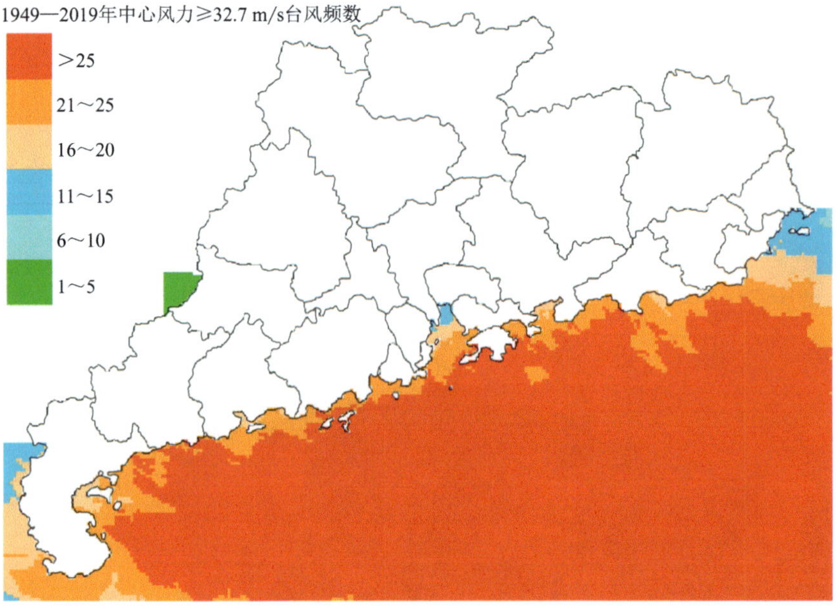
1949—2019年中心风力≥32.7 m/s台风频数
>25
21～25
16～20
11～15
6～10
1～5

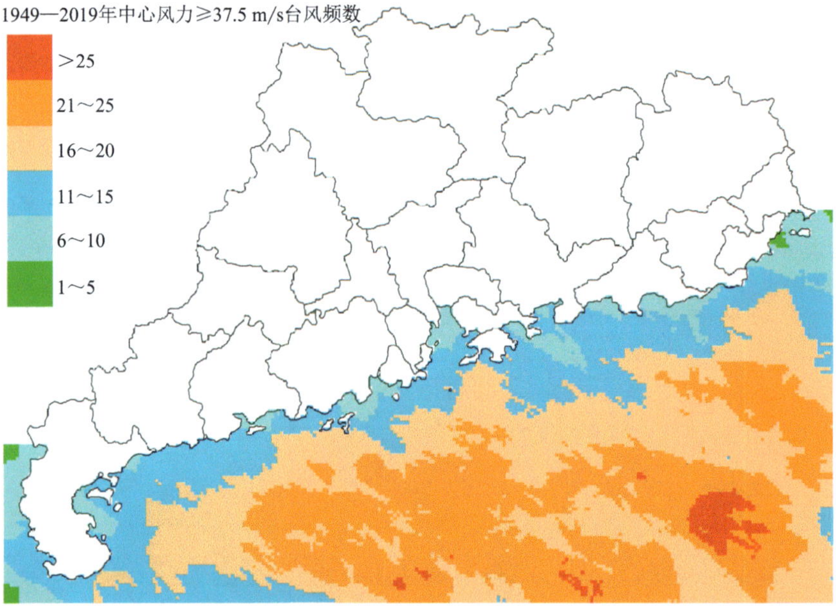
1949—2019年中心风力≥37.5 m/s台风频数
>25
21～25
16～20
11～15
6～10
1～5

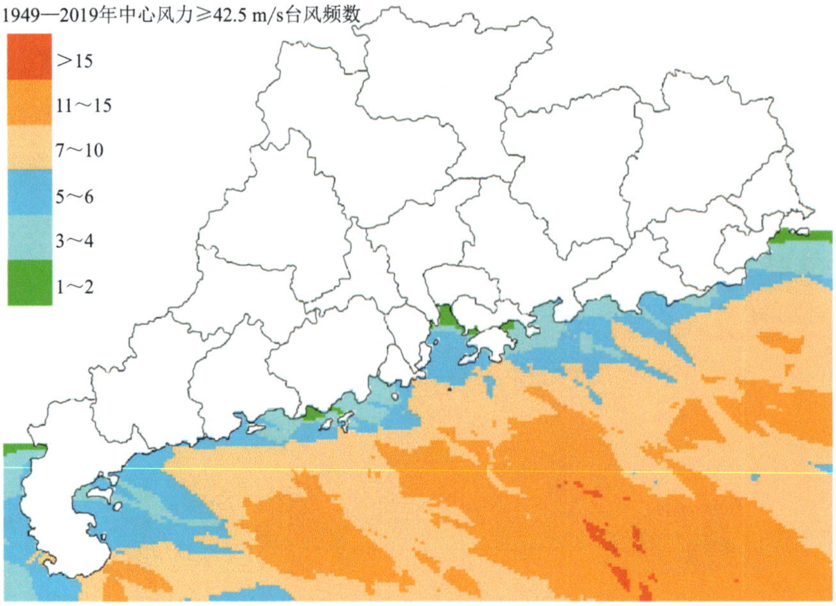
1949—2019年中心风力≥42.5 m/s台风频数
>15
11～15
7～10
5～6
3～4
1～2

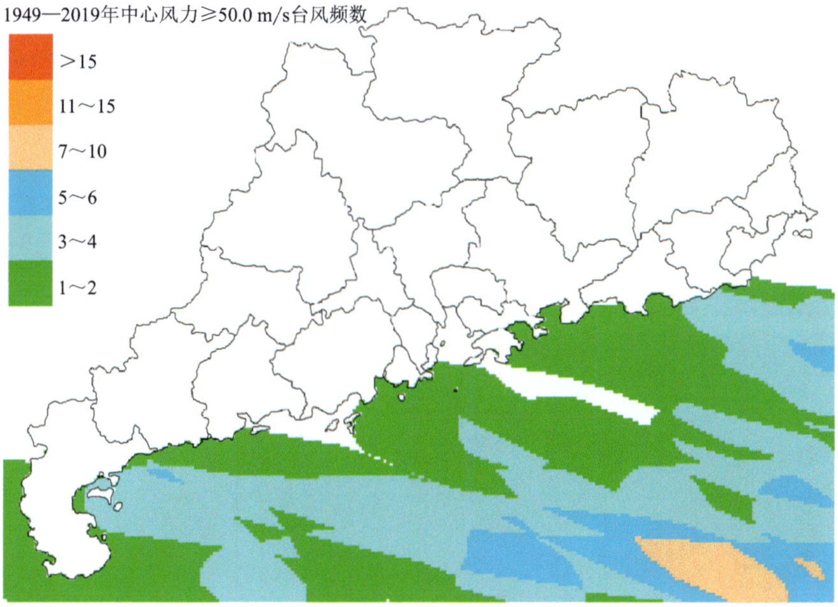

图 7.2　广东省海上沿海 90 m 高度台风频数(次)分布图谱

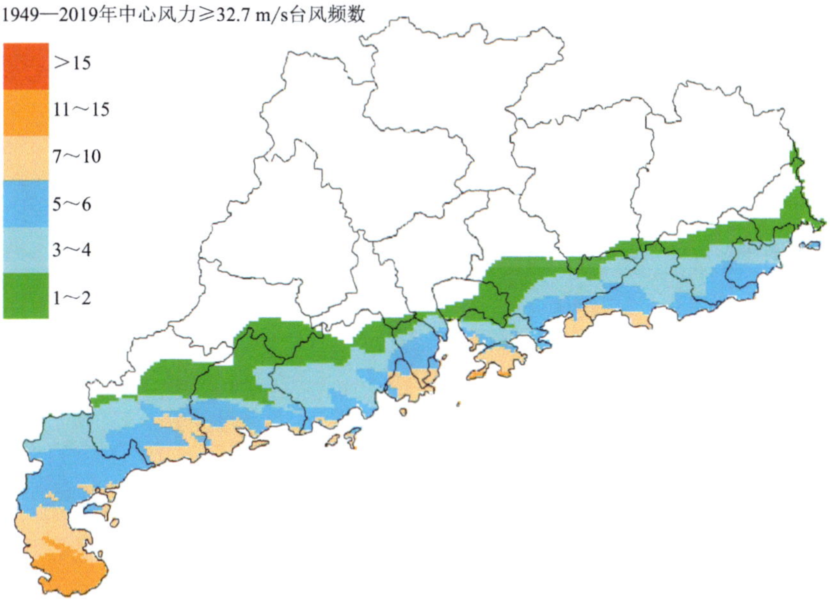

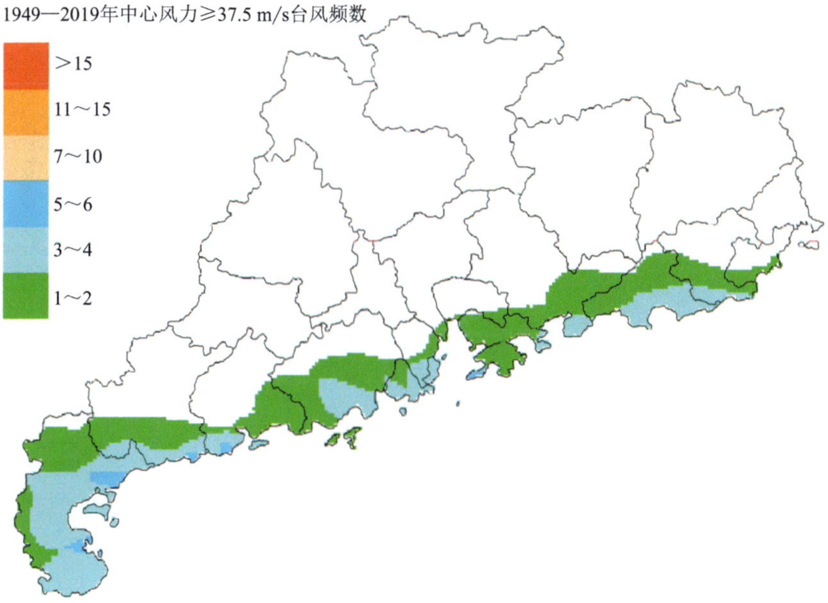

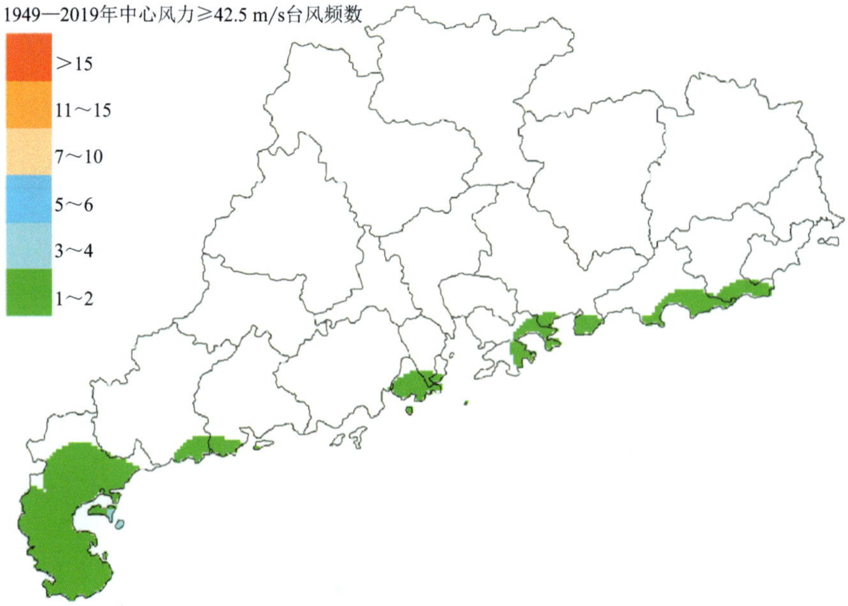

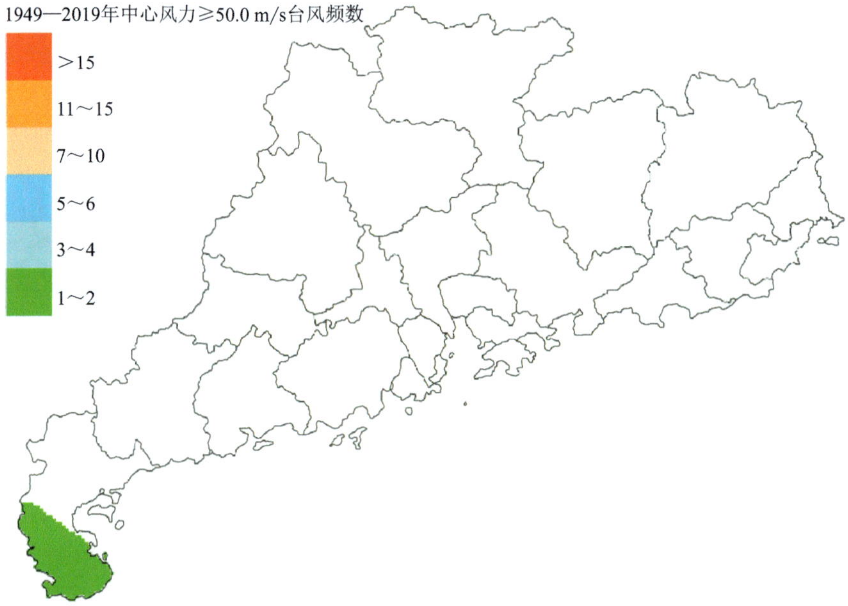

图 7.3　广东省陆上 10 m 高度台风频数(次)分布图谱

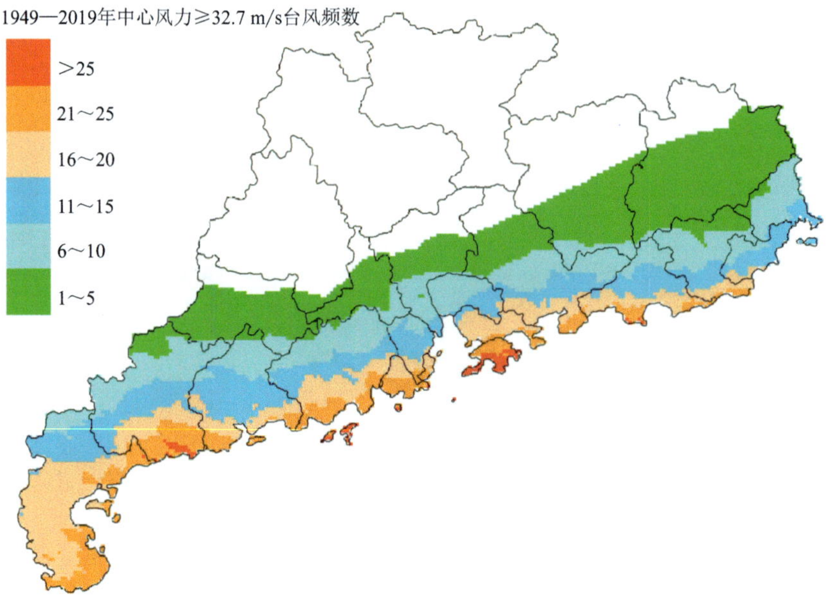

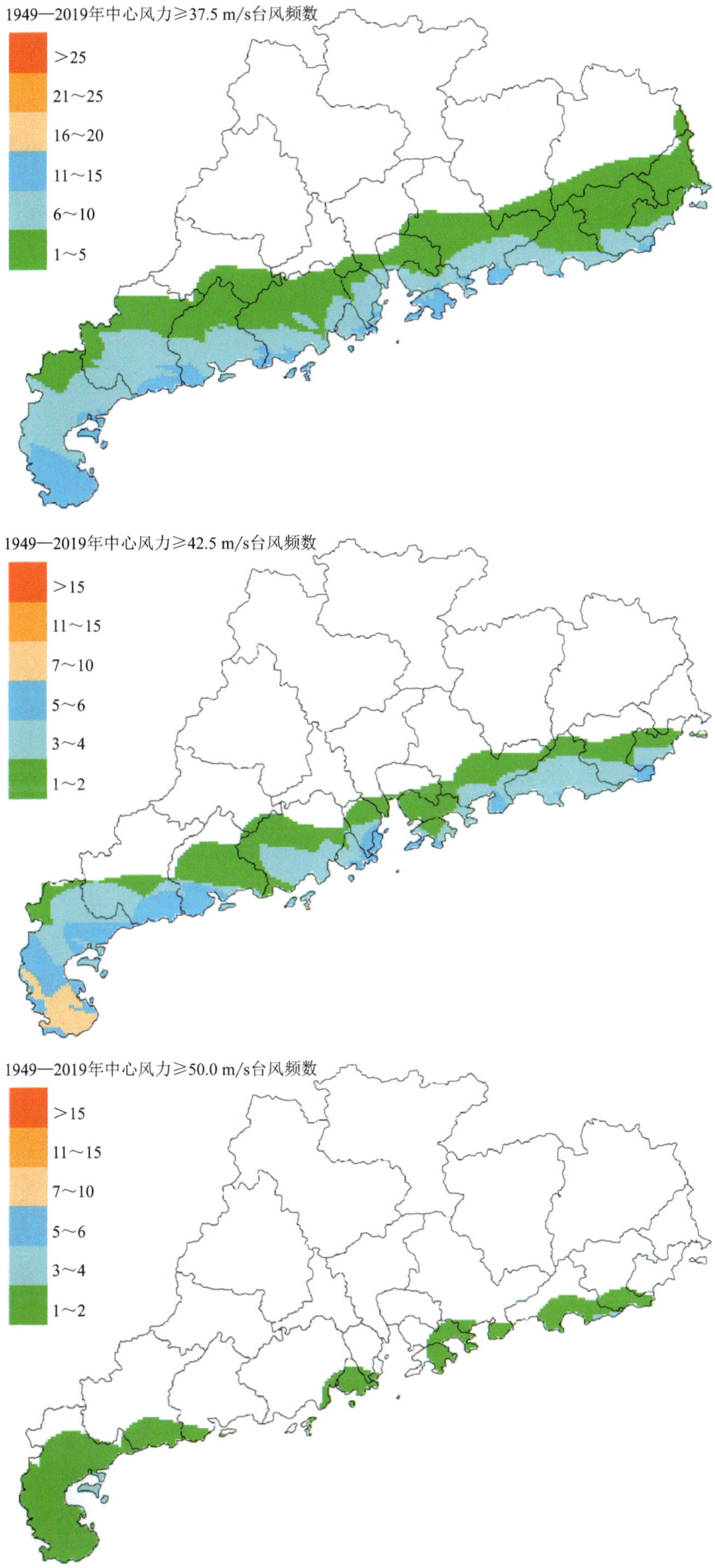

图 7.4　广东省陆上 90 m 高度台风频数(次)分布图谱

7.2 50 年一遇台风风速分布

50 年一遇台风风速分级主要考虑以下几个风速值：风机切出风速 25 m/s，IEC 风机选型标准中的特征风速值：32.7 m/s、37.5 m/s、42.5 m/s 和 50.0 m/s。关注的高度为基础高度 10 m 和主流风机的轮毂高度 90m。

图 7.5 至图 7.8 为广东省沿海海上和陆上不同高度的 50 年一遇台风风速分布图。

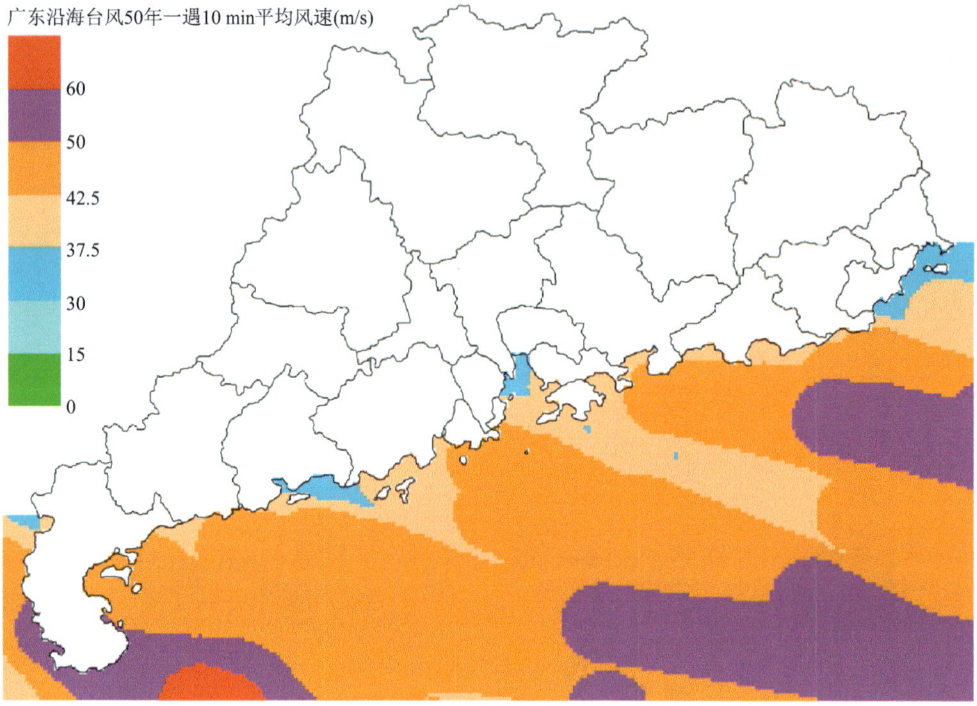

图 7.5 广东省沿海海上 10 m 高度 50 年一遇台风风速(m/s)分布图谱(统计年限 1949—2019 年)

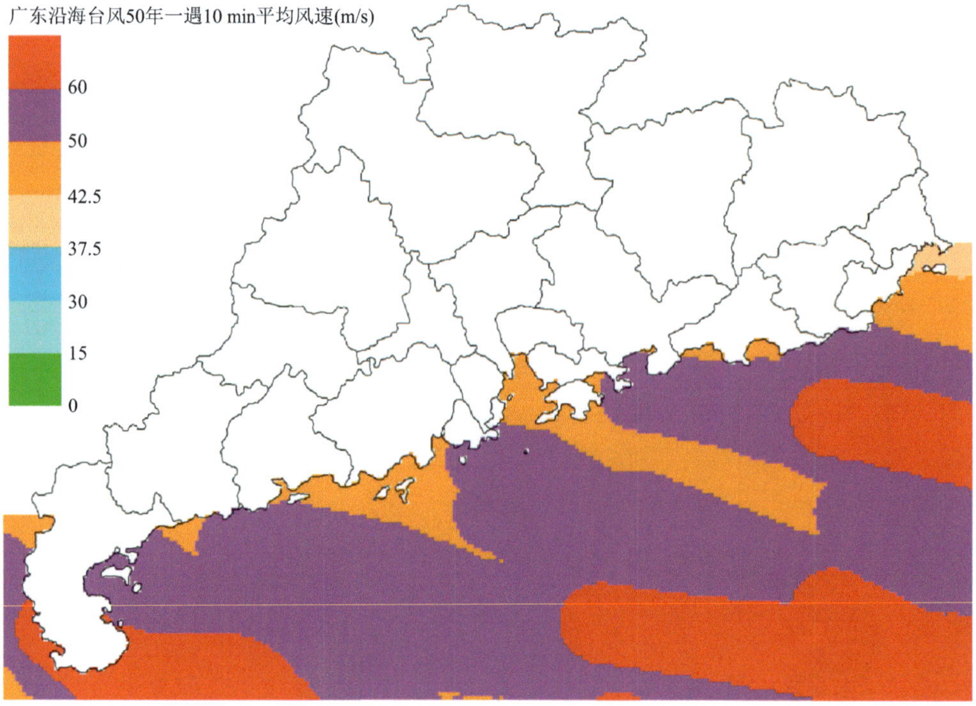

图 7.6 广东省沿海海上 90 m 高度 50 年一遇台风风速(m/s)分布图谱(统计年限 1949—2019 年)

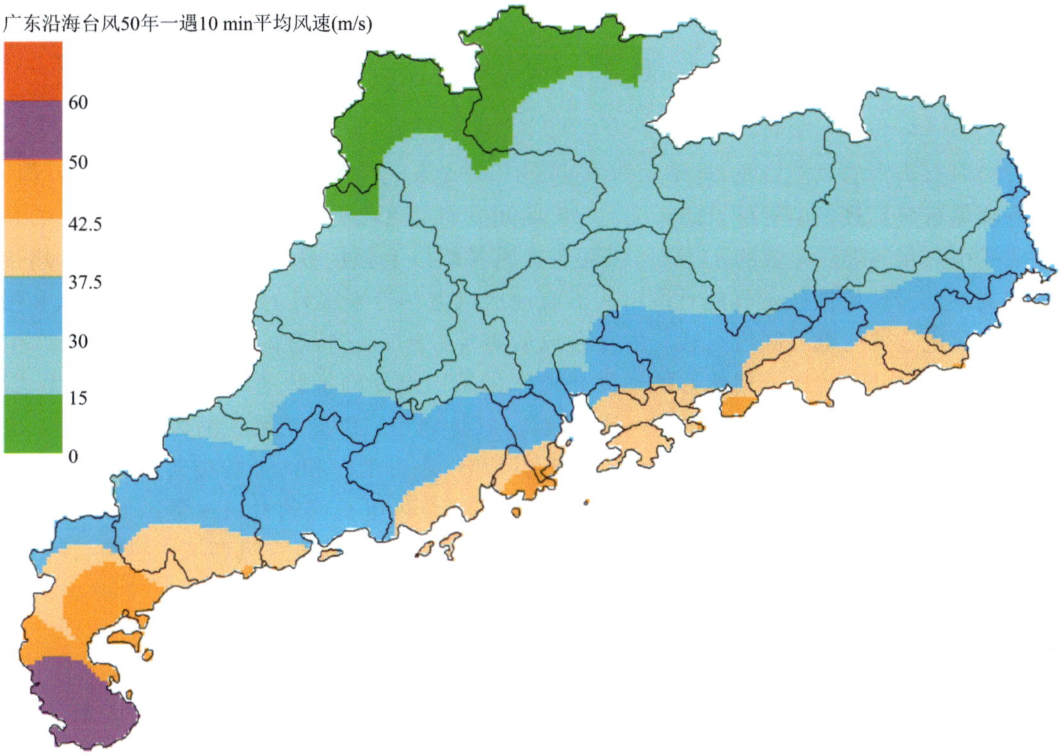

图7.7 广东省陆上10 m高度50年一遇台风风速(m/s)分布图谱(统计年限1949—2019年)

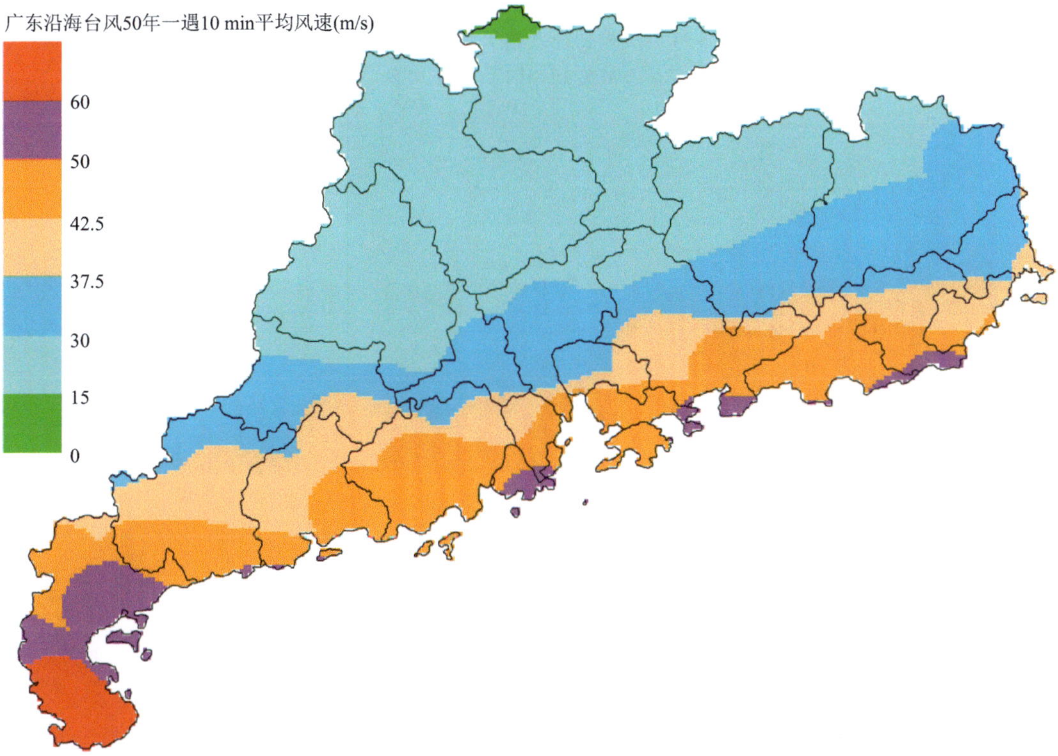

图7.8 广东省陆上90 m高度50年一遇台风风速(m/s)分布图谱(统计年限1949—2019年)

附录：广东沿海风机抗台工程参数设计论文

广东省沿海有丰富的风能资源，近海和海上更是广东省未来风能资源开发的主要区域。但是，广东省是全国登陆热带气旋最多的省份，1951—2017 年期间共有 248 个热带气旋登陆，登陆广东的热带气旋个数占登陆我国热带气旋总个数的 41.5%，以强热带风暴级以上强度登陆的占 59% 。虽然热带风暴以下量级的较弱的热带气旋或热带气旋外围可为沿海地区风电场带来很好的发电效益，但台风和强台风却是沿海和海上风电发展的重要制约因素。由于台风的破坏性来自它特有的涡旋环流结构而产生的强脉动风湍流以及在其移动过程中受到地形的动力强迫作用从而更加剧了脉动风湍流作用，因此，需要利用我国沿海和海上台风近地边界层风要素的实地观测数据（特别是三维脉动风观测数据），结合风电机组安全和运行性能设计敏感的工程气象参数，分析研究台风在广东省沿海和海上各类典型下垫面地形条件下风电机组的台风（致损）影响特征，构造适于各类地形和各等级风电机组的台风模型。本编写组基于多年的台风实测观测数据，曾撰写多篇相关学术论文，可为相关人员在研发抗台风型风电机组、评估风电场台风风险以及为风电场运行制定防御台风的工程和技术措施时提供可靠、科学的参考。文章列表如下：

陈雯超，刘爱君，宋丽莉，等，2019. 不同强风天气系统风特性的个例分析[J]. 气象，45(2)：251-262.

陈雯超，宋丽莉，植石群，等，2011. 不同下垫面的热带气旋强风阵风系数研究[J]. 中国科学：技术科学，41(11)：1449-1459.

黄浩辉，陈雯超，植石群，等，2021. 基于测风塔实测台风“威马逊”登陆过程的强风特性分析[J]. 气象，47(2)：143-156.

黄浩辉，宋丽莉，植石群，等，2007. 广东省风速极值 I 型分布参数估计方法的比较[J]. 气象，33(3)：101-106.

蒋承霖，黄浩辉，陈雯超，等，2019. 强台风“纳沙”登陆过程的湍流特性分析[J]. 气象科技进展，9(3)：144-148.

秦鹏，黄浩辉，2015. 影响广东沿海的热带气旋最大强度估算[J]. 气象研究与应用，36(1)：1-5.

秦鹏，黄浩辉，李春梅，2012. 1949—2009 年影响粤东沿海的热带气旋特征及最大强度计算[J]. 气象研究与应用，33(4)：10-21.

秦鹏，黄浩辉，李春梅，2013. 珠江口海域热带气旋气候特征及最大风速计算[J]. 气象研究与应用，34(2)：26-30.

秦鹏，黄浩辉，植石群，2011. 东莞风能资源的评估及开发利用[J]. 广东气象，33(6)：47-50.

不同强风天气系统风特性的个例分析

陈雯超[1] 刘爱君[1] 宋丽莉[2] 王丙兰[3]
（1. 广东省气候中心，广州，510080；2. 中国气象科学研究院，
北京，100081；3. 华风气象传媒集团有限责任公司，北京，100081）

摘　要：利用广东东莞市的 80 m 气象塔在台风“莫拉菲”、强对流和强冷空气期间的观测数据，分析不同强风天气系统的近地边界层的平均风和脉动风特性参数。研究发现：1）强对流的风速变化最为剧烈，风速的 10 min 升幅可达台风和冷空气大风的 1.8 倍和 3.7 倍。强对流的 10 min 平均风向变幅也最剧烈，可达到 120°/10 min。2）台风强风廓线的幂指数值为 0.177，要大于建筑结构荷载规范（GB 5009—2012）给出的 B 类下垫面 0.15 的参考值，而强对流的幂指数值接近规范给出的 A 类下垫面的参考值 0.12，而强冷空气的幂指数值则仅为 0.10。3）强对流强风平均湍流强度分别是台风和冷空气大风平均湍流强度的 1.4～2.1 倍和 1.6～2 倍。4）台风和强对流的风攻角基本在±3°范围内，冷空气大风的风攻角在 0°附近变动。5）强风影响期间湍流空间积分尺度均有增大的现象，台风强风经过时，水平（纵向和横向）湍流空间积分尺度明显增大了一个量级。6）台风强风的湍流功率谱不满足−5/3 律和各向同性假设。台风强风的湍流能谱值要显著高于强对流和冷空气，其中，在桥梁敏感频域台风的平均湍流能谱值约为强对流和冷空气的 3 倍。

关键词：台风，强对流，冷空气，风特性

Case Study of Wind Characteristics of Different Strong Wind Weather Systems

CHEN Wenchao[1] LIU Aijun[1] SONG Lili[2] WANG Binglan[3]
(1. Guangdong Climate Center, Guangzhou, 510080; 2. Chinese Academy of Meteorological Sciences, Beijing, 100081; 3. Huafeng Meteorological Media Group, Beijing, 100081)

Abstract: Using the wind data observed from the 80 m meteorological tower in Guangdong Dongguan during the passes of typhoon Molave, strong convection and strong cold air, the mean wind and fluctuating wind characteristics of different strong wind weather systems in the near surface boundary layer are analyzed. The results show that: 1) The wind speed variation of the strong convection is the most dramatic and the 10-min mean wind speed amplitude of strong convection can up to 1.8 times and 3.7 times as much as that of typhoon and strong cold air. The 10-min mean wind direction amplitude can be 120°/10-min. 2) The power law exponent of typhoon strong wind profile is 0.177 which is larger than 0.15 reco mmended as the power law exponent of exposure class B in Chinese national code (GB 5009—2012). The power law exponent of strong convection is near 0.12 recommended as the exposure class A in the code and the power law exponent of strong cold air is only 0.10. 3). The 10-min average turbulence intensity of strong convection can up to 1.4-2.1 times and 1.6-2 times as much as that of typhoon and strong cold air. 4) The attack angles of typhoon and strong convection change between ±3° while the attack angle of strong cold air change near 0°. 5). The turbulence integral length scales increase by the impact of strong wind processes. The horizontal (longitudinal and transverse) turbulence integral length scales of typhoon can obviously increase by an order of magnitude. 6) The typhoon strong wind spectra doesn't satisfy the -5/3 law and the isotropy assumption. The power spectral density (PSD) value of typhoon strong wind is significantly larger than that of strong convection and strong cold air, the PSD value of typhoon is about 3 times as large as that of strong convection and strong cold air.

Key words: typhoon　strong convection　strong cold air　wind characteristics

引言

随着高耸和大跨等风敏感建筑物、构筑物的不断出现，边界层强风特性也越来越成为风工程界关注的热点(郭冬艳 等，2011；黄林宏 等，2016；廖菲 等，2017；唐明晖 等，2017；周福 等，2017)，风廓线，湍流强度，湍流积分尺度和湍流功率谱等反映强风风特性的参数也在工程设计中起着关键的作用(Cao et al，2009；Wang et al，2011；钱燕珍 等，2013)。台风、强对流大风和冷空气大风由于产生的机理不一样，因此，其风特性也会有差别。现场测风是研究近地层风特性的最直接可靠的手段，近年来，我国在近地层风特性研究方面取得了一些重要研究成果。宋丽莉等(2005，2006)；Song 等(2010，2012，2016)采用强风型超声测风仪对登陆广东的多个台风个例进行观测，对比分析了这几个台风的中心区域和其外围风况的平均风廓线和脉动风参数等特征，发现台风过程的中心强风区和外围风况的风廓线及湍流特征差异显著，并建立了粗糙长度与风廓线幂指数的数学模型；庞加斌等(2002)根据在上海观测的"派比安"台风实测风速资料得到了台风的水平风速功率谱和垂直风速功率谱，并对实测水平脉动风谱和垂直脉动风谱进行了曲线拟合。赵小平等(2016)基于强台风"海鸥"登陆期间的近地层测风资料，对台风过程不同位置的风廓线和湍流特征参数进行了细致的对比分析，但没有进一步考虑台风经过前后下垫面差异的影响。班欣等(2012)基于连云港沿海气象站的观测资料，分析了强冷空气、强对流和台风的湍流强度分布规律和特点，发现不同的大气层结稳定度和下垫面均会对湍流强度产生影响。

本文基于广东省珠江口的气象观测塔的测风数据，分析台风、强对流天气和强冷空气条件下，工程抗风所最为关注的近地层的强风特性，以期为工程抗风设计提供参考。

1　观测塔与强风过程描述

1.1　沙田塔描述与观测设置

沙田塔是位于中国广东省东莞市的一个气象测风塔(塔基海拔高度 8 m)(图 1)。该塔位于江边，珠江入海口处，西面临江，下垫面平坦，以耕地为主，周围地面长有稀疏杂草和低矮树木。气象塔 10 m、20 m、40 m、60 m、80 m 高度层安装有美国 Renewable NRG Systems 公司的 NRG-#40c 型杯式风速计和#200 p 型风向传感器，风速数据采集的时间步长为 1s，测量范围为 1～96 m/s，仪器记录每个 10 min 的平均风速、最大阵风 3 s 风速和 1 s 风速相对 10 min 平均风速的标准差，风向记录每个 10 min 平均风向，仪器安装之前均在标准风洞中进行统一标定。在 75 m 高度层安装 WindMaster Pro 型三维超声风速仪，该仪器最大风速量程为 65 m/s，采用 10 Hz 的采样频率，每 0.1 s 记录 u、v、w 三维方向的瞬时风速值、虚温和判别码。在观测期间，沙田塔测得了多次强风过程，包括台风"莫拉菲"、强对流强风和冷空气大风。

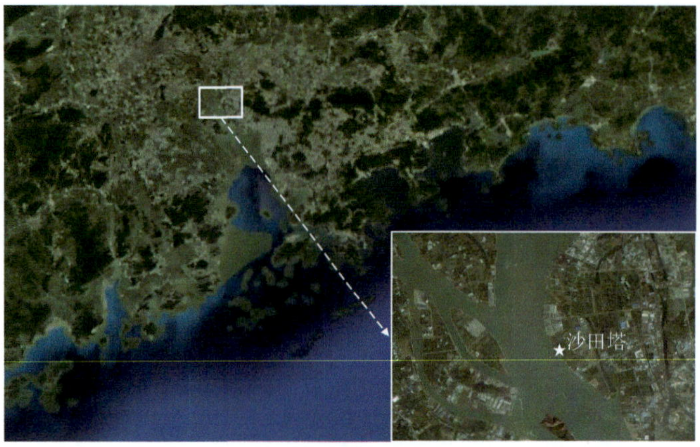

图 1　沙田塔地理位置图

1.2 台风“莫拉菲”

0906号台风“莫拉菲”于2009年7月19日00时50分(北京时,下同),在深圳市大鹏半岛(南澳镇)沿海地区登陆,登陆时中心最低气压965 hPa,中心附近最大风力13级,达到38 m/s。“莫拉菲”在深圳市登陆后持续向西北偏西方向移动,强度逐渐减弱,先后穿过东莞、佛山、广州和肇庆等市。19日05:30左右,“莫拉菲”减弱为热带风暴,从沙田塔西南面约12 km处经过。图2为台风路径图及观测塔离台风中心的相对位置。在19日的00:00—04:00时间段,沙田塔测得的台风风向在321°～344°变化,为离岸风。随后风向随顺时针变化,直到06:00开始,风向开始稳定在157°～175°,为向岸风。

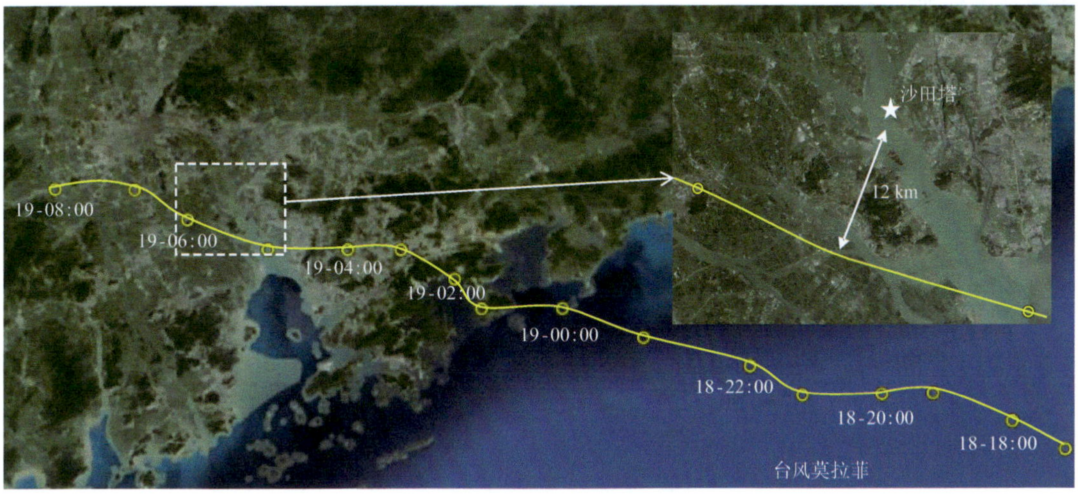

图2　台风“莫拉菲”路径图及观测塔离台风中心的位置

1.3 强对流天气

强对流天气是指出现短时强降水、雷雨大风、龙卷风、冰雹和飑线等现象的灾害性天气,它发生在对流云系或单体对流云块中,在气象上属于中小尺度天气系统,其特点是水平尺度小、生命史短、影响范围窄、强度大。本文选取了沙田塔测得的两次强对流天气的观测资料进行研究。

(1)2009年8月23日,沙田塔观测到短时风速、风向剧烈变化的强对流飑线过程,该过程持续约1 h。图3给出沙田塔东南面约3.3 km远的自动气象站在2009年8月23日13:00至24日01:00观测到的10 min平均风速、10 min平均风向和气温、气压时程曲线。从图中可见,在19:00前后有强对流过程影响,自动气象站19:00时测得10 min平均风速为9.5 m/s,比18:00的10 min平均风速增加8.6 m/s,对应的10min平均风向也发生显著变化;同时,气温急速降低,18:00的气温为33.1 ℃,19:00气温降至26.7 ℃;气压则从18:00的1001.2 hPa增加到19:00的1002.9 hPa;该站在19:00—20:00时还测得9.7 mm的累计雨量。下文简称本次强对流过程为1号强对流。

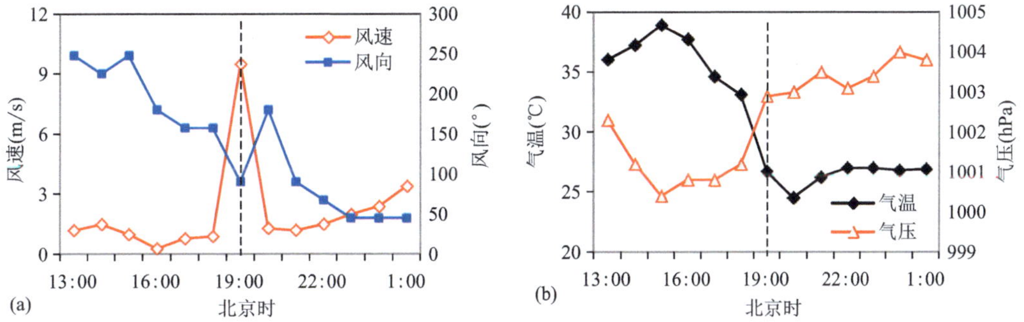

图3　1号强对流过程气象要素变化图(竖向虚线表示强对流经过的时刻)

((a)10 min平均风速和10 min平均风向;(b)气温和气压)

(2)2009年7月11日,沙田塔观测到持续约0.5 h的风速、风向剧烈变化的强对流飑线过程。由于该次强对流影响范围小,周边自动站未测得相关气象现象。下文将给出沙田塔的10min平均风速、10min

平均风向时程图进行分析。简称本次强对流过程为 2 号强对流过程。

1.4 强冷空气

2008 年 12 月 21—23 日有一次强冷空气过程影响沙田现场测风区域，出现大风降温天气，此次强冷空气具有南下速度快、风力大的特点。图 4 给出沙田塔东南面约 3.3 km 远的自动气象站在 2008 年 12 月 21 日 18:00 至 23 日 00:00 观测到的 10 min 平均风速、10 min 平均风向和气温、气压时程曲线。从图中可见，22 日 00:00 开始，10 min 平均风速显著增加，风向转为偏北风， 22 日 11:00 测得 10 min 平均风速最大值 7 m/s；气温呈显著下降趋势，在 22 日 00:00—11:00，温度从 20.1 ℃降为 14.7 ℃，随后继续下降；气压则显著增加。

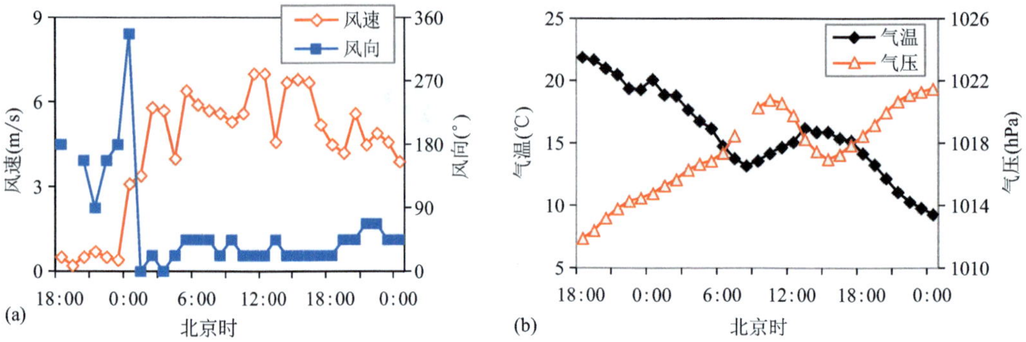

图 4 强冷空气过程气象要素变化图

((a)10min 平均风速和 10min 平均风向；(b)气温和气压)

1.5 强风数据分析说明

台风、2 号强对流和强冷空气过程均有杯式测风仪和超声测风仪的观测记录，1 号强对流过程仅有杯式测风仪的观测记录，超声风速仪数据缺测。因此，文中风速、风向、风廓线、湍流强度的对比是基于 4 个强风过程的杯式测风仪数据进行的分析。而基于超声数据的风攻角、湍流空间积分尺度和湍流功率谱分析则针对台风、2 号强对流和强冷空气过程进行。

2 平均风特性

2.1 风速、风向

图 5 给出沙田塔 80 m 测得的台风、强对流和冷空气过程的强风 10 min 平均风速、10 min 平均风向时程变化图。从图 5(a)可见，台风“莫拉菲”过程中，10 min 平均风速呈显著的“M”型双峰分布，双峰之间最低 10min 平均风速为 9.1 m/s，8 级强风的 10 min 平均风向持续转变 208°，根据文献(Song et al，2016)的台风强风代表性判别标准可知，沙田塔测得的强风过程采集到了包括台风眼区风、眼壁和外围强风的完整台风风况数据。台风过程中 80 m 高度层测得最大 10 min 平均风速为 25.5 m/s，3 s 阵风风速为 31 m/s；图 5(b)、(c)显示受强对流影响，10 min 平均风速有显著的增加，1 号强对流过程 80 m 的 10 min 平均风速在 18:30—19:00 从 5.5 m/s 增加到 25.3 m/s，对应 3 s 阵风风速为 32.9 m/s，2 号强对流过程 80 m 的 10 min 平均风速在 01:00 到 01:20 从 5 m/s 增加到 13.6 m/s，对应 3 s 阵风风速为 18.8 m/s，同时伴随着风向的显著突变；图 5(d)显示冷空气过程中，80 m 的 10 min 平均风速从 01:20 开始缓慢增大，在 09:20 测得最大的 10 min 平均风速 12.1 m/s，对应 3 s 阵风风速为 14.6 m/s，风向以东北偏北风为主。台风、1 号强对流、2 号强对流和强冷空气过程风速的 10 min 升幅最大值分别是 5.4 m/s、9.6 m/s、5.9 m/s 和 2.6 m/s。强对流的风速变化最为剧烈，风速的 10 min 升幅可达台风和冷空气大风的 1.8 倍和 3.7 倍。

计算各强风过程的 10 min 平均风向时间变率(指后一个 10 min 平均风向和前一个 10 min 平均风向的差值)，当差值为正时表示风向顺时针偏转，为负时表示风向逆时针偏转。结果显示，台风过程最大 10 min 平均风向时间变率为 28°/10 min，伴随着 10 min 平均风速从 25.5 m/s 降至 21 m/s；强对流强风出现时风向显著突变，1 号和 2 号强对流过程的最大 10 min 平均风向时间变率分别为 109°/10 min 和 120°/10 min，均在风速急剧回落后出现；强冷空气过程的最大 10 min 平均风向时间变率为 14°/10 min。

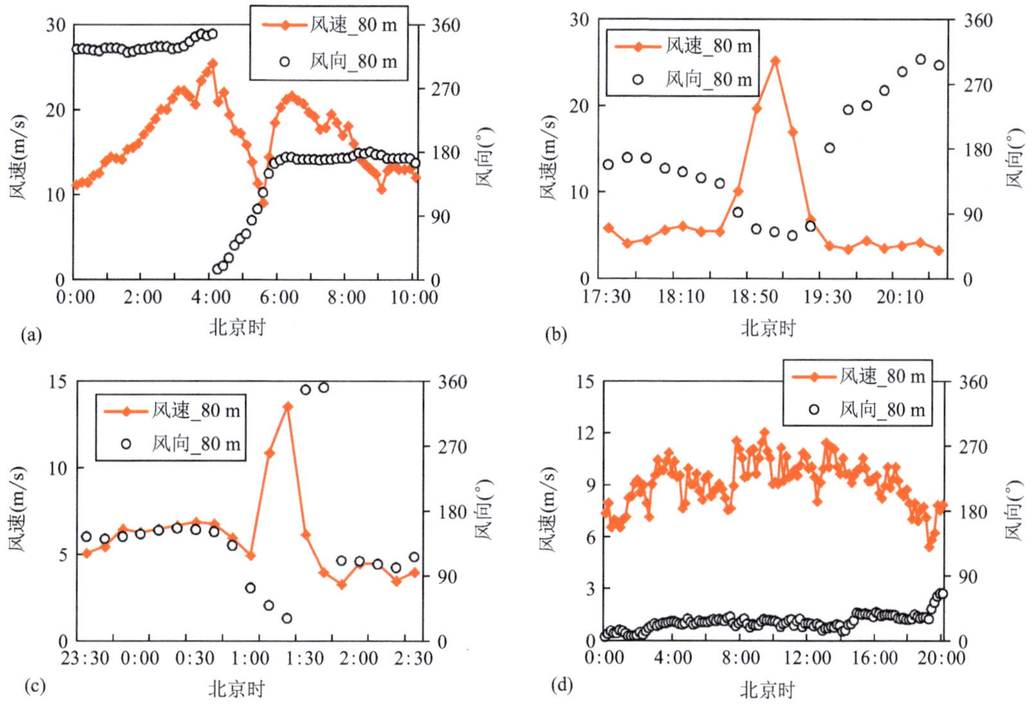

图 5 强风过程 10min 平均风速、10min 平均风向时程曲线

((a)台风;(b)1 号强对流;(c)2 号强对流;(d)冷空气)

2.2 强风样本的选取

图 6 给出了各个强风过程来风方位角的范围示意图。图中可见，台风过程的强风主要来自 326°—24° 和 170°—174°方位角，1 号强对流和 2 号强对流分别来自 63°—73°和 35°—53°范围角，冷空气则来自 19°—36°方位角。台风北面来风和强对流、冷空气的来风下垫面状况较一致，基本为平坦的城郊下垫面，以大片平坦耕地为主，而台风南面来风下垫面陆地面积较少，以江河水道下垫面为主。由于下垫面对风特性有显著的影响，为了减小不同强风来向下垫面的差异，在下文给出的测风参数比对中，台风强风样本只选取与强对流和冷空气来风下垫面状况较为一致的台风北面来风，且 60 m 高度的 10 min 平均风速达到 9 级及以上(≥20.8 m/s)的强风作对比分析，选取的时段为 02:50—04:20。强对流的强风样本选自风速显著增大的时段，1 号强对流的强风样本时段为 18:50—19:10，2 号强对流的强风样本时段为 01:10—01:20；冷空气过程的强风样本选取 60 m 高度的 10 min 平均风速增加到 10 m/s 并在附近波动的最大风时段，冷空气强风样本时段为 07:40—14:00。GB 50009—2012(中华人民共和国住房和城乡建设部，2012)将下垫面类型分为 4 类，各类下垫面描述如下：A 类指近海海面和海岛、海岸、湖岸及沙漠地区；B 类指田野、乡村、丛林、丘陵以及房屋比较稀疏的乡镇；C 类指有密集建筑群的城市市区；D 类指有密集建筑群且房屋较高的城市市区。上述所选的沙田塔测得的强风样本的来风下垫面基本属于 B 类下垫面。

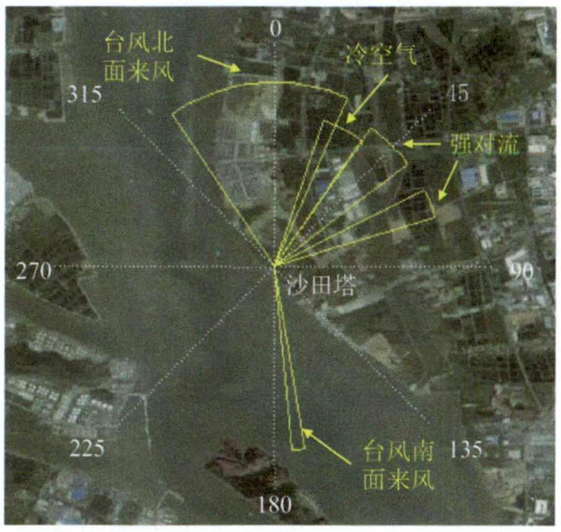

图 6 各强风过程来风方位角范围示意图

2.3 风廓线

风廓线用以描述风随高度的变化情况，在此指风速随高度的变化形态。近地边界层中风速的垂直分布特征与大气层结、下垫面粗糙度和天气系统特性等有关。工程应用中常以幂指数或对数率来量化拟合描述风廓线，目前，国内外大部分相关规范（中国、中国香港、日本和美国建筑荷载规范）推荐幂指数形式，表达式如下：

$$u = u_1 \left(\frac{z}{z_1}\right)^{\alpha} \tag{1}$$

式中，u 为 z 高度处的风速，u_1 为 z_1 高度处的风速，α 为该高度层内的风速廓线指数。

图 7 给出各强风过程的每个 10 min 平均风廓线的变化图（其中由于冷空气时间较长，每 20 min 间隔给出 10 min 平均风廓线），横坐标表示该风廓线测得的时间。结合图 5 可见，台风过程中 03:00—04:00 左右的台风眼壁强风以及 1 号强对流过程的 19:00 左右、2 号强对流过程的 01:20 左右的强风经过沙田塔时，风廓线的形态均有显著变化，10 min 平均风速随高度的增加非常显著，而冷空气强风经过时，风廓线的变化不明显。

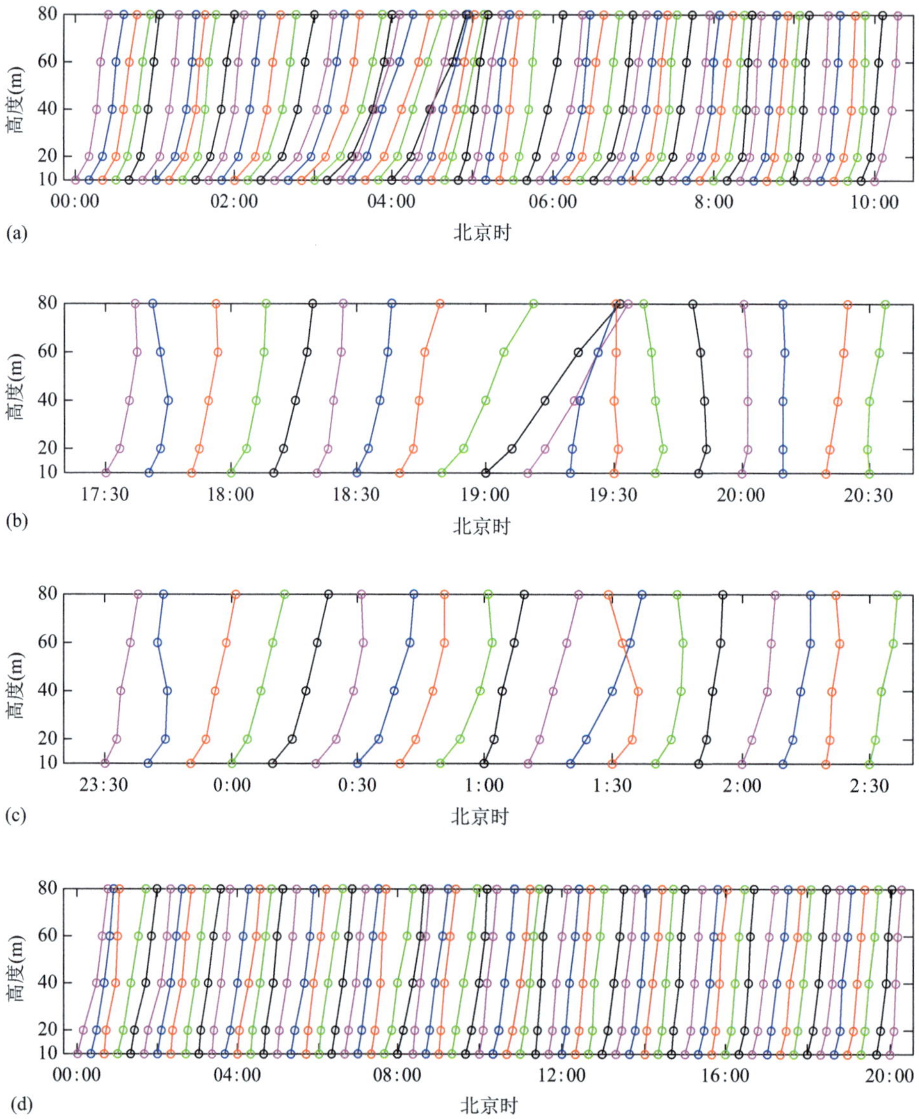

图 7 各强风过程 10min 风廓线时程变化图

((a)台风；(b)1 号强对流；(c)2 号强对流；(d)冷空气)

根据公式(1)，计算各强风过程的平均风廓线（过程中的 10 min 风廓线的平均值）和最大的 10min 风廓线的幂指数值。图 8 给出各强风过程最大的 10 min 风廓线及其幂指数拟合线。结果显示，冷空气过程的风廓线幂指数值(α 值)最小，平均风廓线和最大的 10 min 风廓线的 α 值分别为 0.102 和 0.112；1 号强对流过程的平均风廓线和最大的 10 min 风廓线的 α 值分别为 0.121 和 0.122；2 号强对流过程的平均风廓线和最大的 10 min 风廓线的 α 值分别为 0.125 和 0.135；台风强风的平均风廓线和最大的 10 min 风廓线的 α 值分别为 0.177 和 0.183。可见，冷空气和强对流过程中，风速随高度增加而增加的速度没有在台风条件下风速的增长速度快。台风强风廓线的 α 值分别是强对流强风廓线和冷空气大风廓线的 α 值的 1.4 倍和 1.7 倍。GB 50009—2012(中华人民共和国住房和城乡建设部，2012)中给出 A、B、C、D 类的风廓线幂的 α 取值分别为 0.12、0.15、0.22、0.30。可见，沙田塔 B 类下垫面下的台风强风廓线的 α 值要大于规范给出的 0.15 的参考值，而强对流的 α 值接近规范给出的 A 类下垫面的参考值 0.12，而强冷空气的 α 值则更小。

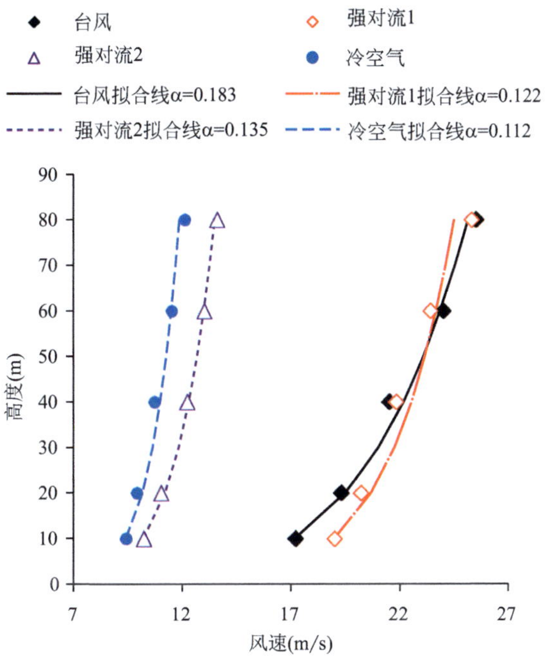

图 8　强风过程的最大 10 min 风廓线及其幂指数拟合线

3　脉动风特性

3.1　湍流强度

湍流强度反映了风的脉动强度，是确定结构脉动风荷载的关键参数，定义湍流强度为 10 min 时距的脉动风速标准差与水平平均风速的比值(盛裴轩 等，2003)：

$$I = \frac{\sigma}{U} \tag{2}$$

本文的湍流强度是基于杯式测风仪的 1s 风速记录的标准差相对 10 min 平均风速的比值所计算的结果。

图 9 给出强风过程的 80 m 湍流强度与 10 min 平均风速的时程变化。从图中可见，在台风中心前后的强风区都有显著湍流强度增大的现象，尤其是 4:00—4:20 这段时间，台风强风叠加陆地的影响，湍流强度显著增大，台风中心经过后的台风强风区由于下垫面是江河水面为主，湍流强度增大幅度明显较小；强对流期间湍流强度在最大的 10 min 平均风速出现(19:00 和 01:20)前后都有显著的增大，主要是风速的骤然升降造成的；而冷空气的湍流强度变化不明显。台风、1 号强对流、2 号强对流和强冷空气期间测得的 80 m 高度层最大的 10 min 平均风速分别为 25.5 m/s、25.3 m/s、13.6 m/s 和 12.1 m/s，对应的湍流强度分别为 0.094、0.146、0.199 和 0.091。表 1 给出了各天气系统强风时段的湍流强度平均值，从表中可见，强对流天气下的强风湍流强度平均值分别是台风和冷空气强风湍流强度平均值的 1.4～2.1 倍和 1.6～2.0 倍。短时的强对流过程中，风的组织结构可能较大尺度的强台风的涡旋结构更为紊乱，且由于同样具有较大的风速，因此，强对流对结构起着不容忽视的破坏作用。

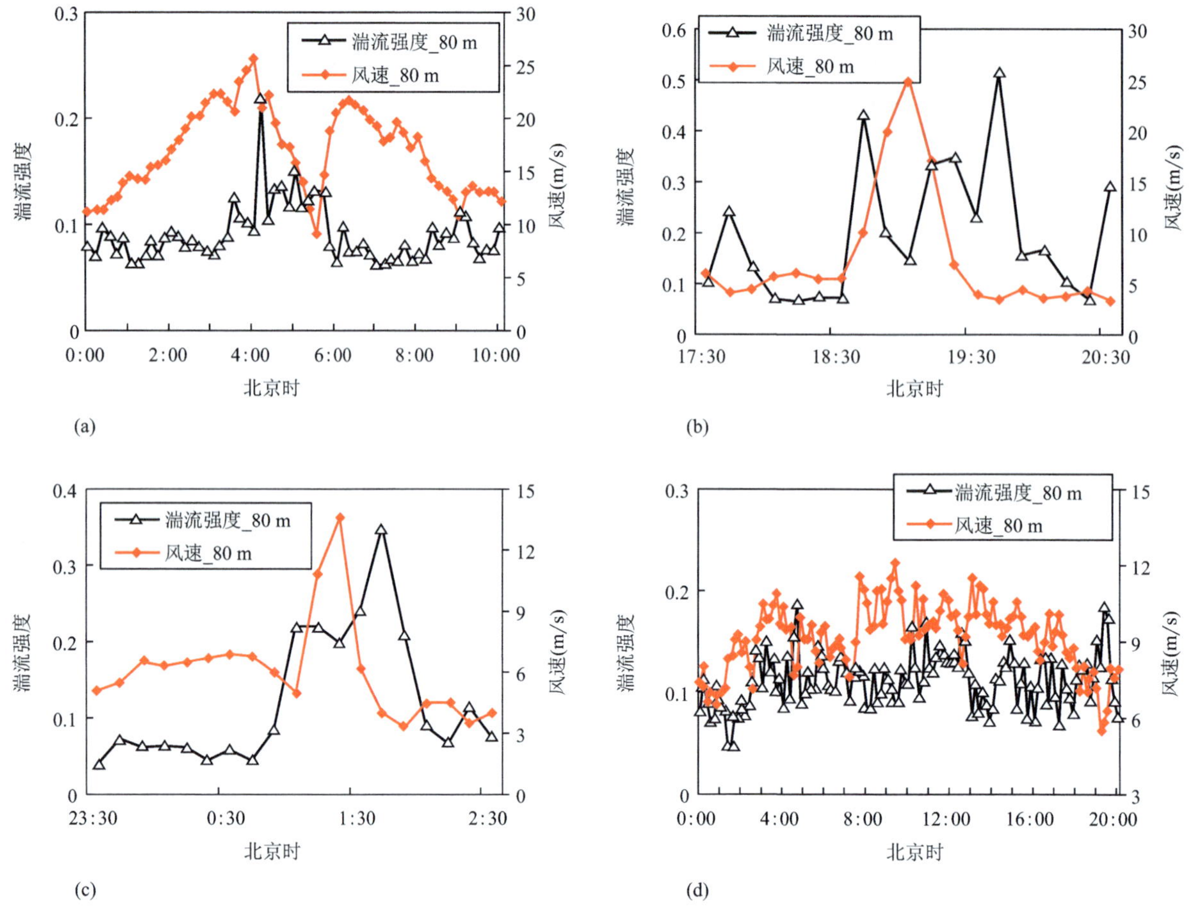

图9 强风过程湍流强度与10 min平均风速时程变化图
((a)台风;(b)1号强对流;(c)2号强对流;(d)冷空气)

表1 强风过程各高度层的平均湍流强度

测量高度 / 风况类型	10 m	20 m	40 m	60 m	80 m
台风	0.179	0.159	0.135	0.118	0.107
强对流1	0.257	0.260	0.258	0.244	0.226
强对流2	0.265	0.256	0.238	0.219	0.209
冷空气	0.155	0.147	0.133	0.120	0.115

基于三维超声观测数据的计算,不同天气系统的强风在纵向、横向、竖向方面的湍流强度比值Iu∶Iv∶Iw有较大差异,75m高度层台风强风的Iu∶Iv∶Iw=1∶0.84∶0.51,2号强对流大风的Iu∶Iv∶Iw=1∶0.78∶0.45,冷空气大风的Iu∶Iv∶Iw=1∶0.93∶0.61,与《公路桥梁抗风设计指南》(项海帆等,1996)中等给出1∶0.88∶0.5有差异。

3.2 风攻角

风攻角指风的来流方向与水平面的夹角。风攻角对结构物特别是柔性结构物的影响比较突出,其长期作用会加速或加重结构的疲劳损坏。强风时,风攻角的改变可能对结构造成突然损伤甚至破坏。风攻角主要由不均匀地形致使气流强迫抬升或下沉而产生,另外,不同的天气系统,尤其是涡旋结构的(如热带气旋、龙卷风等)强烈天气系统也可以导致风攻角的变化。在桥梁动力抗风设计中,应考虑高风速时风的平均攻角,根据《公路桥梁抗风设计指南》,一般推荐采用±3°,平静海面和开阔平坦地形大约为0°。风攻角的计算公式如下:

$$\tan(\theta)=\frac{W}{U} \tag{3}$$

式中，θ 为风攻角、W 为垂直风风速平均值，U 为主风向风速。

图 10 给出强风过程的 10 min 平均风速和风攻角时程变化。从图中可见，由于台风中心经过前后来风从离岸风转为向岸风，离岸强风攻角在 $-1.4°\sim0.1°$变化，而受地形抬升影响，台风中心经过后风攻角显著增加。但仍在±3°范围内。冷空气大风的风攻角在 0°附近变动。而 2 号强对流影响前，风攻角有显著增加的现象，测得最大风攻角为 4°，但此时的 10 min 平均风速仅为 4.3 m/s，风速急速增大时，风攻角仍在 3°以内。

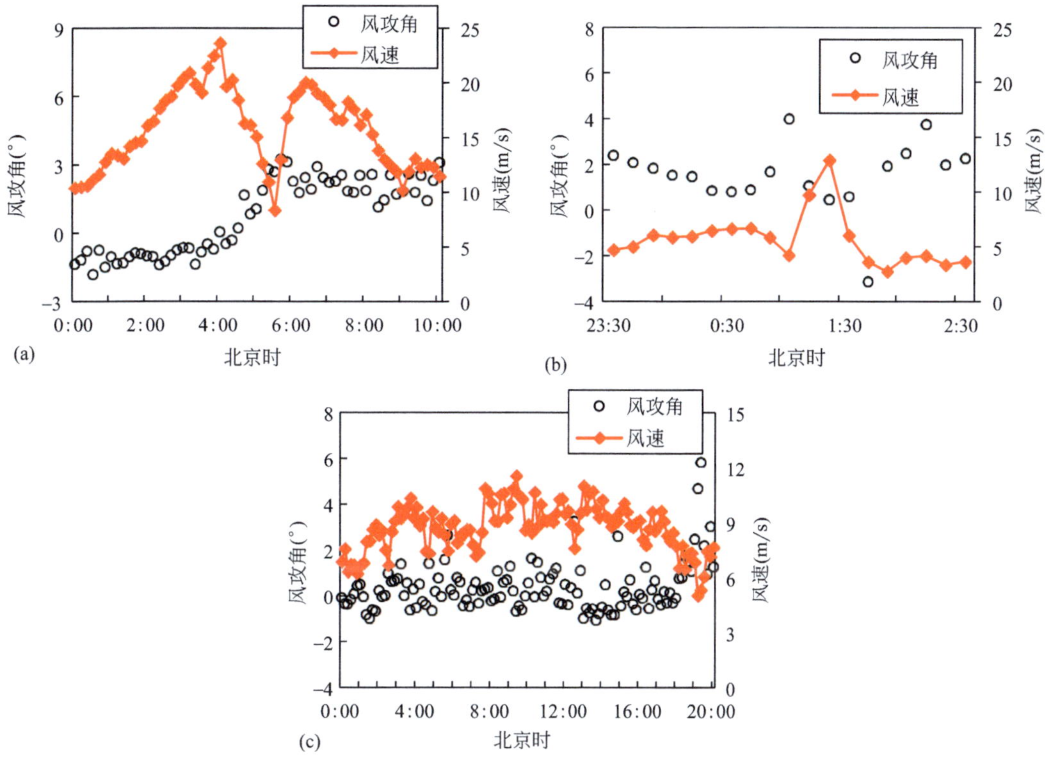

图 10　强风过程 75m 高度层风攻角与 10 min 平均风速时程变化图

((a)台风；(b)2 号强对流；(c)冷空气)

3.3　湍流空间积分尺度

湍流空间积分尺度是表征湍涡大小的物理量。由于结构风荷载对湍流尺度特性的敏感性，湍流积分长度通常是一项重要的风特性指标。湍流空间积分尺度的大小决定了脉动风对结构的影响范围。与纵向脉动速度有关的涡旋的纵向、横向和垂直方向的平均尺寸用 L_u^x ，L_u^y 和 L_u^z 表示，在数学上可定义 L_u^x 为：

$$L_u^x=\frac{1}{\sigma_u^2}\int_0^{\infty}R_{u_1u_2}(x)\mathrm{d}x \tag{4}$$

式中，$R_{u_1u_2}(x)$ 是两个不同空间位置上的纵向脉动速度 $u_1=u(x_1,y_1,z_1,t)$ 和 $u_2=u(x_1+x,y_1,z_1,t)$ 的互协方差函数，t 为时间，σ_u^2 为脉动速度 u 的方差，同样的定义也适用于 L_u^y 和 L_u^z 。

假设气流以 U 的速度迁移，则脉动速度 $u(x_1,t+\tau)$ 可以定义为 $u(x_1-x,\tau)$ ，$x=Ut$ ，即 Taylor 假设，那么公式(4)可以改写为：

$$L_u^x=\frac{\mathrm{U}}{\sigma_u^2}\int_0^{\infty}R_u(\tau)\mathrm{d}\tau \tag{5}$$

式中，$R_u(\tau)$ 是脉动量 $u(x_1,t)$ 的自相关函数，$R_u(\tau)=E[u(t)u(t+\tau)]$ ，一般积分上限取到 $R_u(\tau)=0.05\sigma_u^2$ 。基于测风塔上的采样频率为 10 Hz 的三维超声测风数据，计算纵向、横向和垂直方向脉动风速的平均空间尺度，下文用 Lu、Lv、Lw 表示。

图 11 给出强风过程的 10 min 平均风速和湍流空间积分尺度时程变化。当台风强风经过时，水平(纵向和横向)湍流空间积分尺度明显增大了一个量级，由几十米变为几百米，但垂直方向没有明显变化，台风强风的平均三维湍流空间积分尺度分别为 318 m、111 m、37 m。2 号强对流过程在风速显著增加时，三维方向的湍流空间积分尺度均有增大的现象，平均三维湍流空间积分尺度分别为 238 m、108 m、68 m。冷空气大风经过观测塔时，三维方向的湍流空间积分尺度也有增大的现象，平均三维湍流空间积分尺度分别为 115 m、81 m、40 m。

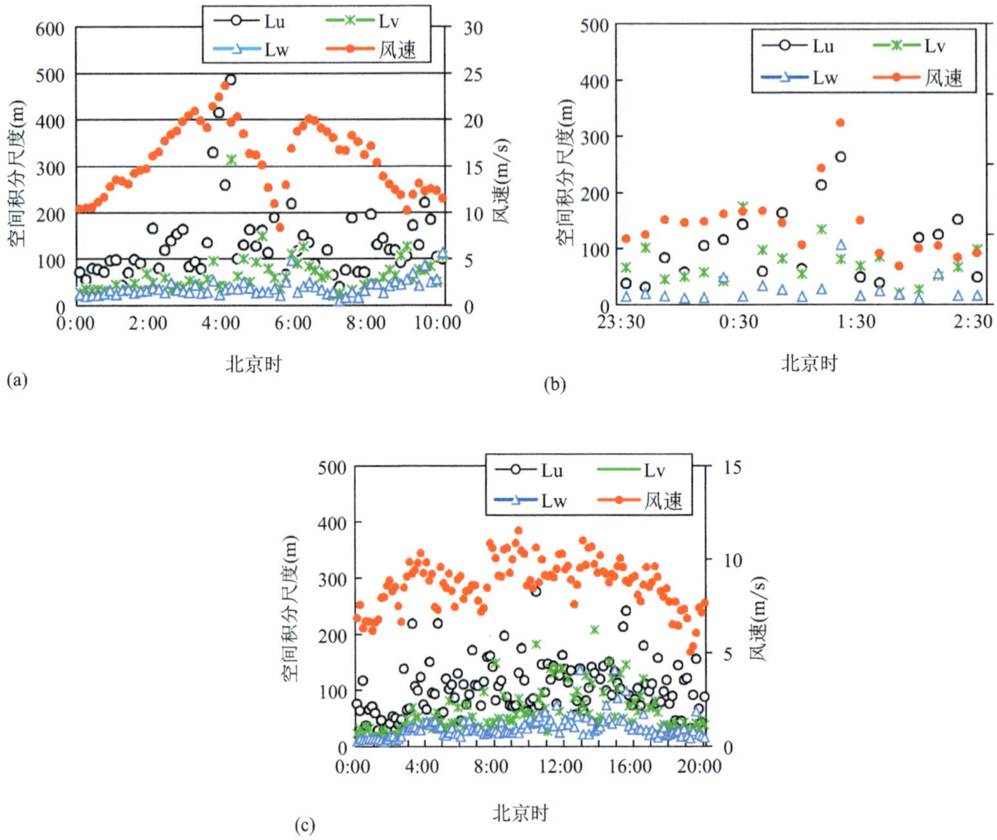

图 11 强风过程 75m 高度层湍流空间积分尺度与 10 min 平均风速时程变化图
((a)台风；(b)2 号强对流；(c)冷空气。图中 Lu、Lv、Lw 分别表示纵向、横向和垂直方向脉动风速的平均空间尺度)

3.4 湍流功率谱

大气中某个空间点的脉动风速是由许多不同尺度的涡在该点形成的各种频率的脉动叠加组合而成的。所以，湍流的脉动动能可以认为是各种频率的涡的贡献。脉动功率谱是湍流脉动动能在各个频率上的分布，用来描述湍流中不同尺度的涡的湍流脉动动能的贡献。湍流功率谱函数 Si (i=u,v,w)能够准确地描述脉动风的特性，它们在频域上的全积分等于脉动风对应方向上的湍流动能，即

$$\int_0^{\infty} S_i(n)\mathrm{d}n = \sigma_i^2 \tag{6}$$

式中，i=u,v,w；n 为频率，S_i 在频域上的分布可以描述湍流动能在不同尺度水平上的比例。功率谱函数采用傅里叶变换计算得到。以随机信号 $x(t)$ 为例，取有限时段子样本 $x_k(t)(0 \leqslant t \leqslant T)$，定义

$$S_x(f,T,k) = \frac{1}{T}X_k^*(f,T)X_k(f,T) \tag{7}$$

式中，$X_k(f,T)=\int_0^T x_k(t)e^{-i2\pi ft}\mathrm{d}t$，$X_k(f,T)$ 表示 $x_k(t)$ 的有限傅立叶变换，$X_k^*(f,T)$ 为 $X_k(f,T)$ 的共轭，T 为有限长度时间。

图 12 给出各强风时刻 10 min 样本的湍流功率谱图。拟合 1～4 Hz 频率的区间，分析惯性子区(图中

拟合区域)的湍流谱特征,可以发现,台风强风的湍流功率谱样本不满足－5/3律和各向同性假设,而2号强对流和冷空气大风样本则基本符合－5/3律和各向同性假设。表2给出强风样本在3个频段内三维方向的平均湍流能谱密度。从表中可见,台风强风的湍流能谱值要显著高于强对流和冷空气,其中,在桥梁敏感频域台风的平均湍流能谱值约为强对流和冷空气的3倍。

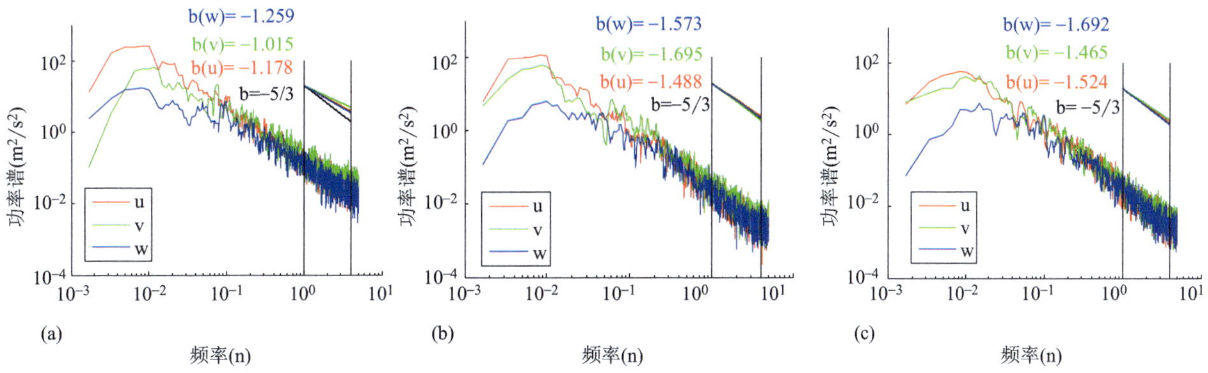

图12　强风75m高度层过程湍流功率谱图

((a)台风;(b)2号强对流;(c)冷空气。b(u)、b(v)、b(w)分别表示纵向、横向和竖向湍流功率谱在惯性子区的线性拟合斜率值)

表2　强风过程75m高度层三维方向平均湍流能谱值

风况类型	低频含能区 (0.001～0.100 Hz)			桥梁结构敏感区 (0.1～0.5 Hz)			惯性子区 (1～4 Hz)		
	Su	Sv	Sw	Su	Sv	Sw	Su	Sv	Sw
台风	42.787	14.471	5.022	1.441	1.580	0.813	0.063	0.085	0.050
2号强对流	14.879	8.713	1.904	0.309	0.511	0.247	0.009	0.012	0.007
冷空气	11.462	10.395	2.723	0.497	0.520	0.303	0.010	0.014	0.010

4　结论

基于广东省东莞市的沙田气象塔在台风“莫拉菲”、强对流和强冷空气期间的观测数据,分析不同强风天气系统的近地边界层的平均风和脉动风特性参数的差异,主要表现如下:

(1)台风、1号强对流、2号强对流和强冷空气过程中风速的10 min升幅最大值分别是5.4 m/s、9.6 m/s、5.9 m/s和2.6 m/s。强对流的风速变化最为剧烈,风速的10 min升幅可达台风和冷空气大风的1.8倍和3.7倍。台风过程的最大10 min平均风向时间变率为28°/10 min;1号和2号强对流过程的最大10 min平均风向时间变率分别为109°/10 min和120°/10 min;强冷空气过程的最大10 min平均风向时间变率为14°/10 min。

(2)台风强风廓线幂指数值分别是强对流强风廓线和冷空气大风廓线幂指数值的1.4倍和1.7倍。沙田塔测得的台风强风廓线的幂指数值要大于规范给出的B类下垫面风廓线0.15的幂指数参考值,而强对流的幂指数值接近规范给出的A类下垫面的参考值0.12,强冷空气的幂指数值则更小。

(3)台风、1号强对流、2号强对流和强冷空气期间测得的80 m高度层最大的10 min平均风速对应的湍流强度分别为0.094、0.146、0.199和0.091。综合10～80 m高度的观测值,强对流天气下的强风湍流强度平均值分别是台风和冷空气强风湍流强度平均值的1.4～2.1倍和1.6～2.0倍。

(4)台风和强对流的风攻角基本在公路桥梁抗风设计指南建议的±3°范围内。冷空气大风的风攻角变幅较小,在0°附近变动。

(5)台风、强对流和冷空气大风影响期间湍流空间积分尺度均有增大的现象,尤其是当台风强风经过时,水平(纵向和横向)湍流空间积分尺度明显增大了一个量级。

(6)台风强风的湍流功率谱样本不满足－5/3律和各向同性假设。台风强风的湍流能谱值要显著高于强对流和冷空气，其中，在桥梁敏感频域(0.1～0.5 Hz)台风的平均湍流能谱值约为强对流和冷空气的3倍。

参考文献

班欣，冯还岭，祁欣，等，2012. 连云港沿海近地层湍流强度特征[J]. 气象科技，40(2)：285-292.

郭冬艳，姜涛，陈有龙，等，2011. 琼州海峡沿岸大风分布规律及影响系统分析[J]. 气象，37(11)：1372-1379.

黄林宏，宋丽莉，李刚，等，2016. IEC的风机选型参数估算方法在中国的适用性研究[J]. 气象，42(12)：1522-1530.

廖菲，邓华，李旭，2017. 基于风廓线雷达的广东登陆台风边界层高度特征研究[J]. 大气科学，41(5)：949-959.

庞加斌，林志兴，葛耀君，2002. 浦东地区近地强风特性观测研究[J]. 流体力学实验与测量，16(3)：32-39.

钱燕珍，高拴柱，黄思源，等，2013. 强台风"海葵"登陆前后强度变化的观测分析[J]. 气象，39(10)：1265-1274.

盛裴轩，毛节泰，李建国，等，2003. 大气物理学[M]. 北京：北京大学出版社.

宋丽莉，毛慧琴，黄浩辉，等，2005. 登陆台风近地层湍流特征观测分析[J]. 气象学报，63(6)：915-921.

宋丽莉，毛慧琴，钱光明，等，2006. 热带气旋对风力发电的影响分析[J]. 太阳能学报，27(9)：961-965.

唐明晖，姚秀萍，王强，等，2017. 不同强度台风相伴随的内陆台前飑线对比分析[J]. 气象，43(8)：912-923.

项海帆，林志兴，鲍卫刚，等，1996. 公路桥梁抗风设计指南[M]. 北京：人民交通出版社.

赵小平，朱晶晶，樊晶，等，2016. 强台风"海鸥"登陆期间近地层风特性分析[J]. 气象，42(4)：415-423.

中华人民共和国住房和城乡建设部，2012. 建筑结构荷载规范：GB 50009—2012[S]. 北京：中国建筑工业出版社.

周福，蒋璐璐，涂小萍，等，2017. 浙江省几种灾害性大风近地面阵风系数特征[J]. 应用气象学报，28(1)：119-128.

Architectural Institute of Japan，2004. AIJ-RLB-2004 Recommendations for loads on buildings[S]. Tokyo：Architectural Institute of Japan：6-10-6-11.

ASCE，2006. ASCE/SEI 7-05 Minimum design loads for buildings and other structures[S]. Reston，VA：ASCE：251.

Building Department，2004. Code of practice on wind effects in Hong Kong[S]. Hong Kong：Building Department：19.

Cao Shuyang，Tamura Y，Kikuchi N，et al，2009. Wind characteristics of a strong typhoon[J]. J Wind Eng Ind Aerod，97(1)：11-21.

Song Lili，Chen Wenchao，Wang Binglan，et al，2016. Characteristics of wind profiles in the landfalling typhoon boundary layer[J]. J Wind Eng Ind Aerod，149：77-88.

Song Lili，Li Q S，Chen Wenchao，et al，2012. Wind characteristics of a strong typhoon in marine surface boundary layer[J]. Wind Struct，15(1)：1-15.

Song Lili，Pang Jiabin，Jiang Chenglin，et al，2010. Field measurement and analysis of turbulence coherence for Typhoon Nuri at Macao Friendship Bridge[J]. Sci China Technol Sci，53(10)：2647-2657.

Wang Binglan，Hu Fei，Cheng Xueling. 2011. Wind gust and turbulence statistics of typhoons in South China[J]. Acta Meteor Sinica，25(1)：113-127.

不同下垫面的热带气旋强风阵风系数研究

陈雯超[1]　宋丽莉[2]　植石群[1]　黄浩辉[1]　秦　鹏[1]
（1. 广东省气候中心，广州，510080；2. 中国气象科学研究院，北京，100081）

提　要：利用设置在近海海上和海岸上的3个观测塔共同获取的一个强台风过程数据以及3个观测塔1个年度的梯度风实测资料，对观测塔不同方位的下垫面进行分类并定量计算出塔周边不同下垫面的粗糙长度参数，在对强台风“黑格比”的强风数据代表性判别和样本筛选的基础上，分析了不同下垫面的热带气旋强风阵风系数变化特征，发现以下观测事实和变化规律：1）依据实测风资料，采用对数风廓线法给出的中性大气层结条件下的粗糙长度参数，能够客观刻画出下垫面的细微变化；2）台风强风阵风系数不随风速大小产生趋势变化，但在粗糙下垫面上会产生很大的变幅，这对工程结构的设计取值将产生重要影响；3）阵风系数的高度变化呈幂指数或对数律分布，幂指数法可更好地拟合较光滑下垫面的近地层阵风系数廓线，对粗糙下垫面对数律拟合效果略好；4）对实测数据的分析还发现，阵风系数与其下垫面粗糙长度之间可以幂指数或线性方程来描述；5）本观测个例的阵风系数与WMO的推荐值存在差异：来自粗糙下垫面的离岸风阵风系数比WMO推荐值大，而来自光滑下垫面的离海风阵风系数则小于WMO的推荐值。
关键词：热带气旋，下垫面粗糙度，阵风系数

1　引言

阵风系数是阵风风速和平均风速之间理论上的转换系数，可直观地表征气流中湍流运动强弱。阵风系数在风工程和气象界被广泛应用，因为阵风系数所表征的近地紊流风（即湍流）对建筑和结构的作用是风工程力学的核心问题，其与结构相互作用而产生的动力风效应，即风致振动问题是现代结构风工程的主要研究方向之一。我国现行的建筑结构规范给出了4类粗糙度条件下离地面5～300 m各高度层的阵风系数。但近几年对登陆热带气旋实测资料研究显示，现行规范推荐的关于表征阵风特性的参数并不能完全适用于热带气旋影响的情况，这主要由于热带气旋特有的涡旋结构导致它的湍流运动比常态风况更强，当叠加了不同的下垫面效应之后，其风场特别是湍流运动会产生显著改变。国内外学者从多个热带气旋个例的实际观测研究中发现，其阵风特性随下垫面粗糙长度的变化而显著改变，甚至台风中心经过前和经过后不同来向风的阵风系数会因为其经过的下垫面的不同而明显不同。Powell等在较全面的热带气旋影响下的海洋边界层风廓线测量基础上，建立了美国受热带气旋影响的气象站各方位粗糙度、零平面位移和实况照片等特征资料库，为热带气旋风况的准确判别提供详细依据；鉴于热带气旋特有的近地层涡旋型风场特点，WMO（世界气象组织）组织专家根据各国获取的热带气旋实测个例（但其中没有涉及中国的观测个例），研究制定热带气旋影响的不同下垫面条件下各种时距风速的转换，该技术文件主要推荐了海上、陆地、离岸和离海等4种下垫面条件下各时距风速之间的转换系数，并特别声明该技术文件还需在取得更多的实测个例基础上予以修订和完善。

本文利用登陆我国的强台风“黑格比”路径上的3个观测塔实测数据以及3个观测塔1个年度的梯度风实测资料，在分类计算观测塔不同方位的下垫面粗糙长度参数基础上，研究热带气旋强风在不同下垫面的阵风系数变化特征，以期为热带气旋影响地区的工程抗风和防台减灾预警研究提供参考。

2　分析数据说明

2.1　数据来源和观测设置

热带气旋属于中尺度大气涡旋结构系统，其中心、眼壁和外围的近地层风况特征差异显著，工程抗风关注的强风主要出现在紧邻热带气旋中心附近的眼壁区域。由于登陆热带气旋的强随机性，要完整地观测到适于工程抗风研究应用的包括眼区、眼壁和外围风区的强风风况数据的机会相当少。从我国近十多年来获取的登陆热带气旋近地层观测资料中，选取了能够较完整观测到眼区、眼壁和外围强风区风况数

据的强台风“黑格比”(中心最大风力达到15级以上的热带气旋称为强台风)观测个例,该强台风于2008年9月24日06时45分(北京时)在广东省茂名市电白县陈村镇沿海地区登陆,在“黑格比”中心经过的路径上,有3座设置于近海海上和海岸上处于不同下垫面上的观测塔获取了该台风完整的过程风况数据(图1)。

图1显示了强台风“黑格比”路径与3个观测塔的相对位置:

(1)近海海上100 m高观测塔位于离陆地海岸最短距离4.5 km的峙仔岛上,该小岛露出海面的部分长约90 m、宽约40 m,地面为沙石间或有稀疏的杂草。桅杆式气象塔塔基位于小岛中间隆起的小山包上,塔基离海平面10 m,在塔的10 m、20 m、40 m、60 m、80 m、100 m 6个层次设置了风速观测,风向观测高度为10 m、60 m、100 m 3个层次。塔基所在的小山包呈东北—西南走向的长条状,山包底部宽5m,长约30 m,由于该山包很小,对观测塔的测风影响甚微,因此,该塔的各层观测可以较好地代表海面上20 m、30 m、50 m、70 m、90 m、110 m 6个高度的风速以及20 m、70 m、110 m 3个层次的风向。

(2)在“黑格比”台风路径附近的覃巴和吴阳海岸,分别设有80 m和70 m高的桅杆式观测塔,其中,覃巴塔所在的海岸线为东—西走向,塔基海拔高度19 m,由于该塔附近为较密集的树林,因此,代表10 m高度的风速观测实际设在12 m高度上,其他风速观测层高为30 m、50 m、70 m、80 m,风向观测层高为10 m、70 m,该塔北侧附近的沿岸区域分布有居民区;吴阳塔所在的海岸线为东北—西南走向,塔基海拔高度为7 m,其周围均为稀疏低矮的灌木,在观测塔西北侧2 km远处有居民区分布,风速观测层高为10 m、30 m、50 m、70 m,风向观测层高为10 m、70 m。

3个观测塔均采用美国生产的NRG-Symphonie型测风仪,其运行环境温度为−55～60 ℃,风速量程范围为1～96 m/s,在5～25 m/s范围内精度为0.1 m/s。风速数据采集的时间步长为1 s,记录每个10 min平均风速、最大阵风(3 s)风速以及时距为1 s风速相对10 min平均风速的标准差等。

峙仔岛、覃巴、吴阳观测塔所在位置距离“黑格比”中心的最短距离分别为8.5 km、12 km、18.3 km;在“黑格比”强台风经过时,峙仔岛塔100 m高度测得的10 min平均最大风速48.5 m/s,极大(3s)风速为59.8 m/s,覃巴塔70 m高度测得的10 min平均最大风速33.9 m/s,极大(3s)风速为43.6 m/s,吴阳塔60 m高度测得的10 min平均最大风速31.3 m/s,极大(3s)风速为44 m/s。

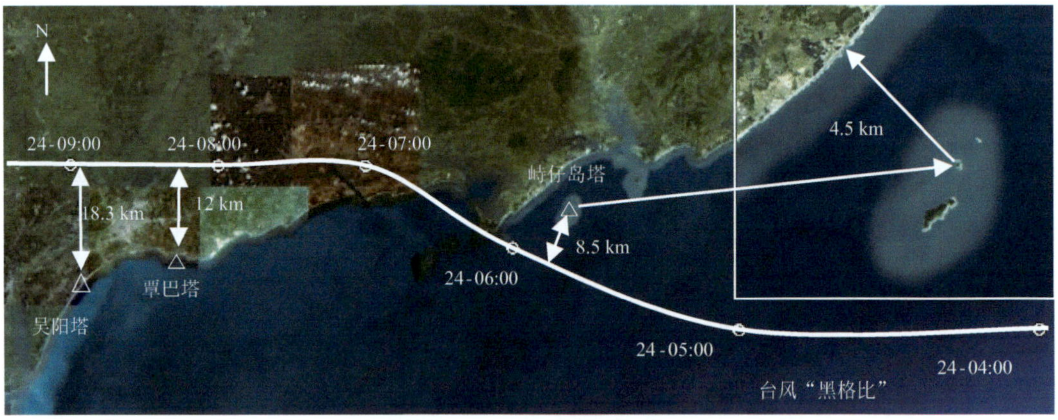

图1　强台风“黑格比”路径与观测塔的相对位置

2.2　台风观测数据代表性判断和分析样本选取

按照文献的规定,对3个测风塔数据进行初步处理,发现峙仔岛90 m高处的风速仪和20 m、110 m处的风向仪在台风强风时损坏,故分析不涉及这些数据。

由于台风天气系统的涡旋结构特征,导致其核心、眼壁强风区至外围环流等不同位置处的近地层风场结构和风脉动特性显著不同。由于工程抗风研究主要关注强风风况,因此,筛选本研究的基础数据首先需要能够代表台风眼区、眼壁强风和外围大风等较完整的过程观测数据。根据台风的涡旋系统结构以及强台风等级标准,在此判断台风核心强风区域是否经过观测点的条件为同时满足以下两点:(1)观测点获取的 8 级(10 min 平均风速为 17.2 m/s)以上风速的风向需要连续转换方位角度大于 120°;(2)台风过程的风速时程曲线应呈 M 型“双峰”变化,“双峰”之间出现 10 min 平均风速<11 m/s(5 级)的风速时,可以判断为台风眼区经过。图 2 给出了“黑格比”过程中 3 个观测塔的风速、风向时程变化。

图 2 显示,台风过程 8 级以上大风的风向在峙仔岛塔沿顺时针方向连续转换了 210°方位角,在覃巴和吴阳塔沿逆时针方向连续转换的方位角分别为 169°和 150°;峙仔岛、覃巴、吴阳 3 个观测塔测到的过程风速均呈 M 型“双峰”分布,“双峰”之间 10 m 高度(峙仔岛为 20 m)的 10 min 平均最小风速分别为 11.9 m/s、3 m/s 、6.4 m/s,可以判断为台风“眼区”;由此可以判断 3 个观测塔获取的“黑格比”强台风数据包含了台风中心眼区和眼壁强风区在内的完整过程的强风风况数据,能够代表该台风过程特有的强风特性。

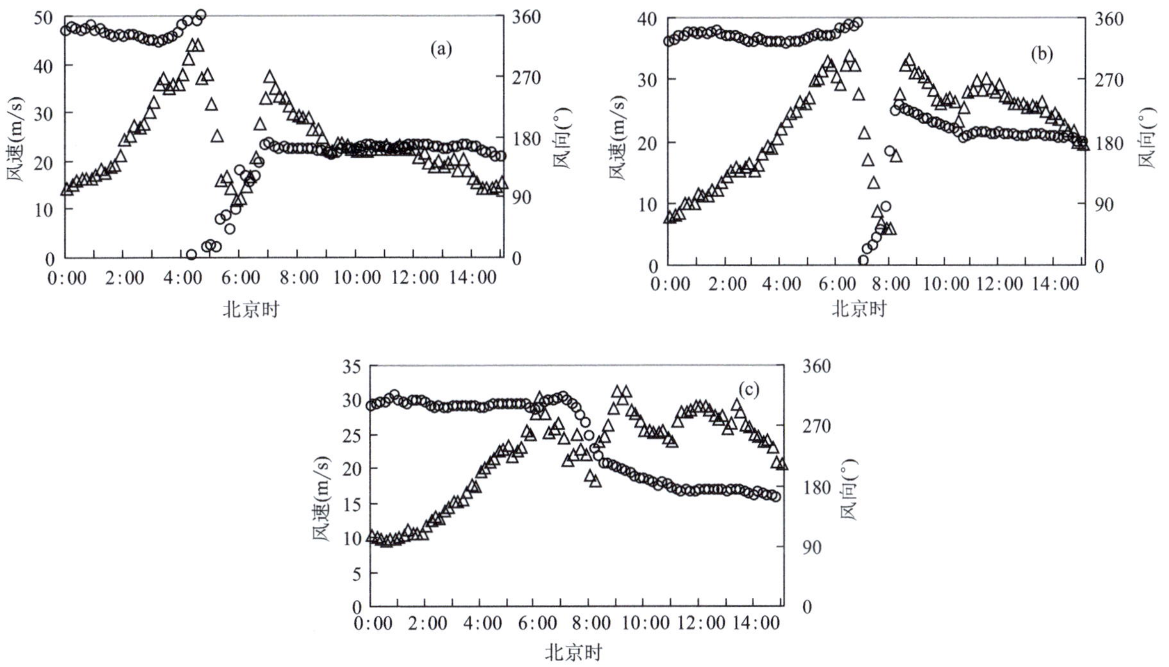

图 2 强台风“黑格比”70 m 高度层的风速、风向时程变化

((a)峙仔岛塔;(b)覃巴塔;(c)吴阳塔。△:风速;○:风向)

3 下垫面特征的表达和分类

影响空气运动的地球表面地形、地貌、植被、建筑和水陆分布等的差异决定了其粗糙的程度,在此采用粗糙长度来定量表达下垫面的动力特征。

3.1 粗糙长度的计算方法

空气动力粗糙度长度被定义为风速为零的高度。粗糙长度的计算方法主要有风、温观测确定方法和粗糙元形态学计算方法。形态学方法对粗糙度精确估算的前提是对下垫面粗糙元的详细、精确了解,然而获取准确的粗糙元信息并不容易。文本利用气象塔梯度式实测风资料,运用高度—风速半对数图的对数风廓线拟合方法来计算粗糙长度,可以客观反映当地下垫面粗糙特征。

根据莫宁和奥布霍夫研究提出的对数风速廓线表达式:

$$U(z)=\frac{1}{\kappa}u_*\left[\ln\frac{z}{z_0}-\psi\left(\frac{z}{L}\right)\right] \tag{1}$$

式中,κ 为冯·卡门常数,u_* 为摩擦速度,z_0 为粗糙长度,ψ 为莫宁-奥布霍夫函数,L 为莫宁-奥布霍夫长度。在中性大气层结条件下,$L=\infty$,$\psi=0$,则公式(1)变为:

$$U(z)=\frac{1}{\kappa}u_*\ln\frac{z}{z_0} \tag{2}$$

因为强风条件下多近似为中性层结,则可根据(2)式得到粗糙长度 z_0 的计算公式:

$$z = z_0 e^{\frac{\kappa U(z)}{u_*}} \tag{3}$$

根据(3)式，将 u_* 和 z_0 作为两个拟合参数，利用最小二乘法进行拟合，然后采用图解法，在半对数图上将测风塔各高度层风速实测值的拟合直线外推到风速为零时的对应高度，此高度即为粗糙长度 z_0。

3.2 基于下垫面特征的风况分类

鉴于下垫面的粗糙程度能够直接影响其近地层风况的特性，因此，有必要根据各个测风塔周边下垫面特点，将测风塔的风观测数据进行“风况”分类，以定量了解不同下垫面上风况的特征参数差别。在此参考 WMO 推荐的技术文件的思路方法进行“风况”分类。

峙仔岛观测塔位于离海岸最短距离 4.5km 处的近海海上(图 1)，该塔的测风数据可以代表“近海海面风况”，覃巴和吴阳观测塔均位于海岸边(图 1)，可以代表“近海海岸风况”。根据 3 个观测塔周边地形和海陆分布特点，可以再将每个观测塔风况大致分为两类，如图 3 所示：1)峙仔岛塔的 67.5°～247.5°(沿逆时针方向旋转)方位上，主要为开阔的海面，此方位区域的来风，可以代表“离海的近海海面风况”，其他方位近处为海面，远处为陆地，此方位区域来风可以代表离岸的近海海面风况(图 3a)；2)覃巴塔 90°～247.5°(沿逆时针方向旋转)方位上，为开阔的海面，此方位区域的来风可以代表离海的海岸风况，其他方位均为陆地，该方位区域来风可以代表离岸的海岸风况(图 3b)；3)吴阳塔的 45°～202.5°(沿逆时针方向旋转)方位上，全部为开阔的海面，此方位区域的来风可以代表离海的海岸风况，其他方位均为陆地，该方位区域来风可以代表离岸的海岸风况(图 3c)。

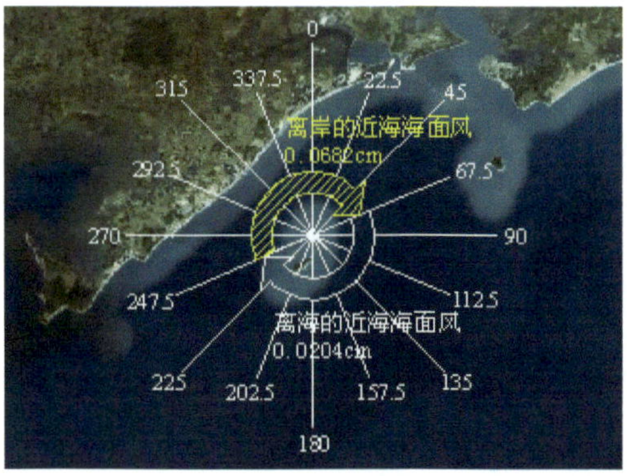

(a) 峙仔岛塔

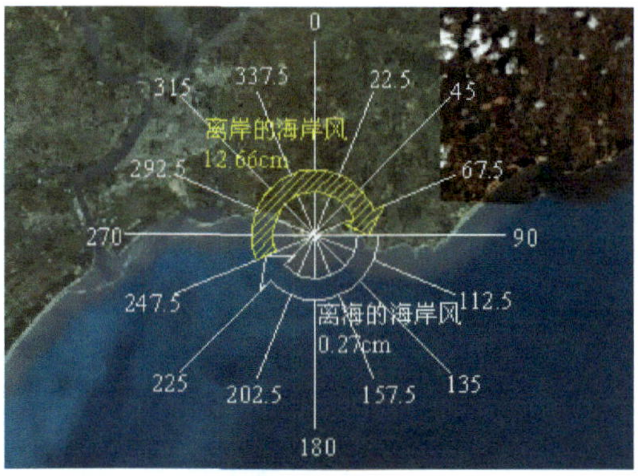

(b) 覃巴塔

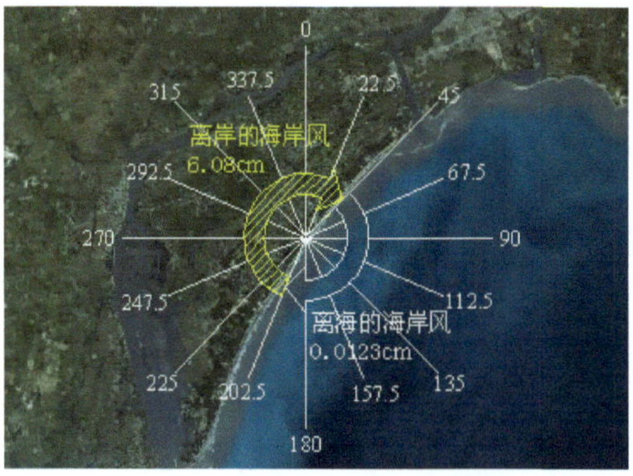

(c) 吴阳塔

图 3 各测风塔风况分类示意图

(填充箭头为离岸风况方位，空心箭头为离海风况方位)

3.3 不同下垫面的粗糙长度

根据公式(3)应在中性大气层结条件下适用的要求，并考虑工程抗风主要关注强风特征的需求，因此，需要对测风塔 1 年度的测风数据进行筛选和分类：1)符合中性大气层结条件的风况数据选择是依据 Pasquill 大气边界层的稳定性分级标准，当 10 m 高平均风速>6 m/s 时，只有在强太阳辐射出现时，大气层结才为弱不稳定层结，其他情况均为中性层结，据此，选取了 3 个观测塔 10 min 平均风速＞6 m/s 的风速样本。为了进一步确定该样本符合中性层结，根据(2)式对每个风速样本进行对数拟合，从中筛选实测风速与拟合风速的残差平方和的平均值≤$(0.2\ m/s)^2$ 的样本作为下垫面粗糙长度计算的基础数据。2)考虑具有强烈涡旋特征的台风系统可能会干扰粗糙长度的稳定性，计算样本选取了“常态风况”(非台风影响)数据；3)按照第 3.2 节的风况分类，将每个测风塔测风数据分为“离海”和“离岸”两类。

对筛选的数据样本，同时采用对数函数和幂指数函数两种方法进行平均风速廓线拟合(图 4)。可以看出，在最低观测层(10 m 或 12 m)以下，对数函数(实线)拟合曲线的风速衰减比幂指数(虚线)拟合线要快，这是由于幂指数函数认为高度为零(地面或水面)处风速才会为零，而对数函数则认为在粗糙长度的高度处风速就已经为零；而在最低观测层以上，对数和幂指数函数都能很好地拟合风速的垂直分布。由于工程抗风主要关注 10 m 以上的风况参数，因此，就工程抗风研究而言，两种函数在贴地层的差异通常可以忽略。

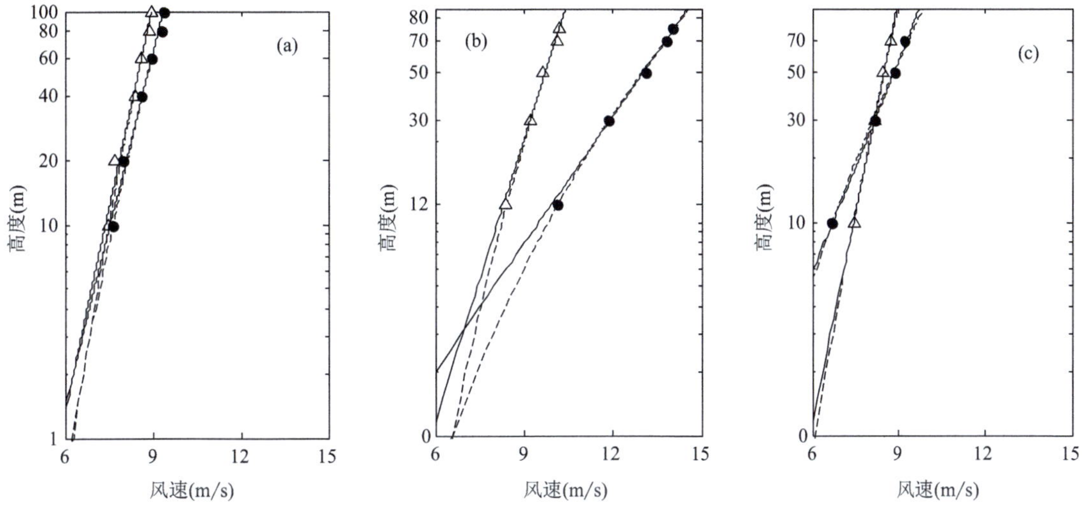

图 4　常态风况下各塔两类下垫面的风廓线拟合图

((a)峙仔岛塔；(b)覃巴塔；(c)吴阳塔。●：离岸风；△：离海风；实线：对数函数；虚线：幂指数函数)

对筛选后的数据样本，采用对数风廓线拟合方法，分别计算 3 个塔两类不同下垫面在中性大气层结条件下的粗糙长度，见表 1。

3 个塔不同类型下垫面粗糙长度计算结果显示，海洋下垫面与陆地下垫面相比，Z_0 值要偏小两个量级。同是海洋下垫面，但吴阳塔 45～202.5°方位(逆时针旋转，下同)是完全开阔的海面，所以，其 Z_0 值最小，仅为 0.0123 cm，峙仔岛塔因在面向海洋的方位上还存在一座小岛屿，从而导致其 Z_0 值略大，为 0.0204 cm，两者均接近于文献中给出的沙地粗糙长度 0.01～0.10 cm 的下限；由于覃巴塔面向海洋的方位实际上是海湾，仍会受到远处和附近陆地的影响，因而其 Z_0 值是 3 个塔中最大的为 0.27 cm，接近希缪等(1992)给出的雪地情况。可见下垫面细微的差异仍能够从粗糙长度上表达出来。

覃巴和吴阳两个海岸塔观测的陆地下垫面粗糙长度分别为 12.66 cm 和 6.08 cm，介于希缪等(1992)给出的高草地和矮棕榈之间。

表 1　常态风况下各观测塔不同下垫面的粗糙长度

观测点	风况类型	方位(逆时针)	下垫面描述	粗糙长度(cm)
峙仔岛	离岸的近海海面风	247.5°～67.5°	与陆地之间最短间隔为 4.5 km 宽的海域	0.0682
	离海的近海海面风	67.5°～247.5°	开阔的海面，在其 180～210°方位约 1 km 远处，有一座面积约 3.5 km^2 的岛屿	0.0204
覃巴	离岸的海岸风	247.5°～90°	海岸为密集的树林，间或分布着较多的居民区	12.66
	离海的海岸风	90°～247.5°	开阔的海面，在其 211°～247.5°方位为海湾下垫面	0.27
吴阳	离岸的海岸风	202.5°～45°	海岸分布有耕地、稀疏林地和居民区	6.08
	离海的海岸风	45°～202.5°	完全开阔的海面	0.0123

4. 不同下垫面的台风强风阵风系数

4.1 阵风系数定义

阵风系数是时距较短的阵风风速和时距较长的平均风速之间理论上的转换系数。WMO 给出阵风系数的定义为:在时间间距为 T_0 的时间内持续时间为 τ 的最大阵风风速与时距为 T_0 的平均风速之比,即

$$G_{\tau,T_0}=\frac{V_{\tau,T_0}}{V_{T_0}} \tag{4}$$

式中,V_{τ,T_0} 为在观测周期 T_0 中,持续时间为 τ 的风速最大值(阵风),V_{T_0} 为观测周期 T_0 的风速平均值。目前我国气象和风工程领域一般取 T_0 为 10 min(这也是世界气象组织推荐的平均风速标准),取 τ 为 3s,因此,本文主要针对阵风 3s 相对于平均风速 10 min 的阵风系数 $G_{3,600}$ 进行分析。

4.2 强风数据样本选取

多篇文献给出的阵风系数随风速大小的变化研究结果显示,阵风系数随平均风速的增加有减小的趋势,当风速增大到某一阈值后,阵风系数的趋势变化消失而只在一定的变幅内波动,王丙兰等根据 Davis 和 Newstein(1968)提出的阵风风速和平均风速的关系式计算了中国沿海的 4 个台风个例,发现对于平滑下垫面,平均风速达到 14 m/s 这一阈值后阵风系数就会基本保持不变,因此,强风数据样本首先要满足平均风速大到足以使阵风系数的趋势变化消失的风速阈值;此外,由于 3 个观测塔离台风中心的远近不一,观测数据包括了低层(峙仔岛塔 20 m、吴阳和覃巴塔 10 m)和高层(70 m)两个特征高度,同时还要考虑两类下垫面均需有一定数量的代表样本(尤其吴阳塔 10 m 高度的离岸风较小)等,因此,对 3 个塔 70 m 高度层和峙仔岛塔 20 m 高度层的数据,强风样本的选取标准是风速大于 10 级(10 min 平均风速≥24.5 m/s),对吴阳和覃巴塔 10 m 高度选取风速大于 6 级 (10 min 平均风速≥10.8 m/s)的数据。

图 5 给出了峙仔岛、覃巴和吴阳等 3 个观测塔两个特征高度层在“黑格比”台风影响时两种不同下垫面上来风的阵风系数随强风风速的变化,可以看出,两种下垫面的阵风系数没有随风速的增大产生明显趋势变化,符合强风数据样本选取标准。

4.3 不同下垫面的阵风系数变化

从图 5 显示的两个特征高度上离岸(实心圆点)和离海(空心三角)风况代表的不同垫面的阵风系数变化可发现:

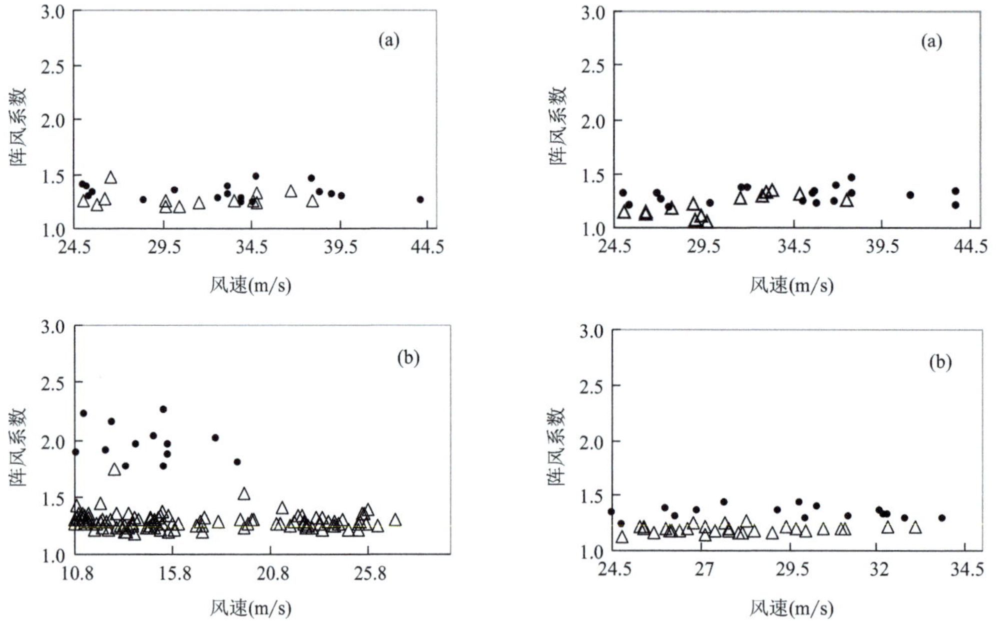

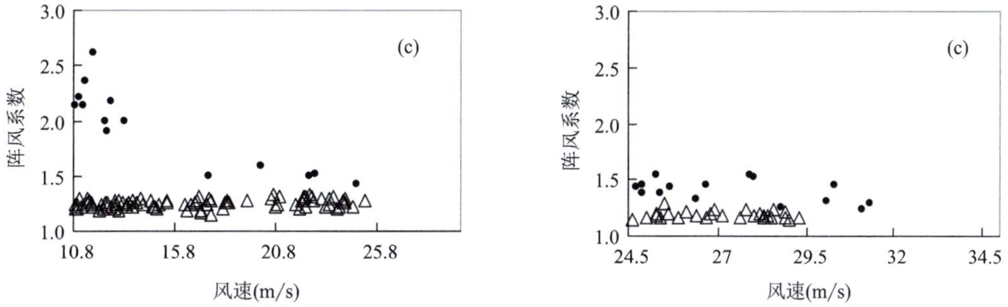

图 5　台风强风影响的各塔不同下垫面低层(左侧)和高层(右侧)高度的阵风系数

((a)峙仔岛塔;(b)覃巴塔;(c)吴阳塔。●:离岸风;△:离海风)

(1)离岸风的阵风系数变动幅度均大于离海风况,并且低层的变幅明显大于高层,这在覃巴和吴阳两个海岸塔表现得尤其显著,可见,虽然强风阵风系数不会随风速大小产生明显的趋势变化,但仍会在某一幅度内波动,下垫面越粗糙,阵风系数波动幅度越大:覃巴和吴阳塔 10 m 高度的离岸风况阵风系数标准差分别为 0.16 和 0.218,离海风况分别为 0.071 和 0.066,前者是后者的 2～3 倍;70 m 高度的离岸和离海风况阵风系数波动幅度明显减小,但离岸风况的阵风系数标准差仍是离海风况的 2 倍左右。台风强风在粗糙下垫面产生的阵风系数的较大变幅,显示了粗糙下垫面对台风这种涡旋式气流的动力作用被显著放大,工程设计选取阵风系数时,不宜只对实际观测的强风阵风系数进行简单的数学平均,而应根据工程结构的特点和需要进行更细致地评估和参数选择。

(2)从同一个塔的离岸和离海风况的阵风系数差异来看,峙仔岛塔(图 5(a))由于位于近海海面,其离岸和离海两种下垫面上的阵风系数差异较小,以 70 m 高度为例,离岸和离海阵风系数分别为 1.29 和 1.21,由于该塔离海风况的 180～210°方位约 1 km 远处的岛屿影响,一定程度上增大了离海下垫面的粗糙度,使该岛离岸风况的阵风系数比离海的值仅大了 7%;覃巴和吴阳两个海岸塔 70 m 高度上的离岸阵风系数分别是 1.34 和 1.4,比离海风况的阵风系数分别大了 13%和 18%(表 2),而在 10 m 高度的离岸阵风系数达 1.96 和 2.17,分别比其离海阵风系数大 51%和 72%。可见,即使同一个塔,由于其各方位下垫面的差异将导致其阵风系数产生显著变化,因此,对工程应用来说,观测评估出工程所在地最危险的强风方位上的阵风系数是十分必要的,并且下垫面越粗糙,其阵风系数的高度变化也越大。

(3)与 WMO 推荐的热带气旋影响下不同下垫面 10 m 高度的阵风系数 $G_{3,600}$ 值比较,“黑格比”台风影响时的覃巴和吴阳两个海岸塔 10 m 高度观测的离岸阵风系数分别达 1.96 和 2.17,均比 WMO 推荐的 1.52 显著偏大,而两个海岸塔实测的离海阵风系数分别为 1.29 和 1.26,均比 WMO 推荐的 1.38 要小,其原因是本文实测的“黑格比”台风观测数据更靠近台风中心位置,更能够反映出台风的涡旋结构特征和眼壁强风在不同下垫面的综合影响,而 Harper 等(2009)采用的样本个例还包括了热带气旋的外围风况的观测数据。

表 2　两类不同下垫面的台风强风阵风系数

	观测高度(m)	离岸风	离海风	离岸风与离海风阵风系数比值
峙仔岛塔	10	1.32	1.27	1.04
	70	1.29	1.21	1.07
覃巴塔	10	1.96	1.29	1.52
	70	1.34	1.19	1.13
吴阳塔	10	2.17	1.26	1.72
	70	1.40	1.19	1.18

4.4　不同下垫面的阵风系数高度变化

从实测发现阵风系数随高度的变化并不是均匀的,利用选取的强风样本,将各塔两种风况各高度的阵风系数平均值点于图 6 中(空心菱形符号为离岸风、实心圆点符号为离海风),可以发现,阵风系数随高度的变化大致呈指数或对数型分布,因此,采用幂指数和对数律分布方法,对阵风系数的垂直廓线进行拟合(图 6),幂指数和对数律公式分别为:

$$G_{z_2}=G_{z_1}\left(\frac{z_2}{z_1}\right)^{\alpha} \tag{5}$$

$$G_z=\beta\left(\ln\frac{z}{z_0}\right)^{-1} \tag{6}$$

式中,G_{z_1} 为 z_1 高度处的阵风系数,G_{z_2} 为 z_2 高度处的阵风系数,G_z 为 z 高度处的阵风系数,z_0 为下垫面粗糙长度。

从图 6 和表 3 显示的幂指数和对数拟合效果看,幂指数律方法对光滑下垫面阵风系数廓线拟合效果(实线)很好,位于海面上的峙仔岛塔的两种风况和两个海岸塔的离海风况的拟合残差方差均小于 10^{-5},而粗糙下垫面上,两种方法的拟合效果都略差一些,从两个海岸塔的离岸风况拟合效果看,对数律方法略优于指数律:覃巴塔离岸风况的对数律廓线拟合残差方差比幂指数律的小 37%,而吴阳塔离岸风况的两种方法拟合精度相近。

从阵风系数的廓线拟合的幂指数 α 值来看,离岸的海岸风况 α 值在 −0.2 左右,离海的海岸风况和近海海面上的两种风况的 α 值在 −0.02~−0.04,两者相差约 1 个数量级。

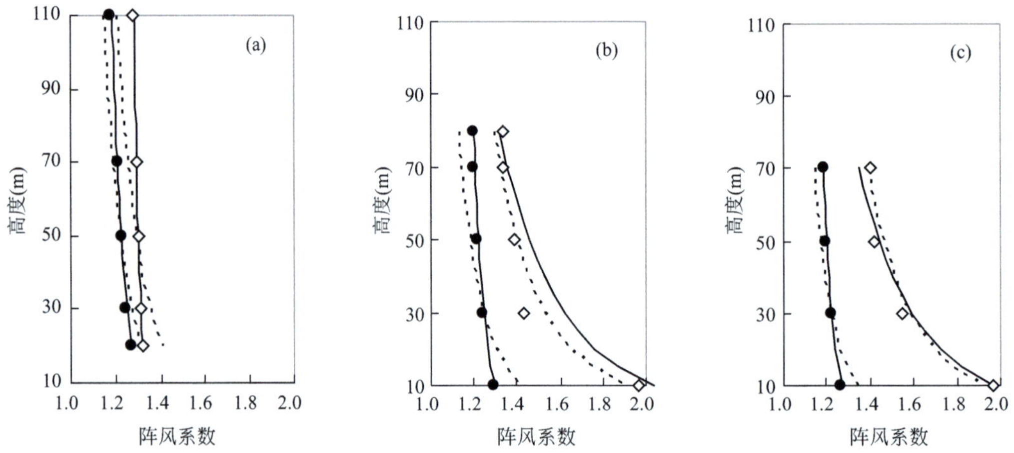

图 6　不同下垫面的阵风系数的高度变化及其拟合曲线

((a)峙仔岛;(b)覃巴;(c)吴阳。◇:离岸风;●:离海风;

实线:幂指数拟合曲线;虚线:对数拟合曲线)

表 3　阵风系数随高度变化幂指数和对数拟合曲线的残差方差

观测塔	幂指数律拟合				对数律拟合	
	风况类型	z_1	α 值	残差方差	β 值	残差方差
峙仔岛塔	离岸风	20 m	−0.0166	2.36×10^{-5}	14.4300	3.26×10^{-3}
	离海风	20 m	−0.0404	1.51×10^{-5}	15.1106	8.8×10^{-4}
覃巴塔	离岸风	10 m	−0.2085	4.6×10^{-3}	8.3530	2.9×10^{-3}
	离海风	10 m	−0.0381	2.97×10^{-5}	11.5919	4.7×10^{-3}
吴阳塔	离岸风	10 m	−0.1936	1.18×10^{-3}	9.8020	1.28×10^{-3}
	离海风	10 m	−0.0346	3.91×10^{-6}	15.1238	1.95×10^{-3}

4.5　阵风系数与粗糙长度的关系分析

如前文所述,不同类型的下垫面上,台风强风阵风系数的大小和高度变化显著不同,那么,阵风系数与定量刻画下垫面类型的粗糙长度之间能否用数学表达式来描述呢?将 3 个观测塔的两类风况阵风系数和相应的粗糙长度点在半对数坐标图中(图 7),可以发现,两者有很好的相关性,分别采用线性和指数方法进行拟合，建立台风强风的阵风系数与下垫面粗糙长度的线性关系式和指数关系式如下：

$$G(z_0)=a\cdot z_0+b \tag{7}$$

$$G(z_0)=c\cdot z_0{}^{d} \tag{8}$$

式(7)、式(8)中，z_0 表示粗糙长度，$G(z_0)$ 表示粗糙长度为 z_0 时的阵风系数。

两种方法的拟合结果见图 7 和表 4。从图 7 和表 4 可见，低层 10 m、20 m 的阵风系数随粗糙长度的变化比较符合幂指数律，而 70 m 高度层的阵风系数随粗糙长度的变化更符合线性分布。

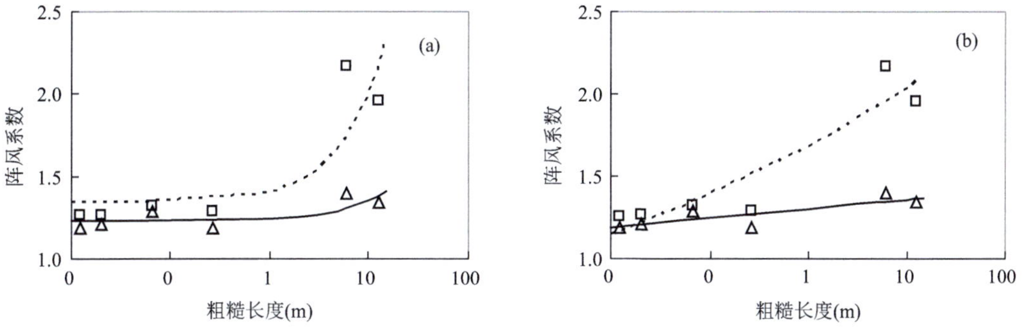

图 7　阵风系数与粗糙长度的关系

((a)线性拟合；(b)幂指数拟合。□：10 m、20 m 实测阵风系数；△：70 m 实测阵风系数；虚线：10 m、20 m 拟合线；实线：70 m 拟合线)

表 4　阵风系数与粗糙长度拟合曲线的参数与残差方差

阵风系数高度	线性拟合			幂指数拟合		
	a	*b*	残差方差	*c*	*d*	残差方差
10 m、20 m	0.0657	1.3358	0.04115	1.3011	0.0193	0.00212
70 m	0.0121	1.2314	0.00309	1.6805	0.0825	0.02002

5. 小结与讨论

根据登陆我国的强台风“黑格比”路径附近的峙仔岛、覃巴和吴阳 3 个观测塔实测资料，在对各个观测塔不同方位的下垫面在中性大气层结条件下的粗糙长度参数进行计算以及对台风强风数据代表性判别、筛选基础上，探讨研究了热带气旋强风在不同下垫面的阵风系数变化特征，发现了一些对工程结构抗风设计有价值的观测事实和变化规律，小结如下：

(1)根据工程抗风研究关注强风的需求，利用非台风影响下并筛选中性大气层结的一年度实测风资料，采用对数风廓线法给出各塔不同方位下垫面的粗糙长度参数，能够客观、定量地刻画出在中性大气层结条件下各类下垫面的细微变化。

(2)台风强风阵风系数不随风速大小产生趋势变化，但仍会在某一幅度内的波动，离岸风的阵风系数变幅均大于离海风况，低层大于高层，即下垫面越粗糙，阵风系数变幅越大，显示了粗糙下垫面对台风这种涡旋式气流的动力作用被显著放大，这对工程结构的设计取值将产生重要影响，工程设计选取阵风系数时，不宜只对实际观测的强风阵风系数进行简单的数学平均，而应根据工程结构的特点和需要进行更细致地评估和参数选择。

(3) 即使同一个塔，由于其各方位下垫面的差异将导致其阵风系数产生显著变化，这在覃巴和吴阳两个海岸塔表现得尤为突出，两塔 10 m 高度的离岸阵风系数比其离海阵风系数分别大 51%和 72%，70 m 高度的离岸阵风系数分别比离海的大了 13%和 18%，因此，对工程应用来说，观测评估出工程所在地最危险的强风方位上的阵风系数是十分必要的。

(4) 阵风系数的高度变化呈幂指数或对数律分布，并且幂指数法可更好地拟合较光滑下垫面的近地层阵风系数廓线，对粗糙下垫面，对数律拟合效果略好；离岸的海岸风况 α 值在 -0.2 左右，离海的海岸风况和近海海面上的两种风况的 α 值在 $-0.02\sim-0.04$，两者相差约 1 个数量级。

(5)对实测数据的分析还发现,阵风系数与其下垫面粗糙长度之间可以用幂指数或线性方程来描述,10 m、20 m 高度层比较符合幂指数律,70 m 高度层更符合线性分布。

(6)本观测个例的阵风系数与 WMO 的推荐值存在差异:来自粗糙下垫面的离岸风阵风系数比 WMO 推荐值大,而来自光滑下垫面的离海风阵风系数则小于 WMO 的推荐值,这是由于本文实测的"黑格比"台风观测数据更靠近台风中心位置,更能够反映出台风的涡旋结构特征和眼壁强风在不同下垫面的综合影响,而 Harper 等(2009)采用的样本个例还包括了热带气旋的外围风况的观测数据。

本文依据 3 个观测塔获取的一个具有典型台风强风特性的实测数据进行分析计算,得出的观测事实和变化规律虽具有一定的代表性,但仍需要更多的有效实测个例进行检验和完善,以进一步研究取得更具普适性的参数、规律和分析方法。

参考文献

陈瑞闪,2002. 台风[M]. 福州:福建科学技术出版社.

顾明,匡军,全涌,等,2009. 上海环球金融中心大楼顶部风速实测数据分析[J]. 振动与冲击,28(12): 114-118,122.

胡张保,俞炳丰,2008. 城市下垫面空气动力学参数确定方法综述[J]. 气象与环境学报,24(5): 55-60.

刘小平,董治宝,2003. 空气动力学粗糙度的物理与实践意义[J]. 中国沙漠,23(4): 337-346.

史文海,李正农,张传雄,2010. 温州地区近地强风特性实测研究[J]. 建筑结构学报,31(10):34-40.

宋丽莉,毛慧琴,黄浩辉,等,2005. 登陆台风近地层湍流特性观测研究[J]. 气象学报,Vol. 63,No. 6:915-921.

宋丽莉,庞加斌,蒋承霖,等,2010. 澳门友谊大桥"鹦鹉"台风的湍流特性实测和分析[J]. 中国科学 E 辑:技术科学,40(12): 1409-1419.

Roland B. Stull,1991. 边界层气象学导论[M]. 杨长新,译. 青岛: 青岛海洋大学出版社.

希缪,斯坎伦,1992.《风对结构的作用——风工程导论》(第二版)[M]. 上海:同济大学出版社.

项海帆,1991. 环境、灾害和力学[J]. 力学与实践,13(5):1-6.

项海帆,1997. 结构风工程研究的现状和展望[J]. 振动工程学报,10(3):258-263.

郅伦海,李秋胜,胡非,2009. 城市地区近地强风特性实测研究[J]. 湖南大学学报(自然科学版),36(2): 8-12.

中国气象局,2003. 地面气象观测规范[M]. 北京:气象出版社.

中华人民共和国建设部,2002. 建筑结构荷载规范:GB50009—2001[S]. 北京:中国建筑工业出版社.

Harper B A,Kepert J D,Ginger J D. Guidelines for converting between various wind averaging periods in tropical cyclone conditions [J]. Sixth Tropical Cyclone RSMCs/TCWCs Technical Coordination Meeting Technical Document, Brisbane,2009.

Cao S Y,Tamura Y,Kikuchi N,et al,2009. Wind characteristics of a strong typhoon[J]. J Wind Eng Ind Aerodyn,97:11-21.

Naess A,Clausen P H,Sandvik R,2000. Gust factors for locations downstream of steep mountain ridge[J]. J Wind Eng Ind Aerodyn,87:131-146.

Powell M D,Bowman D,Gilhousen D,et al,2004. Torpical cycone winds at landfall[J]. Amer. Meteor. Soc. ,June: 845-851.

Powell M D,Vickery P J,Reinhold T A,2003. Reduced drag coefficients for high wind speeds in tropical cyclones[J]. Nature,422: 279-283.

Schroeder J L,Simth D A,2003. Hurricane bonnie wind flow characteristics as determined from WEMITE[J]. J Wind Eng Ind Aerodyn,91: 767-789.

Wang B L,Hu F,Cheng X L,2010. Wind gust and turbulence statistics of typhoon in south China. Acta Meteor[J]. Sinica,1: 113-127.

Wang H,Li A Q,Guo T,et al,2009. Field measurement on wind characteristic and buffeting response of the Runyang Suspension Bridge during typhoon Matsa[J]. Sci China Ser E-Tech Sci,52(5): 1354-1362.

基于测风塔实测台风“威马逊”登陆过程的强风特性分析①

黄浩辉[1] 陈雯超[1] 植石群[1] 王丙兰[2]
（1. 广东省气候中心，广州，510080；2. 华风气象传媒集团有限责任公司，北京，100081）

提　要：利用广东省徐闻县西连镇 90 m 测风塔在 1409 号超强台风“威马逊”登陆期间获取的具备完整的台风代表性的观测数据以及处于台风外围的广东省茂名市博贺镇 100 m 测风塔的观测数据，对台风“威马逊”的近地层强风特性进行了分析，西连测风塔结果表明：(1)风速时程曲线呈明显的“M”型分布特征，台风中心经过测风塔前后，风向沿逆时针方向大幅偏转约 170°。(2)风速随高度增加而增大，风速廓线较好地符合对数和幂指数律；台风过境前后，各强风区的风速廓线幂指数和粗糙长度呈先减小后增大的特点；粗糙陆地下垫面的风速廓线幂指数和粗糙长度较大。(3)湍流强度和阵风系数在前外围强风区或后外围强风区较大，在前眼壁强风区或后眼壁强风区较小，湍流强度和阵风系数随高度增加而减小，基本符合指数为负值的幂指数律；粗糙下垫面对湍流强度和阵风系数有增大的作用。(4)外围强风区和眼壁强风区的 10 min 风向变率变化较为平稳，而在眼区变动较为剧烈，在眼区，当风速达到最低值或次低值时，10 min 风向变率幅值达到最大值。博贺测风塔结果表明其总体上与西连测风塔台风前外围和前眼壁强风区的情形相似。

关键词：测风塔，台风威马逊，近地层，强风特性

Analysis on Strong Wind Characteristicsat Typhoon Rammasun landing process based on the wind observation tower

HUANG Haohui[1] CHEN Wenchao[1] ZHI Shiqun[1] WANG Binglan[2]
(1. Guangdong Climate Center, Guangzhou 510080;
2. Huafeng Meteorological Media Group, Beijing 100081)

Abstract: Based on the representative observation data obtained by the 90 m wind tower in Xilian Town, Xuwen County, Guangdong Province during the landfall of number 1409 super strong typhoon Rammasun, and the observation data of 100 m wind tower in Bohe Town, Maoming City, Guangdong Province which is located in the periphery of the typhoon, the characteristics of the strong wind in surface layer are analyzed. The results of Xilian tower show that: (1) Time variations of the wind speed present clear “M” pattern. The wind direction counterclockwise deflects about 170° during the typhoon center passed through the tower. (2) The wind speed increases with the increase of height, and the wind speed profile fits well with the laws of logarithm and power index. Wind shear index and roughness length decrease first and then gradually increase during the typhoon pass. The wind shear index and roughness length on rough land underlying surface are large. (3) The turbulence intensity and gust factor are larger in front or back outer-vortex, and smaller in the front or back eye-wall. The turbulence intensity and gust factor decrease with the increase of height, which basically accords with the power law with negative exponent. The turbulence intensity and the gust factor are amplified under the influence of the rough underlying surface. (4) The variation of the 10 min wind direction is more stable in the outer-vortex and eye-wall compared with that in wind eye in which is rather intense. The maximum amplitude of the 10 min wind

① 科技部国家重点研发计划资助项目(2018YFC1507802)和广东省促进经济高质量发展专项(GDOE[2019]A11)共同资助。第一作者：黄浩辉，从事气候可行性论证和台风观测研究．Email：hhh@gd121. cn.

direction occurred when the wind speed reach the minimum in the typhoon eye. The results of the Bohe tower show that the situation is similar to that of the Xilian tower when it is located in the front outer-vortex and the front eye-wall of the typhoon.

Key Words: wind observation tower; Typhoon Rammasun; surface layer; strong wind characteristics

引言

风灾是人类面临的主要自然灾害之一，其中，又以台风灾害居首，西北太平洋是全球热带气旋发生频率最高的海域，中国又是全球登陆台风最多的国家（陈联寿 等，2012）。每年约有 8 个台风登陆我国，台风引发的大风、暴雨和风暴潮具有严重的破坏力，可造成房屋尤其是沿海地区村镇建筑的倒塌损毁、构筑物的破坏、交通瘫痪、输电线路故障和电力基塔等基础设施损坏并由此常造成重大的经济损失和人员伤亡（陈海燕 等，2018；杨绚 等，2020）。台风的近地层风特性在台风不同位置和在不同下垫面作用下会有不同的特征（端义宏 等，2014；梁莉 等，2018；郑焘 等，2018），现代建筑结构的高度和水平跨度均越来越大，结构在不同位置的风环境也具有差异，在台风非均匀风场作用下，这种差异会更为明显，可能导致建筑结构发生振动甚至变形。现场实测是了解台风风场结构及其对结构致灾机理研究的重要手段，国内外对台风外场观测与分析已进行了大量的研究。Powell 等（2003）利用 GPS 探测仪测量了热带气旋下海洋边界层的风廓线。Cao 等（2009）利用位于 15m 高度上同步测量的 9 台翼式风速计和 7 台超声风速仪的观测数据对登陆日本的台风“鸣蝉”（2003）进行分析，探讨了台风湍流强度、相关系数、阵风因子和湍流谱。H. Ishizaki 等（1983）对登陆日本的多个强台风过程的风速和湍流参数等进行研究，发现其风况特性与其经过的下垫面粗糙度关系密切。Tamura 等（2007）研究发现风廓线幂指数值随着从海边到陆地距离的增加而增加，离陆风的幂指数值均大于离海风的幂指数值。Li 等（2015）对比了台风和飓风的风特性差异，并分析了粗糙长度和平均风速对湍流风特性的影响。宋丽莉等（2005；2006）和 Song 等（2010；2012；2016）基于广东多个登陆台风的梯度观测数据，对比分析了台风中心区域和其外围风况的平均风和脉动风参数特征，发现了台风眼壁强风区和外围大风区风特性的显著差异，建立了风速廓线幂指数与粗糙长度的数学模型。赵小平等（2016）基于海南文昌市 90 m 测风塔分析了强台风“海鸥”的近地层风场时空特征，发现粗糙长度、风廓线幂指数、湍流强度、阵风系数与风速呈负相关关系。肖辉等（2017）分析了深圳 350 m 气象梯度塔在台风“妮妲”的观测资料，发现在台风前外围、前风圈、眼区的风廓线在 350m 高度以下符合对数关系，而后风圈和后外围的风廓线仅在 150m 以下遵循对数律。陈雯超等（2019）对比了台风“莫拉菲”和强对流、强冷空气的近地层风特性，发现台风强风的幂指数值要大于建筑结构荷载规范给出的 B 类下垫面的参考值。1409 号台风“威马逊”是近年来登陆我国台风强度最大的超强台风之一，也有多位学者基于测风塔实测对其风特性进行了分析，王海龙等（2018）和程艳伟（2016）利用粤西风电场测风塔的观测数据，计算分析了台风“威马逊”的风速廓线幂指数、湍流强度、阵风系数和风向等的时程变化特征，但台风眼区没有直接经过这些测风塔，其测风数据均不具备完整的台风代表性。本文主要利用广东省徐闻县西连镇测风塔具备完整的台风代表性的观测数据，研究台风“威马逊”不同位置的近地层强风特性，并结合下垫面分析台风强风叠加不同粗糙度下垫面时的风特性，以期为沿海台风影响严重区域的抗风设计及相关研究提供参考依据。

1　数据说明

用于主要计算分析的测风数据来源于广东省徐闻县西连镇的一座 90 m 高度测风塔，坐标为 20.371°N，109.897°E，塔基海拔为 18 m，在 2014 年 7 月 18—19 日，1409 号超强台风“威马逊”登陆广东省徐闻县期间，测风塔获取了较为完整的观测数据，测风塔位于“威马逊”前进路径左侧，距“威马逊”路径的最近距离约为 19 km（图 1）。西连测风塔位于北部湾沿海，下垫面开阔平坦，以农田为主，塔基附近有一片约 5 m 高的灌木林，北面较为稀疏，南面较为茂密，在测风塔 10 m、40 m、70 m、80 m、90 m 高度安装了美国 Renewable NRG Systems 公司的 NRG＃40 型杯式风速传感器，最大风速量程为 96 m/s，在 10 m、70 m、90 m 高度安装了 NRG＃200P 型风向传感器，风速记录为每 10 min 的平均风速、3 s 阵风风速最大值和风速标准差(由 1 s 采样数据计算得到)，风向记录为每 10 min 的平均风向，测风仪器在安装前均经过标准风洞检定合格。台风“威马逊”登陆期间，除 90 m 风速数据在 2014 年 7 月 19 日 01:10 后因风速传感器损坏而造成数据缺失外，其余测风数据经合理范围、相关性、变化趋势检验等手段进行质量控制均没有发现异常，数据完整可靠。

用于辅助性对比分析的测风数据来源于广东省茂名市博贺镇一座 100 m 高度测风塔，台风“威马逊”登陆期间，该测风塔也获取了较为完整的观测数据，测风塔位于“威马逊”前进路径右侧，距“威马逊”路径的最近距离约为 155 km(图 1)。博贺测风塔位于离海岸约 4.5 km 的一座无人小岛——峙仔岛上，该小岛露出海面的部分长约 90 m、宽约 40 m，地面为沙石间或有稀疏的杂草，地势为东北—西南走向并逐渐向中间隆起，测风塔设置在小岛的最高点，塔基海拔为 10 m。该测风塔在 10 m、20 m、40 m、60 m、80 m、100 m 高度上安装了风速、风向传感器，型号与西连测风塔相同，台风“威马逊”登陆期间，除 100 m 观测数据因传感器损坏而造成数据缺失外，其余测风数据均完整可靠。

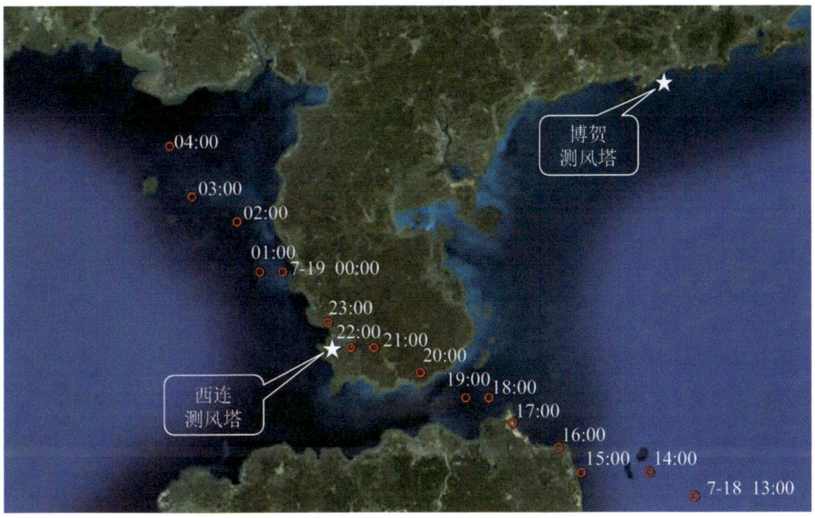

图 1　西连测风塔和博贺测风塔位置

2　台风“威马逊”概况

1409 号台风“威马逊”于 2014 年 7 月 12 日在西北太平洋上生成，7 月 15 日 18 时 20 分登陆菲律宾中部沿海，随后穿过菲律宾中部进入南海继续向西北方向移动，7 月 18 日 05 时在南海北部加强为超强台风，15 时 30 分前后登陆海南省文昌市翁田镇，登陆时中心附近最大风速 60 m/s(17 级，超强台风级)，19 时 30 分前后以同等强度再次在广东省徐闻县龙塘镇沿海登陆，7 月 19 日 07 时 10 分前后在广西防城港光坡镇沿海第三次登陆，登陆时中心附近最大风速 48 m/s(15 级，强台风级)，7 月 20 日 04 时在云南省境内减弱为热带低压。

“威马逊”登陆时的中心附近最大风力和最低气压均达到或突破了有记录以来历史极值，“威马逊”在海南省文昌和广东徐闻沿海登陆时中心附近最大风速均为 60 m/s(17 级)，与 1973 年 9 月 14 日登陆海南琼海的 7314 号台风“玛琪”和 2006 年 8 月 10 日登陆浙江苍南的 0608 号台风“桑美”并列第一，“威马逊”登陆时中心气压为 910 hPa，低于 0608 号台风“桑美”的 920 hPa 和 7314 号台风“玛琪”的 925 hPa，为 1949 年以来登陆我国台风的中心气压最低值，因此可以认为“威马逊”为新中国成立以来登陆我国的最强台风。受“威马逊”影响，海南东北部、广东雷州半岛和广西沿海地区普遍出现 10～13 级平均风力，阵风达 14～17 级，海南文昌七洲列岛记录到最大阵风高达 72.4 m/s，海南海口、广东雷州半岛和广西沿海等局地 12 级以上瞬时大风持续 6～9 h。

3　近地层风速和风向时程变化特征

为了较为完整地了解台风“威马逊”近地层风速和风向随时间的变化特征，选取西连测风塔 2014 年 7

月 18 日 10:00 至 7 月 19 日 10:00 时段逐 10min 的观测数据进行分析，图 2 是测风塔 10 min 平均风速和风向时程变化曲线，图中下部一组 5 条曲线是测风塔 10 m、40 m、70 m、80 m、90 m 高度的风速时程曲线(90 m 高度风速传感器在 19 日 01:10 损坏，其后风速数据缺失，此时台风中心已进入北部湾)，图中上部一组 3 条曲线分别是测风塔 10 m、70 m、90 m 高度的风向时程曲线。

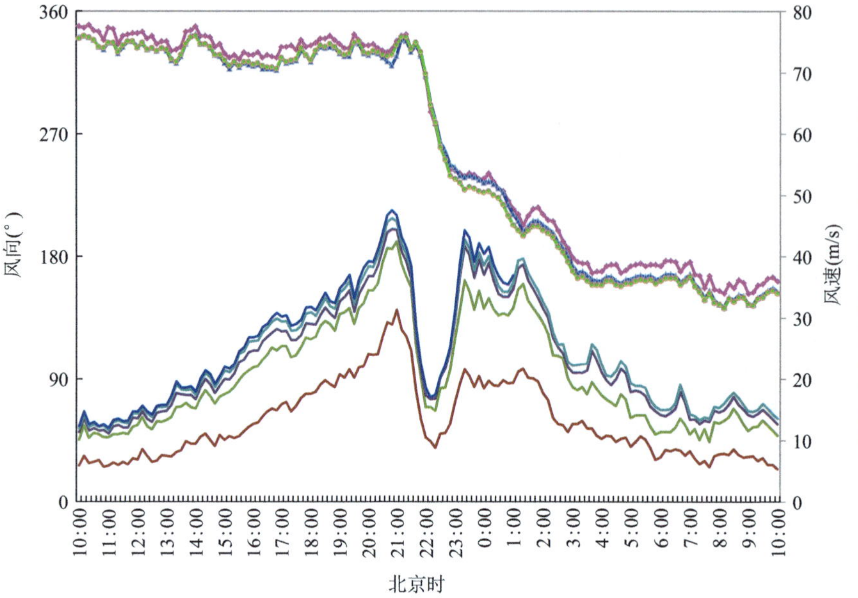

图 2 西连测风塔风速和风向时程变化曲线

从图 2 看到，西连测风塔风速时程曲线呈明显的“M”型分布特征，各层风速走势基本一致，各高度风速曲线由下至上有序排列，符合随高度增加、摩擦效应减弱、风速增大的一般规律，其中，10 m 风速曲线与 40m 以上风速曲线距离较大，主要是因为其高度较低，受下垫面灌木林的摩擦作用影响较大。在“M”型的左侧端点，时间为 7 月 18 日 10:00，台风“威马逊”中心位于海南岛东面，距测风塔约 250 km，各层 10 min 平均风速在 5.9～12.3 m/s，随着台风向西北方向移动，台风中心与测风塔的距离逐渐减少，测风塔各层风速逐渐变大，在 18 日 20:50 左右达到“M”型左侧的顶峰，此时台风中心距测风塔约 27 km，测风塔 10 m、40 m、70 m、80 m、90 m 高度的 10 min 平均风速峰值分别为 31.3 m/s、42.4 m/s、44.4 m/s、46.2 m/s、47.5 m/s，3s 阵风风速峰值分别为 47.1 m/s、56.2 m/s、55.5 m/s、57.2 m/s、58.1 m/s。随后在“M”型的中部，风速首先有一个大幅下降的过程，在 22:10 左右达到“M”的底部，此时台风中心与测风塔距离最近，约为 19 km，10 m、40 m、70 m、80 m、90 m 高度的 10 min 平均风速谷值分别为 8.8 m/s、14.8 m/s、16.7 m/s、17.1 m/s、16.9 m/s，在 80 min 时间内，各层 10 min 平均风速降幅达到 62%～72%，然后风速大幅上升，在 23:20 达到“M”型右侧的顶峰，此时台风中心距测风塔约 29 km，10 m、40 m、70 m、80 m、90 m 高度的 10 min 平均风速峰值分别为 21.6 m/s、36.1 m/s、41.7 m/s、42.7 m/s、44.2 m/s，3s 阵风风速峰值分别为 36.4 m/s、48.4 m/s、49.7 m/s、50.2 m/s、50.6 m/s，相对“M”型左侧峰值要低一些，在 70 min 时间内，测风塔各层 10min 平均风速升幅达到 145%～162%，随后台风继续向西北方向移动，于 19 日 01:00 左右进入北部湾，并于 19 日 07:10 左右在广西壮族自治区防城港光坡镇沿海第三次登陆，在“M”型的右侧端点，时间为 19 日 10:10，台风中心位于广西壮族自治区西南部，靠近云南省边界，距测风塔约 260km，各层 10 min 平均风速在 5.4～13.6 m/s。

从图 2 看到，西连测风塔 10 m、70 m、90m 高度的风向时程曲线走势基本一致，各层风向差别较小，其中 70 m、90m 高度风向曲线几乎重合，在台风中心经过测风塔前，从 7 月 18 日 10:00 至 7 月 18 日 21:50，各层风向基本在 330°左右小幅波动，即一直保持在西北偏北风，从 7 月 18 日 22:00 台风中心经过测风塔开始，测风塔各层风向有一个沿逆时针方向连续大幅偏转的过程，风向偏转方向与测风塔位于台风前进路径左侧相关，至 7 月 19 日 03:40 台风中心行进到测风塔西北面约 120 km 的北部湾时，各层风向转向幅度达到 170°左右，即风向从西北偏北风沿逆时针方向大幅转向为东南偏南风，此后，测风塔各层风向维持在160°左右，即东南偏南风，直至台风中心进入广西境内。从图2还可以看到，在台风中心经过测风塔前，10 m高度风向值较70 m高度大7°左右（沿顺时针方向偏转），从台风中心经过测风塔时开始至其后约3.5 h内，10 m和70 m高度风向曲线几乎重合，即风向基本一致，此后，10 m高度风向值又较70 m高度大8°左右（沿顺时针方向偏转）。

对同时段博贺测风塔的观测数据进行对比分析，图3是博贺测风塔80 m高度10 min平均风速和风向时程变化曲线，选择80 m高度观测数据进行分析是因为其受下垫面影响较小。

从图3看到，博贺测风塔风速时程曲线总体呈拱形，并没有出现明显的"M"型分布特征，10 min平均风速峰值出现在7月18日16:00，为29.9 m/s。风向时程曲线呈缓慢的单边上升形态，并没有出现大幅偏转的情况，风向从东北偏北风沿顺时针方向逐渐转变为东南风，与测风塔位于台风前进路径右侧相关。

图3　博贺测风塔风速和风向时程变化曲线

4　测风数据代表性分析和台风强风样本划分

根据《台风涡旋测风数据判别规范》(GB/T 36745—2018)（国家市场监督管理总局和中国国家标准化管理委员会，2018），同时满足如下3项判别指标的测风数据，可代表台风眼区、台风眼壁区和台风外围区的完整台风过程风况样本数据：(a)平均风速≥17.2 m/s的样本数据风向连续变化超过120°方位角；(b)台风过程的风速时程曲线呈双峰分布；(c)双峰之间的底部平均风速＜10 m/s。依据上述判别条件，对西连测风塔的观测数据进行代表性判别，从图2及具体观测数据看到，台风"威马逊"登陆期间西连测风塔8级以上强风（以受下垫面影响较小且数据完整的80 m高度10 min平均风速≥17.2 m/s为参考）的起止时段为7月18日13:20至7月19日05:30，从前述分析看到，该时段内，测风塔各层风向沿逆时针方向连续变化约170°方位角，风速时程曲线呈明显的"M"型双峰分布特征，在双峰之间的底部，测风塔10 m高度10 min平均风速谷值为8.8 m/s，因此，可以认为，西连测风塔获取的台风"威马逊"观测数据包含了台风眼区、台风眼壁区和台风外围区的完整台风过程风况样本数据，能够代表台风特有的强风特性。

为进一步了解台风"威马逊"的近地层强风特性，主要对上述西连测风塔7月18日13:20至7月19日05:30的观测数据进行分析。

利用2014年7月18—19日广东省逐6 min的雷达回波图资料，根据雷达回波形态和强度、不同时刻西连测风塔所处台风位置（图4），结合台风涡旋结构特征，可将测风塔台风强风时段划分为5个区段（以80 m高度10 min平均风速时程曲线为参照，详见图5）：(a)前外围强风区，7月18日13:20—19:00；(b)前眼壁强风区，7月18日19:01至21:42；(c)眼区，7月18日21:43至22:54；(d)后眼壁强风区，7月18日22:55至7月19日01:42；(e)后外围强风区，7月19日01:43至05:30。

选取各强风区段的台风典型影响时段以进行更有代表性的分析：(a)7月18日14:50至15:10，前外围强风区中前段，风速大幅上升前；(b)7月18日20:40至21:00，前眼壁强风区风速峰值附近；(c)7月18

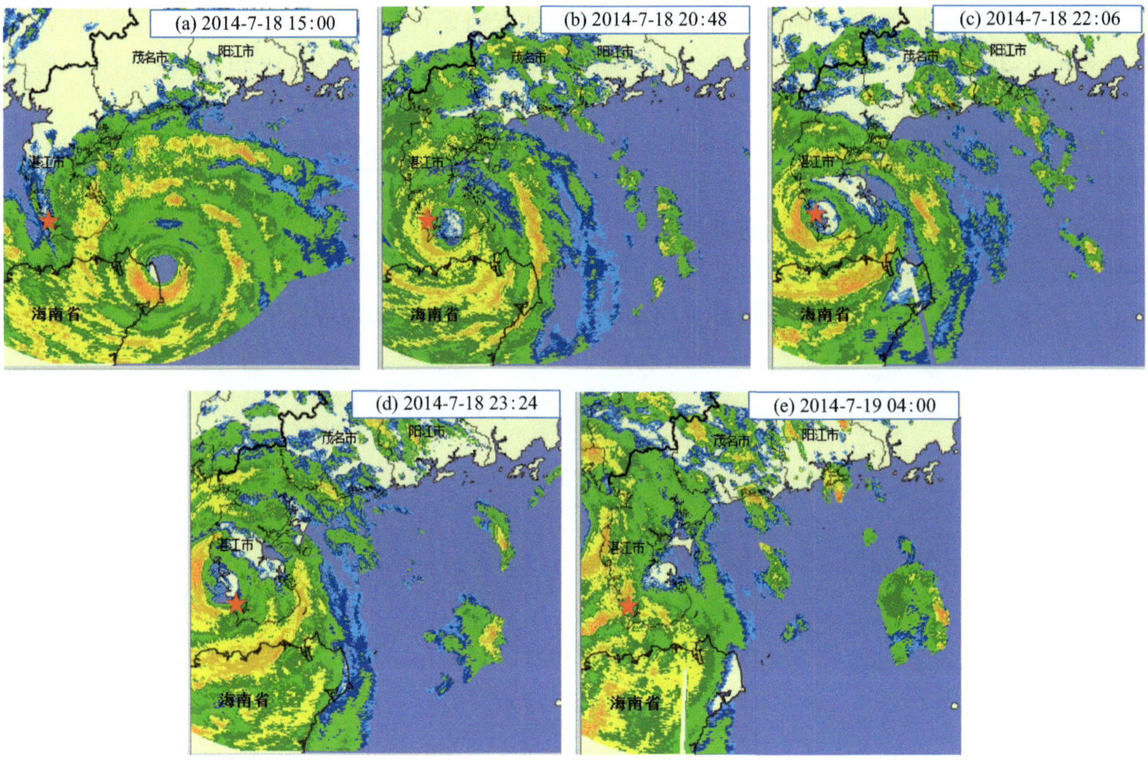

图 4　典型时刻西连测风塔在台风雷达回波图位置

(a)前外围强风区,(b)前眼壁强风区,(c)眼区,(d)后眼壁强风区,(e)后外围强风区

(五角星为测风塔)

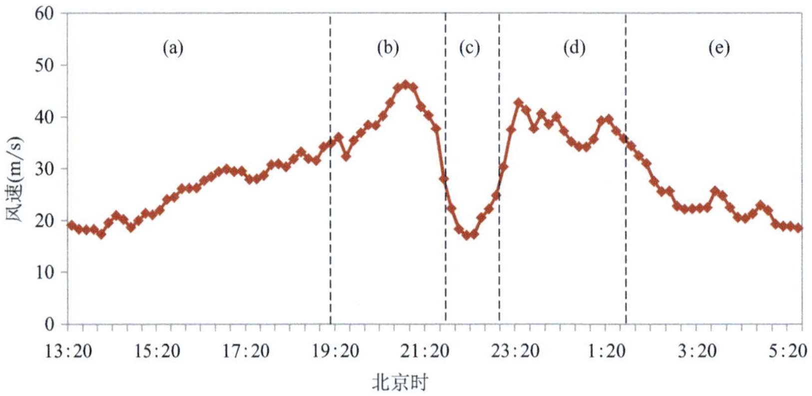

图 5　台风强风区段划分

((a)前外围强风区,(b)前眼壁强风区,(c)眼区,(d)后眼壁强风区,(e)后外围强风区)

日 22:00 至 22:20,眼区风速谷值附近;(d)7 月 18 日 23:10 至 23:30,后眼壁强风区风速峰值附近;(e)7 月 19 日 04:00 至 04:20,后外围强风区中后段,风速大幅下降后。

另外,鉴于下垫面对风参数的重要影响作用,根据西连测风塔的下垫面地形地貌和台风"威马逊"期间测风塔测得的风向范围,将台风期间的来风分为 3 个扇区(图 6)进行分析。扇区 1、扇区 2 和扇区 3 的方位角范围分别为 320°～349°、175°～319°和 158°～174°。扇区 1 和扇区 3 的来风下垫面以海洋和陆地为主,扇区 2 的来风下垫面则以海洋为主。结合图 2 的风速和风向时程变化曲线可见,在 7 月 18 日 13:20—22:00,来风下垫面为扇区 1,7 月 18 日 22:01 至 7 月 19 日 3:00,来风下垫面为扇区 2,7 月 19 日 3:01—5:30,来风下垫面为扇区 3。

为进行对比分析,同样选取博贺测风塔 7 月 18 日 13:20 至 7 月 19 日 05:30 的观测数据进行台风过

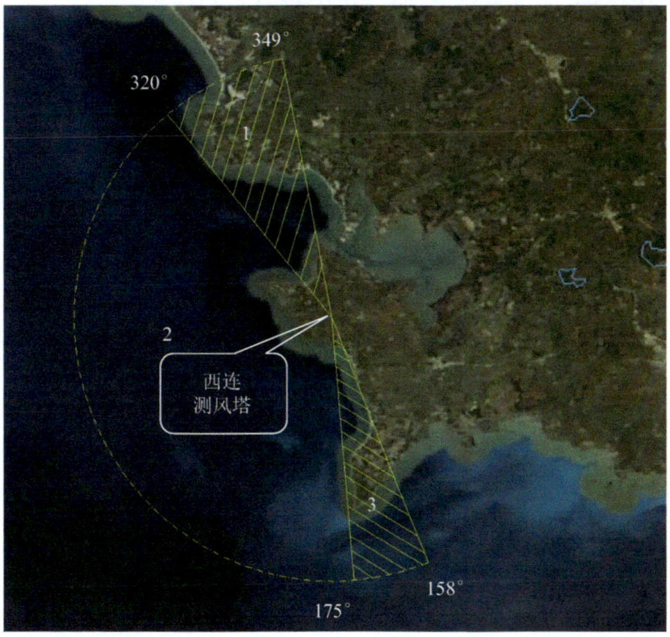

图 6　西连测风塔台风期间来风下垫面分类

程分析，台风典型影响时段选取 7 月 18 日 15:50—16:10，为台风过程风速峰值附近。从前述分析可以判断博贺测风塔明显处于台风“威马逊”外围区域，由于其处于海岛，整个台风过程来风下垫面均以海洋为主。

5　近地层强风特性分析

5.1　风速廓线特征

风速廓线是指风速随高度的变化曲线，常用于不同高度风速的推算，是建(构)筑物设计需要考虑的重要因素。造成风速在近地层垂直变化的原因有动力因素和热力因素，前者主要来源于下垫面的摩擦效应，即下垫面的粗糙度，后者主要表现为与近地层大气稳定度的关系，当大气层结为中性时，近地层风速随高度变化近似地服从对数函数和幂指数函数(王成熙 等，2003)。

风速随高度变化对数函数为：

$$u = u_1 \frac{\ln z - \ln z_0}{\ln z_1 - \ln z_0}$$

式中，u 为 z 高度处的风速，u_1 为 z_1 高度处的风速，z_0 为下垫面粗糙长度。

风速随高度变化幂指数函数为：

$$u = u_1 \left(\frac{z}{z_1}\right)^{\alpha}$$

式中，u 为 z 高度处的风速，u_1 为 z_1 高度处的风速，α 为风速廓线幂指数，是表征下垫面粗糙程度的参数，反映风速垂直切变的强弱。

当具有两层以上风速观测数据时，z_0 和 α 值均可采用最小二乘法拟合得出，当拟合风速廓线和实测风速廓线对应各高度层风速的残差平方和达到最小时，即可确定 z_0 和 α 值。

根据修订的帕斯奎尔(Pasquill)稳定度分级法(蒋维楣 等，2004)，当地面 10 m 高度处 10 min 平均风速≥6.0 m/s 时，大气层结为中性状态，根据第 4 节的分析，在西连测风塔 8 级以上强风时段，10 m 高度处 10 min 平均风速最小值为 8.8 m/s，因此，可以判断西连测风塔强风时段大气层结均处于中性状态，近地层风速廓线适合采用对数函数和幂指数函数进行拟合分析。

利用西连测风塔逐 10 min 平均风速观测数据，先计算不同强风区段典型时段各高度层的平均风速，再采用对数函数和幂指数函数进行风速廓线拟合，结果见表 1 和图 7。

表 1　不同强风区段的风速廓线拟合

强风区段	前外围强风区	前眼壁强风区	眼区	后眼壁强风区	后外围强风区
风速廓线幂指数	0.310	0.196	0.266	0.312	0.334
粗糙长度(m)	1.163	0.186	0.716	1.199	1.382
幂指数函数拟合均方差(m/s)	0.40	0.81	0.38	0.71	0.12
对数函数拟合均方差(m/s)	0.26	0.57	0.21	0.21	0.47

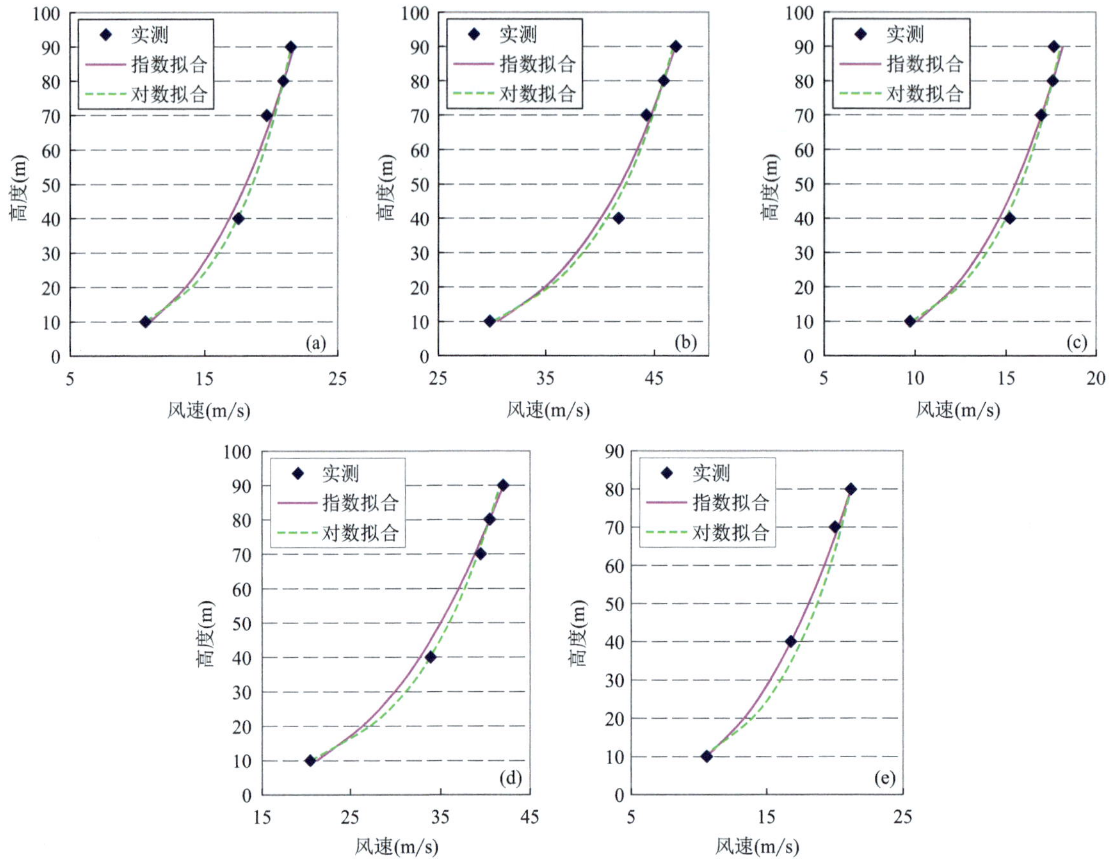

图 7　不同强风区段的风速廓线拟合

(a)前外围强风区，(b)前眼壁强风区，(c)眼区，(d)后眼壁强风区，(e)后外围强风区

从图 7 看到，对数函数和幂指数函数对各个强风区段的风速廓线的拟合效果均较好，从表 1 看到，在各个强风区段，对数函数拟合均方差≤0.57 m/s，幂指数函数拟合均方差≤0.81 m/s，除后外围强风区外，对数函数拟合均方差均小于幂指数函数拟合均方差，因此，总体上对数函数对强风风速廓线的拟合效果优于幂指数函数。前外围强风区、前眼壁强风区、眼区、后眼壁强风区、后外围强风区的风速廓线幂指数分别为 0.310、0.196、0.266、0.312、0.334，粗糙长度分别为 1.163 m、0.186 m、0.716 m、1.199 m、1.382 m，从前外围强风区到前眼壁强风区，风速廓线幂指数和粗糙长度先是减少，随后到眼区、后眼壁强风区和后外围强风区，风速廓线幂指数和粗糙长度渐次增大，在前眼壁强风区，风速廓线幂指数和粗糙长度均为最小。

根据第 4 节的下垫面扇区的划分，分别计算扇区 1、扇区 2、扇区 3 的平均风廓线并进行幂指数拟合和对数拟合，结果在表 2 中给出。扇区 1 虽然近处和远处均有海岸陆地影响，但中间有一段相对宽广的水域，且测风塔北面是较为稀疏的灌木林，因此，扇区 1 的粗糙长度相对较小，对应的风切变指数也较小。而扇区 2 和扇区 3 均受近处陆地和测风塔南面较为茂密的灌木林影响，但由于扇区 2 远处为海洋下垫面，因此粗糙长度要小于扇区 3，风切变指数也小于扇区 3，扇区 3 同时受茂密树林和沿岸陆地影响，粗糙长度最大，对应的风切变指数也最大。从拟合均方差来看，粗糙程度相对较小的扇区 1 和扇区 2 的来风更符合对数律分布，扇区 3 的来风更符合幂指数分布。

表 2　不同下垫面扇区的风速廓线拟合

来风区域	扇区 1	扇区 2	扇区 3
风切变指数	0.253	0.287	0.338
粗糙长度(m)	0.582	0.929	1.393
幂指数函数拟合均方差(m/s)	0.59	0.87	0.31
对数函数拟合均方差(m/s)	0.35	0.39	0.73

同时分析了博贺测风塔台风典型影响时段的风速廓线特征，图 8 为其风速廓线拟合情况。可以看到，博贺测风塔风速廓线也基本符合幂指数律和对数律，风速廓线幂指数为 0.030，粗糙长度为 1.0E-12 m，拟合均方差分别为 0.22 m/s 和 0.32 m/s。风速廓线幂指数和粗糙长度相对于西连测风塔数值最小的前眼壁强风区，其值也小很多，原因主要为地形的差异，因为博贺测风塔处于小岛顶峰，气流在经过迎风坡时受到地形挤压，产生加速效应，导致测风塔低层风速增大，测风塔的风速垂直梯度变小。

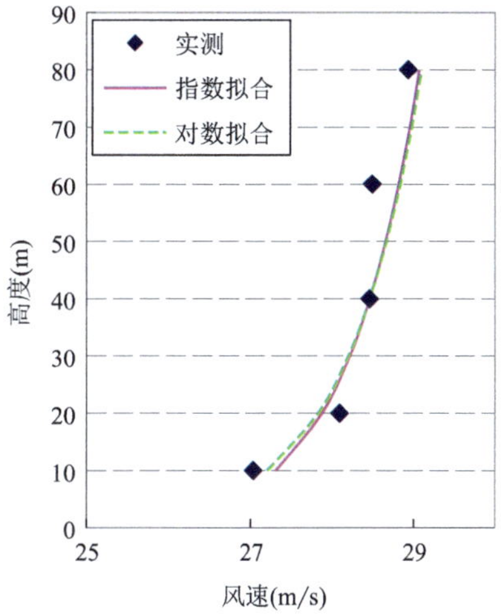

图 8　博贺测风塔风速廓线拟合

5.2　湍流强度特征

湍流强度反映了风的脉动特征，是确定结构脉动风荷载的关键参数，对于风电场建设时风力发电机的选型及风电场的运行管理也是需要考虑的重要因素。湍流强度定义为风速标准差与水平风速模量的比值(盛裴轩 等，2003)，工程应用上通常采用 10 min 时距的风速标准差与水平平均风速的比值，计算公式为：

$$I=\frac{\sigma}{U}$$

式中，I 为湍流强度，σ 为 10 min 时距的风速标准差，U 为相应的 10 min 水平平均风速。

图 9 是台风强风过程西连测风塔湍流强度时程变化曲线。从图 9 看到，各高度湍流强度曲线由上至下有序排列，随高度增加，湍流强度减少，与摩擦效应随高度增加而减弱相关。其中 10 m 湍流强度与 40 m 以上湍流强度差距较大，主要是因为其高度较低，湍流强度受下垫面灌木林摩擦作用影响较大。从整个强风过程来看，在风速、风向大幅变化以及下垫面摩擦作用影响的复杂情况下，测风塔不同高度湍流强度变化的情况有所差别。在前外围强风区和前眼壁强风区，10 m 湍流强度随时间变化有明显减少的趋势，而 40 m 以上湍流强度变化较为平稳；随后在眼区，10 m 湍流强度明显增大，40 m 湍流强度也有所增大，但不如 10 m 明显，而 70 m 以上湍流强度有小幅度的减少趋势；然后在后眼壁强风区，10 m、40 m 湍

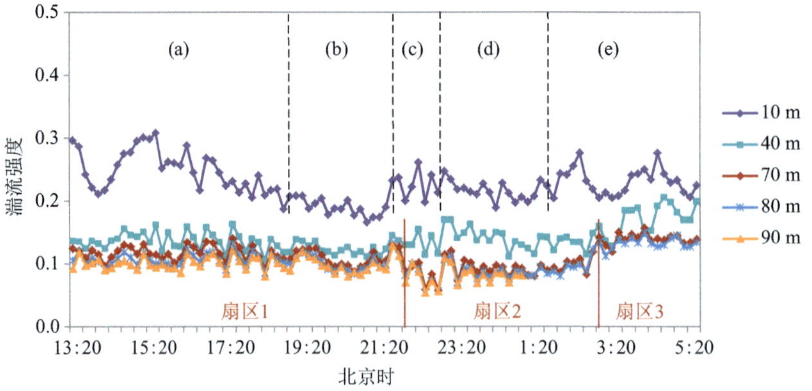

图 9　西连测风塔湍流强度时程变化

((a)前外围强风区,(b)前眼壁强风区,(c)眼区,(d)后眼壁强风区,(e)后外围强风区)

流强度有小幅度的减少趋势,而 70 m 以上湍流强度变化较为平稳;最后在后外围强风区,10 m 湍流强度波动较大,但变化趋势不明显,而 40 m 以上湍流强度则有较为明显的增大趋势。

整个强风过程,西连测风塔 10 m、40 m、70 m、80 m 高度湍流强度最大值分别为 0.308、0.206、0.155、0.150,除 10 m 高度湍流强度最大值出现在前外围强风区外,40 m 高度以上湍流强度最大值均出现在后外围强风区,对应风速分别为 10.7 m/s、17.5 m/s、19.8 m/s、20.6 m/s,相对而言,风速均不大;强风过程测风塔 10 m、40 m、70 m、80 m、90 m 高度的 10 min 平均风速最大值分别为 31.3 m/s、42.4 m/s、44.4 m/s、46.2 m/s、47.5 m/s,均出现在前眼壁强风区,对应湍流强度分别为 0.166、0.111、0.095、0.091、0.082,仅为最大值的 60%左右。

表 3 为西连测风塔不同强风区段典型时段的平均湍流强度,图 10 为其湍流强度廓线的幂指数拟合情况。

表 3　不同强风区段的湍流强度

强风区段	前外围强风区	前眼壁强风区	眼区	后眼壁强风区	后外围强风区
10 m 湍流强度	0.291	0.177	0.228	0.224	0.242
40 m 湍流强度	0.147	0.115	0.138	0.153	0.163
70 m 湍流强度	0.124	0.093	0.095	0.099	0.145
80 m 湍流强度	0.109	0.089	0.091	0.091	0.139
90 m 湍流强度	0.101	0.086	0.086	0.085	—
幂指数	−0.472	−0.333	−0.446	−0.550	−0.266
幂指数拟合均方差	0.004	0.001	0.006	0.010	0.002

可以看到,湍流强度在前外围强风区或后外围强风区较大,在前眼壁强风区或后眼壁强风区较小。湍流强度随高度增加而减小,基本符合指数为负值的幂指数规律,眼区和后眼壁强风区拟合效果稍差,其余强风区段拟合效果较好。

表 4 给出西连测风塔各扇区的湍流强度平均值。从图 9 和表 4 来看,在 10 m 高度,由于受下垫面灌木林摩擦作用影响较大,且站点离海岸约有 1.8 km 远,近处周边均受陆地影响,因此不同扇区的湍流强度差异相对较小。但在 70～90 m 高度,来风能携带更远范围的下垫面信息,图中可以看到下垫面陆地面积比例较多的扇区 1 和扇区 3 的湍流强度较大,而以海洋下垫面为主的扇区 2 的湍流强度则相对较小,此外,来自下垫面最粗糙的扇区 3 的后外围强风的湍流强度要明显大于来自相对较光滑的扇区 1 的前外围强风的湍流强度。

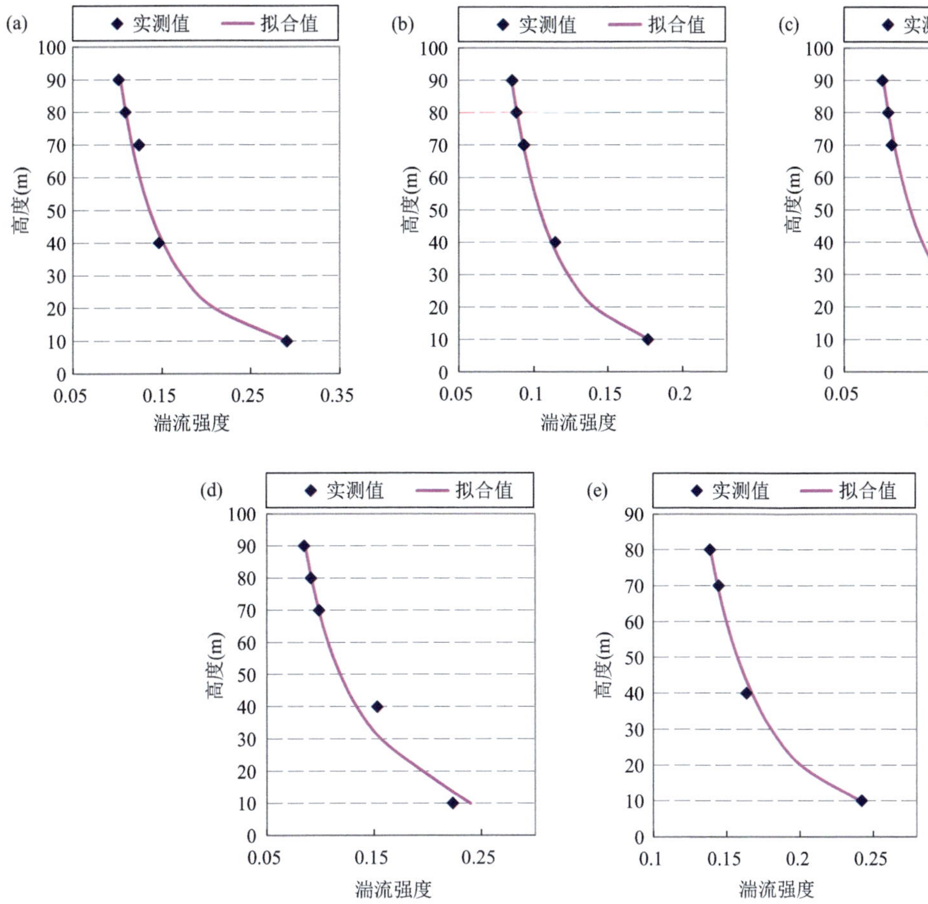

图 10　不同强风区段的湍流强度廓线拟合

(a)前外围强风区，(b)前眼壁强风区，(c)眼区，(d)后眼壁强风区，(e)后外围强风区

表 4　不同下垫面扇区的湍流强度平均值

测量高度(m) \ 来风区域	扇区 1	扇区 2	扇区 3
10 m	0.230	0.223	0.227
40 m	0.132	0.138	0.171
70 m	0.114	0.092	0.140
80 m	0.105	0.087	0.133
90 m	0.100	—	—

图 11 为台风强风过程博贺测风塔 80 m 高度湍流强度时程变化曲线。可以看到湍流强度主要在 0.06～0.11 波动，变化较为平稳，与西连测风塔 70 m 高度以上台风前外围和前眼壁强风区的湍流强度变化情况相似，与来风下垫面状况较为相似有关。台风典型影响时段博贺测风塔的湍流强度也基本符合指数为负值的幂指数律，幂指数为－0.084，拟合均方差为 0.002。

5.3　阵风系数特征

阵风系数也是表达风脉动特征的参数，可以简单直观地表征风的阵性特点，在缺乏阵风观测的情况下，通常采用阵风系数由平均风速推算出阵风风速。WMO 给出阵风系数的定义为：在时间间距为 T_0 的时间内持续时间为 τ 的最大阵风风速与时距为 T_0 的平均风速之比，目前我国气象和风工程领域一般取 T_0 为 10 min，取 τ 为 3s(陈雯超 等，2011)。其计算公式为：

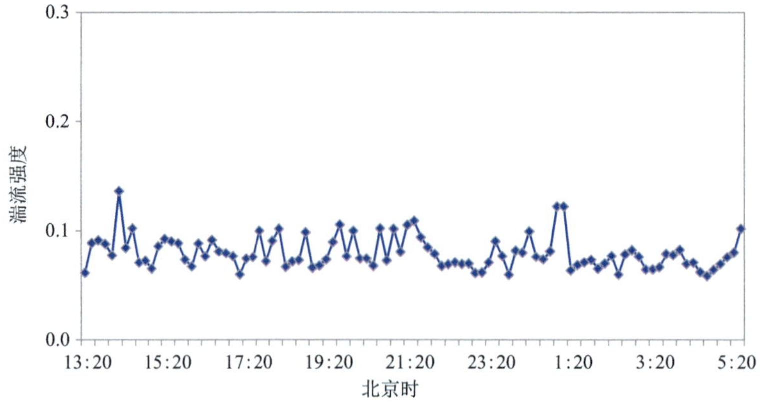

图 11 博贺测风塔湍流强度时程变化

$$G=\frac{U_{max}}{U}$$

式中，G 为阵风系数，U_{max} 为 3s 时距的阵风风速最大值，U 为相应的 10 min 平均风速。

图 12 是台风强风过程西连测风塔阵风系数时程变化曲线。

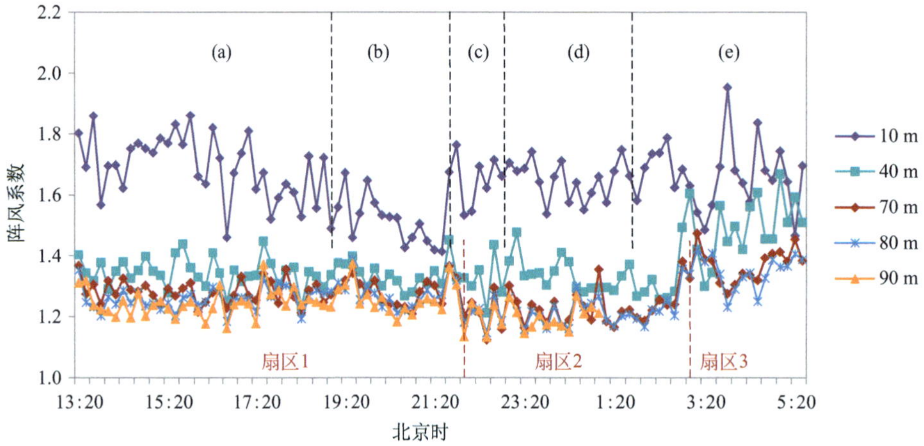

图 12 西连测风塔阵风系数时程变化

((a)前外围强风区，(b)前眼壁强风区，(c)眼区，(d)后眼壁强风区，(e)后外围强风区)

从图 12 看到，各高度阵风系数曲线由上至下基本上有序排列，随高度增加，阵风系数减少，同样与摩擦效应随高度增加而减弱相关。其中，10 m 阵风系数与 40 m 以上阵风系数差距较大，波动也较大，主要也是因为其高度较低，阵风系数受下垫面灌木林摩擦作用影响较大。在前外围强风区和前眼壁强风区，10 m 阵风系数有较为明显地减少趋势，而 40 m 以上阵风系数变化相对较为平稳；随后在眼区，10 m 阵风系数明显增大，40 m 阵风系数有小幅度的增大趋势，而 70 m 以上阵风系数有小幅度的减少趋势；然后在后眼壁强风区，40 m 阵风系数有小幅度的减少趋势，其他高度阵风系数变化较为平稳；最后在后外围强风区，10 m 阵风系数波动较大，但变化趋势不明显，而 40 m 以上阵风系数则有较为明显的增大趋势。

整个强风过程，西连测风塔 10 m、40 m、70 m、80 m 高度阵风系数最大值分别为 1.954、1.668、1.474、1.422，均出现在后外围强风区，对应风速分别为 10.8 m/s、13.7 m/s、21.0 m/s、22.3 m/s，相对而言，风速均不大；强风过程测风塔 10 m、40 m、70 m、80 m、90 m 高度的 10 min 平均风速最大值分别为 31.3 m/s、42.4 m/s、44.4 m/s、46.2 m/s、47.5 m/s，均出现在前眼壁强风区，对应阵风系数分别为 1.505、1.325、1.207、1.232、1.206，为最大值的 80%左右。

表 5 为西连测风塔不同强风区段典型时段的平均阵风系数，图 13 为阵风系数廓线的幂指数拟合情况。

表 5　不同强风区段的阵风系数

强风区段	前外围强风区	前眼壁强风区	眼区	后眼壁强风区	后外围强风区
10 m 阵风系数	1.759	1.464	1.591	1.701	1.633
40 m 阵风系数	1.360	1.290	1.325	1.382	1.420
70 m 阵风系数	1.269	1.241	1.221	1.217	1.328
80 m 阵风系数	1.234	1.234	1.207	1.196	1.321
90 m 阵风系数	1.230	1.226	1.200	1.175	—
幂指数	−0.168	−0.081	−0.133	−0.172	−0.102
幂指数拟合均方差	0.016	0.008	0.006	0.016	0.006

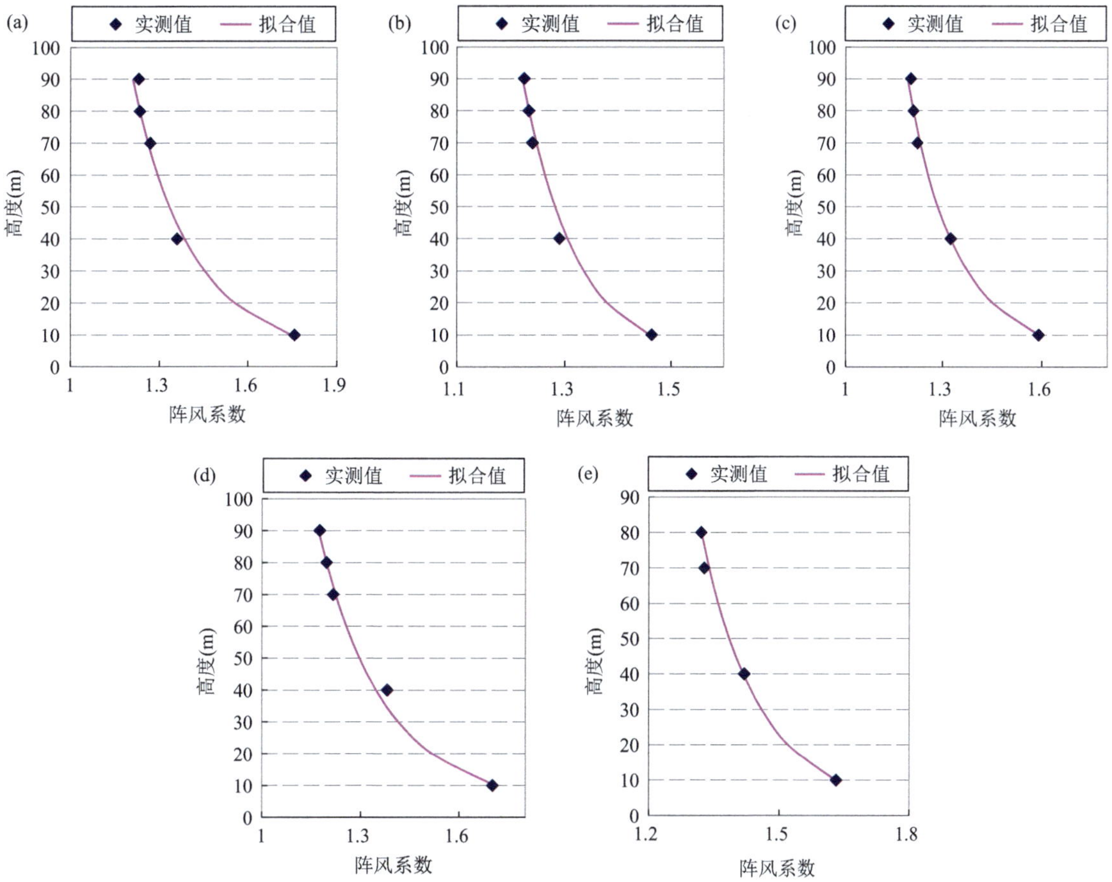

图 13　不同强风区段的阵风系数廓线拟合

(a)前外围强风区,(b)前眼壁强风区,(c)眼区,(d)后眼壁强风区,(e)后外围强风区

可以看到,西连测风塔阵风系数在前外围强风区或后外围强风区较大,在前眼壁强风区或后眼壁强风区较小。阵风系数随高度增加而减小,基本符合指数为负值的幂指数规律,除前外围强风区和后眼壁强风区拟合效果稍差外,其余强风区段拟合效果较好。

表 6 给出各扇区的阵风系数平均值。从图 12 和表 6 来看,在 10 m 高度,不同扇区的阵风系数差异相对较小,与其受陆地下垫面影响较大相关。随着高度的增加,尤其在 70～90 m 高度层,远处下垫面陆地面积比例较多的扇区 1 和扇区 3 的阵风系数明显较大,而以海洋下垫面为主的扇区 2 的阵风系数则相对较小。另外,从 70～90 m 高度层看,来自下垫面最粗糙的扇区 3 的后外围强风的阵风系数也要明显大于来自相对较光滑的扇区 1 的前外围强风的阵风系数,来自远处陆地面积较多的扇区 1 的前眼壁强风的阵风系数也要大于来自以海洋下垫面为主的扇区 2 的后眼壁强风区的阵风系数。

表 6 不同下垫面扇区的阵风系数平均值

来风区域 / 测量高度(m)	扇区 1	扇区 2	扇区 3
10 m	1.640	1.655	1.655
40 m	1.341	1.329	1.499
70 m	1.283	1.225	1.370
80 m	1.264	1.214	1.348
90 m	1.250	—	—

台风强风过程博贺测风塔 80 m 高度阵风系数时程变化曲线如图 14 所示。可以看到阵风系数主要在 1.2 左右波动，变化较为平稳，与西连测风塔 70 m 高度以上台风前外围和前眼壁强风区的阵风系数变化情况相似，同样与来风下垫面状况较为相似有关。台风典型影响时段博贺测风塔的阵风系数同样基本符合指数为负值的幂指数律，幂指数为−0.016，拟合均方差为 0.004。

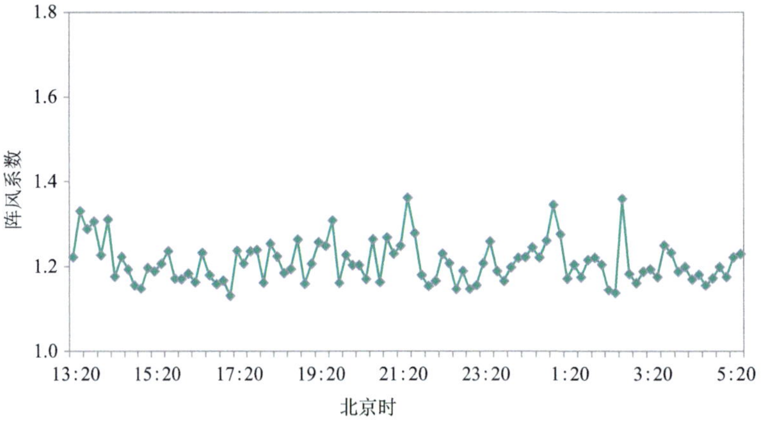

图 14 博贺测风塔阵风系数时程变化

5.4 风向短时变化特征

由于台风具有涡旋结构特征，台风过程除了风速的剧烈变化，风向也存在剧烈变化的情况，台风风向短时变化特征对于风电场等的设计、运行管理是一个需要考虑的重要因素。

定义 10 min 风向变率为后一个 10 min 风向角和前一个 10 min 风向角的差值的绝对值。

图 15 是台风强风过程西连测风塔代表低层和高层的 10 m 和 90 m 高度的 10 min 风向变率时程变化图。

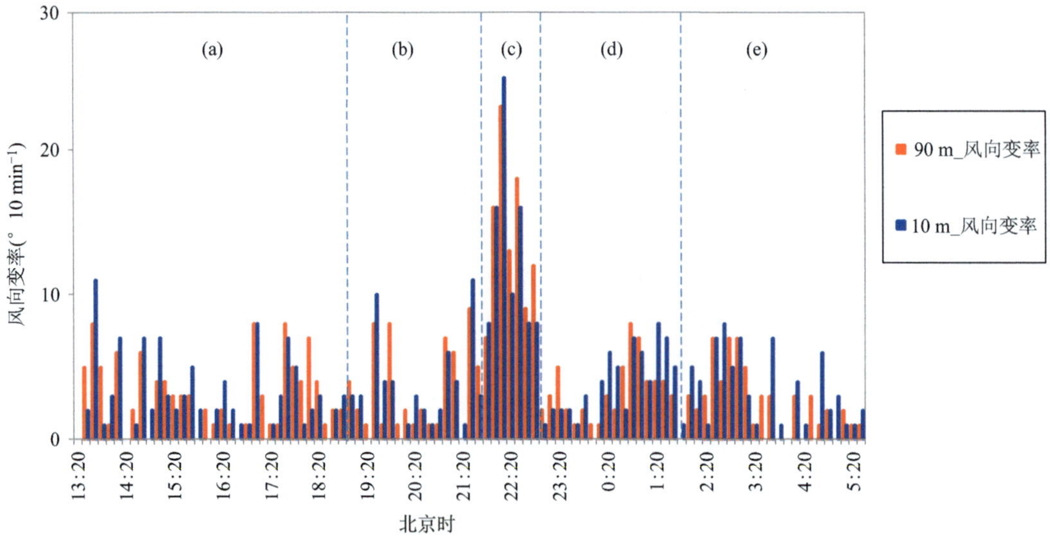

图 15 西连测风塔 10 min 风向变率时程变化

((a)前外围强风区，(b)前眼壁强风区，(c)眼区，(d)后眼壁强风区，(e)后外围强风区)

从图 15 看到，台风强风过程西连测风塔 10 m 和 90 m 的 10 min 风向变率较为接近，随时间变化走势基本一致，前外围强风区、前眼壁强风区、后眼壁强风区和后外围强风区的 10 min 风向变率变化较为平稳，基本在 10°之内变动，而在眼区变动较为剧烈，在 7 月 18 日 22:10，10m 和 90 m 的 10 min 风向变率分别为 25°和 23°，幅值达到最大值，此时，各层风速达到眼区的最低值或次低值。

对比分析了博贺测风塔 80 m 高度的 10 min 风向变率时程变化(图 16)。可以看到，台风过程博贺测风塔 10 min 风向变率变化较为平稳，基本在 10°之内变动，没有出现剧烈变动的情况，与西连测风塔除眼区之外的强风区段的情形较为相似。

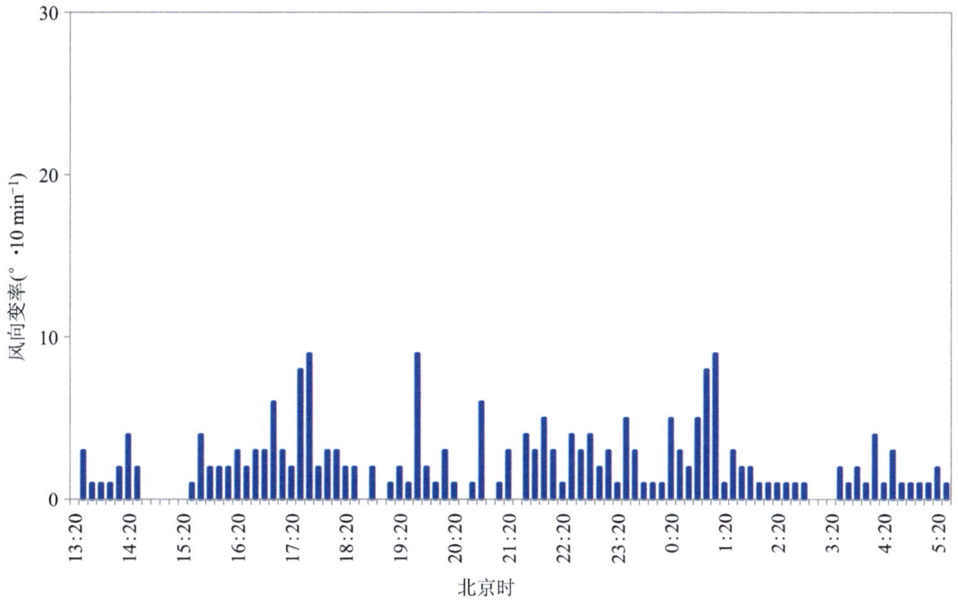

图 16　博贺测风塔 10 min 风向变率时程变化

6　结论

利用广东省徐闻县西连镇 90 m 测风塔在 1409 号超强台风“威马逊”登陆期间获取的具备完整的台风代表性的观测数据以及处于台风外围的广东省茂名市博贺镇 100 m 测风塔的观测数据，对台风“威马逊”不同位置以及不同下垫面的近地层强风特性进行了分析，西连测风塔观测数据分析结果表明：

(1)测风塔各高度风速时程曲线呈明显的“M”型分布特征，台风前眼壁强风区的风速峰值略大于后眼壁强风区。各层风向差别较小，走势基本一致，台风中心经过测风塔前后，各层风向沿逆时针方向大幅偏转约 170°。

(2)风速随高度增加而增大，风速廓线较好地符合对数和幂指数律，总体上对数函数对风速廓线的拟合效果优于幂指数函数。从前外围强风区到前眼壁强风区，风速廓线幂指数和粗糙长度先是减少，随后到眼区、后眼壁强风区和后外围强风区，风速廓线幂指数和粗糙长度渐次增大，在后外围强风区，风速廓线幂指数和粗糙长度最大，风速垂直切变最强，在前眼壁强风区，风速廓线幂指数和粗糙长度最小，风速垂直切变最弱。下垫面最粗糙的扇区 3 的风速廓线幂指数和粗糙长度最大。

(3)各层湍流强度和阵风系数在前外围强风区或后外围强风区较大，在前眼壁强风区或后眼壁强风区较小，湍流强度和阵风系数随高度增加而减小，基本符合指数为负值的幂指数律。粗糙的陆地下垫面会使湍流强度和阵风系数增大。

(4)各层风向的 10 min 变率较为接近，外围强风区和眼壁强风区的 10 min 风向变率变化较为平稳，而在眼区变动较为剧烈，在眼区，当风速达到最低值或次低值时，10 min 风向变率幅值达到最大值。

博贺测风塔观测数据分析结果表明其总体上与西连测风塔台风前外围和前眼壁强风区的情形相似。

参考文献

陈海燕，雷小途，潘劲松，等，2018. 气象灾害风险评估业务发展研究[J]. 气象科技进展，8(4)：15-21.

陈联寿，端义宏，宋丽莉，等，2012. 台风预报及其灾害[M]. 北京：气象出版社.

陈雯超，刘爱君，宋丽莉，等，2019. 不同强风天气系统风特性的个例分析[J]. 气象，45(2)：251-262.

陈雯超，宋丽莉，植石群，等，2011. 不同下垫面的热带气旋强风阵风系数研究[J]. 中国科学：技术科学，41(11)：1449-1459.

程艳伟，2016. 台风"威马逊"影响广东期间近地层风特性[J]. 资源节约与环保，6：243-244.

端义宏，陈联寿，梁建茵，等，2014. 台风登陆前后异常变化的研究进展[J]. 气象学报，72(5)：969-986.

国家市场监督管理总局和中国国家标准化管理委员会，2018. 台风涡旋测风数据判别规范：GB/T 36745—2018[S]. 北京：中国标准出版社.

蒋维楣，孙鉴泞，曹文俊，等，2004. 空气污染气象学教程[M]. 北京：气象出版社.

梁莉，崔晓鹏，王成鑫，等. 2018. 我国登陆热带气旋引起的大陆地面风场分布[J]. 大气科学，42 (1)：96-108.

盛裴轩，毛节泰，李建国，等，2003. 大气物理学[M]. 北京：北京大学出版社.

宋丽莉，毛慧琴，黄浩辉，等，2005. 登陆台风近地层湍流特征观测分析[J]. 气象学报，63(6)：915-921.

宋丽莉，毛慧琴，钱光明，等，2006. 热带气旋对风力发电的影响分析[J]. 太阳能学报，27(9)：961-965.

王承煦，张源，2003. 风力发电[M]. 北京：中国电力出版社.

王海龙，吴新桥，黄增浩，等，2018. 超强台风"威马逊"登陆期间近地层风速变化特征分析[J]. 热带气象学报，34(3)：297-304.

肖辉，万齐林，刘显通，等，2017. 台风"妮妲"(1604)登陆期间近地层风特性分析[J]. 海洋气象学报，37(2)：42-50.

杨绚，张立生，杨琨，等，2020. 台风大风低矮房屋易损性及智能网格预报的应用[J]. 气象，46(3)：429-440.

赵小平，朱晶晶，樊晶，等，2016. 强台风海鸥登陆期间近地层风特性分析[J]，气象，42(4)：415-423.

郑焘，李晴岚，王兴宝，等，2018. 台风对深港局地风影响数值模拟及地形敏感性试验[J]. 气象，44(3)：361-371.

Cao S，Tamura Y，Kikuchi N，et al，2009. Wind characteristics of a strong typhoon[J]. Journal of Wind Engineering & Industrial Aerodynamics，97(1)：11-21.

Ishizaki H，1983. Wind profiles，turbulent intensities and gust factors for design in typhoon-prone regions[J]. Journal of Wind Engineering and Industrial Aerodynamics，13：55-66.

Li L X，Kareem A，Xiao Y Q，et al，2015. A comparative study of field measurements of the turbulence characteristics of typhoon and hurricane winds[J]. Journal of Wind Engineering and Industrial Aerodynamics，140：49-66.

Powell M D，Vickery P J，Reinhold T A，et al，2003. Reduced drag coefficient for high wind speeds in tropical cyclones[J]. Nature，422：279-283.

Song L L，Chen W C，Wang B L，et al，2016. Characteristics of wind profiles in the landfalling typhoon boundary layer[J]. Journal of Wind Engineering & Industrial Aerodynamics，149：77-88.

Song L L，Li Q S，Chen W C，et al，2012. Wind characteristics of a strong typhoon in marine surface boundary layer[J]. Wind & structures，15(1)：1-15.

Song L L，Pang J B，Jiang C L，et al，2010. Field measurement and analysis of turbulence coherence for Typhoon Nuri at Macao Friendship Bridge[J]. Sci China Tech Sci，53(10)：2647-2657.

Tamura Y，Iwatani Y，Hibi K，et al，2007. Profiles of mean wind speeds and vertical turbulence intensities measured at seashore and two inland sites using Doppler sodars[J]. Journal of Wind Engineering and Industrial Aerodynamics，95：411-427.

广东省风速极值Ⅰ型分布参数估计方法的比较

黄浩辉[1]　宋丽莉[2]　植石群[1]　刘爱君[1]
（1. 广东省气候中心，广州，510080；2. 中国气象科学研究院，北京，100081）

提　要：利用广东省86个国家气象站1951—2003年的年最大风速序列资料，应用极值Ⅰ型分布函数对各站的年极值风速进行了概率计算，计算过程中极值Ⅰ型分布函数分别采用了3种参数估计方法：矩法、耿贝尔法和极大似然法，结合3种表征参数估计优良性的指标，对不同的参数估计方法进行了比较，结果表明：大多数情况下采用耿贝尔法时拟合效果最好，即使在矩法或极大似然法为优的情况下，其拟合优良性指标与耿贝尔法也较为接近。

关键词：风速，极值Ⅰ型，参数估计

Comparison for Methods of Estimation of Wind Speed Extreme I Distribution Parameters in GuangDong Province

HUANG Haohui[1]　SONG Lili[2]　ZHI Shiqun[1]　LIU Aijun[1]
（1. Guangdong Climate Center，Guangzhou，510080；2. Chinese Academy of Meteorological Sciences，Beijing，100081）

Abstract：Base on series of yearly maximum wind velocity of 86 national weather stations in Guangdong province from 1951 to 2003，return period annual maximum wind velocity of every station are calculated with Function of Extreme I using three methods of estimation of parameters，include squares method，Gumbel's method and the method of maximum likelihood. Based on three kinds of choiceness indexes，different methods of estimation of parameters are compared. The results show that Gumbel's method is the best in most cases，even in case of squares method or the method of maximum likelihood is the best，its choiceness indexes are close to Gumbel's method.

Key Words：Wind speed；Function of Extreme I；Estimation of parameter

引　言

随着广东省经济的高速发展，很多大型基建项目需要进行抗风设计，如大型桥梁、高耸建筑物、港口、码头、仓储等，在抗风设计过程中，目前国内外普遍应用极值Ⅰ型分布函数进行极值风速的概率计算。本文主要讨论极值Ⅰ型分布的3种常用参数估计方法：矩法、耿贝尔法和极大似然法，根据我们在港珠澳大桥、广州新中轴线电视塔和深圳LNG等项目的实践经验，不同的参数估计方法得到的分布参数有一定的差别，从而计算得到的重现期风速也有一定的差别，有时候，对较长的重现期（如100年），计算得到的最大风速差距较大，由于工程抗风设计所需的重现期最大风速值直接影响到工程的安全性和投资造价，因此，在实际工作中如何选用合适的参数估计方法，使计算得到的结果更为合理、准确，是一个具有重要实际意义的问题。孟庆珍等应用极值Ⅰ型分布函数对成都地面年最大风速进行了概率计算，参数估计方法采用矩法和耿贝尔法，结果表明耿贝尔法效果较好；段忠东等比较了极值Ⅰ型分布的几种参数估计方法：矩法、耿贝尔法、极大似然法和概率权值法，结果表明，当样本容量较小时，耿贝尔法的估计结果较差。那么，广东省的具体情况又是如何呢？本文应用极值Ⅰ型分布函数对广东省86个国家气象站的年最大风速序列进行了计算，对不同的参数估计方法进行了比较。

1 极值Ⅰ型分布函数

极值Ⅰ型分布函数为：

$$F(x)=\exp\{-\exp[-a(x-u)]\} \qquad (a>0,-\infty<u<\infty)$$

式中，a 为分布的尺度参数，u 为分布的位置参数，只要利用已有的最大风速序列 $x_1,x_2,\cdots,x_n$ 合理估计出参数 a、u 的数值，则 $F(x)$ 被唯一确定。

重现期为 R（概率为 $1/R$）时最大风速为：

$$x_R=u-\frac{1}{a}\ln\left[\ln\left(\frac{R}{R-1}\right)\right]$$

2 极值Ⅰ型分布的3种常用参数估计方法

2.1 矩法

矩法估计在数学计算上最为简单。参数 a、u 与矩的关系为：

一阶矩（数学期望）：$E(x)=\dfrac{\gamma}{a}+u$，式中 γ 为欧拉常数，$\gamma\approx 0.57722$

二阶矩（方差）：$\sigma^2=\dfrac{\pi^2}{6a^2}$

由此得到：

$$a=\frac{1.28255}{\sigma} \qquad u=E(x)-\frac{0.57722}{a}$$

在实际计算中一般用有限样本容量的均值和标准差作为理论值 $E(x)$ 和 σ 的近似估计。

2.2 耿贝尔法

耿贝尔法是一种直接与经验频率相结合的参数估计方法。

假定最大风速有序序列：$x_1\leqslant x_2\leqslant\cdots\leqslant x_n$，则经验分布函数为：

$$F\times(x_i)=\frac{i}{n+1} \qquad i=1,2,\cdots,n$$

取如下序列：

$$y_i=-\ln(-\ln(F*(x_i))) \qquad i=1,2,\cdots,n$$

可得：

$$a=\frac{\sigma(y)}{\sigma(x)} \qquad u=E(x)-\frac{E(y)}{a}$$

在实际计算中可用有限样本容量的均值和标准差作为 $E(x)$ 和 $\sigma(x)$ 的估计值。

2.3 极大似然法

在统计学理论上，极大似然估计是一种较优的参数估计方法。极值Ⅰ型分布函数的概率密度函数为：

$$f(x)=F'(x)=a\exp[-a(x-u)-\exp(-a(x-u))]$$

当观测资料 $x_1,x_2,\cdots,x_n$ 给定时，作极大似然函数并取对数，得：

$$\ln L=n\ln a-\sum_{i=1}^{n}a(x_i-u)-\sum_{i=1}^{n}\exp(-a(x_i-u))$$

将 a、u 看作变量，将上式分别对 a、u 求导并令其为零，得：

$$n\exp(-au)=\sum_{i=1}^{n}\exp(-ax_i)$$

$$n\left(\overline{x}-\frac{1}{a}\right)\exp(-au)=\sum_{i=1}^{n}x_i\exp(-ax_i)$$

参数 a、u 可用迭代法求解。

2.4 样本序列出现特大值时参数的修改方法

我国的气象台站基本在新中国成立以后才有年最大风速的记录，至今也就50多年的资料，在不长的年最大风速序列中，有时会发生这样的现象：有一个数据特别大（特大值），按序列的大小顺序来看，很易发觉这个特大值和其他数值之间有着显著脱节的现象，例如广东省湛江站 1951—2003 年的年最大风速序列，样本容量为 53，其中，1954 年的年最大风速达 47.2 m/s，而其余 52 个数据中最大才是 26.3 m/s，两者相差 20.9 m/s，这种现象说明了这个特大值的重现期是比现有的观测年数（资料序列长度）要长得多，如果对它不加以处理，风速分布曲线的数学期望和方差均会显著提高，而使所求的风速偏高。

设年最大风速序列 $x_1, x_2, \cdots, x_n$，另有一特大风速 x_N，并估计其重现期为 N 年（$N>n$），设 $\overline{x_n}$ 和 σ_n^2 分别表示 n 年资料的均值与方差，则 N 年资料的均值为：

$$\overline{x_N}=\frac{1}{N}[x_N+(N-1)\overline{x_n}]$$

N 年资料的方差为：

$$\sigma^2{}_N=\frac{1}{N-1}[(x_N-\overline{x_N})^2+(N-1)\sigma_n^2]$$

故出现特大值时，分布曲线参数 a 和 u 应当修改为：

（1）矩法估计

$$a_N=\frac{1.28255}{\sigma_N} \qquad u_N=\overline{x}_N-\frac{0.57722}{a_N}$$

（2）耿贝尔法估计

$$a_N=\frac{\sigma_N(x)}{\sigma_N(y)} \qquad u_N=\overline{x}_N-\frac{\overline{y}_N}{a_N}$$

3 参数估计方法的比较

3.1 表征参数估计优良性的指标

为了找出有效性最高的估计值和比较不同方法所求得的估计值的优良性，计算了以下 3 种表征参数估计优良性的指标。

（1）剩余方差

$$S_f^2=\frac{1}{n-1}\sum_{i=1}^{n}(x_i-\hat{x}_i)^2$$

式中 n 为样本容量，x_i 为有序样本：$x_1\leqslant x_2\leqslant\cdots\leqslant x_n$；$\hat{x}_i$ 为拟合值，按下式计算：

$$\hat{x}_i=u-\frac{1}{a}\ln(-\ln(F\times(x_i))$$

（2）拟合相对偏差

$$R_f=100\times\frac{1}{n}\sum_{i=1}^{n}\frac{|x_i-\hat{x}_i|}{x_i}$$

（3）柯尔莫哥洛夫拟合适度检验指标

$$K_f=D_n\sqrt{n}$$

这里 n 为样本容量，D_n 如下式所示：

$$D_n=\max\{|F\times(x_i)-F(x_i)|\}$$

这里 x_i 为有序样本，D_n 表示在所有各点上，经验分布与假设的理论分布之差的最大值。取信度为 0.05，查表得只要 $K_f<1.35$，则认为年最大风速服从极值 I 型分布。

显然，以上 3 种指标均是越小表示拟合效果越好。

3.2 不同参数估计方法的比较

对广东省全部 86 个国家气象站 1951—2003 年的年最大风速序列应用极值 I 型分布函数进行计算，采用上述 3 种参数估计方法，各站序列均根据其历史沿革，依据有关规范进行了次时和高度订正，统一订正为距地面 10 m 高度的 10 min 平均年最大风速，这 86 个站均匀地分布在广东省境内，测站地面海拔高度在 2.5～302.8 m，较好地代表了沿海地区、珠江三角洲平原地区以及内陆丘陵和山地的情况。

对 3 种表征参数估计优良性的指标 S_f^2、R_f、K_f 的计算结果统一取 3 位小数，根据统计学理论，比较不同参数估计方法的优良性主要比较剩余方差 S_f^2，若两种方法的 S_f^2 指标持平，则再比较 R_f、K_f 指标。

计算结果表明，86 个站中，有 4 个站用 3 种参数估计方法计算得到的 K_f 指标均大于 1.35，即年最大风速不服从极值 I 型分布；其余 82 个站用 3 种参数估计方法计算得到的 K_f 指标均小于 1.35，即 3 种参数估计方法均能得到有效的分布参数，年最大风速服从极值 I 型分布。

上述 82 个站中，有 6 个站出现特大值(此时实质只有矩法和耿贝尔法估计)，另有 6 个站极大似然法无解，为便于比较，列出余下 70 个站 3 种参数估计方法的 S_f^2、R_f、K_f 指标的平均值，矩法估计为 0.518 m^2/s^2、4.062%、0.730，耿贝尔法估计为 0.440 m^2/s^2、3.616%、0.670，极大似然法估计为 0.537 m^2/s^2、3.588%、0.676。根据上述的指标比较办法，这 70 个站的计算实例中，有 4 例以矩法估计为优，有 8 例以极大似然法估计为优，其余 58 例以耿贝尔法估计为优；在 6 个站极大似然法无解的计算实例中，有 1 例以矩法估计为优，5 例以耿贝尔法估计为优；在 6 个出现特大值站的计算实例中，均是耿贝尔法估计为优。因此，总体而言，耿贝尔法最优。

另一方面，上述 70 个站的计算实例中，有 38 例以矩法估计效果最差，有 31 例以极大似然法估计效果最差，仅有 1 例以耿贝尔法估计效果最差。

将矩法、耿贝尔法和极大似然法估计分别为优的 3 种情况的计算结果列于表 1、表 2、表 3，表中列出不同参数估计方法计算得到的极值 I 型分布参数 a、u 值及其优良性指标 S_f^2、R_f 和 K_f，同时列出 100 年重现期的年最大风速 V_{100}。

表 1　矩法估计为优的计算实例

站名	参数估计方法	$S_f^2(m^2/s^2)$	R_f(%)	K_f	a	u (m/s)	V_{100}(m/s)
阳山	矩法	0.740	7.356	1.179	0.493	10.432	19.8
	耿贝尔法	0.750	6.833	1.114	0.449	10.384	20.6
	极大似然法	1.073	6.334	1.037	0.384	10.272	22.2
翁源	矩法	1.270	10.73	1.304	0.422	8.958	19.8
	耿贝尔法	1.305	9.69	1.171	0.382	8.899	20.9
	极大似然法	1.651	8.79	1.036	0.337	8.775	22.4
四会	矩法	1.292	4.824	0.903	0.366	12.517	25.1
	耿贝尔法	1.301	6.111	0.927	0.333	12.451	26.3
	极大似然法	2.079	3.813	0.884	0.476	12.724	22.4

在矩法估计为优的计算实例中，矩法和耿贝尔法的 3 项优良性指标较为接近，计算得到的 100 年重现期的年最大风速 V_{100} 值也相差不大。从表 1 看出，在四会站的计算实例中，矩法估计效果最好，极大似然法估计效果最差，极大似然法计算得到的 V_{100} 值比矩法小 2.7 m/s，比耿贝尔法小 3.9 m/s，虽然其 R_f、K_f 指标均为最小，但其 S_f^2 指标最大，显然，有理由认为矩法估计的结果更为合理。

表 2 为耿贝尔法估计为优的计算实例，在徐闻站的计算实例中，耿贝尔法计算得到的 V_{100} 值比矩法大 1.8 m/s，比极大似然法大 2.0 m/s，但其 3 项优良性指标均为最小，因此，有理由认为耿贝尔法估计的结果最为合理，徐闻站的年最大风速概率分布拟合曲线如图 1 所示，从图中看出，当频率较小(即极值风速较大)时，耿贝尔法的拟合曲线最接近实测曲线。在惠来站的计算实例中，矩法估计效果最差，其计算得到的 V_{100} 值分别较耿贝尔法和极大似然法小 1.6 m/s 和 1.2 m/s。在 6 个出现特大值的站的计算实例中，均是耿贝尔法估计为优，但其优良性指标与矩法均较为接近，计算得到的 V_{100} 值均是以耿贝尔法的结果稍大一点。此外，如对湛江站的特大值不予处理，则用耿贝尔法计算得到的 V_{100} 值为 38.3 m/s，而对特大值加以处理，参数修改后，V_{100} 值为 31.5 m/s，两者相差 6.8 m/s，达后者的 21.6%，差距是较大的。

表 2　耿贝尔法估计为优的计算实例

站名	参数估计方法	$S_f{}^2(m^2/s^2)$	$R_f(\%)$	K_f	a	u (m/s)	V_{100}(m/s)
惠来	矩法	0.543	4.152	0.709	0.261	14.271	31.9
	耿贝尔法	0.375	3.101	0.610	0.238	14.181	33.5
	极大似然法	0.385	3.248	0.648	0.243	14.159	33.1
珠海	矩法	0.354	2.489	0.445	0.278	16.645	33.2
	耿贝尔法	0.160	1.726	0.314	0.252	16.554	34.8
	极大似然法	0.229	2.082	0.376	0.267	16.587	33.8
徐闻	矩法	0.555	3.105	0.410	0.231	13.269	33.2
	耿贝尔法	0.320	2.748	0.316	0.210	13.166	35.0
	极大似然法	0.606	3.222	0.412	0.233	13.247	33.0
*湛江	矩法	2.379	4.612	0.597	0.270	14.205	31.3
	耿贝尔法	2.246	4.460	0.574	0.265	14.186	31.5
	极大似然法	—	—	—	—	—	—

*注：湛江站含有特大值。

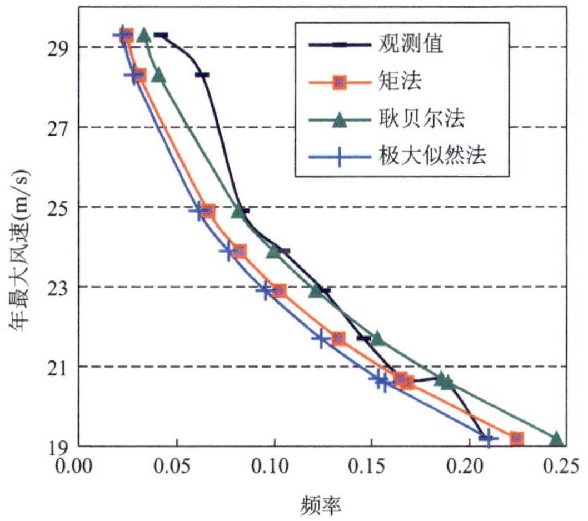

图 1　徐闻站的年最大风速概率分布拟合曲线

表 3　极大似然法估计为优的计算实例

站名	参数估计方法	$S_f{}^2(m^2/s^2)$	$R_f(\%)$	K_f	a	u (m/s)	V_{100}(m/s)
曲江	矩法	0.099	1.443	0.694	0.793	12.131	17.9
	耿贝尔法	0.085	1.581	0.675	0.723	12.102	18.5
	极大似然法	0.085	1.456	0.663	0.753	12.126	18.2
博罗	矩法	0.824	5.33	0.893	0.344	11.977	25.4
	耿贝尔法	0.769	5.347	0.852	0.312	11.907	26.6
	极大似然法	0.761	5.318	0.853	0.326	11.961	26.1
新会	矩法	0.818	3.604	0.742	0.344	13.906	27.3
	耿贝尔法	0.768	3.008	0.608	0.313	13.838	28.5
	极大似然法	0.762	3.013	0.632	0.317	13.817	28.3

在 8 个极大似然法估计为优的计算实例中(表 3)，极大似然法和耿贝尔法的 3 项优良性指标较为接近，计算得到的 V_{100} 值相差很小，最大为 0.7 m/s，最小为 0.1 m/s，平均为 0.3 m/s。

表 4 为仅有的 1 例以耿贝尔法估计效果最差的情况，从表中看出，耿贝尔法的 3 项优良性指标与矩法和极大似然法是较为接近的，其 V_{100} 值较矩法和极大似然法大 0.8 m/s 和 0.7 m/s。

表 4　耿贝尔法估计效果最差的计算实例

站名	参数估计方法	$S_f^2(m^2/s^2)$	$R_f(\%)$	K_f	a	u (m/s)	V_{100}(m/s)
德庆	矩法	0.549	3.441	0.802	0.569	10.529	18.6
	耿贝尔法	0.555	3.780	0.720	0.518	10.487	19.4
	极大似然法	0.545	3.393	0.747	0.566	10.566	18.7

4　结论

根据广东省 86 个国家气象站年最大风速序列的计算实例，极值Ⅰ型分布函数的 3 种常用参数估计方法中，在大多数情况下采用耿贝尔法时拟合效果最好，即使在矩法或极大似然法为优的情况下，其拟合优良性指标与耿贝尔法也较为接近，计算得到的 100 年重现期的年最大风速值也相差不大。因此，在广东省应用极值Ⅰ型分布函数进行极值风速的概率计算时，其参数估计方法应首选耿贝尔法。

参考文献

段忠东，周道成，2004. 极值概率分布参数估计方法的比较研究[J]. 哈尔滨工业大学学报，36(12)：1605-1609.
广东省沿海风压研究小组，1977. 风压问题研究及计算方法(内部刊物). 广东，25.
孟庆珍，唐谟智，1997. 成都地面气温与风速年极大值的渐近分布及参数估计[J]. 成都气象学院学报，12(4)：284-291.
屠其璞，王俊德，丁裕国，等，1984. 气象应用概率统计学[M]. 北京：气象出版社.

强台风“纳沙”登陆过程的湍流特性分析

蒋承霖[1]　黄浩辉[1]　陈雯超[1]　张光宇[2]
（1. 广东省气候中心，广州，510080；2. 广东省气象台，广州，510080）

摘　要：利用广东徐闻测风塔观测到的1117号强台风“纳沙”的三维超声测风数据，分析台风在登陆过程的近地层湍流特性，得出以下结论：①台风风速时程曲线呈明显“M”型双峰分布，台风8级以上大风的风向按顺时针最大连续偏转了219°，台风过程10 min最大风速为25.2 m/s，0.1s极大风速为35.2 m/s；②台风过程8级以上强风的平均风攻角为0.9°；③8级大风样本的湍流强度纵向为0.14、横向为0.12、垂直向为0.07，三维方向的湍流强度之比为Iu∶Iv∶Iw=1∶0.86∶0.5；④8级以上强风的u、v、w三维湍流积分空间尺度平均值分别为132 m、51 m、28 m；⑤台风中心前后的大风区与台风中心的小风区的湍流谱样本均不满足−5/3律和各向同性假设。

关键词：台风，风攻角，湍流特性

Turbulence Characteristics of The Landing Process of Typhoon Nesat

JIANG Chenglin[1]　HUANG Haohui[1]　CHEN Wenchao[1]　ZHANG Guangyu[2]
(1. Guangdong Climate Center, Guangzhou, 510080; 2. Guangdong Meteorology Center Guangzhou, 510080)

Abstract: Based on the ultrasonic pulse data of the 1117 typhoon NESAT observed in Xuwen, Guangdong, We analysed the surface layer turbulence characteristics during its landing, results may be obtained as follow: ①the typhoon wind speed time curve showed “M” shape distribution, the wind direction with the velocity more than 17.2 m/s altering clockwise up to 219°, the 10min maximum velocity is 25.2 m/s, and the 0.1s maximum velocity is 35.2 m/s; ②the average wind attack angle with the velocity more than 17.2 m/s of typhoon process is 0.9°; ③turbulence intensity of the samples with the velocity more than 17.2 m/s is longitudinal 0.14, horizontal 0.12, vertical 0.07, three-dimensional turbulent intensity ratio is Iu∶Iv∶Iw=1∶0.86∶0.5, ④u, v, w three-dimensional turbulence integral scale of the strong wind with the velocity more than 17.2 m/s is 132 m, 51 m, 28 m, respectively; ⑤the turbulence spectrum samples of the strong wind before and after typhoon center, and the weak wind in typhoon center, does not meet the −5/3 law and the assumption of isotropy.

Key words: typhoon; wind attack angle; turbulence characteristics

1　引言

台风的破坏力极大，是世界上最严重的自然灾害之一。台风挟带狂风、暴雨，导致大批房屋、建筑被毁，城镇、农田受淹，电力、交通、通信中断，并造成大量的人员伤亡和财产损失。我国是世界上受台风危害最甚的国家之一，随着经济的快速发展，近海和沿海大型工程结构朝着超长、高耸、大跨和柔性的方向发展，这些建筑在设计、施工及营运各阶段均对抗风有着非常高的要求，因此，摸清台风在近地层的湍流特性对建筑结构的设计及预防台风灾害等方面具有至关重要的意义。

近年，国内外学者对台风进行了各方面的研究，取得了大量的成果。胡尚瑜等研究了不同时矩下近地台风的实测风特性，谭晓伟等对超强台风“桑美”(2006)登陆前后低层风廓线进行了数值模拟分析，肖仪清等基于4个台风过程中的长时间序列风速、风向观测数据，分析研究了近地台风的湍流积分尺度和脉动风速谱等脉动特性，宋丽莉等研究了澳门友谊大桥“鹦鹉”台风的湍流特性，史文海等基于2008年影响温州地区的台风“海鸥”“凤凰”和“蔷薇”的实测风场资料，分析了不同平均时距下近地台风的湍流特性，王蓉等利用广东省沿海海洋站及近海浮标的实测资料，对1208号台风“韦森特”的特性进行了分析和探讨，许銮等利用1011号台风“凡亚比”高分辨率数值模拟资料及合力散度方程，诊断分析了“凡亚比”台风的合力散度水平分布及演变过程，王旭等研究了台风“梅花”的近地层脉动风速功率谱及相干性，钱燕珍等利用雷达资料对强台风“海葵”登陆前后强度变化进行了分析。由于台风路径的不确定性，要探测到台风中心附近的强风数据并不容易，本文基于捕捉到的1117号强台风“纳沙”登陆过程的三维超声测风数据，重点探讨强台风登陆过程的近地层湍流脉动特性。

2 观测设置和台风过程

2.1 观测位置和仪器

观测塔设置在广东省湛江市徐闻县南山镇三塘村，东经110°11.060’，北纬20°14.340’，塔基海拔4 m，塔高112 m，90 m高度安装了英国Gill公司生产的WindmasterPro三维超声测风仪。

WindMasterPro超声测风仪最大风速量程为65 m/s，最大采样频率为32 Hz，本观测以10 Hz采样频率进行三维瞬时风速数据记录。

2.2 台风过程概况

1117号强台风“纳沙”于2011年9月25日05时加强为强热带风暴，于25日夜间加强为台风，并于27日07时在菲律宾吕宋岛沿海地区登陆，登陆时中心附近最大风力14级(45.0 m/s)，随后台风继续向西北偏西方向移动，于27日下午进入南海东部海面，于29日早晨加强为强台风，并于29日14:30在海南文昌翁田镇沿海地区登陆，登陆时中心附近风力14级(42.0 m/s)、中心最低气压960 hPa。徐闻观测塔距离台风中心的最近距离约18 km，实测到的最大10min平均风速为25.2 m/s，0.1 s极大风速为36.2 m/s(图1)。

根据该台风过程持续时间，在此筛选“纳沙”台风过程的分析数据样本开始于(北京时，下同)2011年9月29日06:10至9月30日06:00，共24 h的记录数据，重点分析8级(17.2 m/s)以上大风时段出现在2011年9月29日10:30至9月30日2:10。

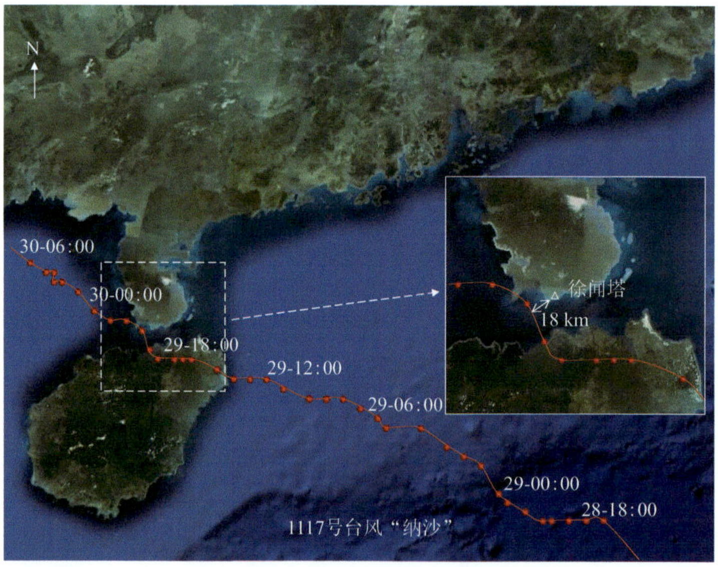

图1 台风“纳沙”过程示意图

3 数据处理和分析方法

3.1 基础数据处理

(1)子样划分：将超声风速仪记录的所有原始数据按10 min时距分割成多个子样本，每个子样本均有10 Hz×600 s=6000组三维风速风向记录。

(2)剔除无效数据和异常数据。

(3)有效数据完整率达95%的样本作为一个子样。

3.2 平均风速和风向

如果实测三维风速 $u_x(t)$，$u_y(t)$ 和 $u_z(t)$ 是定义在超声风速仪坐标下的3个实数序列，以10 min为基本时距分析，则水平平均风速 U 和风向角 Φ 分别为：

$$U=\sqrt{\overline{u_x(t)}^2+\overline{u_y(t)}^2}$$

$$\cos\Phi=\frac{\overline{u_x(t)}}{U}$$

垂直风速方向与风速仪坐标z轴相同，因此垂直平均风速 W 为：

$$W=\overline{u_z(t)}$$

式中，$\overline{u_x(t)}$，$\overline{u_y(t)}$ 和 $\overline{u_z(t)}$ 分别表示10 min时距样本的三维风速平均值。

在10 min时距内，纵向脉动风速分量 $u(t)$、横向脉动风速分量 $v(t)$ 和垂直脉动风速 $w(t)$ 可根据以下公式计算，结果作为脉动风速统计分析的数据基础：

$$u(t)=u_x(t)\cos\Phi+u_y(t)\sin\Phi-U$$

$$v(t)=-u_x(t)\sin\Phi+u_y(t)\cos\Phi$$

$$w(t)=u_z(t)-W$$

3.3 风攻角

风攻角指风的来流方向与水平面的夹角。风攻角对建筑结构物特别是柔性结构物的影响比较突出，其长期作用会加速或加重结构的疲劳损坏；强风时，风攻角的改变可能对结构造成突然损伤甚至破坏。

3.4 湍流强度

湍流强度反映了风的脉动强度，是确定结构脉动风荷载的关键参数，定义湍流强度为10 min时距的脉动风速均方根与水平平均风速的比值

$$I_i=\frac{\sigma_i}{U}\qquad(i=u,v,w)$$

式中，σ_i 分别表示对应于脉动风速 $u(t)$、$v(t)$ 和 $w(t)$ 的均方根，σ_i^2 相当于湍流脉动风速在 i 方向上的动能。

3.5 湍流积分尺度

湍流积分尺度的定义和计算根据Taylor冷冻假设：

$$L_i=U\int_0^{\tau_{0.05}}r_i(\tau)\mathrm{d}\tau\qquad(i=u,v,w)$$

式中，L_i、r_i 分别表示 u、v 和 w 分量的积分长度和自相关系数，$\tau_{0.05}$ 表示自相关系数从1单调减小至0.05时对应的延迟时间。

3.6 湍流功率谱密度

湍流功率谱密度函数的工程模型有很多表达形式，我国桥梁抗风设计规范采用了用摩阻速度归一化的Simiu谱和Panofsky谱，根据Simiu谱和能量归一化原理应当存在 $\sigma_u^2=6u_*^2$。从大气边界层理论分析，摩阻速度只有在接近地面有限高度(约30 m)内基本为常数，而且前提条件是“纯机械湍流”，即浮力的作用可以忽略。桥梁结构高度一般超过30 m，因此不宜用摩阻速度无量纲化湍流功率谱密度函数模型。从表达“脉动能量”的角度出发，功率谱密度函数在全频段的积分等于脉动风速能量的总和，用脉动风速的方差对湍流功率谱密度归一化更合适，Simiu谱和Panofsky谱的脉动速度方差无量纲化形式：

Simiu谱：
$$\frac{nS_u(f)}{\sigma_u^2}=\frac{200f}{6(1+50f)^{5/3}}$$

Panofsky谱：
$$\frac{nS_w(f)}{\sigma_w^2}=\frac{4f}{(1+4f)^2}$$

式中，S_u、S_v、S_w 分别为3个脉动分量的功率谱密度函数，f 为莫宁坐标，定义为 $f=nZ/U$，σ_u 和 σ_w 分别表示脉动风速 $u(t)$ 和 $w(t)$ 对应于 U 的均方根，n 为频率，Z 为高度。

4 台风的湍流特性实测分析

4.1 台风测风数据的代表性判别

研究台风边界层脉动风场对大型结构建筑的影响主要是研究台风过程的强风时段的脉动风场特性。根据热带气旋等级划分标准和台风系统的风场结构特点，判断台风核心强风区域是否经过观测点的条件为同时满足以下两点：(1)台风过程 8 级以上大风(10 min 平均风速≥17.2 m/s)的风向角连续偏转>120°。(2)台风过程出现 8 级以上大风(10 min 平均风速≥17.2 m/s)的风速时程曲线呈"M"形双峰分布，双峰之间的底部出现<11 m/s(5 级)的风速(近地层)，为台风眼区。

在徐闻测风塔观测的强台风"纳沙"8 级(17.2 m/s)以上的大风时段出现在 2011 年 9 月 29 日 10:30 至 9 月 30 日 2:10，台风 8 级以上大风的风向按顺时针连续偏转了 219°，台风风速时程曲线呈明显"M"形双峰分布，双峰之间的底部风速<11 m/s；由此可以判断台风核心强风区域经过徐闻测风塔观测点，其观测数据对台风特有的强风特性代表性较好。

4.2 平均风速、风向

徐闻测风塔记录的强台风"纳沙"过程在台风中心经过前的 10 min 最大风速为 25.2 m/s，中心经过后的最大风速为 22.3 m/s，台风中心小风期(风速<11 m/s)持续时间达 90 min，最小风速为 4.9 m/s，0.1 s 极大风速为 35.2 m/s，出现在台风中心经过前(2011 年 9 月 29 日 11:50)(图 2)。

台风 8 级以上大风过程的风向由登陆前的 307°，沿顺时针方向偏转，最大时转为登陆后的 166°，风向最大转换幅度达 219°。

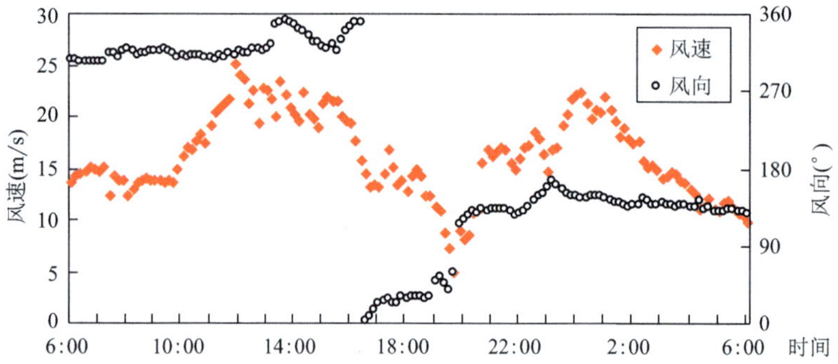

图 2 台风"纳沙"过程的风速和风向

4.3 风攻角

从图 3 看到，强台风 "纳沙"中心经过前后攻角差异较大，表 1 给出了台风 8 级强风样本的平均风攻角。整个台风过程 8 级以上强风的平均风攻角为 0.9°。台风中心经过前 8 级以上强风样本的风攻角均为负值，平均值为−1.4°，在−2.5°～−0.11°变化，最大风攻角为−2.5°，对应的风速为 18.3 m/s，风向为 311°；台风中心经过后 8 级以上强风样本的风攻角均为正值，平均值为 4.9°，风攻角在 3.5°～8.2°变化，最大风攻角为 8.2°，对应的风速为 20.4 m/s，对应的风向为 149°。

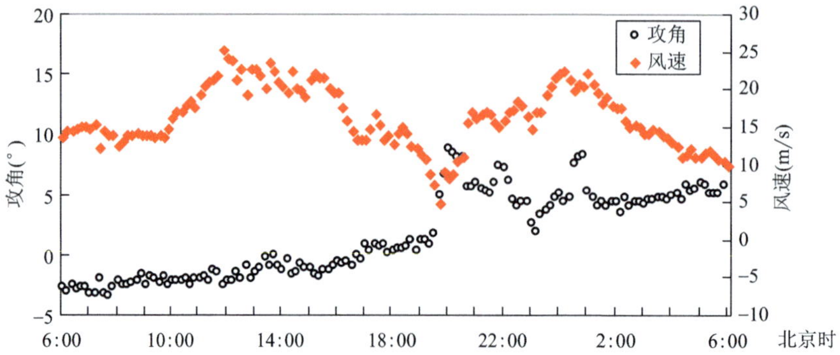

图 3 台风"纳沙"过程的风攻角

表 1 "纳沙"8 级强风样本的平均风攻角

风速等级	风况类型	样本个数	风攻角(°)
≥8 级	整个台风过程	55	0.9
	台风中心经过前	35	−1.4
	台风中心经过后	20	4.9

注：8 级≥17.2 m/s，下同。

4.4 湍流强度

图 4 给出强台风"纳沙"在纵向、横向和垂直向三维方向的湍流强度变化过程，湍流强度时程变化与风速时程变化有一定的相似性，在台风中心最小，在台风眼壁强风区附近出现大值。8 级大风样本的湍流强度纵向为 0.14、横向为 0.12、垂直向为 0.07，三维方向的湍流强度之比为 Iu∶Iv∶Iw＝1∶0.86∶0.5。

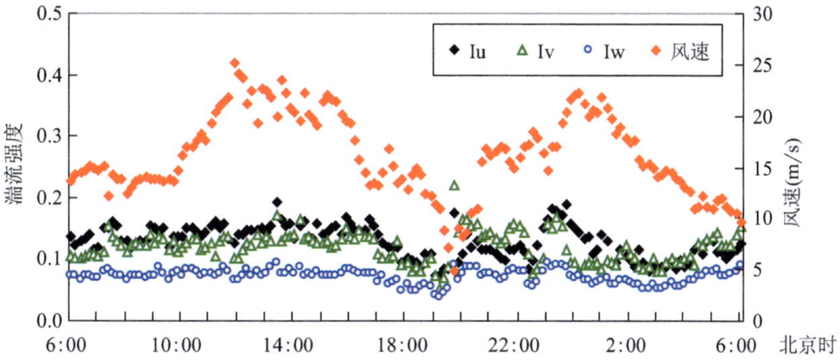

图 4 台风"纳沙"过程的三维方向湍流强度

4.5 湍流积分尺度

强台风"纳沙"三维湍流积分尺度在台风期间的时程变化呈"M"形双峰分布，与风速时程变化较为相似，但湍流积分尺度的变化要稍微滞后于风速变化，最低值出现在台风中心过后 2 h(图 5)。

强台风"纳沙"过程 8 级以上大风的湍流积分空间尺度平均值及比值见表 2。8 级以上强风的 u、v、w 三维湍流积分空间尺度平均值分别为 132 m、51 m、28 m，比值为 1∶0.38∶0.21。在台风过程中，横向的湍流积分尺度最大，数值也很不稳定，纵向和垂直向的湍流积分尺度较小，数值相对稳定。

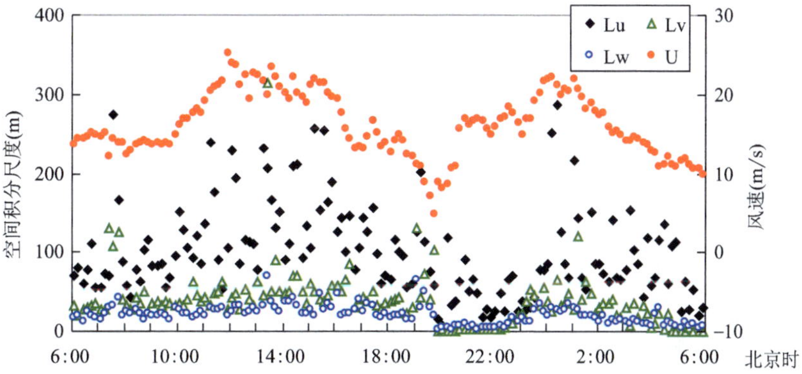

图 5 台风"纳沙"过程的三维方向湍流积分尺度

表 2 台风"纳沙"过程的三维方向湍流积分尺度

风速等级	样本个数	u	v	w	比值
≥8 级	55	132	51	28	1∶0.38∶0.21

4.6 功率谱密度

根据强台风“纳沙”三维超声风速资料，分别选取台风过境前、台风过境时以及台风过境后的大风样本，计算各向脉动风功率谱，结果见图 6。

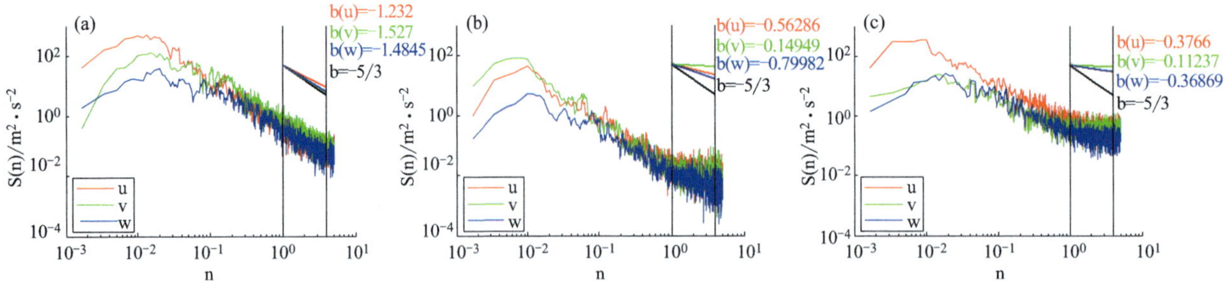

图 6　台风“纳沙”过境前(a)、过境时(b)与过境后(c)的大风湍流功率谱

根据强台风“纳沙”的大风湍流谱样本，拟合区间 1～4 Hz 频率范围内，分析惯性子区（图中拟合区域）的湍流谱特征，可以发现，台风过境前大风样本的横向和纵向的湍流谱接近于−5/3 律，不满足各向同性假设，而台风过境后的大风样本与台风中心的小风样本的湍流谱样本均不满足−5/3 律和各向同性假设。

5　结论

徐闻测风塔观测到的强台风“纳沙”过程的超声脉动数据，台风核心强风区域经过了观测点，具有非常好的代表性，经分析研究后得到如下结论：

(1)台风风速时程曲线呈明显“M”型双峰分布，台风中心经过前的 10min 最大风速为 25.2 m/s，中心经过后的最大风速为 22.3 m/s，风向最大转换幅度达 219°。

(2)台风过程 8 级以上强风的平均风攻角为 0.9°，台风中心经过前 8 级以上强风的风攻角平均值为−1.4°，台风中心经过后 8 级以上强风的风攻角平均值为 4.9°。

(3)8 级大风样本的湍流强度纵向为 0.14、横向为 0.12、垂直向为 0.07，三维方向的湍流强度之比为 Iu：Iv：Iw＝1：0.86：0.5。

(4)8 级以上强风的 u、v、w 三维湍流积分空间尺度平均值分别为 132 m、51 m、28 m。横向的湍流积分尺度数值很不稳定。

(5)台风过境前大风样本的横向和纵向的湍流谱接近于−5/3 律，不满足各向同性假设，而台风过境后的大风样本与台风中心的小风样本的湍流谱样本均不满足−5/3 律和各向同性假设。

参考文献

胡尚瑜，李秋胜，李正农，等，2007. 不同平均时矩下近地台风实测风特性研究[C]//第十三届全国结构风工程学术会议论文集，31-35.

钱燕珍，高拴柱，黄思源，等，2013. 强台风“海葵”登陆前后强度变化的观测分析[J]. 气象，39(10)：1265-1274.

史文海，李正农，张传雄，等，2011. 温州地区不同时距下近地台风特性观测研究[J]. 空气动力学学报，29(2)：211-216.

宋丽莉，庞加斌，蒋承霖，等，2010. 澳门友谊大桥“鹦鹉”台风的湍流特性实测和分析[J]. 中国科学：技术科学，53(10)：2647-2657.

谭晓伟，端义宏，梁旭东，2013. 超强台风“桑美”(2006)登陆前后低层风廓线数值模拟分析[J]. 气象学报，71(6)：1020-1034.

王蓉，姚小娟，肖瑜璋，等，2013. 1208 号台风“韦森特”特征分析[J]. 海洋预报，30(6)：13-20.

王旭，黄鹏，顾明. 2013. 基于台风“梅花”的近地层脉动风速功率谱及相干性研究[J]. 空气动力学学报，31(6)：776-782.

项海帆，林志兴，鲍卫刚，等，1996. 公路桥梁抗风设计指南[M]. 北京：人民交通出版社.

肖仪清，孙建超，李秋胜，2006. 台风湍流积分尺度与脉动风速谱——基于实测数据的分析[J]. 自然灾害学报，15(5)：45-53.

许娈，高守亭，崔晓鹏，等，2014. 登陆台风“凡亚比”(1011)合力散度分布及演变特征研究[J]. 大气科学，38(1)：110-120.

Liu，H，1991. Wind Engineering：A Handbook for Structural Engineering，Prentice Hall，Englewood Cliffs，New Jersey

Panofsky H A, Dutton, J A, 1984. Atmospheric turbulence—models and methods for engineering applications, Wiley, NY

Simiu E and Scanlan R H, 1996. Wind effects on structures: fundamentals and applications to design, 3rd Ed., John Wiley & Sons, Inc., New York

Xu Y L, Zhan S, 2001. Field measurements of Diwang Tower during typhoon York, J. Wind Eng. & Ind. Aerodyn., 89: 73-93

影响广东沿海的热带气旋最大强度估算

秦　鹏　黄浩辉
(广东省气候中心;广州,510080)

提　要:利用广东省沿海阳江、汕头气象探空站1980—2012年的观测资料,采用基于动力气象学原理的方法,估算影响广东沿海热带气旋的海面可能最低中心气压为866.3 hPa,热带气旋中心附近海面可能最大风速为80.2 m/s,进一步估算热带气旋登陆广东沿海时近地面可能最大10 min平均风速为60.1 m/s,同时利用1949—2012年热带气旋资料对估算结果进行了合理性分析。
关键词:广东沿海,热带气旋,最大强度

Estimated MaximumIntensity of Tropical Cyclones Affect Guangdong Coast

QIN Peng　　HUANG Haohui
(Guangdong Climate Center;Guangzhou,510080)

Abstract: Based on the 1980—2012 observational data of Yangjiang and Shantou Meteorological radiosonde station at Guangdong coast,by using the methods according to the principle of dynamical meteorology,estimate the possible minimum central air pressure in the sea of tropical cyclones affect Guangdong Coast is 866.3 hPa,the possible maximum wind speed in the sea near the center of tropical cyclone is 80.2 m/s,further estimate the possible maximum 10 min average wind speed near the ground is 60.1 m/s when tropical cyclones landing Guangdong coast,and the reasonable of the estimation results are analyzed at the same time by using the tropical cyclone observational data during 1949—2012.
Key Words: Guangdong coast;tropical cyclone;maximum intensity

引言

热带气旋(Tropical Cyclone,简称TC)是由热带海洋中的扰动发展起来的,在北半球是一种呈强烈反时针旋转的暖性气流涡旋。热带气旋内部的结构深厚,垂直尺度可以达到对流层顶(15～20 km),水平尺度可达其50倍或以上。热带气旋是影响我国的主要灾害性天气系统之一,热带气旋的路径、强度变化、登陆时间和地点,以及台风季的变化趋势、年代际变化、周期分析和ENSO的关系等气候特征及物理机制始终是气象学的研究热点。热带气旋在其活动过程中,往往伴随狂风、暴雨和风暴潮,破坏力巨大。广东省位于南海之滨,有4114 km的漫长海岸线(东经109.659°～117.175°,北纬20.224°～23.618°),是我国受热带气旋影响最频繁和严重的省份,年平均登陆频数为3.33个,占全国的33.8%,列各沿海省、市之首,同时广东也是我国台风季最长的省份,4—12月均可能有热带气旋影响。

广东作为我国改革开放的前沿阵地,沿海地区分布着包括珠三角在内的我国最大的城市群,人口高度聚集。随着社会经济的高速发展,近年来在沿海地区不断出现跨江海桥梁、核电厂、石化、风电场及港口码头等大型工程建设项目,对热带气旋的影响十分关注。因此估算影响广东沿海的热带气旋最大强度,对沿海地区的防灾减灾以及大型工程的抗灾设计均具有重要的参考价值。

近年来,周小珊、蔡菊珍、顾裕兵和张容焱等学者采用基于动力气象学原理或概率论的方法对影响我国辽宁、浙江和福建等沿海局部地区的热带气旋最大强度进行了估算。由于自1949年以来的TC资料较为齐全,原理上可以通过概率论方法估算TC最大强度,如对主要的参数TC最低中心气压,通常采用极

值分布函数计算千年一遇值作为可能最低值，但是 TC 的可能最低中心气压并不具有时间界限，重现期是不确定的，因而结果存在不确定性，因此，本文尝试利用广东沿海的历史探空资料，采用基于动力气象学原理的方法对影响广东沿海的热带气旋最大强度进行估算，给出具有确定性的结果。

1 资料来源和研究方法

1.1 资料来源

(1)广东省阳江、汕头气象探空站 1980—2012 年的探空资料。探空站位置见图 1，其中汕头探空站位于粤东东部沿海，阳江探空站位于粤西中部沿海，两站相距约 500 km，对广东沿海有良好的代表性。

(2)中国气象局上海台风研究所发布的 1949—2012 年“CMA-STI 热带气旋最佳路径数据集”。包括历年西北太平洋(含南海，赤道以北，东经 180°以西) 海域 TC 每 6 h 的位置和强度(近海面或地面的 TC 最低中心气压和中心附近最大风速)，强度等级的划分以正点前 2 min 内的平均风速为准。

1987 年以前，主要利用美国在西北太平洋飞机侦察 TC 的手段来确定 TC 中心位置和强度，自 1987 年美国终止西北太平洋飞机侦察 TC 业务以来，利用气象卫星云图确定 TC 中心位置和强度成为唯一的手段。TC 的云型特征可用于确定其中心附近最大风速，但 TC 中心最低海平面气压只能间接由风速与气压两者的统计关系求得。

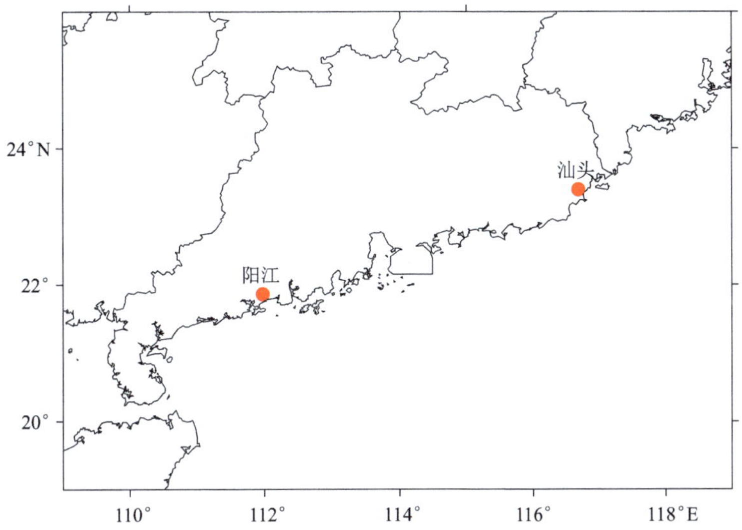

图 1 广东省沿海气象探空站位置

1.2 研究方法

(1)以大气静力学方程为基础估算热带气旋海面可能最低中心气压

假设有这样一个影响广东沿海的 TC，它产生了海面可能最低中心气压，它是一系列假设的气象条件组合同时出现的结果，这些气象条件包括 TC 上界的温度和高度、海面温度以及 TC 眼区上方垂直空气柱的温度、湿度条件等，以大气静力学方程为基础可估算出其海面可能最低中心气压。

由大气静力学方程：

$$dp/dz = -\rho g \tag{1}$$

结合湿空气状态方程：

$$p = \rho R_d T_v \tag{2}$$

导出等压面之间的重力位势厚度公式：

$$\Delta h = \frac{R_d \overline{T_v}}{g} \ln \frac{p_L}{p_U} \tag{3}$$

可变形为：

$$p_L = p_U \exp\left(\frac{g\Delta h}{R_d \overline{T_v}}\right) \tag{4}$$

其中：

$$\overline{T_v}=\overline{T}\left(1+\frac{0.378\overline{e}}{\overline{p}-\overline{e}}\right) \tag{5}$$

上述各式中，p 为气压(hPa)，z 为位势高度(gpm)，ρ 为空气密度(kg/m^3)；g 为重力加速度(取值 9.8 m/s^2)，R_d 为干空气气体常数(取值 287 J/(kg·K))，T_v 为虚温(K)，Δh 为等压面之间的厚度(gpm)，$\overline{T_v}$ 为等压面之间的平均虚温(K)，p_L 为下层等压面气压(hPa)，p_U 为上层等压面气压(hPa)，$\overline{T}$ 为等压面之间的平均温度(K)，$\overline{p}$ 为等压面之间的平均气压(hPa)，$\overline{e}$ 为等压面之间的平均水汽压(hPa)。

通常以对流层顶(100 hPa 等压面)作为 TC 的上界，由于在该界面上气象要素值不受 TC 的影响，因此可根据探空资料较为可靠地确定在海面上产生 TC 可能最低中心气压时其上界的温度和高度，从(4)式来看，结合海面的温度、湿度条件即可推算出 TC 的海面气压，但由于 TC 眼区上方垂直空气柱的温度、湿度条件较为复杂，经一层推算会造成较大误差，因此有必要进行分层推算。从 TC 上界向下至靠近海面的一层等压面(一般取 850 hPa)，以一定间隔划分等压面，每一层能确定温度、湿度条件，由(3)式计算每层的厚度，以 TC 上界高度减去 850 hPa 以上各层的累计厚度可得到 850 hPa 至海面的厚度，从而由(4)式推算出 TC 的海面可能最低中心气压。

(2)估算热带气旋最大梯度风速的梯度风公式

采用 Myers 的 TC 气压场分布模型，有如下形式的梯度风公式：

$$V_g=(\rho e)^{-\frac{1}{2}}\cdot(P_w-P_0)^{\frac{1}{2}}-\frac{fR}{2} \tag{6}$$

式中，V_g 为 TC 的最大梯度风速(m/s)，ρ 为空气密度(kg/m^3)，e 为自然常数，P_W 为 TC 边缘气压(Pa)，P_0 为 TC 中心气压(Pa)，R 为 TC 最大风速半径(m)，f 为地转偏向力($f=2\omega\sin\varphi$，其中 $\omega=7.28\times10^{-5}$ rad·s^{-1}，φ 为纬度)。

2 热带气旋最大强度估算

2.1 影响广东沿海的热带气旋的统计特征

中心位置距离海岸线 400 km 以内的热带气旋均可能严重影响沿海地区，根据现有 1949—2012 年共 64 年的“CMA-STI 热带气旋最佳路径数据集”资料，建立影响广东沿海的历年 TC 最低中心气压极低值、历年 TC 中心附近最大风速极大值和历年 TC 登陆时中心附近最大风速极大值序列，经检验，各序列均服从极值 I 型概率分布，统计得到历年 TC 最低中心气压极低值序列的最大值为 980 hPa，最小值为 910 hPa (6903 号超强台风)；历年 TC 中心附近最大风速极大值序列(2min 平均)的最大值为 70.0 m/s(6903 号超强台风)，最小值为 30.0 m/s；历年 TC 登陆时中心附近最大风速极大值序列(2 min 平均)的最大值为 65.0 m/s(登陆台湾的 5904 号超强台风)，最小值为 20.0 m/s。详见表 1。

表 1 影响广东沿海的热带气旋统计特征参数

序列	平均值	最大值	最小值
历年 TC 最低中心气压极低值(hPa)	953	980.0	910.0
历年 TC 中心附近最大风速极大值—2 min 平均(m/s)	47.0	70.0	30.0
历年 TC 登陆时中心附近最大风速极大值—2 min 平均(m/s)	41.6	65.0	20.0
* 历年 TC 登陆时中心附近最大风速极大值—10 min 平均(m/s)	37.4	58.5	18.0

* 注：10 min 平均风速由 2min 平均风速乘以折减因子 0.9 得出。

2.2 热带气旋海面可能最低中心气压估算

2.2.1 参数设定

估算 TC 海面可能最低中心气压 P_0，需要设定以下参数：

(1)对流层顶温度与高度

TC 在本质上是一个气流在低层辐合而在高层辐散的系统，TC 的垂直范围可用对流层顶来界定，一般采用 100 hPa 等压面来代替对流层顶，考虑形成 TC 海面可能最低中心气压的条件及减少不确定性，对流层顶温度取盛夏季节(7 月、8 月)100 hPa 等压面的平均最高温度，对流层顶高度取盛夏季节 100 hPa 等压面的最低平均高度。利用广东省沿海阳江、汕头两个气象探空站 1980—2012 年共 33 年的观测数据，计算得到盛夏季节 100 hPa 等压面的平均最高温度为−71.8 ℃，最低平均高度为 16653 gpm。

(2)海面温度

根据我国海洋气象学家的经验研究，可假设南海北部海面极端最高温度为 32 ℃。

(3)TC 眼区内温度、湿度的垂直分布

对于南中国海区 TC 眼区上空的温度垂直结构，假设 200 hPa 以上呈干绝热分布，200～300 hPa 为干绝热与湿绝热分布的过渡层，300 hPa 以下为湿绝热分布；对于 TC 眼区上空湿度垂直结构，假设 100 hPa 的相对湿度为 5%，200 hPa 的相对湿度为 20%，300 hPa 及以下为 100%。

2.2.2 计算过程及结果

对 TC 眼区上方的垂直空气柱，在 100～850 hPa，以 100 hPa 为间隔划分为若干层，利用温度—对数压力图查算各等压面的气温，根据 100 hPa 气温，200 hPa 气温可经干绝热线查到，300 hPa 气温取干绝热线和湿绝热线的平均值，300～850 hPa 气温可经湿绝热线查到，由各层的相对湿度(R_H)和气温，根据 WMO 推荐的戈夫—格雷奇(Goff—Gratch)公式计算其水汽压，从而计算各等压面之间的平均气温($\overline{T}$)、平均虚温($\overline{T}_v$)和平均水汽压($\overline{e}$)，由(3)式计算得到各层的厚度(Δh)及各层的累计厚度。相关计算值见表 2，海平面至 850 hPa 之间：Δh =16653−16479.8=173.2 gpm，T_v =37.5 ℃，上层等压面气压为 850 hPa，代入(4)式计算得到：P_0=866.3 hPa。

表 2　热带气旋海面最低中心气压估算相关计算值

P_U-P_L(hPa)	T(℃)	T_v(℃)	R_H(%)	e	Δh(gpm)	累计 Δh(gpm)
100～200	−49.7	−49.7	13	0.048	4532.9	4532.9
200～300	−15.6	−15.1	60	2.384	3063.0	7595.9
300～400	1.7	3.9	100	7.342	2333.2	9929.1
400～500	10.8	14.0	100	13.256	1875.8	11804.9
500～600	17.5	21.7	100	20.303	1573.8	13378.6
600～700	22.8	27.8	100	27.886	1357.9	14736.5
700～850	27.8	33.6	100	37.664	1743.3	16479.8
>850	31.3	37.5	100	43.660	--	--

2.2.3 合理性分析

根据现有 1949—2012 年共 64 年的 TC 资料统计，在距离广东海岸线 400km 范围内的 TC 中心气压最低值为 910 hPa，出现在 1969 年 7 月 27 日(6903 号超强台风)，估算的 P_0 值较其低 43.7 hPa。在近几十年的西北太平洋上，有不少 TC 个例在其生命史的实测最低中心气压低于 900 hPa，历史纪录最低值为 870 hPa，出现在 7919 号台风(1979 年 10 月 12 日)，因此，本文估算影响广东沿海的 TC 海面可能最低中心气压为 866.3 hPa 是较为合理的。

2.3 热带气旋中心附近可能最大风速估算

2.3.1 梯度风公式估算热带气旋海面可能最大风速

(1)参数设定

a. 热带气旋边缘的海面压力 P_w　根据影响南海及西北太平洋的台风样本，逐个普查天气图上 TC 最外圈的闭合等压线值，最大值为 5427 号台风的最外圈气压值 1011 hPa，影响广东沿海并产生最大风速的 TC 边缘的海面压力 P_w 假设为该值。

b. TC 最大风速圈半径 R　显著的“台风眼”是 TC 发展成熟的一个明显标志，台风最大风速往往出现在台风眼边缘附近，台风强度越强，一般眼区越小。郭晓岚曾对 TC 最大风速圈半径的理论极限最小值进行过研究，指出在北纬 20°附近的西北太平洋中，TC 最大风速圈半径的最小值可能低于 10km，因此，可假设影响广东沿海并产生最大风速的 TC 最大风速圈半径为 10 km。

(2)计算结果

取 TC 中心最低气压 $P_0=86630\text{Pa}$、边缘海面压力 $Pw=101100$ Pa、最大风速圈半径 $R=10000$ m、空气密度 $\rho=0.963\text{kg/m}^3$(TC 眼区海面附近空气密度)及 $\varphi=20°$(距广东海岸线 400km 海域的平均纬度)代入(6)式,得到影响广东沿海的 TC 海面最大梯度风速 $V_g=74.1$ m/s。

由于气旋的向前运动,破坏了滞留气旋风场的对称性,因此计算 TC 最大海面风速需在滞留气旋风场的基础上叠加不对称性修正矢量:$\boldsymbol{A}=YT^X$,其中经验常数 $Y=1.5$,$X=0.63$,T 为热带气旋移速(kn)。根据历史 TC 资料检索,距广东海岸线 400km 范围内 TC 的最大海面移动速度为 $T=26.3$ kn(9719 号热带风暴),计算得到 $\boldsymbol{A}=11.8$ kn$=6.1$ m/s,最终得出 TC 最大海面风速 $V_{max}=74.1+6.1=80.2$ m/s。

(3)合理性分析

根据现有 1949—2012 年 TC 资料统计,在距离广东海岸线 400km 海域内,TC 中心附近最大风速的最大值为 70 m/s(出现在 6903 号台风),本文估算值较其高 10.2 m/s,而在所有生命史内中心最低气压低于 900 hPa 的 TC 个例中,其中心附近最大风速≥80 m/s 的占比超过 1/3,因此,本文估算影响广东沿海的 TC 中心附近海面可能最大风速为 80.2 m/s 是较为合理的。

2.3.2 热带气旋登陆广东沿海时可能最大风速估算

假设强度如上述估算的 TC 登陆广东沿海地区,可用折减因子 0.9 将 V_{max} 换算为陆地气象观测站距地面 10 m 高度的 10 min 平均风速为 72.2 m/s。

当 TC 中心从海域上空移动到毗连的陆地上空时,风速将受下垫面摩擦阻力以及气旋眼内压力增加(陆上填塞)的影响而减小。一般在离海岸线 15 km 范围内,受不同类型下垫面的摩擦阻力影响,风速减小幅度从 15%~60%不等,陆上填塞影响则与 TC 登陆的时间长短有关,一般在 5 h 后风速减小幅度近似为 10%。广东沿海离海岸线 15 km 范围内下垫面以滩涂和低矮丘陵为主,TC 刚登陆的较短时间内风速受下垫面摩擦阻力影响的减小幅度可假设为 15%,按 TC 在陆上移动速度估算,距离海岸线 15 km 范围内,陆上气压填塞影响时间约为 1 h,TC 风速的减小幅度可假设为 2%,则 TC 登陆时近地面的可能最大 10 min 平均风速为 $72.2\times0.85\times0.98=60.1$ m/s。

统计现有 1949—2012 年 TC 资料进行对比分析,在距广东海岸线 400km 区域内,TC 登陆区域包括海南、广东、福建和台湾等地区,各地区 TC 登陆时中心附近最大风速的最大值均按折减因子 0.9 换算为近地面的 10 min 平均风速,海南为 49.5 m/s(7314 号台风),广东为 45.0 m/s(9615 号台风),福建为 40.5 m/s(8510 号台风),台湾为 58.5 m/s(5904 号超强台风)。本文估算值 60.1 m/s 较现有值高 1.6~19.6 m/s 是较为合理的。

3 小结

利用广东省沿海阳江、汕头气象探空站 1980—2012 年的观测资料,以大气静力学方程为基础,估算影响广东沿海的热带气旋的海面可能最低中心气压为 866.3 hPa,利用梯度风公式估算热带气旋中心附近海面可能最大风速为 80.2 m/s,考虑陆上摩擦阻力和陆上填塞等影响因素,进一步估算热带气旋登陆广东沿海时近地面可能最大 10 min 平均风速为 60.1 m/s。与现有热带气旋观测资料对比,估算结果具有一定保守性,在工程气象应用以及防灾减灾方面是较为合理的。

参考文献

蔡菊珍,1998.可能最大热带气旋中心气压计算研究[J].浙江气象科技,19(3):3-7.

顾裕兵,赵鑫,黄君宝,等,2010.影响秦山核电厂热带气旋特征及核安全可能最大热带气旋参数设计值计算[J].浙江水利科技(01):41-45.

广东省人民政府农业办公室,广东省气象局农业气象中心,1996.广东气候与农业[M].广州:广东高等教育出版社.

国家核安全局政策法规处,1991.(HAD101/11)核电厂设计基准热带气旋[M].北京:中国法制出版社.

何小娟,甘静,潘静,等,2010.201002 号台风"康森"移动路径特点的分析[J].气象研究与应用,31(4):12-15.

蕙君,李修芳,燕芳杰,等,1990.确定台风强度方法的改进[J].气象,16(8):10-14.

李辉，郑群峰，王博，等，2010.1952—2008 年影响深圳市热带气旋的气候特征[J].广东气象，32(5)：12-14.
梁水林，1996.设计基准台风浪推算法的探讨[J].电力勘测，(02)：51-55.
刘德辅，韩凤亭，庞亮，等，2010.台风作用下核电站海岸防护标准的概率分析[J].中国海洋大学学报，40(6)：140-146.
刘静，吴启树，龚振彬，等，2007.近 30 年来影响福州的热带气旋统计研究[J].气象研究与应用，28(S2)：61-62.
马红云，何伟芬，王咏青，2008.两类不同路径热带气旋登陆前后的总能量对比分析[J].广东气象，30(1)：35-38.
盛裴轩，毛节泰，李建国，等，2003.大气物理学[M].北京：北京大学出版社.
苏丽欣，黄茂栋，黄晴晴，2007.近 10a 西北太平洋海域登陆台风的环境场特征分析[J].气象研究与应用，28(4)：11-13.
唐晓春，梁梅青，2006.登陆广东的热带气旋及其产生的灾害链[J].灾害学，21(3)：47-53.
吴慧，林熙，吴胜安，等，2010.1949—2005 年海南岛登陆热带气旋的若干变化特征[J].气象研究与应用，31(3)：9-12.
谢炯光，纪忠萍，2003.登陆广东省热带气旋的奇异谱分析[J].热带气象学报，19(2)：163-168.
炎利军，黄先香，于玉斌，等，2007.近 58 年西北太平洋热带气旋频数的气候变化特征[J].气象研究与应用，28(S2)：63-64.
张洁婷，陈明璐，廖胜石，等，2011.0812 号台风“鹦鹉”分析[J].气象研究与应用，32(1)：18-21.
张容焱，李玲，高建芸，等，2011.影响闽南核电厂热带气旋特征及其最低气压的计算[J].热带气象学报，27(5)：745-752.
周小珊，杨森，杨阳，等，2007.影响红沿河核电厂区热带气旋特征及最大强度估算[J].自然资源学报，22(6)：916-923.

1949—2009 年影响粤东沿海的热带气旋特征及最大强度计算

秦 鹏 黄浩辉 李春梅
（广东省气候中心，广州，510080）

提 要：根据 1949—2009 年热带气旋（简称 TC）路径资料，分析影响粤东沿海地区的 TC 气候特征，包括 TC 频数、路径趋向及强度变化等气候特征。结果表明，影响粤东沿海地区的 TC 频数自 1982 年以来呈减少趋势，台风季缩短；TC 移动路径的主导方向为西北偏西（WNW），出现频率为 36.9%；自 1982 年以来，无论是在 TC 生命史阶段，还是进入影响区后，达到台风量级的 TC 数量占总数的比例均有所上升，而强台风和超强台风的比例则均明显下降。文章最后根据历年 TC 资料建立极端 TC 风速、气压序列，利用皮尔逊-Ⅲ型概率分布法，计算了影响粤东沿海的可能最大热带气旋（PMTC）中心附近最大风速和中心最低气压，计算得到的 100 年一遇最大风速和最低气压分别为 67.9 m/s 和 914.0 hPa。

关键词：粤东沿海，热带气旋，气候特征，最大强度

Characteristics and the Maximum Intensity Calculate of Tropical Cyclones Impacting on Eastern Guangdong Coastal Area during 1949—2009

QIN Peng HUANG Haohui LI Chunmei
(Guangdong Climate Centre, Guangzhou, 510080)

Abstract: According to the 1949-2009 tropical cyclones route data, the climate characteristics of the tropical cyclones impacting eastern Guangdong coastal area are analyzed, including the TC frequency, route direction and intensity changes etc. results show that, the trend of the TC frequency impacting eastern Guangdong coastal area is decreasing since 1982, and the typhoon season shorter; the dominant direction of TC routes is WNW, the frequency is 36.9%; since 1982, both in the TC life, or into the impacting zone, the proportion of the TC at typhoon magnitude has risen while the strong typhoon and super typhoon proportion decreased significantly. At the last of the paper, based on the yearly TC data, the extreme TC wind speed and air pressure sequences are established. Using the Pearson-Ⅲ probability distribution method, the maximum wind speed and minimum air pressure of possible maximum tropical cyclones (PMTC) impacting eastern Guangdong coastal area are calculated, the once in 100 years maximum wind speed is 67.9 m/s and the once in 100 years minimum air pressure is 914.0 hPa.

Key Words: eastern Guangdong coastal; tropical cyclone; climate characteristics; maximum intensity

热带气旋（Tropical Cyclone，简称 TC）是热带海洋大气中形成的中心高温、低压的强烈涡旋的统称。其水平环流半径一般为数百千米，垂直环流高度约 10 km。在充分发育的强 TC 内，接近中心的大气压力是最低的，紧贴着 TC“风眼”周围的风力最强。TC 带来的狂风、暴雨和风暴潮，破坏力巨大，可严重危及工程和生命财产的安全。广东省是我国沿海热带气旋活动最频繁、影响程度最严重、全年影响时间最长的省份，历年来在广东省登陆的 TC 超过登陆我国 TC 总数的 40%。

许多学者开展了与 TC 相关的研究，包括 TC 的路径、强度变化、登陆时间和地点，以及台风季的变化趋势、年代际变化、周期分析和 ENSO 的关系等方面。但是过往的研究主要集中在对登陆台风的研究，由于 TC 的水平范围往往有几百千米，狂风、暴雨、风暴潮等伴生灾害不会因为 TC 未登陆而减弱，因此全面掌握进入影响区（一般为 300～400 km 范围）后所有 TC 的运动规律，包括其频数、路径、强度变化等特征，对准确预报 TC 的路径趋势、风雨影响，进而预防、减少灾害和工程抗灾设计等都非常重要。

本文利用1949—2009年西北太平洋TC资料，采用统计方法，分析近61年来影响粤东沿海地区（汕尾—饶平）TC的频数、强度、路径等气候特征，检验其时间演变或突变特征，并采用概率计算方法，推算了可能最大热带气旋（PMTC）的强度概率。

1 资料和方法

1.1 资料说明

文中使用资料来源主要为中国气象局上海台风研究所发布的1949—2009年“CMA-STI热带气旋最佳路径数据集”。

1.2 研究方法

皮尔逊-Ⅲ型概率分布：

$$f(x)=\frac{\beta^{\alpha}}{\Gamma(\alpha)}(x-a_0)^{\alpha-1}e^{-\beta(x-a0)} \quad x\geqslant a_0,\alpha>0 \tag{1}$$

式中，$\Gamma(\alpha)=\int_0^{\infty}x^{\alpha}e^{x}\mathrm{d}x$，$a_0$为随机变量$x$的最小值，$\alpha$、$\beta$为待定参数，分别由下式计算：

$$\alpha=\frac{4}{Cs^2} \tag{2}$$

$$\beta=\frac{2}{sCs} \tag{3}$$

$$a_0=\overline{x}\left(1-\frac{2Cv}{Cs}\right) \tag{4}$$

式中，$\overline{x}$，Cv，Cs，s分别为随机变量x的均值、离差系数、偏差系数和标准差。

取标准化变量：

$$\Phi=\frac{x-\overline{x}}{s} \tag{5}$$

则设计概率为p的重现期风速为：

$$x_p=(\Phi_p Cv+1)\overline{x} \tag{6}$$

式中，Φ_p可由已知的Cs根据设计概率p查“皮尔逊-Ⅲ型分布Φ值表”得到。

2 影响粤东沿海的热带气旋气候特征

根据历史台风灾害分析，在福建泉州至广东珠江口一带沿海地区登陆的TC均可严重影响粤东沿海地区（汕尾—饶平）。因此本文设定以汕尾—饶平之间的惠来为中心，半径为300 km的圆形区域作为粤东沿海地区的TC影响区，选取进入该区域的历史TC资料进行统计分析。

2.1 影响粤东沿海的热带气旋年代际和季节变化

统计资料显示，1949—2009年影响粤东沿海的TC累计有243个，年平均4.0个，1961年TC数量最多，达13个，1989年则没有TC影响该区域（图1）。近年来影响粤东沿海的TC有减少的趋势，1949—1981年平均每年有4.5个TC影响该区域，而1982—2009年减少为年平均3.3个，对两个阶段的TC数量进行T检验，值为2.279，在0.05的信度上差异显著，表明TC减少的趋势比较明显。

统计上述TC样本在不同月的出现频数，可见，粤东沿海地区台风季较长，从4—12月均有出现，后汛期的7月、8月、9月的热带气旋个数明显偏多，累计各月均超过50个（图2）。分别统计1981年以前和1982以后的TC出现月份，发现1982年以后的台风季变短为5—11月，并且9月份TC频数明显下降（图略）。

2.2 影响粤东沿海热带气旋的路径分类

统计TC样本每6h的路径移动方向，显示影响粤东沿海地区的TC路径移动方向集中在W—N扇区，主导方向为西北偏西（WNW），出现频率为36.9%，其次为西北（NW）方向，占20.3%；移向出现在东北扇区（NNE—ENE）的也占一定比率。详见表1和图3。

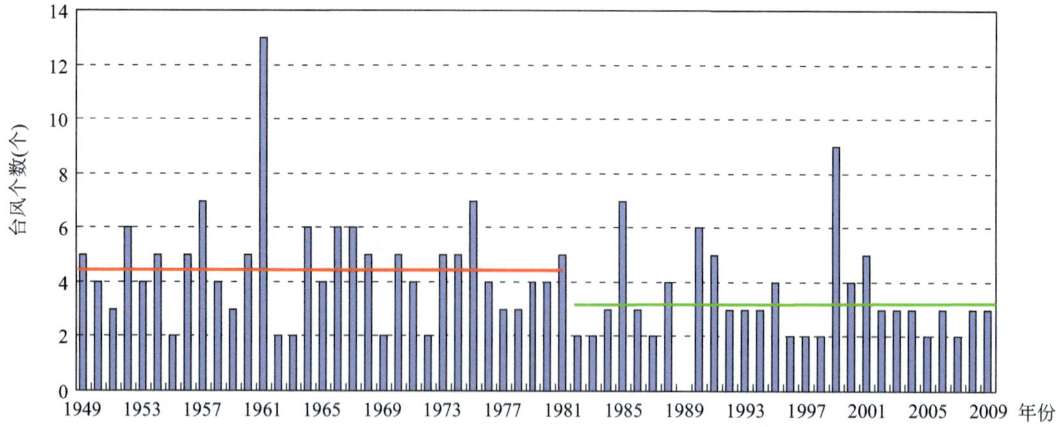

图 1　1949—2009 年影响粤东沿海地区的热带气旋个数(个)

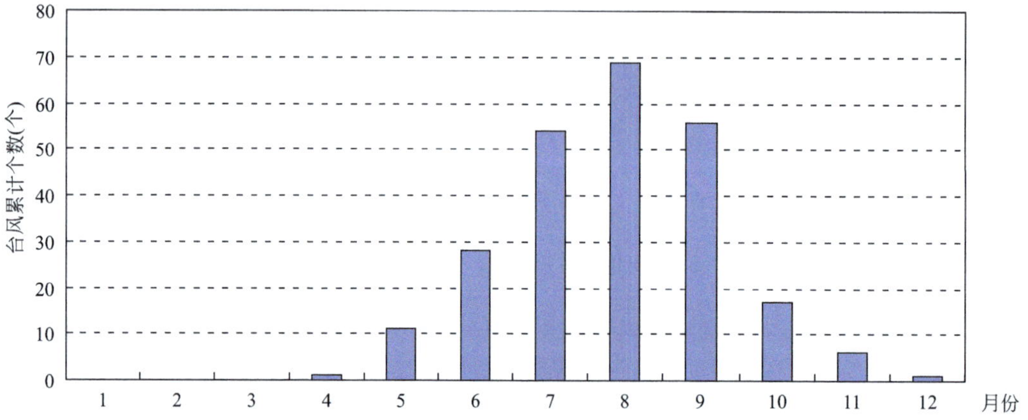

图 2　1949—2009 年影响粤东沿海地区的热带气旋各月累计个数(个)

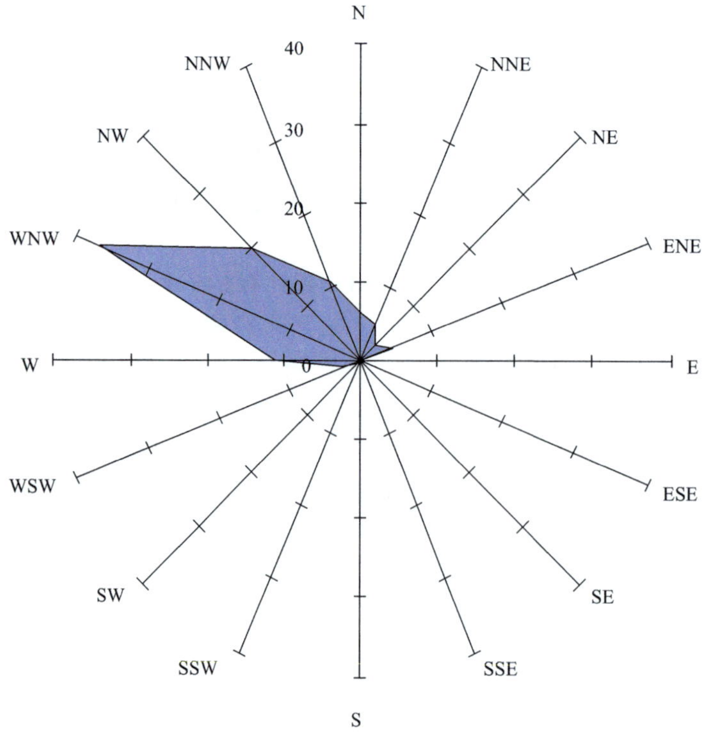

图 3　影响粤东沿海地区热带气旋的路径移动方位玫瑰图(单位：%)

表 1　影响粤东沿海地区热带气旋的路径移动方位频率

风向	N	NNE	NE	ENE	E	ESE	SE	SSE	S	SSW	SW	WSW	W	WNW	NW	NNW
频率(%)	6.0	5.1	2.8	4.6	0.0	0.0	0.0	0.0	0.0	0.0	0.5	2.3	11.1	36.9	20.3	10.6

2.3　影响粤东沿海的热带气旋强度

对 TC 样本按照其整个生命史阶段的强度和进入影响区的强度分别进行统计，得到如下结果：影响粤东沿海的 243 个 TC 中，在其生命史阶段强度达到台风量级以上的有 124 个，占总数的 51.0%，其中，台风有 50 个，占总数的 20.6%；强台风有 33 个，占总数的 13.6%；超强台风有 41 个，占总数的 16.9%。在进入影响区内强度仍达到台风以上量级的有 72 个，占总数的 29.6%，其中，台风有 49 个，占总数的 20.2%；强台风有 19 个，占总数的 7.8%，超强台风有 4 个，占总数的 1.6%。对比 1982 年以来影响粤东沿海的 TC 强度变化，发现无论是在 TC 生命史内，还是在其进入影响区以后，台风量级的 TC 占总数的比例均有所上升，而强台风和超强台风的比例则均明显下降。详见表 2。

表 2　影响粤东沿海地区的热带气旋强度

年代	阶段	项目	TC 等级						合计
			热带低压	热带风暴	强热带风暴	台风	强台风	超强台风	
1949—2009	TC 生命史	个数(个)	33	27	59	50	33	41	243
		频率(%)	13.6	11.1	24.3	20.6	13.6	16.9	100
	影响区内	个数(个)	82	33	56	49	19	4	243
		频率(%)	33.7	13.6	23.0	20.2	7.8	1.6	100
1982—2009	TC 生命史	个数(个)	10	14	24	24	11	10	93
		频率(%)	10.8	15.1	25.8	25.8	11.8	10.8	100
	影响区内	个数(个)	26	16	25	20	6	0	93
		频率(%)	28.0	17.2	26.9	21.5	6.5	0	100

3　影响粤东沿海的热带气旋最大强度计算

3.1　热带气旋极端风速、气压样本序列建立

根据中国气象局上海台风研究所发布的 1949—2009 年“CMA-STI 热带气旋最佳路径数据集”，对 TC 资料进行样本统计，在以汕尾—饶平之间的惠来为中心，半径为 300km 的圆形区域内，每年选择一个热带气旋中心附近最大风速和中心最低气压，建立热带气旋极端风速 V_{max} 和极端气压 P_{min} 样本序列。结果显示，V_{max} 样本序列最大值为 65 m/s（1953 年的 5315 号台风）；P_{min} 样本序列最小值为 920 hPa（1969 年的 6903 号台风）。绘制样本的空间位置图（图 4、图 5），可见极值点基本上都出现在海面上，并且在台湾海峡南部相对集中。

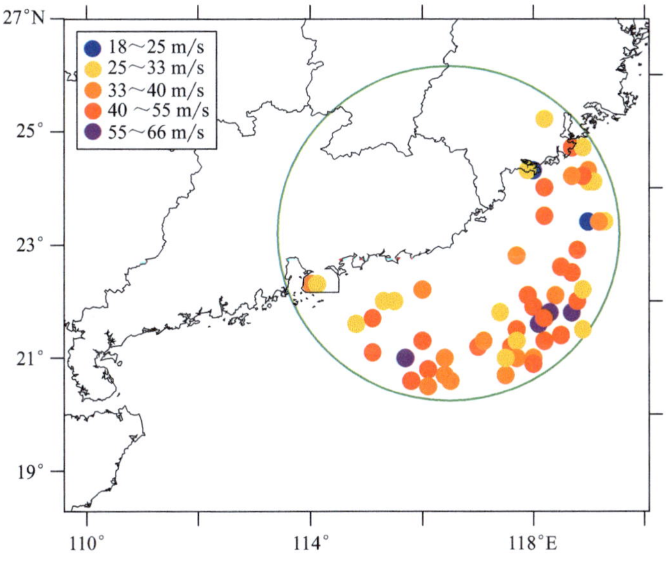

图 4　极端风速序列 V_{max} 样本空间分布图

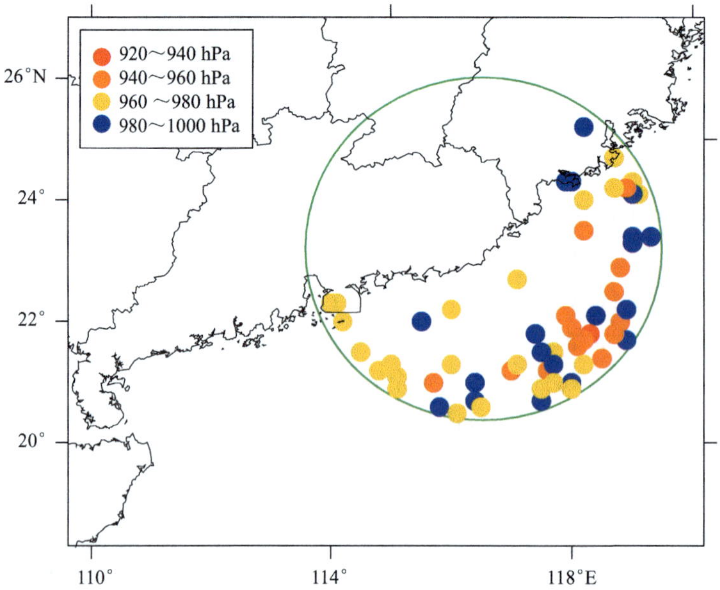

图 5　极端气压序列 P_{min} 样本空间分布图

3.2　热带气旋中心附近最大风速的计算

根据 V_{max} 的样本序列，采用皮尔逊-Ⅲ型概率分布方法，计算极值概率分布，结果见表 3。PMTC 中心附近最大风速的 100 年一遇值为 67.9 m/s，1000 年一遇值为 80.9 m/s。通过概率曲线拟合图（图 6）可见，皮尔逊-Ⅲ型概率分布方法的拟合曲线与经验频率点吻合较好，其对小概率的大风点群拟合效果较好。

表 3　重现期风速计算结果（m/s）

方法	参数	重现期（年）					
		10	50	100	200	500	1000
皮尔逊-Ⅲ型	$Cv=0.28$ $Cs/Cv=2.10$	52.6	63.6	67.9	72.0	77.0	80.9

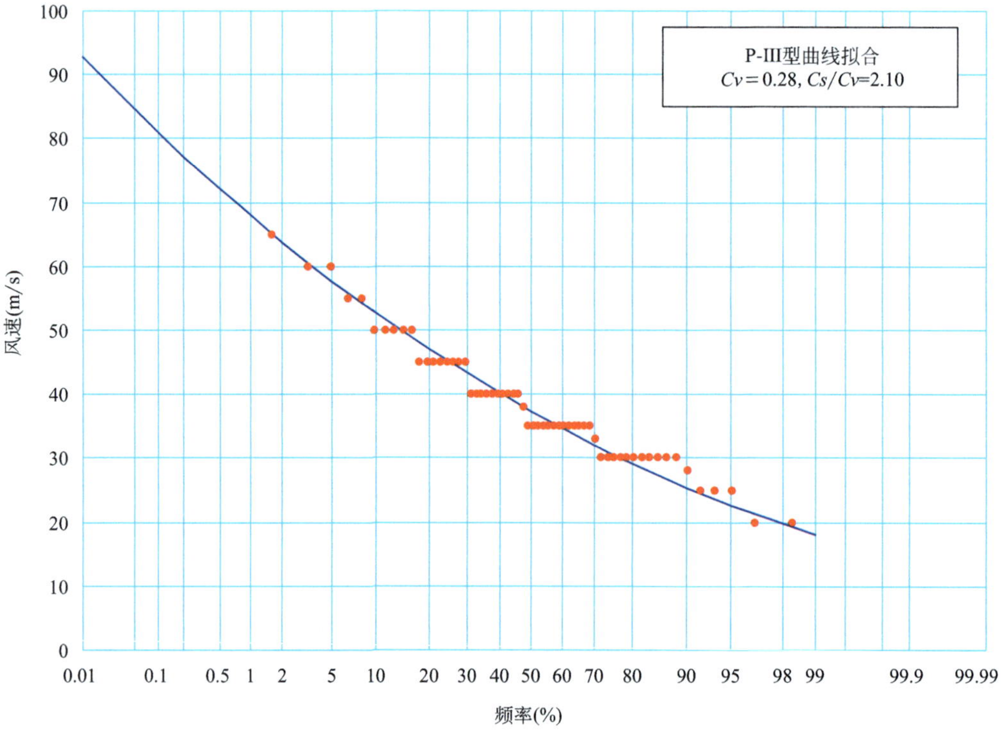

图 6　皮尔逊-Ⅲ型概率分布曲线拟合图

3.3 热带气旋中心最低气压的计算

根据 P_0 样本序列，采用皮尔逊-Ⅲ型概率分布方法，计算极值概率分布，计算结果见表 4。PMTC 中心最低气压的 100 年一遇值为 914.0 hPa，1000 年一遇值为 883.8 hPa。

表 4 重现期气压计算结果(hPa)

方法	参数	重现期(a)					
		10	50	100	200	500	1000
皮尔逊-Ⅲ型	$Cv=0.50$ $Cs/Cv=2.88$	946.0	923.3	914.0	904.7	892.6	883.8

4 小结

(1)海丰—饶平一带的粤东沿海地区是我国 TC 影响频率高、成灾重的地区。进入半径 300 km 影响区的 TC 年平均 4.0 个，自 1982 年以来影响该区域的台风频数有显著减少的趋势，TC 年平均 3.3 个；台风季节由原来的 4—12 月缩短为 5—11 月；台风出现时间相对集中在后汛期 7—9 月。

(2)影响粤东沿海地区的 TC 移动路径方向集中在 W—N 扇区，主导方向为西北偏西(WNW)，出现频率为 36.9%，其次为西北(NW)方向，占 20.3%；NNE—ENE 方向也占一定比率。

(3)自 1982 年以来，无论是在 TC 生命史阶段，还是进入影响区后，达到台风量级 TC 数量占总数的比例有所上升，而强台风和超强台风的比例则明显下降。

(4)采用皮尔逊-Ⅲ型概率分布方法推算影响粤东沿海地区的 PMTC 中心附近最大风速和中心最低气压，计算得到的 100 年一遇最大风速和最低气压分别为 67.9 m/s 和 914.0 hPa。

参考文献

蔡赛缄，凌良新，杨群娜，等，2010. 影响潮州台风的降水强度、高温强度分析[J]. 气象研究与应用，31(S2)：102-104.

《大气科学辞典》编委会，1994. 大气科学辞典[M]. 北京：气象出版社.

国家核安全局，1991.（HAD101/11）核电厂设计基准热带气旋[M]. 北京：中国法制出版社.

何小娟，甘静，潘静，等，2010. 201002 号台风"康森"移动路径特点的分析[J]. 气象研究与应用，31(4)：12-15.

李辉，郑群峰，王博，等，2010. 1952—2008 年影响深圳市热带气旋的气候特征[J]. 广东气象，32(5)：12-14.

李剑兵，2001. 百多年登陆粤西海南台风的频数分析[J]. 广东气象，23(3)：14-15.

李英，陈联寿，张胜军，2004. 登陆我国热带气旋的统计特征[J]. 热带气象学报，20(1)：14-23.

李运斌，2010. 湛江近海台风风速复合极值分析[J]. 气象研究与应用，31(S2)：111-113.

刘静，吴启树，龚振彬，等，2007. 近 30 年来影响福州的热带气旋统计研究[J]. 气象研究与应用，28(S2)：61-62.

鹿世瑾，1990. 华南气候[M]. 北京：气象出版社.

马红云，何伟芬，王咏青，2008. 两类不同路径热带气旋登陆前后的总能量对比分析[J]. 广东气象，30(1)：35-38.

任福民，王小玲，陈联寿，等，2008. 登陆中国大陆、海南和台湾的热带气旋及其相互关系[J]. 气象学报，66(2)：224-235.

苏丽欣，黄茂栋，黄晴晴，2007. 近 10 a 西北太平洋海域登陆台风的环境场特征分析[J]. 气象研究与应用，28(4)：11-13.

屠其璞，王俊德，丁裕国，等，1984. 气象应用概率统计学[M]. 北京：气象出版社.

王同美，温之平，李彦，等，2003. 登陆广东热带气旋统计及个例的对比分析[J]. 中山大学学报：自然科学版，42(5)：97-100.

吴慧，林熙，吴胜安，等，2010. 1949—2005 年海南岛登陆热带气旋的若干变化特征[J]. 气象研究与应用，31(3)：9-12.

谢炯光，纪忠萍，2003. 登陆广东省热带气旋的奇异谱分析[J]. 热带气象学报，19(2)：163-168.

炎利军，黄先香，于玉斌，等，2007. 近 58 年西北太平洋热带气旋频数的气候变化特征[J]. 气象研究与应用，28(S2)：63-64.

杨彩福，吴业强，2011. 华南沿海特大风暴潮统计分析[J]. 广东气象，33(1)：37-39.

曾琮，易爱民，李晓娟，等，2007. 登陆广东热带气旋特征及其与副热带高压的关系[J]. 广东气象，35(1)：36-39.

张洁婷，陈明璐，廖胜石，等，2011. 0812 号台风"鹦鹉"分析[J]. 气象研究与应用，32(1)：18-21.

植石群，李衍雄，1996. 登陆珠江三角洲的台风特征及灾害防御[J]. 广东气象，18(3)：28-30.

珠江口海域热带气旋气候特征及最大风速计算

秦　鹏　黄浩辉　李春梅
（广东省气候中心，广州，510080）

提　要：根据1949—2011年热带气旋路径资料，统计分析了影响珠江口海域的热带气旋气候特征，包括热带气旋频数、强度及路径趋向等特征，结果显示，在近63年间共有75个热带气旋样本影响珠江口海域，有3个年份出现多达4个热带气旋影响该海域；出现12级以上强风的台风样本约占总数的3成；热带气旋的移动方向以西北和偏西方向为主，约占总数的7成。分别采用χ^2检验和Колмогоров法对热带气旋样本频数及最大风速序列进行拟合适度检验，结果表明，影响珠江口海域的热带气旋最大风速服从Poisson-Gumbul复合极值分布，计算影响珠江口海域的热带气旋中心附近的概率风速，得到的50年一遇10 min平均风速为51.1 m/s，100年一遇10 min平均风速为56.8 m/s。
关键词：珠江口，热带气旋，气候特征，最大风速

Characteristics and the MaximumWind Speed Calculate of Tropical Cyclones Impacting on Pearl River Estuary and the Nearby Sea Area

QIN Peng　HUANG Haohui　LI Chunmei
(Guangdong Climate Centre, Guangzhou, 510080)

Abstract: According to the 1949-2011 tropical cyclones route data, the climate characteristics of the tropical cyclones impacting Pearl River estuary and the nearby sea area are analyzed, including the TC frequency, intensity and route direction etc. results show that, there are 75 tropical cyclones impacting this area during the nearly 63 years, with 3 years up to four tropical cyclones affecting the area; the typhoon samples which great than 12 wind scale accounts for about 30% of the total; the dominant direction of TC routes is NW and W, the frequency is about 70% accounts for the total. Samples of tropical cyclone frequency and maximum wind speed sequence, respectively, were fitted moderate inspection by χ^2 and Колмогоров method, results show that, the maximum wind speed sequence of tropical cyclone obey the Poisson-Gumbel compound extreme value distribution, and using the method of Poisson-Gumbel compound extreme value distribution, the maximum wind speed of tropical cyclones impacting Pearl River estuary and the nearby sea area are calculated, the once in 50 years maximum wind speed is 51.1 m/s and the once in 100 years maximum wind speed is 56.8 m/s.
Key Words: Pearl River estuary; tropical cyclone; climate characteristics; maximum wind speed

热带气旋(Tropical Cyclone，简称TC)是热带海洋大气中形成的中心高温、低压的强烈涡旋的统称。其水平环流半径一般为数百千米，垂直环流高度约10 km。在充分发育的强热带气旋内，接近中心的大气压力是最低的，紧贴着热带气旋“风眼”周围的风力最强。热带气旋带来的狂风、暴雨和风暴潮，破坏力巨大，可严重危及工程和生命财产的安全。热带气旋的气候特征及物理机制研究一直是气象学研究的热点，包括热带气旋的路径、强度变化、登陆时间和地点，以及台风季的变化趋势、年代际变化、周期分析和ENSO的关系等方面。但是过往的研究多集中于登陆台风的研究，由于热带气旋的水平范围往往有几百千米，狂风、暴雨、风暴潮等伴生灾害不会因为热带气旋未登陆而减弱。

广东省是我国沿海热带气旋活动最频繁、影响程度最严重、全年影响时间最长的省份，历年来在广东

省登陆的热带气旋超过登陆我国热带气旋总数的 40%。珠江口海域周围分布着包括香港和澳门特别行政区在内的我国最大的城市群，近年来珠江口周边及海域内有多个大型桥梁、核电厂、码头工程、海上工程等在设计建造，这些位于海域沿岸或者海上的大型工程在设计、施工、运行等各阶段均十分关注台风气候的影响，研究珠江口海域内的台风气候特征及极端风速概率是工程可研阶段的重要内容。因此全面掌握珠江口海域内所有热带气旋的气候统计特征与概率风速，对大型工程的抗灾设计具有重要意义。

本文利用 1949—2011 年西北太平洋热带气旋资料，统计分析了近 63 年来影响珠江口海域的热带气旋频数、强度、路径方位等气候特征，并采用概率计算方法，计算了台风重现期风速。

1 资料说明

文中使用资料来源为中国气象局上海台风研究所发布的 1949—2011 年“CMA-STI 热带气旋最佳路径数据集”。研究表明，距热带气旋中心 40～50 海里（约 100 km）处的风速最大，因此本文选取以珠江口万山群岛海域为中心，100 km 为半径的圆形区域为珠江口热带气旋影响海域（图 1），凡热带气旋中心经过该区域，其中心最大风速便作为样本值。

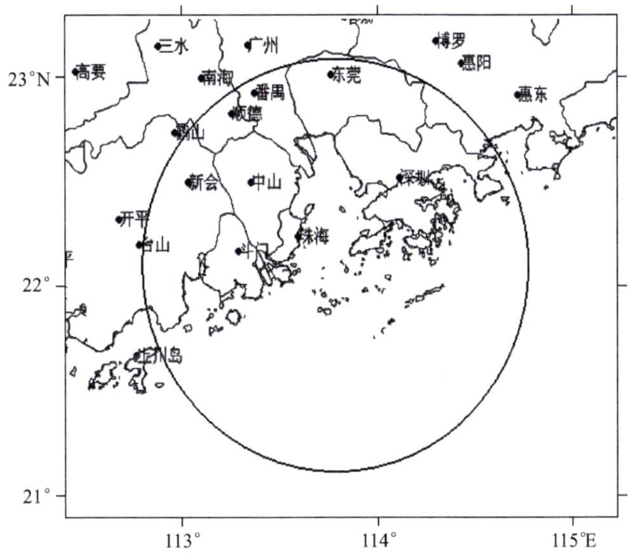

图 1　热带气旋影响海域示意图

2 热带气旋统计特征

1949—2011 年 63 年间经过珠江口海域的热带气旋共 75 个，年平均 1.2 个；最多时一年有 4 个热带气旋影响该海域，分别出现在 1961 年、1964 年和 1999 年；同时还有 20 个年份出现无热带气旋影响该海域的情况。在这 75 个样本中，涵盖了从热带低压到超强台风的所有等级热带气旋，台风过程极端最低气压为 898 hPa（7911 号超强台风），台风过程极端最大风速为 85 m/s（5428 号超强台风）。

统计进入珠江口海域内的热带气旋中心附近最大风速等级，结果显示 9 级以下风速样本占 48%，10 级、11 级风速样本各占 10%左右，12 级以上风速占 29.3%，台风强风样本比例约占 3 成。详见表 1。在该海域内，热带气旋风速最大值为 45 m/s，分别为 5719 号、6429 号强台风和 7911 号、8309 号超强台风。

表 1　进入珠江口海域后的热带气旋最大风速等级分类

风速等级	9 级以下 $u<24.5$ m/s	10 级 28.5 m/s $>u\geqslant 24.5$ m/s	11 级 32.7 m/s $>u\geqslant 28.5$ m/s	12 级以上 $u\geqslant 32.7$ m/s
频数（次）	36	9	8	22
频率（%）	48.0	12.0	10.7	29.3

按 8 方位分别统计上述热带气旋样本的移动路径方向，可见热带气旋移动方向主要集中在 W—NE 扇区，其中西北方向(NW)最多，占 41.3%；其次为偏西方向(W)，占 28.0%；北(N)和东北方向(NE)分别占到 14.7%和 10.7%。表明影响珠江口海域的热带气旋移动路径以西北和偏西方向的居多，合计比例约占 7 成，北向及东北方向移动的则相对较少，详见表 2。

表 2　进入珠江口海域后的热带气旋路径移动方位

路径方位	N	NE	E	SE	S	SW	W	NW
频数(次)	11	8	1	0	0	3	21	31
频率(%)	14.7	10.7	1.3	0.0	0.0	4.0	28.0	41.3

3　珠江口海域最大台风风速推算

3.1　Poisson-Gumbul 复合极值分布

有研究显示，当某个主要为热带风暴影响的海区内无连续测风资料可供使用时，通常采用 Poisson-Gumbul 复合分布求取设计风速。

由于每年热带气旋的强度、移动路径及发生次数是随机的，因而珠江口海域所受热带气旋影响的次数也是随机的，从而构成某种离散型分布，而热带气旋影响下的最大风速可构成某种连续型分布。

假定珠江口海域热带气旋的影响次数 n 服从 Poisson 分布，记为

$$P_k = e^{-\lambda}\frac{\lambda^K}{K!} \tag{1}$$

式中，λ＝热带气旋影响海区总次数/总年数。

假设热带气旋影响下的风速服从 Gumbel 分布，记为

$$G(x) = -\exp\{-\exp[-\alpha(x-\delta)]\} \tag{2}$$

根据复合极值理论，一个离散型分布和一个连续型分布可构成复合极值分布，即 Poisson-Gumbel 复合分布，记为

$$F(x) = \sum_{k=0}^{\infty} P_K[G(x)]^K = e^{-\lambda[1-G(x)]} = P \tag{3}$$

则

$$G(x) = 1 + \frac{1}{\lambda}\ln P \tag{4}$$

$$\exp\{-\exp[-\alpha(x-\delta)]\} = 1 + \frac{1}{\lambda}\ln P \tag{5}$$

两次对数，可得

$$\alpha(x-\delta) = -\ln[-\ln(1+\frac{1}{\lambda}\ln P)] \tag{6}$$

$$-\ln[-\ln(1+\frac{1}{\lambda}\ln P)] = \Phi_P \tag{7}$$

设计概率为 P 的极值 x_P 为

$$x_P = \delta + \Phi_P/\alpha \tag{8}$$

式中，α 为风速序列概率分布的尺度参数，δ 为风速序列概率分布的位置参数。

3.2　热带气旋影响频数分布拟合检验

统计计算影响珠江口海域的热带气旋频数分布(表 3)，由

$$\chi^2 = \sum_{i=0}^{K}\frac{(f_i - nP_i)^2}{nP_i} \quad (i=0,1,\cdots,4) \tag{9}$$

式中，f_i 为各组实际出现次数；n 为实际总年数；P_i 为各组理论分布频数，由式(1)求得，这里 $\lambda = 75/63 = 1.1905$，$K=5$。

表 3　珠江口海域热带气旋频数拟合检验

频数(次)	f_i	P_i	$\frac{(f_i-nP_i)^2}{nP_i}$
0	20	0.3041	0.0372
1	22	0.3620	0.0285
2	13	0.2155	0.0244
3	5	0.0855	0.0278
4	3	0.0254	1.2167
$\sum n_i \cdot f_i = 75$			1.3345

影响珠江口海域的热带气旋频数 Poisson 分布的自由度为 5－3＝2，取信度为 5%，查 χ^2 分布表 $\chi'^2=5.991$，大于本次的计算结果 $\chi'^2=1.3345$，说明珠江口海域的热带气旋影响频数符合 Poisson 分布。

3.3　热带气旋风速分布拟合检验

风速的拟合检验采用 Колмогоров 法。将珠江口海域的热带气旋样本风速由大到小作成有序统计量并分成几组，计算各组理论点与经验点间的最大偏差

$$D=|P_n(x)-P(x)|_{\max} \tag{10}$$

式中，$P_n(x)$为经验分布的累积频率，$P(x)$为理论分布累积概率。按 Колмогоров 适度准则，设 $\eta=\sqrt{n}D$，则

$$P(\eta)=\left\{|P_n(x)-P(x)|_{\max}<\frac{\eta}{\sqrt{n}}\right\}=\sum_{k=-\infty}^{\infty}(-1)^K e^{-2K^2\eta^2} \tag{11}$$

根据信度 t 找到满足 $P(\eta_t)=1-t$ 的临界值 η_t，然后比较 η 与 η_t，若 $\eta<\eta_t$，则接收原假设，若 $\eta\geq\eta_t$，则拒绝原假设。

表 4 为影响珠江口海域的热带气旋样本风速序列检验表。$P(x)$由各组风速上限值及 $\delta=19.554$，$\alpha=0.111$ 代入式(2)所得。

最大 $D=0.1361$，则 $\eta=\sqrt{75}\times0.1361=1.1789$，查“柯尔莫哥洛夫检验函数表”，若取信度 $t=0.05$，则 $\eta_t=1.35>\eta$，说明影响珠江口海域内的热带气旋风速样本符合 Gumbel 分布。

表 4　珠江口海域热带气旋风速序列拟合优度检验

风速等级	频数(次)	累积频率(%)	$P_n(x)$	$P(x)$	$P_n(x)-P(x)$
≤13.9	14	14	0.1842	0.1536	0.0306
14.0～15.9	12	26	0.3421	0.2231	0.1190
16.0～17.9	0	26	0.3421	0.3007	0.0414
18.0～19.9	0	26	0.3421	0.3820	0.0399
20.0～21.9	9	35	0.4605	0.4627	0.0021
22.0～23.9	1	36	0.4737	0.5394	0.0657
24.0～25.9	8	44	0.5789	0.6099	0.0310
26.0～27.9	0	44	0.5789	0.6730	0.0941
28.0～29.9	1	45	0.5921	0.7282	0.1361
30.0～31.9	8	53	0.6974	0.7757	0.0783
32.0～33.9	3	56	0.7368	0.8159	0.0791
34.0～35.9	8	64	0.8421	0.8496	0.0075
36.0～37.9	0	64	0.8421	0.8777	0.0356
38.0～39.9	0	64	0.8421	0.9008	0.0587
40.0～41.9	7	71	0.9342	0.9197	0.0145
42.0～43.9	0	71	0.9342	0.9352	0.0009
44.0～45.9	4	75	0.9868	0.9477	0.0391

3.4 重现期风速值的计算

经过上述热带气旋样本频数分布拟合检验和风速分布拟合检验，表明影响珠江口海域的热带气旋最大风速样本序列服从 Poisson-Gumbel 复合分布。计算序列的 Poisson-Gumbel 复合分布极值，结果显示，2 min 平均最大风速 50 年一遇值为 56.2 m/s，100 年一遇值为 62.5 m/s。根据不同时距风速换算系数，将 2 min 平均最大风速换算为 10 min 平均最大风速（换算系数约为 1.1），可见 10 min 平均最大风速 50 年一遇值为 51.1 m/s，100 年一遇值为 56.8 m/s。详见表 5。

表 5 珠江口海域热带气旋重现期风速计算结果

重现期(a)	2 min 风速(m/s)	10 min 风速(m/s)	参数
10	41.0	37.3	α=0.111 δ=19.554
20	47.7	43.4	
50	56.2	51.1	
100	62.5	56.8	

4 小结

（1）珠江口海域是我国热带气旋影响频率较高，强度较强的地区，在统计年限内，有 75 个热带气旋样本进入珠江口海域半径 100 km 的影响区域，年平均有 1.2 个，其中，12 级以上台风强风样本约占总数的 3 成。

（2）影响珠江口海域的热带气旋样本移动路径以西北方向（NW）最多，占 41.3%；其次为偏西方向（W）占 28.0%；北（N）和东北方向（NE）分别占到 14.7%和 10.7%。

（3）分别采用 χ^2 检验和 Колмогоров 法对影响珠江口海域的热带气旋频数与风速进行拟合适度检验，结果表明影响珠江口海域的热带气旋最大风速序列服从 Poisson-Gumbul 复合极值分布。采用 Poisson-Gumbul 复合极值分布方法计算影响珠江口海域的热带气旋中心附近的概率风速，计算得到的 50 年一遇 10 min 平均风速为 51.1 m/s，100 年一遇 10 min 平均风速为 56.8 m/s。

参考文献

蔡赛缄，凌良新，杨群娜，等，2010. 影响潮州台风的降水强度、高温强度分析[J]. 气象研究与应用，31(S2)：102-104.
《大气科学辞典》编委会，1994. 大气科学辞典[M]. 北京：气象出版社.
何小娟，甘静，潘静，等，2010. 201002 号台风"康森"移动路径特点的分析[J]. 气象研究与应用，31(4)：12-15.
李辉，郑群峰，王博，等，2010. 1952—2008 年影响深圳市热带气旋的气候特征[J]. 广东气象，32(5)：12-14.
李剑兵，2001. 百多年登陆粤西海南台风的频数分析[J]. 广东气象，23(3)：14-15.
李英，陈联寿，张胜军，2004. 登陆我国热带气旋的统计特征[J]. 热带气象学报，20(1)：14-23.
李运斌，2010. 湛江近海台风风速复合极值分析[J]. 气象研究与应用，31(S2)：111-113.
刘静，吴启树，龚振彬，等，2007. 近 30 年来影响福州的热带气旋统计研究[J]. 气象研究与应用，28(S2)：61-62.
鹿世瑾，1990. 华南气候[M]. 北京：气象出版社.
马红云，何伟芬，王咏青，2008. 两类不同路径热带气旋登陆前后的总能量对比分析[J]. 广东气象，30(1)：35-38.
秦鹏，黄浩辉，李春梅，2012. 1949—2009 年影响粤东沿海的热带气旋特征及最大强度计算[J]. 气象研究与应用，33(4)：10-13.
任福民，王小玲，陈联寿，等，2008. 登陆中国大陆、海南和台湾的热带气旋及其相互关系[J]. 气象学报，66(2)：224-235.
苏丽欣，黄茂栋，黄晴晴，2007. 近 10a 西北太平洋海域登陆台风的环境场特征分析[J]. 气象研究与应用，28(4)：11-13.
王同美，温之平，李彦，等，2003. 登陆广东热带气旋统计及个例的对比分析[J]. 中山大学学报：自然科学版，42(5)：97-100.
吴慧，林熙，吴胜安，等，2010. 1949—2005 年海南岛登陆热带气旋的若干变化特征[J]. 气象研究与应用，31(3)：9-12.
谢炯光，纪忠萍，2003. 登陆广东省热带气旋的奇异谱分析[J]. 热带气象学报，19(2)：163-168.
炎利军，黄先香，于玉斌，等，2007. 近 58 年西北太平洋热带气旋频数的气候变化特征[J]. 气象研究与应用，28(S2)：63-64.
阎俊岳，陈乾金，张秀芝，等，1993. 中国近海气候[M]. 北京：科学出版社.

杨彩福，吴业强，2011. 华南沿海特大风暴潮统计分析[J]. 广东气象，33(1)：37-39.
曾琮，易爱民，李晓娟，等，2007. 登陆广东热带气旋特征及其与副热带高压的关系[J]. 广东气象，35(1)：36-39.
张洁婷，陈明璐，廖胜石，等，2011. 0812 号台风“鹦鹉”分析[J]. 气象研究与应用，32(1)：18-21.
植石群，李衍雄，1996. 登陆珠江三角洲的台风特征及灾害防御[J]. 广东气象，18(3)：28-30.

东莞风能资源的评估及开发利用

秦 鹏 黄浩辉 植石群
（广东省气候中心，广州，510080）

提 要：根据气象观测站、梯度测风塔、自动气象站的测风资料和国家相关标准，采用风玫瑰图、幂指数法等，对东莞市风能资源的时空变化进行了研究。结果表明：10 m 高度年平均风速为 2.0 m/s，年平均主导风向为东风。风随高度的垂直切变指数为 0.151，70 m 高度（风机轮毂高度）年平均风速在 2.03～4.67 m/s，年平均风功率密度在 10.4～118.4 W/m^2，各区域均不具备大型风电场并网发电的风力资源条件，但在珠江口沿岸等部分特殊地形区域（如凤岗站、沙田站和石排镇站等）年平均风速可达 3.96～4.67 m/s，年平均风功率密度达 110.7～118.4 W/m^2，风能等级为 1 级，具备开发小型风电场的潜力。

关键词：城市，风能资源，评估，东莞

The Assessment and Utilization of Urban Wind Energy Resource ——In Dongguan City for Example

QIN Peng HUANG Haohui ZHI Shiqun
(Guangdong Climate Centre, Guangzhou, 510080)

Abstract: Using the wind data of Dongguan Weather Station, a gradient wind tower and several Automatic weather stations, and based on the related national standards and wind rose, exponential method, etc. the spatial and temporal evolution of wind energy resources in Dongguan is analyzed. Results show that, the annual average wind speed at 10 m height is 2.0 m/s and the dominant wind direction is eastern. Vertical wind shear index is 0.151, and the annual average wind speed at 70 m height (the fan hub height) is up to 2.03～4.67 m/s, the annual average wind power density is up to 10.4～118.4 W/m^2, the wind resource of all regions are not enough to develop a large wind farms, but at some terrain areas such as the Pearl River Estuary, etc. the average annual wind speed is up to 3.96～4.67 m/s, the annual average wind power density is up to 110.7～118.4 W/m^2, wind energy rating of 1, with the development potential of small wind electric plant.

Key Words: urban; wind energy resource; assessment; dongguan

1 引言

随着工业的发展，石油、煤炭、天然气等化石资源迅速耗竭，世界性的能源危机不断爆发，而且化石燃料造成的环境污染正日益威胁着人类经济社会的持续发展和自身的生存。因此，可再生新能源的开发利用已成为国际上研究的热点。而在可再生新能源领域，风能以其资源潜力巨大、经济廉价、无环境污染、技术设备日臻成熟等优点，受到世界各国的青睐。广东地处我国东南沿海，改革开放以来，经济发展迅猛，对能源的需求也越来越大。但广东省一次能源却十分匮乏，全省现已探明的煤炭、水能、油页岩、石油及天然气等常规能源的自给率不足 30%。广东省海岸线漫长，风能蕴藏量丰富，沿海风能开发已具备相当规模。城市地区风能资源储量、分布及是否具备开发条件，越来越引起人们的关注。本文利用梯度测风塔、自动气象站、气象观测站的测风资料，分析了东莞市的风能资源状况，以期在风能资源储备期望值较低的城市地区查找出具备一定风能开发价值的区域。

2 资料和方法

2.1 资料

本文采用东莞气象站、广东省气候中心在东莞沙田镇设立的梯度测风塔以及平均分布在东莞市内的6个自动气象站的2009年经过质量控制的逐时测风资料，以及东莞气象站1960—2009年的年平均测风资料。

2.2 风速垂直切变指数

近地层风的垂直分布主要取决于地表粗糙度和低层大气的层结状态。在中性大气层结下，幂指数方程可以较好地描述风速的垂直廓线。国家标准GB/T 18710—2002《风电场风能资源评估方法》也推荐使用幂指数公式，其表达式为：

$$V_2 = V_1\left(\frac{Z_2}{Z_1}\right)^{\alpha} \tag{1}$$

式中，V_2 为高度 Z_2 处的风速(m/s)；V_1 为高度 Z_1 处的风速(m/s)；α 为风速垂直切变指数，其值的大小即表明了风速垂直切变的强度。

3 东莞市风能资源计算及长年代评估

3.1 东莞气象站风况统计特征

根据东莞气象站1960—2009年共50年的风观测资料，计算累年各月平均风速(表1)，可见东莞年平均风速为2.0 m/s，冬半年(9月至次年2月)风速较小，为1.9 m/s；夏半年(3—8月)风速较大，为2.1 m/s；各月平均风速在1.8～2.3 m/s，12月风速最小，7月风速最大。

表1 东莞气象站累年各月平均风速 单位：m/s

1月	2月	3月	4月	5月	6月	7月	8月	9月	10月	11月	12月	年
1.9	1.9	2.0	2.1	2.1	2.2	2.3	2.0	2.0	1.9	1.9	1.8	2.0

由累年平均风向玫瑰图(图1)可见，东莞年平均主导风向为东风，其次为东北风和南风；主导风向季节变化明显，冬半年主导风向为东北风，其次为东风和北风；夏半年主导风向为东风，其次为南风和东南风。

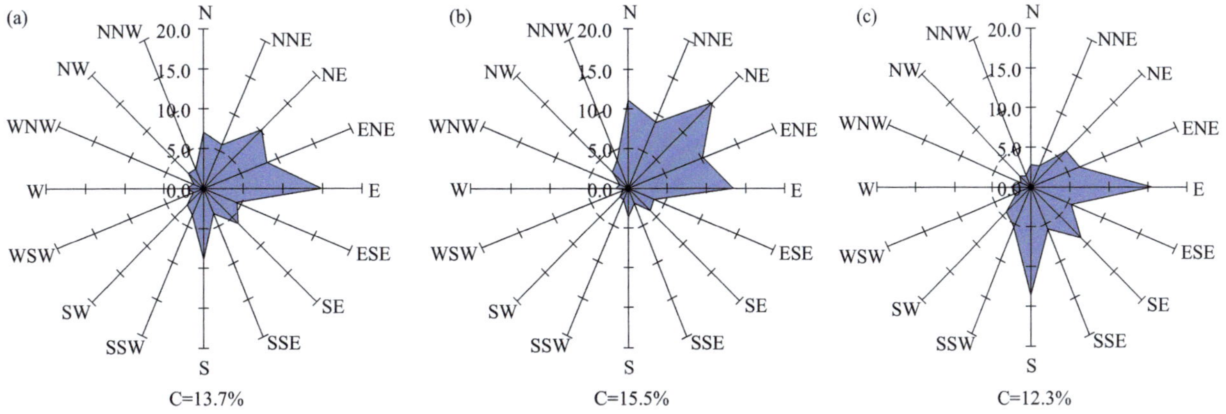

图1 东莞气象站累年平均风向玫瑰图
(a：年平均；b：冬半年；c：夏半年)

3.2 东莞市风能资源评估代表站选取

为了客观评估东莞市的风能资源，必须利用较为精细的测风资料进行计算分析，但是在城市化程度较高的地区设立专用的测风梯度塔有较多限制，利用相对比较密集的自动气象站的观测资料，再根据本地边界层风切变特性向上订正至关键层，则可以基本满足评估的要求。本文选取东莞国家气象站和平均分布在东莞市辖区内的多个具有地理、地形条件代表性的自动气象站，以及广东省气候中心在东莞沙田镇设立的一个梯度测风塔作为东莞市的风能资源评估代表站。选用的测风站基本情况及空间分布见表 2 和图 2。自动气象站一般建立在楼顶平台上，由于建筑物高度不同，导致自动气象站测风高度也相差较大。沙田测风塔为广东省气候中心设立的特种测风站，风观测设置 5 层，高度分别为 10 m、20 m、40 m、60 m 和 80 m。

表 2　东莞市各测风站基本情况表

类型	站名	简称	地理环境	海拔(m)	测风高度(m)
国家气象站	东莞国家气象站	东莞气象站	郊外	56.0	10.7
梯度测风塔	沙田测风塔	沙田站	江边	5.0	10.0、20.0、40.0、60.0、80.0
自动气象站	樟木头竹排水库	樟木头站	山顶、楼顶	114.0	21.4
	大岭山水利所	大岭山站	楼顶	42.0	24.9
	石排镇向西排灌站	石排镇站	江边、楼顶	5.0	10.9
	洪梅水利所	洪梅站	江边、楼顶	5.0	17.9
	中堂潢涌上庙防汛站	中堂站	江边、楼顶	5.0	22.1
	凤岗观井头水库	凤岗站	楼顶	5.0	23.8

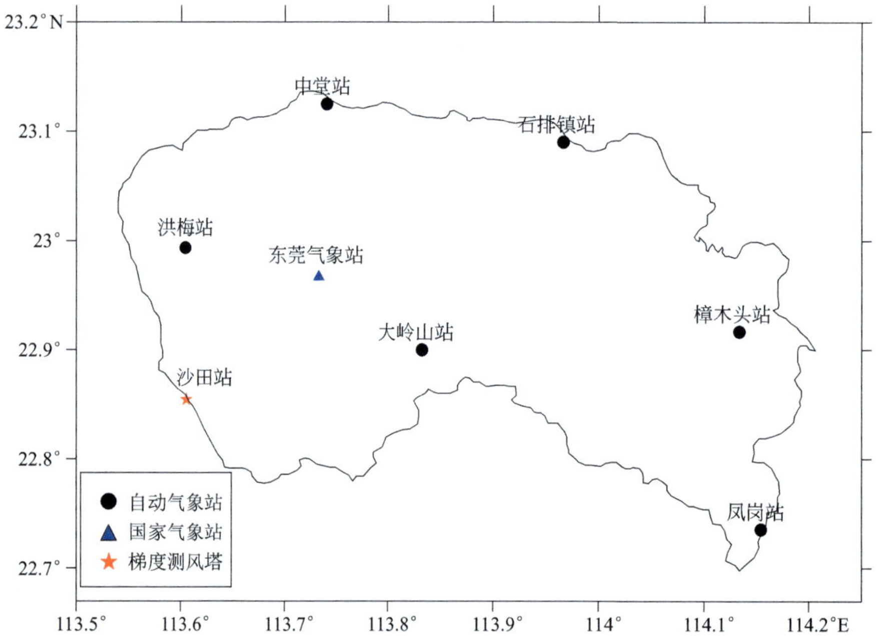

图 2　东莞市测风站点分布图

3.3　东莞市 2009 年风能资源分析

本文依照中华人民共和国国家质量监督检验检疫总局发布的国家标准 GB/T 18710—2002《风电场风能资源评估方法》推荐的风能资源评估方法，首先利用沙田梯度测风塔的梯度测风资料，推算东莞地区风速随高度变化幂指数 α，再据此将东莞地区各代表站风速统一推算至距地面 70 m 高度——目前主流风电机组的轮毂高度，最后计算各代表测风站 2009 年的风能资源参数：平均风速、平均风功率密度、有效风能时数、各风向频率分布、各风向风能密度分布等。

3.3.1　空气密度推算

空气密度直接影响风能的大小，在同等风速条件下，空气密度越大、风能越大。首先根据东莞气象站 2009 年平均气温、气压、水汽压特征值计算空气密度，再根据空气密度与海拔高度的关系推算到各代表站 70 m 高度处，推算结果见表 3。

表 3　东莞市各测风站 70 m 高度 2009 年空气密度　　单位：kg/m^3

站名	东莞气象站	樟木头站	大岭山站	石排镇站	洪梅站	中堂站	凤岗站	沙田站
空气密度	1.17	1.16	1.17	1.17	1.17	1.17	1.17	1.17

3.3.2　各测风站 2009 年风能参数

风切变指数的观测和计算方法较多，如边界层风廓线雷达、GPS 探空仪、L 波段无线电探空仪等的直接观测以及根据梯度风资料直接计算等，均能较好地描述观测地区的风速垂直切变特征。在风能资源评估领域，国家标准 GB/T 18710—2002 推荐使用实测梯度风资料的计算结果，本文根据沙田梯度测风塔 2009 年各高度层的逐时平均风速资料，推算东莞地区风随高度切变指数 α 为 0.151。根据实测数据计算结果，推算各代表测风站 2009 年 70 m 高度的风能资源参数见表 4，可见东莞沿江区域和无密集建筑物阻挡的郊外风速较大，如沙田站、石排镇站、凤岗站等地区风速较大，年平均风功率密度也相对较大。

表 4　东莞市各测风站 2009 年 70 m 高度风能参数表

站名	平均风速/(m/s)	平均风功率密度/(W/m^2)	3～25 m/s 时数百分率	有效风能时数/(h)
东莞气象站	3.5	48.5	56	4899
樟木头站	3.2	51.9	44	3809
大岭山站	2.0	10.0	17	1528
石排镇站	3.9	95.3	54	4708
洪梅站	2.4	18.4	25	2224
中堂站	2.4	17.9	30	2591
凤岗站	3.9	113.5	52	4564
沙田站	4.6	106.1	74	6484

3.3.3　各测风站 2009 年风向特征

风向的变化主要取决于大气环流并受观测环境下垫面性质的影响。统计显示，2009 年东莞气象站、樟木头站、大岭山站、石排镇站和中堂站的最多风向都出现在 NNE—ENE 扇区，洪梅站、凤岗站和沙田站的最多风向则出现在 ESE—S 扇区(表 5)。靠近江边的 4 个测风站最多风向与河流走向比较一致，表明河面开阔，河谷风较多。

表 5　东莞市各测风站 70 m 高度风向频率　　单位：%

站名	N	NNE	NE	ENE	E	ESE	SE	SSE	S	SSW	SW	WSW	W	WNW	NW	NNW	最多风向
东莞气象站	7.5	4.8	12.4	15.7	13.7	7.7	4.2	3.4	9.3	7.1	2.6	1.4	1.2	1.4	2.2	4.7	ENE
樟木头站	1.8	2.6	5.7	25.9	21.3	11.3	6.4	4.7	3.7	2.4	2.2	2.2	4.2	2.1	1.4	1.5	ENE
大岭山站	4.6	6.7	17.9	9.7	7.9	5.1	2.9	6.4	6.8	7.1	9.8	3.5	1.8	2.2	1.8	2.2	NE
石排镇站	2.9	13.0	21.3	17.1	14.2	6.1	3.1	3.5	3.8	3.2	1.4	1.4	1.7	2.2	1.9	1.5	NE
洪梅站	7.3	14.1	9.9	7.4	5.5	10.5	4.5	4.5	20.3	4.5	2.3	1.3	1.1	1.2	1.5	2.4	S
中堂站	10.7	17.5	10.7	9.2	6.2	8.7	6.5	6.5	6.2	3.9	4.3	2.0	1.4	1.0	1.1	2.6	NNE
凤岗站	3.9	5.2	6.4	12.6	15.4	19.5	9.3	3.0	2.9	2.2	4.0	2.4	1.6	1.2	3.1	3.2	ESE
沙田站	7.4	11.6	9.5	8.3	6.2	5.0	5.4	17.1	13.0	2.5	1.6	1.2	1.5	1.8	3.4	4.2	SSE

3.4　风能资源长年代评估

3.4.1　“基准站”的选取

对于风的长年代评估，选择一个有代表性的“基准站”是客观分析的关键，该“基准站”需具备以下必要条件：

a. 该测风站的测风环境保持长年不变；

b. 该测风站所处的地理位置、气候特性等应与被考察地区相似；

c. 该测风站历史测风数据年限要达到 20 年以上。

据此选取满足上述条件的东莞气象站作为长年代分析的"基准站"。

3.4.2 "基准站"与各测风站风速相似性检验

分析东莞各测风站观测期间的日平均风速与东莞气象站同期风速相关关系，为了检验相关系数的可靠性，通过给定 0.05 的信度，检验统计量 F 值。

由表 6 可见，各测风站 2009 年的日平均风速与东莞气象站日平均风速相关系数在 0.01 的信度上显著相关，即认为各测风站与东莞气象站的年平均风速的变化规律具有相似性。

表 6 各测风站与东莞气象站的日平均风速相关性检验参数

站名	测风高度/(m)	*R*	*n*	*F*
樟木头站	21.4	0.659	365	278.981
大岭山站	24.9	0.836	365	843.942
石排镇站	10.9	0.686	365	322.882
洪梅站	17.9	0.820	365	743.614
中堂站	22.1	0.861	365	1035.327
凤岗站	23.8	0.450	365	91.538
沙田站	80	0.909	365	1718.974

3.4.3 基准站长年代定时风速分析

(1)历史风速

对"基准站"东莞气象站 1990—2009 年(共 20 年)的长年代 4 次定时测风资料进行一致性订正(图 3)。统计分析得出，订正后东莞气象站多年平均风速为 2.71 m/s。

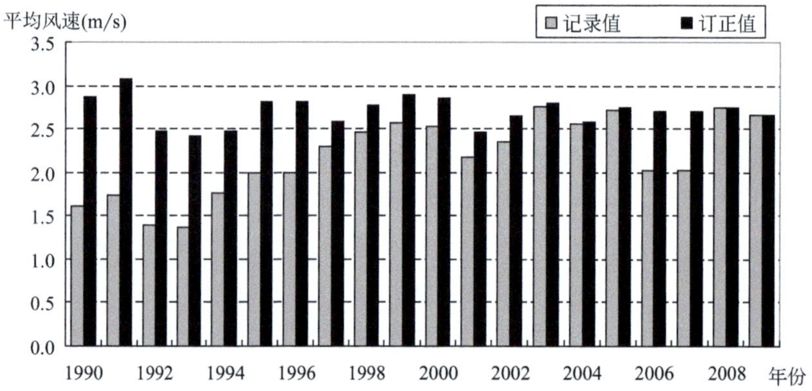

图 3 东莞气象站历年平均风速记录值与一致性订正值直方图

(2)2009 年风速分析

2009 年东莞气象站年平均 4 次定时风速为 2.67 m/s，相对于多年平均风速 2.71 m/s 的相对差值为 −1.4%(表 7)。根据气候区域均一性分析，认为东莞地区 2009 年实测风速比多年平均风速也偏小 1.4%。

表 7 2009 年东莞气象站定时风速年平均值较多年平均值的相对差值

	多年平均风速	2009 年平均风速
平均风速(m/s)	2.71	2.67
观测年风速相对多年平均的相对差值(%)	−1.4	--

3.4.4 东莞市风能资源长年代评估

根据东莞市各测风站 2009 年 70 m 高度平均风速与多年平均风速的相对差值，分别将各测风站的平均风速和平均风功率密度订正至多年平均状况，结果见表 8。东莞市 70 m 高度多年平均风速最大值为 4.67 m/s(沙田站)，最小值为 2.03 m/s(大岭山站)，最大风功率密度为 118.4 W/m^2(凤岗站)，最小风功率密度为 10.4 W/m²(大岭山站)。

东莞市 70 m 高度多年平均风功率密度空间分布见图 4。参考国家标准 GB/T 18710—2002《风电场风能资源评估方法》给出的风能资源评估的等级标准，风岗站和沙田站附近区域的风能资源等级为 1 级，其余测风站所代表区域的风能资源等级低于 1 级。

表 8　东莞市 70 m 高度 2009 年及长年代订正风能参数

站名	2009 年		长年代订正	
	平均风速(m/s)	平均风功率密度(W/m²)	平均风速(m/s)	平均风功率密度(W/m²)
东莞气象站	3.50	48.5	3.55	50.6
樟木头站	3.20	51.9	3.25	54.1
大岭山站	2.00	10.0	2.03	10.4
石排镇站	3.90	95.3	3.96	99.4
洪梅站	2.40	18.4	2.43	19.2
中堂站	2.40	17.9	2.43	18.7
凤岗站	3.90	113.5	3.96	118.4
沙田站	4.60	106.1	4.67	110.7

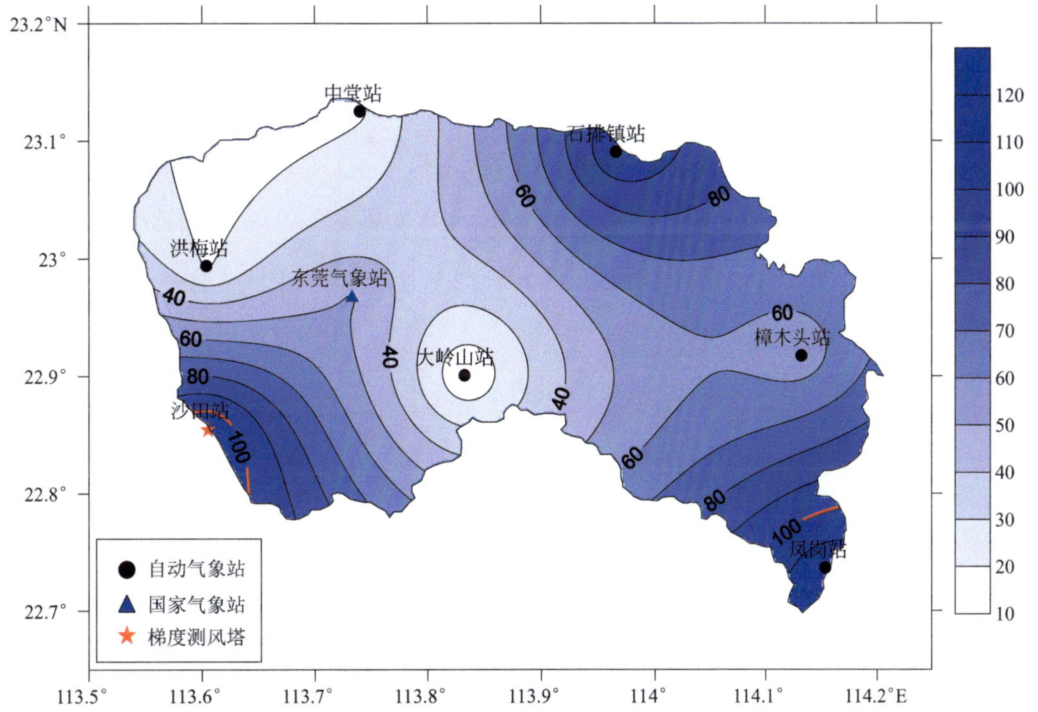

图 4　东莞市 70 m 高度多年平均风功率密度分布图(单位：W/m²)

4　结论与探讨

(1)本文利用东莞气象站和市内多个自动气象站以及一个梯度测风塔的测风资料，根据东莞地区的边界层风切变规律，将气象站离地 10 m 高度的风速向高处(20～100 m)订正，计算得出的风能资源参数基本可以代表东莞市的风能资源状况。这种风能资源评估方法满足相关国家规范的要求，适用于城市化程度较高而专业测风梯度塔较少的地区。

(2)根据本文的计算结果，东莞市各区域均不具备大型风电场并网发电的风力资源条件，但是在当前能源供应日益紧张的背景下，在一些风能资源相对较丰富的区域内(如凤岗站、沙田站和石排镇站等代表的区域)，采用启动风速和切入风速都较低的小型风力发电机，开发小型风电场仍具备一定的可行性。

(3)小型风力发电机一般体积较小，多属于离网型风电设备，适合对路灯、景观、广告牌等进行供电，在风能资源相对较丰富的区域也可以并入电网，与大风电相比在城市建设中具有明显优势。目前有些城市已经在这方面进行了有益的尝试，如广州国际生物岛即在部分路段规划采用风光互补路灯方案。采用小型风力发电机或风光互补发电系统对一些公共设施进行局部供电，是在能源供应日益紧张的城市开展节能减排、发展低碳经济的一个有效措施。

参考文献

陈宇，2007. 浅谈风光互补路灯在道路照明中的应用前景[J]. 广东科技，(3)：15-16.

甘一忠，2005. 广西风能资源评价工作探讨[J]. 广西气象，26 (4)：55-56.

中华人民共和国国家质量监督检验检疫总局，2002. 风电场风能资源评估方法：GB/T 18710—2002[S]. 北京：中国标准出版社.

何健，王潜梅，钱光明，等，2011. 广东省区域自动站气象站资料的质量控制与评估[J]，广东气象，33(3)：37-40.

黄锦速，江冰云，黄美纯，2008. 汕头自动气象站与人工站测风资料对比分析[J]. 广东气象，30(增刊Ⅱ)：81-82.

刘尉，林举宾，2010. 3000Q 型车载式边界层风廓线雷达测风资料的验证[J]. 广东气象，32(5)：53-55.

毛慧琴，宋丽莉，黄浩辉，等，2005. 广东省风能资源区划研究[J]. 自然资源学报，20(5)：679-684.

孟昭翰，徐焕，杜慧珠，1991. 中国东南沿海风能资源评价[J]. 自然资源学报，6(1)：1-11.

钱光明，罗金铃，戴景茹，1998. 广东省沿海风能储量及开发前景分析[J]. 广东气象，(4)：2-4.

王建庄，余秀娟，谭光洪，等，2010. 风向玫瑰图的精确绘制[J]. 广东气象，32(5)：48-49.

王志春，宋丽莉，何秋生，等，2007. 风速随高度变化的曲线拟合[J]. 广东气象，29(1)：13-15.

王志春，宋丽莉，黄飞，等，2006. 沿海地区风速指数的计算[J]. 广东气象，(4)：17-18.

谢东，2007. 柳州市风能资源初步评价[J]，气象研究与应用，28(3)，38-39.

张云龙，2010. 小型风力发电机在城市建设中的应用[J]. 城市住宅，(8)：72-73.

朱瑞兆，薛桁，1981. 风能的计算和我国风能的分布[J]. 气象，(8)：26-28.